U0351394

"十二五"国家重点图书

国家科学技术学术著作出版基金资助出版

微颗粒黏附与清除

吴超 李明 著

北 京

冶金工业出版社

2014

内 容 简 介

全书内容分为 13 章，主要以固体微颗粒为研究对象，以微颗粒的黏附与清除的微观过程和机理为研究切入点，根据全方位、多视角开展理论、实验、分析等研究，科学地描述了微颗粒黏附与清除，介绍了预防和清除微颗粒黏附、强化与弱化微颗粒黏附现象等的理论、方法、配方、技术和对策措施等研究成果。

本书可供清洁与保洁、粉尘防治、洁净技术、大气污染防治、微颗粒监测、粉体工程等领域的科技人员阅读，也可供环境科学与工程、冶金与矿业、农业与食品等专业的师生参考。

图书在版编目(CIP)数据

微颗粒黏附与清除/吴超，李明著.—北京：冶金工业出版社，2014.1
"十二五"国家重点图书
ISBN 978-7-5024-6436-3

Ⅰ.①微… Ⅱ.①吴… ②李… Ⅲ.①颗粒物质—研究 Ⅳ.①O552.5

中国版本图书馆 CIP 数据核字(2013)第 286312 号

出 版 人 谭学余
地　　址　北京北河沿大街嵩祝院北巷 39 号，邮编 100009
电　　话　(010)64027926　电子信箱　yjcbs@cnmip.com.cn
责任编辑　马文欢　王雪涛　美术编辑　彭子赫　版式设计　孙跃红
责任校对　王永欣　刘倩　责任印制　牛晓波
ISBN 978-7-5024-6436-3
冶金工业出版社出版发行；各地新华书店经销；三河市双峰印刷装订有限公司印刷
2014 年 1 月第 1 版，2014 年 1 月第 1 次印刷
787mm×1092mm　1/16；24.75 印张；589 千字；366 页
79.00 元
冶金工业出版社投稿电话：(010)64027932　投稿信箱：tougao@cnmip.com.cn
冶金工业出版社发行部　电话：(010)64044283　传真：(010)64027893
冶金书店　地址：北京东四西大街 46 号(100010)　电话：(010)65289081(兼传真)
(本书如有印装质量问题，本社发行部负责退换)

前　言

自然界中多数固体是以颗粒形态存在的，如粉尘、沙子、土壤等。人们的食物通常也呈颗粒物形态或由颗粒物制成，如大米、小麦、大豆、食盐、蔗糖等。人工制品，诸如煤粉、催化剂、水泥、肥料、颜料、药品和炸药等，大部分都呈粉末状态。

微颗粒一般是肉眼看不见的，却涉及人们生产和生活的方方面面，如现在城市空气质量监测的 PM2.5、日常生活的清洁与保洁、各种场合的粉尘污染与控制、工矿企业的粉体材料制备与加工等，乃至农业、食品、医药、油漆和印刷、空间科学技术、微电子制造等。

颗粒研究是一门跨学科、多学科和交叉学科的学问，由大量的基础科学和许多相关的应用技术组成。颗粒研究包括颗粒的测试和表征，颗粒（包括超微及纳米颗粒）的制备、分散、表面改性和应用，气固、液固、气液固流态化及其应用，多相分离以及气溶胶等。它对能源、化工、材料、石油、电力、轻工、冶金、电子、气象、食品、医药、环境和航空等领域的发展有着非常重要的作用。颗粒研究涉及颗粒的测量和标定，颗粒的形成与团聚，颗粒与气、液的分离，固体颗粒的输送、流态化、破碎、团球、气溶胶等诸多科学与技术问题。

对微颗粒黏附的研究已经有了半个多世纪的历史。迄今，有关微颗粒黏附、测量与清除的大量研究成果在 International Journal of Adhesion and Adhesives（《国际黏附与粘胶剂学报》），Journal of Aerosol Science（《气溶胶科学学报》），The Journal of Adhesion（《黏附学报》），Journal of Adhesion Science and Technology（《黏附科学与技术学报》），Applied Surface Science（《应用表面科学》），Colloids and Surfaces（《胶体与表面》）等国际刊物上经常可见。20 世纪 80 年代发起和一直延续至今的 International Symposium on Particles on Surfaces：Detection，Adhesion，and Removal（表面微颗粒检测、黏附和清除国际会议）系列论文集，集中地反映了本领域的研究进展。有关粉尘和粉体黏附的较早专著应为苏联学者 A. D. Zimon（Anatoliĭ Davydovich）在 1969 年的俄文版专著《Adhesion of Dust and Powder》（《粉尘和粉体的黏附》），该书被翻译成英文，由纽约 Plenum 出版社于 1982 年出版。

　　我国 1986 年由中国科学技术协会批准组建成立中国颗粒学会，学会旨在通过组织国内和国际学术会议，开展科普和继续教育，出版学术期刊和学术论文集等多种形式的学术活动，增强会员之间的交流、传播颗粒学知识、促进中国颗粒学技术的发展。近三十年来，我国在颗粒学的研究方面取得了令人瞩目的成果，《颗粒学报》、《中国粉体技术》等刊登了很多相关研究成果。但我国学者对微颗粒黏附的研究起步比较晚，而且现有的研究成果不多。

　　微颗粒的黏附、测量与清除是颗粒学的一个分支，是一门新兴的交叉学科，也可以说是一门高科技前沿学科，其研究涉及表面物理化学、电化学、微观力学、微观测量技术、膜技术、热力学、传热学、流体力学、气溶胶力学、表面活性剂、数学建模、防腐技术、清洁与保洁技术等。

　　微颗粒黏附与清除是矛盾的统一，查清了微颗粒黏附的机理和机制，就可以为预防微颗粒黏附和有效清除提供理论支持和技术方法，进而为保洁技术创新提供途径；同样，在需要强化微颗粒黏附能力的应用领域，如印刷行业等，也为提高微颗粒黏附强度提供方法和途径。因此，对微颗粒黏附与清除的研究意义重大。

　　本人及所领导的课题组多年从事粉尘控制理论与技术的研究，并逐渐从更微观、更基础和更多视角进入了微颗粒黏附与清除的研究领域。课题组从 1985 年开始从事抑尘剂及其应用的研究，2001 年在总结课题组十多年研究成果的基础上，本人撰写出版了国际上第一部《化学抑尘》专著，该书获 2002 年度国家科学技术学术著作出版基金资助，2003 年由中南大学出版社精装出版（ISBN 7-81061-652-8/0.033，吴超著，58.5 万字），2004 年荣获第 14 届中国图书奖。之后，本课题组一直坚持该领域的研究，并得到了两项国家自然科学基金和两项教育部博士点基金的资助。在过去的十年间，课题组先后有十多名博士、硕士研究生以本研究方向选题开展研究，并发表了数十篇相关论文。本专著是在汇集上述研究成果基础上完成的，是我国第一部此类专著，也可以视为《化学抑尘》专著的姐妹篇。

　　本书介绍了课题组诸多最新的创新性研究内容，如：从物理化学等多视角出发，系统研究并查清了表面黏附微颗粒的机理和机制；建立了多种微颗粒与固体表面黏附的复合力学模型，并给出了具体的数学计算表达式；建立了微颗粒黏附力测试的空气动力学模型；对描述微颗粒的各种力学模型进行可视化表达，并比较了不同作用力之间的大小和重要度顺序；设计了一组测定大气粉尘沉积和黏附的实验方法和装置；研究了各种湿润性测试装置的相关性和等效性；对纸币黏附细菌和树叶黏附粉尘的微观形态进行研究；通过研究空气中呼吸性粉尘受力作用与沉降实验，发现了大气参数，微颗粒形态、尺度、沉积时间、沉积量等因素之间的关系和物理化学结团规律；对小轿车漆面黏附粉尘进行空气动力学实验；实验研究硫化矿粉尘与湿润剂的耦合性；发明了一组粉尘湿润剂新配方；发明了一组适用于玻璃、瓷砖、漆面等物质表面的防尘保洁化学试剂配方；提出了一系列实现固体表面防尘保洁的新思路，等等。

本书的主要特色如下：（1）本书是以国际前沿的视野来撰写的，具有科学性、先进性、实用性和针对性；（2）尽管微颗粒微乎其微，但可以小题大做、以点带面、以小见大，本书揭示了微颗粒黏附与清除这一领域具有基础研究、技术开发、产品研制、行业服务等多个层次；（3）本书以大量实验数据为依据，内容翔实，理论、方法、原理、配方、技术等均可以参考；（4）本书还为微颗粒黏附与清除研究展现了更多的相关课题。

本书的素材主要来自本人指导毕业的博士和硕士研究生李明、崔燕、李芳、牛心悦、李艳强、夏长念、贺兵红、彭小兰、吴桂香、张岩等人的学位论文，也包括了钟剑、欧家才、贾彦等在读研究生或读本科期间在本人指导下所做的一些研究工作；实验室教师廖慧敏博士等也为本书的研究工作做了许多贡献；课题组李孜军副教授等也参与了一些研究工作。在此，本人对他们为本书所做出的重要贡献表示衷心的感谢。

本书的出版得到了国家自然科学基金项目"化学抑尘剂与粉尘微颗粒界面耦合的研究（编号：50474050）"、"微米级固体颗粒黏附与清除力学的研究（编号：50974132）"，教育部博士点基金项目"岩矿化学抑尘剂的分子设计理论研究（编号：20040533011）"、"金属矿尾矿库毒物的变迁因子权重及其干预方法优创研究（编号：20110162110051）"，2013年度国家科学技术学术著作出版基金等的资助，在此特别表示感谢。

最后，还要衷心感谢本书所引用的参考资料的所有作者，感谢编辑出版人员对本书的出版所付出的辛勤劳动。

受作者水平和能力所限，书中若有疏漏和不妥之处，恳请读者批评指正。

吴超

2013 年 7 月

Foreword

In nature, the majority of particles are in solid morphology, such as dust, sand, and soil, etc. Many people's foods are usually in particulate matter, such as rice, wheat, soybeans, salt, sugars and so on. Many artifacts, such as pulverized coal, catalyst, cement, fertilizers, paints, pharmaceuticals and explosives, are also in powder form.

Micro-particles are generally invisible to the naked eye, but they occur to the people's production and all aspects of life. The monitoring of PM2. 5 for urban air quality is a typical example. The daily life of cleaning, various occasions of dust pollution, the powder material preparation and processing of mining, and even agriculture, food, pharmaceuticals, paints and printing, space science and technology, microelectronics manufacturing are concerned with the particles.

Particle research is an interdisciplinary, multidisciplinary and cross-disciplinary subject and a lot of science and technology are related in applications. Particle researches include many issues, such as the preparation, characteristics measurement, dispersion, surface modification and application, interfaces of gas-solid, liquid-solid and gas-liquid, multiphase separation and aerosol and so on. Their researches have very important roles in many fields, such as energy, chemicals, materials, petroleum, power, light industry, metallurgy, electronics, weather, food, medicine, environment and aviation.

Particle adhesion studies have been more than half a century of history. So far, there are a large number of research results on the particle adhesion, measurement and cleaning in *International Journal of Adhesion and Adhesives*, *Journal of Aerosol Science*, *The Journal of Adhesion*, *Journal of Adhesion Science and Technology*, *Applied Surface Science*, *Colloids and Surfaces* and other international publications. One of most significant meetings is the *International Symposium on Particles on Surfaces: Detection, Adhesion, and Removal* which has been opened since 1980s and the progress of research in this field can be reflected in the series proceedings. Zimon Anatoliǐ Davydovich was one of the earlier scholars written a monograph on the dust and powder adhesion, his book *Adhesion of Dust and Powder* published in Russian in 1969 has been translated into English by Plenum Press, New York, published in 1982.

Chinese Society of Particuology was approved by the China Association for Science and Technology founded in 1986. The society aims through the organization of domestic and international academic meetings, to carry out science and continuing education, publishing academic journals and other forms of academic activities, and enhance member exchanges between the particles knowledge spreading, promote the development of particle technology in China. In the past 30 years, the studies of particle science in China have achieved impressive results, e. g. *China Particuology*, *China Powder Science and Technology*, have published a lot of research fruits. However, investigations on the adhesion of particles by Chinese scholars are rather late and very few available research fruits exist.

The adhesion of particles, measuring and cleaning is a branch of particuology and is an emerging cross-disciplinary. It is a high-tech frontier and the study involves the surface physical chemistry, electrochemistry, micromechanics, micro-measurement techniques, membrane technology, thermodynamics, heat transfer, fluid dynamics, aerosol mechanics, surfactant, mathematical modeling, corrosion technology, cleaning and cleaning technology.

Adhesion of particles and cleaning are two aspects of confliction. Identification of the mechanism of particle adhesion can provide new theory and approaches to prevent the particle adhesion and cleaning work, and thus provide an avenue for the innovation of cleaning technology. Similarly, in the need to strengthen the particle adhesion, such as the printing industry, it can also provide ways and means to improve the particle adhesion strength. Therefore, the study is significant on particle adhesion and cleaning.

The research group of the authors of the book has made a great effort to engage in the dust control theory and technology since 1985 and gradually went into the field of particle adhesion and cleaning from a more micro and basic perspective. On the basis of the more than ten year study of dust suppressants and their applications from 1985 to 2002, a book titled *Chemical Suppression of Dust*(ISBN 7 – 81061 – 652 – 8/0. 033) was written and published by the Central South University Press in 2003, which was one of the first monograph internationally and won the 14th China Book Award in 2004. Since then, our group has always insisted in the research field and has continuously been funded by the National Natural Science Foundation during the past decade. During this period of time, more than ten PhD and MS students joined in the research and published dozens of related papers. On the basis of above research fruits, we wrote the new book *Particle Adhesion and Removal* and it can be taken as the sister book of *Chemical Suppression of Dust*.

This book composes many latest innovative research contents, such as: the physical and chemical perspectives of particle adhesion; mechanism of adhesion of particles; a variety of composite adhesion models of particles and solid surface; specific expression of mathematical calculations; aerodynamic models of particle adhesion test; visualization of various mechanical models; comparison of the different forces of adhesion and importance of order; measurement methods of dust deposition in atmosphere; experimental methods of adhesion and devices; wet ability testing device and the equivalent properties; adhesion of the bacteria on the paper currency; adhesion of dust on the leaves; micro-morphology of particle adhesion on surface; forces of cleaning dust by air and sedimentation experiments; sedimentary parameters of dust in the atmosphere and regulations; aerodynamic experiments of adhesion of dust on car paint surface; experimental study of coupling of sulfide ore dust with wetting agent; invention of a group of dust wetting and cleaning agent formulation on the surface of glass, tile, paint; new ideas of cleaning dust on solid surfaces and so on.

The main features of this book are as follows: (1) The book was written from the scientific, advanced, practical and targeted visions and with the international forefront view. (2) Notwithstanding the particles is minimal and invisible, but it has wide research area and application field. The book reveals multiple levels of particle adhesion and cleaning from the basic research, technology development, products development to industry services, etc. (3) The book is based on a large number of primary experimental data and the information is reliable. All relevant theory, methods, principles, formulas, technology and so on can be effectively applied. (4) The book also provides an outlook of particle adhesion and cleaning studies and relevant issues.

Materials of this book mainly is come from more than ten dissertations of PhD and MS students who were supervised by the first author, these students are Li Ming, Cui Yan, Li Fang, Niu Xinyue, Li Yanqiang, Xia Changnian, He Binghong, Peng Xiaolan, Wu Guixiang, Zhang Yan, etc. The undergraduate students Zhong Jian, Ou Jiacai and Jia Yan who were supervised by the first author also made some contributions for the book. Dr Liao Huimin and associate professor Li Zijun also conducted a lot of contributions for the book. Here I would like to express my gratitude for the important contribution of the book to them.

The research work of this book got the financial supports of National Natural Science Foundation of China(Projects of No. 50474050 and No. 50974132) and the financial support of Doctorate Program of Ministry of Education of China (Project No. 20040533011, 20110162110051). The publication of the book also got the support of National Academic Works Publication Fund of Science and Technology in 2013. Here a particular gratitude is expressed by the authors together.

We must sincerely thank all authors of the references cited by the book. Finally, we thank the editors of this book for the hard work.

Because of the limitation of authors'ability, the book may have some omissions and inadequacies. Everyone to criticism is much appreciated.

Dr. & Prof.

Wu Chao

July 2013

目 录

Contents

微颗粒黏附与清除技术研究进展

空气中的微颗粒常常指粉尘。空气中的微颗粒粉尘常常会黏附于各种物体表面，如植物叶片、玻璃器皿、交通工具、仪器设备、家用电器、建筑物等表面，这会给人们的日常生活、生产带来危害。微颗粒黏附于建筑物表面时，随着时间流逝就会与建筑物表面发生一系列复杂的物理、化学作用，对其表面造成污染和破坏，使其出现各种"毛病"，如锈斑、水斑、表面粉化、裂纹等。对于半导体制造工业来说，微颗粒粉尘的存在可导致精密电路短路、腐蚀而报废，极微量的粉尘就足以使集成电路成为一堆废铜烂铁。除此之外，在食品、药品、钢铁、石化等大部分制造行业都需要防治微颗粒粉尘的危害。

通过开展固体表面与微颗粒粉尘之间黏附作用的研究，掌握微颗粒粉尘黏附的内在作用机理，进而开展固体表面与微颗粒的黏附、清除、自清洁技术研究，其研究成果可广泛应用于航空航天[1]、印刷工业[2]、微电子工业[3]、机械制造工业[4]、石油化工[5]、电子摄影[6]、纳米技术工业[7]、半导体工业[8]、环境保护产业[9]、建筑与装饰行业[10]等领域，因此开展微颗粒黏附与清除技术研究具有重要理论价值和应用前景。

1.1 微颗粒黏附与清除研究现状

1.1.1 研究论文的计量分析

作者用 particle，dust，adhesion，surface 等主题词组合检索美国工程索引 EI Compendex 和 Elsevier Science 数据库从 2000 年以来收录的论文，从文献内容来看，研究侧重点各不相同，涉及领域十分广泛。结合本专著研究内容，对其中部分典型研究的论文进行了详细分析，按论文发表时间进行了统计，结果如图 1-1 所示。

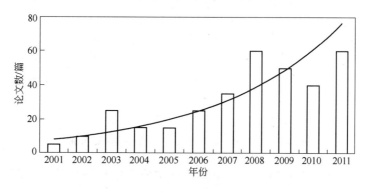

图 1-1　微颗粒黏附研究论文计量统计分布图

（按论文出版时间检索）

从图 1-1 中可以看出，2000 年以来，与本专著相关领域研究的论文发表数量呈现不断增长的趋势，随时间也呈现一定的周期性变化。变化趋势说明从事相关领域的研究人员及研究成果在不断增加，该领域研究越来越受到更多人的关注和参与。

根据论文第一作者的国别分类统计（图 1-2），在论文发表数量上，美、中、英等国家处于领先地位，其中发达国家发表论文合计数量占总数的 66%，特别是美国所占比例达 28%，研究成果处于明显领先地位。但近两年以来发展中国家的论文数量增长很快，特别是我国，研究人员发表的论文数量呈大幅上升趋势，这与我国加大科研投入、该领域研究工作日益受到重视和科研工作者的努力分不开。虽然我国论文数量较大，但研究内容创新性还不够，需要我国研究人员继续努力，同时也表明虽然我国在该领域研究起步较晚，但发展速度较快，我国完全有能力在较短时间达到国际一流水平。

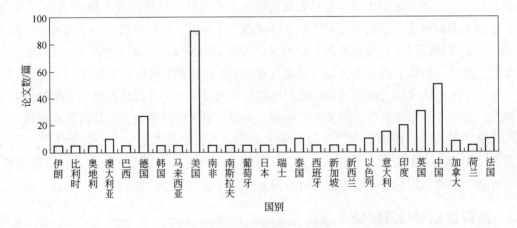

图 1-2   不同国家作者发表的微颗粒黏附研究论文数统计

（按第一作者国别进行统计）

根据研究内容进行的分析统计如图 1-3 所示。

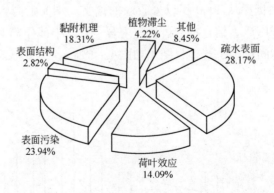

图 1-3   微颗粒黏附研究内容的论文统计分布

从图 1-3 中数据可以看出，目前研究热点主要集中在植物叶片表面污染情况调查、成分分析与疏水性表面仿生学应用研究等方面，其中有关疏水性表面和叶片表面污染研究内容比例达到 52.1%，叶片表面研究主要集中在荷叶效应方面。

1.1.2 植物滞尘研究综述

植物对一定范围内空气中粉尘具有净化作用，可降低空气中粉尘浓度，减弱粉尘危害。植物的滞尘作用主要表现为[11]：（1）植物阻挡气流和降低风速，使空气中大颗粒粉尘降落；（2）树木叶片表面保持一定湿度，容易黏附粉尘，经过雨水淋洗后又能恢复滞尘能力；（3）树木的花、果、叶、枝等能够分泌多种黏性汁液，表面粗糙多毛，空气中粉尘易于黏附，从而起到黏着、阻滞和过滤作用。

（1）植物滞尘的分析技术与方法：树木叶片滞尘量的分析目前尚无统一的标准方法，常见测定方法有：水洗、蒸干、质量法、蒸馏水浸洗法等。国外微颗粒分析技术已成功应用于叶片表面所吸附粉尘的元素分析及其毒性研究[12]。

（2）植物滞尘能力的研究：1）不同时间植物滞尘能力的比较[13]；2）不同树种植物滞尘能力的比较，树种间滞尘能力的差异是由叶片的形态结构特征决定的，叶片的大小、粗糙程度及上下表皮具有毛的形状、数量是造成滞尘能力差异的主要原因[14]；3）不同森林结构植物滞尘能力比较；4）植物滞尘能力的评价与绿地滞尘量的估算[15~17]。

（3）粉尘对植物生理影响：粉尘污染对植物生命有不同方面的影响，诸如整体的生长和发育。目前对叶子的形态学、解剖学、生化与细胞变化都有了一定的研究[18~20]。

综上所述，目前国内关于植物滞尘的研究主要是在植物滞尘能力的比较上，对植物滞尘的作用机理还有待深入研究。

1.1.3 疏水表面研究综述

人们发现自然界中的一些动植物表面具有疏水和自清洁功能，如我国宋朝就用"出淤泥而不染"描述"荷叶效应"的特殊性质。除了荷叶以外，还有芋头叶、甘蓝、水稻叶等很多植物表面具有超疏水性。许多研究者通过电镜扫描研究证明植物表面展现出各式各样的表面结构[21~24]，如毛状体、表皮褶皱和蜡质晶体，它们为了适应各自的生存环境起着不同的作用，但大多是提供了防水表面起到疏水自清洁的作用。E. Jeffree 就植物表皮、上表皮蜡和毛状体及其结构、功能进行了分析和论述，将现代植物中的蜡形态分为薄膜形、管状、盘状等 14 种类型。W. Barthlott, C. Neinhuis, D. Cutler, F. Ditsch, I. Meusel, I. Theisen 和 H. Wilhelmi 等人就植物表皮蜡进行了分类学研究，将蜡分成膜状、结晶状等 6 大类 31 小类。Haberlandt, Metcalfe 和 Chalk 等人尝试将毛状体分为星形、盾形等 8 种类型，并就蜡和毛状体的功能进行了分析说明。W. Barthlott 和 C. Neinhuis 就荷叶的自清洁——荷叶效应进行了研究，首次指出表面粗糙度与减少微颗粒黏附和防水之间的相互依赖关系是许多生物表面自清洁机理的核心[25]。

由于超疏水表面与水滴的接触面积非常小，且水滴极易从表面滚落，因此，超疏水表面不仅具有自清洁功能，而且还具有防电流传导、防腐蚀、防水、防雾、防霉、防雪、防霜冻、防黏附、防污染等功能[26,27]，因而在建筑、服装纺织、液体输送、生物医学、日用品与包装、交通运输工具以及微量分析等领域都具有广泛的应用前景[28~35]。

考察自然界中超疏水性表面的微观结构，通过现代精密的分析手段研究自然界中生物体所具有的超疏水表面的化学成分和表面形貌，并通过对其微观结构的分类总结出"仿生"的必要条件和可能途径，以期通过了解自然的超疏水性表面为仿生制备提供现实基础和理论依据。

1.1.4　黏附理论模型研究综述

从理论上，黏附问题可以分为三类[36]：（1）以连续介质力学为基础的宏观模型；（2）以分子/原子模拟为基础的原子模型；（3）介于上述两类模型之间的以微细观/介观力学为基础的多尺度模型。

（1）宏观模型：几乎所有的弹性接触问题的宏观研究都是运用 Johnson 建立的接触力学理论，当黏附力变得相对很大，或者相互黏附的物体为生物体等一些弹性模量很小的材料时，则需要用非弹性方法、大变形理论等。这种模型被广泛地应用于四点弯曲法和压痕法等实验中，计算裂纹扩展阻力，用来表征黏附强度。

（2）原子模型：原子模型主要有两种类型：一种是计算界面上的结构特性和化学键，预测界面化学特性是如何影响分子/原子键的强度；另一种是计算界面上的位错分布和大小，用局部 Griffith 应力集中因子来判断界面的开裂。

在这类模拟方法中，Becker 是用界面键断裂模型，Lee 和 Aaronson 发展了一套离散晶格面的分析方法，Borchers 和 Bormann 扩展了 Becker 模型，并把它应用于计算低温下的界面黏附能，结果发现稳定对界面黏结强度有显著的影响，但一般而言用原子模型得到的黏附能都要比实验结果大[37,38]。最近几年，分子动力学也被应用于黏附科学领域[39~43]，在分子/原子层面对界面黏附的物理本质进行研究，并把模拟结果、宏观模型的计算结果与实验结果进行比较，从而更好地指导实验改进以及宏观理论模型的修正。

（3）多尺度介观模型：它是近几年发展起来的一种结合原子模拟和连续介质力学的方法，在黏结界面采用原子模型，计算界面键的强度来表征界面黏附能大小，但远场仍然利用连续介质力学计算远场应力分布对黏附界面位错密度和空间分布的影响。

多尺度介观模型大致有两类分析方法：一类就是从连续介质力学理论出发，它基本上只能计算一些简单的、位错数量少并且分布规则的情况[44]，已经有一些静态和动态的计算结果，其中包括裂端或裂端附近的位错扩展。另一类就是编写一些大型的模拟程序，并结合有限元方法模拟远场大尺度效应，被称为准连续模型[45]。它能在一次模拟中将界面黏附从原子尺度、微观尺度和连续场三个方面同时体现出来，但是这种方法的最大缺点就是编程相当复杂，计算量庞大，并且在模型过渡区不好处理。后来 ab initio 密度函数理论被引入多尺度模型，Curtin 和 Miller 应用介观模型考虑原子尺度和连续介质场理论的耦合计算得出了 Al_2O_3 的界面能。

1.1.5　减少表面黏附方法综述

为了减小物体黏附及摩擦现象，微结构的硬度、表面形貌、表面化学特性都必须做相应的改变。防止或减轻黏附可用下列两大类方法来实现[46]：一是在制造过程中采用防止微结构和基质物理接触的方法，如通过冷冻干燥、临界点干燥、干蚀刻工艺等。缺点是在加工完成之后，微结构仍有可能由于大的加速度或静电力的作用而产生接触。二是减小物体间的黏附力，如可以使表面能减小（材料使用疏水表面或进行表面处理），或使实际接触面积减小（使用凸起块、增加表面粗糙度），这些方法可持久地降低黏附力。

防止和减小黏附的主要方法有[47]：

（1）微结构变形：在没有外界激励的情况下，通过增加表面分离距离可以减少微结构表面的黏附现象。

（2）表面形貌的改变：从各种黏附机理出发，在微结构的制造和运动过程中，表面粗糙法是避免小间隙出现的有效方法；通过微观的表面改性，可使表面形貌改变，或者形成一些小的凸块，从而减小表面接触面积，相应地可减小黏附力。

（3）表面处理和表面涂层：通过适当的表面处理，如制备一种疏水性表面，通常它们的表面能较低，范德华力也会略有减小，也可以避免由于弯月面形成所带来的表面张力的影响。另外，通过表面处理，也能够减少静电力的影响。实现这些目的可以通过表面处理和表面涂层两种方法。

（4）自组装分子膜润滑：近年来，各国学者利用自组装技术在制备单分子膜、多层膜、高分子聚合体、纳米颗粒及超晶格材料等方面开展了广泛的研究，其中自组装单分子膜是一种新型有机超薄膜，它和用分子束取向生长（MBE）、化学气相沉积（CVD）等方法制备的超薄膜相比，具有更高的有序性和取向性，它灵活的分子设计可以获得不同结构，不同物理、化学特性的表面。

自组装分子膜是利用固体表面在稀溶液（或气相）中吸附活性物质而形成的有序分子组织，它的基本原理是通过固－液（或固－气）界面间的化学吸附或化学反应，在基片上形成化学键连接的、分子取向紧密排列的有序分子膜。自组装分子膜可以使表面能降低 4个数量级，具有非常好的防止黏附、降低静摩擦力的作用。目前该技术还处在研究初期，可以预见，自组装分子膜技术将对黏附力学的基础理论及应用研究起到巨大推动作用，在防止黏附方面也有独特的应用前景[48~50]。

1.2 固体表面保洁技术研究进展

所谓的保洁技术，不仅仅指利用某种先进的仪器设备对表面进行加工处理，更是指结合物理－化学－生物三方面的协同作用，对表面涂料进行配方上的改进，对化学药剂进行改性，利用自然界的光能、生物能等使表面得以保持洁净。

1.2.1 氟碳不粘型保洁涂料

氟碳涂料是以含氟树脂为主要成膜物的系列涂料的统称，它是在氟树脂基础上经过改性、加工而成的一种新型涂层材料，其主要特点是树脂中含有大量的 F—C 键，其键能为485kJ/mol，在所有化学键中堪称第一[51]。在受热、光（包括紫外线）的作用下，F—C键难以断裂，显示出超长的耐候性及耐化学介质腐蚀性，具有突出的抗沾污性和自洁性，其氟碳防腐层具有低表面能，对水的接触角为80°～110°，表面光滑，黏附性小，不易被污染。广泛应用于大楼、桥梁、路灯杆等建筑物表面层保护。其最大的优点是能使建筑物长期保持清洁，不粘灰尘。如果有张贴物贴上，时间不长就会自动脱落，且不留痕迹。

氟碳涂料的最新进展和发展趋势是采用分子设计理论，融进许多新技术和方法，使氟碳树脂能满足发展的需求，满足具有各种特点的实际应用[52]，如纳米技术、自分层技术、自组装技术、超临界流体技术、等离子体化学蒸汽沉积和物理蒸汽沉积、溅射技术、消融技术、自旋涂装、转移涂层、模塑装饰、预加工涂层等。表面改性技术也取得了进展，如所谓的"莲饰效果"，即对涂膜的表层状态进行改性。杜邦公司开发出含氟量小至 1% 的涂料产品，并直接涂装在基材表面上。具体的几种国内生产的氟碳树脂品种如表 1-1 所示。

表 1-1 国内生产的一些氟碳树脂品种

聚合物	涂料形式	干燥温度/℃	涂料种类
PTFE	水性	330	防粘涂料
FEP	水性	260	防粘涂料
PCTFE	水性	210	耐候性涂料
PDVF	溶剂型	170	耐候性涂料
PVF	溶剂型	200	耐候性涂料
PFEVE	溶剂型	室温	耐候性涂料

1.2.2 低表面能涂料

低表面能涂料也称不粘涂料[53]，通常由氟碳树脂、有机硅树脂、聚四氟乙烯粉末配以交联剂等特种改性材料、低表面能添加剂（如硅油、液体烃类）及其他助剂及填料构成，与底材具有良好的结合力，与纯水的接触角大于120°，漆膜表面能低。国内已经开发出漆膜表面具有荷叶效应的纳米复合外墙乳胶涂料、高级纳米防水自洁漆等等，通过纳米粒子在漆膜表面形成张力极大的纳米涂层，从而使漆膜表面具有油性般的防水、耐水效果，使涂层具有更优异的耐候、抗沾污、耐水、防霉、防藻等性能。

早在 20 世纪 60 年代，就有关于低表面能无毒防污涂料的少量文献与专利，美国海军在 1977 年就开始试验无附着（non-stick）涂料；与此同时，英国国际涂料公司也在进行这种涂料的研究，称之为 "low surface energy coating"（低表面能涂层），并首先推向市场。

从仿生学的角度研究，荷叶表面的特殊微纳米多尺度结构和低表面能的蜡质物使得荷叶表面的静止接触角达到 160°，其滚动角只有 2°。目前，制备具有荷叶效应的表面或涂层的方法有：刻蚀[54,55]、自组装[56]、相分离[57]、化学沉积与电沉积[58]、溶胶-凝胶[59]、电纺丝[60]、碳纳米管[61]、水热法[62]、机械法[63]等。通过上述方法可制备粗糙表面，再通过低表面能物质表面修饰后得到超疏水表面。通过配制分散有微米、纳米二氧化硅的环氧树脂的改性溶液与涂覆，从而制备具有荷叶效应的涂层。

W. Bartblott 成功地把荷叶效应移植到外墙涂料系统，开发了微结构有机硅乳胶漆。这种乳胶漆采用具有持久憎水性的乳化剂、有机硅乳液等一些专门物质，从而使其涂膜具有荷叶的表面结构，达到拒水保洁功能。

谷国团[64]等人用全氟辛酸和甲基丙烯酸羟丙酯（HPMA）为原料，合成了具有低表面自由能（14.2mN/m）的聚甲基丙烯酸全氟辛酰氧丙基酯（PFPMA）。Robert 等人的研究表明，通过调整氟、硅含量，即两种元素在涂层表面的分布和原子排列，可以制成力学性能好，防污效果佳的无毒防污涂料。Graham 等人的研究表明，在全氟丙烯酸酯和全氟甲基丙烯酸酯等树脂上接入—$(CH_2)_2$—$(CF_2)_n$—F，其中 $n > 10$，这些树脂的表面能可降到 6 mN/m 以下。

利用有机硅材料的低表面能特性，可以作为瓷砖的防污剂[65]。以特殊工艺制备的甲基硅树脂为主体树脂的有机硅防污剂[66]，能够和基体间形成牢固的化学键，具有良好的耐擦洗性，在抛光砖上使用后，不仅具有优异的自洁防污效果，而且能提高表面光泽，增加装饰效果。

1.2.3　汽车漆面防污自洁技术

汽车是人们日常生活中必不可少的交通工具，让汽车保持持久的光鲜亮丽是人们不断追求的目标。

打蜡和封釉是现在最常见的漆面保养方法。打蜡是用蜡对车漆进行养护并使其附着在车漆的表面，使其达到光亮的效果。这虽然起到了一定的保护作用，但是蜡本身是一种内含化学成分带油性的产品，时间长了会使车漆表面失去原来的光泽。再加上蜡本身只能附着在车漆表面，如果遇到一些对车漆带腐蚀性的污物附着在漆面上与蜡产生氧化，那就更不容易清理掉了，有时甚至会产生氧化反应，导致车漆受损。所以说打蜡对车漆的保护是不全面的。

封釉是在打蜡的基础上更完善的一种漆面养护。它保持时间较长、光泽度比打蜡更好，对漆面的副作用降到了最低。但存在着操作复杂、效果不明显，一些难以清除的鸟粪以及有腐蚀性的污物会与车漆发生氧化作用，灰尘不容易清理等问题，很难达到最佳的效果。

苏桂明等人[67]采用新型改性硅油为主体，改性氨基硅油乳液为主要成膜物，经过乳化后，制成乳液，可喷涂于汽车表面，干燥后形成牢固性涂层，是附着力好、光滑透明、防污性强的疏水涂料。

由福建鑫展旺化工有限公司自主开发的"双疏"低表面能汽车面漆[68]是以三元共聚氟硅树脂为基料，将新型聚甲基丙烯酸丁酯、聚甲基丙烯酸三氟乙酯、聚乙烯基三甲氧基硅烷等共聚物制成水性环保氟硅涂料并应用于汽车面漆。该汽车面漆具有很低的表面能，使外界污染物难以附着或者附着不牢固，在汽车行驶时利用风的剪切作用或者雨水的冲刷作用使污染物轻易除去，达到自清洁的效果。低表面能自清洁汽车面漆凭借其具有的附着力强、防腐防锈、丰满度和鲜艳度高、耐候性好，以及耐磨、抗冲击、耐老化、耐酸碱等特点，得到汽车制造企业的认可。

圣光超级魔力漆面保护剂[69]内含硅素高分子聚合体、氟素高分子聚合体、高纯水和二氧化钛等环保材料。采用光触媒技术工艺，可有效地分解漆面污物和难以清除的鸟粪、昆虫尸体。由于使用的都是环保材料，自身不氧化，所以不会对车漆产生二次污染，能有效地保护车的漆面，令漆面光亮、持久，并能够渗入漆面形成一种保护膜，使漆面具有超强的耐高温、防氧化、防酸雨、防褪色、防轻微划痕、易清洁等多种优势。

1.2.4　镀膜技术

1.2.4.1　防污自洁材料

镀有纳米 TiO_2 薄膜的表面具有高度的自清洁效应，一旦这些表面被油污等污染，因其表面具有超亲水性，污物不易在其表面附着。阳光中的紫外线足以维持纳米 TiO_2 薄膜表面的亲水特性[70]，在紫外线照射下，一方面利用其光氧化还原功能将有机污染物氧化分解，另一方面由于在建筑膜材表面生成亲水基（OH基），使建筑膜材表面处于超亲水状态，从而赋予建筑膜材极优异的自洁去污能力，达到超自洁性水平，膜面始终保持美观整洁。H. Abdul Razaka 等人证明将 TiO_2 面涂到 PVC 建筑膜材，其自洁性能优于其他面涂剂。由于纳米 TiO_2 具有光催化作用和超亲水特性，将其应用于玻璃、陶瓷等建筑材料时，具有净化空气、杀菌除臭、防污等环保功能，而且还可大量节省建筑物的清洗和保洁费用。

1.2.4.2 自洁玻璃

在玻璃表面涂上一层 TiO_2 薄膜，可制成一种环保材料，即自洁玻璃[71]。它作为建筑玻璃（特别是窗玻璃）时，不仅具有普通玻璃所具备的功能，而且由于其光催化的作用，使附着在玻璃上的油污等氧化分解，便于消除。通常采用溶胶－凝胶工艺制备 TiO_2 玻璃薄膜，TiO_2 薄膜具有高的折射率和介电常数，可见光透过性好，吸收紫外光能力强。涂层玻璃相对空白玻璃的相对透光率都在 70% 以上，可以满足正常使用。

自洁净玻璃成膜方法主要有溶胶－凝胶法、化学气相沉积法、磁控溅射法、涂布法、粘接法[72]。涂布法和粘接法由于其成膜较厚、均匀性差，影响了玻璃的透明度、光催化活性，故很少采用，而溶胶－凝胶法、化学气相沉积法和磁控溅射法则以其优越性常被采用，但也各有优缺点，具体阐述如表 1-2 所示。

表 1-2 三种自洁净玻璃生产方法的优缺点

生产方法	优 点	缺 点
溶胶－凝胶	设备简单、投资少	产量低、能耗高、玻璃透过率低，两面均有膜、光催化活性低
磁控溅射	单面膜、光催化活性较高，膜厚易控制	设备投资较大，工艺控制复杂，成本较高
化学气相沉积	单面膜、产量高、膜层薄，玻璃透过率高、光催化活性高、可在线生产、能耗低	工艺复杂、设备投资大

在原硅酸四乙酯溶液中涂抹碳化硅纳米线[73]，也可以制得一种新型自洁玻璃。大规模的 SiC 纳米线在 ZnS 粉末作为催化剂的条件通过 SiO_2 和硅粉末的气固反应，可以直接合成。可以通过涂敷不同层的 SiC 纳米线改善粗糙度对表面接触角的影响。Rosario[74] 等人发现，硅纳米线粗糙表面形态说明了光敏表面光诱导与水的接触角的变化。Verplanck[75] 等人阐明了超疏水硅纳米线在空气和油质环境中液滴的可逆电湿润性。Okamoto[76] 等人研究发现，运用荧光显微技术模板显示硅纳米管内表面的扩散和湿润过程。

张欣桐[77] 等人通过静电吸引作用在聚合电解质改性的玻璃基板镀上单层的二氧化硅颗粒涂层，再通过静电吸引镀上另一层纳米二氧化钛涂层，经过 500℃ 的焙烧去除聚合物薄膜后制得具有防反射性能的自洁颗粒涂层。

1.2.5 表面改性、添加表面活性剂涂料

近年来，将无机纳米粒子用于水性涂料以改善其耐候性、耐洗刷性、硬度等性能，或者赋予其防污、自洁等特殊功能，成为国内外研究的热点之一。但是由于纳米粒子的比表面积大、表面能高，处于非热力学稳定态，极易发生团聚，从而影响其应用效果。为此，许多研究工作者采用各种方法对无机纳米粒子进行改性，以改善其在水性涂料中的分散效果，如偶联剂法、表面活性剂法、聚合物包覆法、微胶囊法等，其中，偶联剂法的制备工

艺简单,粒子分散效果显著,引起人们更多的关注。目前,用于纳米粒子改性的偶联剂主要有硅烷偶联剂、钛酸酯偶联剂、铝酸酯偶联剂和铝锆偶联剂[78]。

三硅氧烷类硅表面活性剂已被证明可以明显提高水溶液在低能表面铺展性能,特别是以聚氧乙烯基为亲水基团的三硅氧烷表面活性剂可在聚苯乙烯等低能表面显示出超铺展行为。

宋震宇等人[79]以硅烷偶联剂(KH570)为改性剂,采用溶胶 - 凝胶的方法制备出改性 SiO_2 粉体;以 DMF 为溶剂,PVDF 为主要成分,共混入拒水拒油剂和改性 SiO_2 粉体,制备出可应用于软质 PVC 基材的防污自洁表面处理剂。实验结果表明,拒水拒油剂降低了基材的表面张力,改性 SiO_2 粉体的加入起到提高基材表面微观粗糙度的作用,从而可成功实现在聚合物表面模拟荷叶效应的目的。

姚丽等人[80]采用正硅酸乙酯制备了 SiO_2 纳米粒子,并与 KH - 570 进行改性,采用原位乳液聚合方法制备了纳米 SiO_2/含氟丙烯酸酯核壳型共聚物复合乳液涂料,其表面能低至 9.8 mN/m。该涂料不仅具有优良的耐洗刷性和耐候性,而且具有抗菌和自洁等特殊功能。

王荣民等人[81]用 3 - 甲基丙烯酰氧基硅烷对制备好的已加入 Fe^{3+} 和 Ag 添加剂的复合纳米 TiO_2 进一步改进,将改进的复合纳米 TiO_2 用来制备氟碳多功能涂料,其光催化抑菌活性达到 92%,因为疏水氟硅乳液的缘故,其表面不容易被油、灰尘、水沾污。

用有机硅树脂对丙烯酸树脂进行改性,不仅可以消除丙烯酸树脂的一些缺陷,而且可以进一步提高涂膜性能,例如耐候性、保光性、透气性、防水性、耐沾污和耐磨性,因此,近年来,对有机硅改性丙烯酸树脂的研究十分活跃[82~84]。γ - 甲基丙烯酰氧丙基三甲氧基硅烷(A174)是最常用的改性丙烯酸树脂的偶联剂,A174 分子中的 γ - 甲基丙烯酰氧丙基与丙烯酸酯类化合物的结构相似,而且可通过共聚合形成化学键,因此相容性较好,但因偶联剂为三官能度单体,在水性环境中易凝胶,存在硅含量难以提高的问题。市售硅丙乳液的有机硅含量通常为 2% ~5%。龚兴宇等人[85]将 A174 中的 3 个甲氧基都用异丙氧基取代,用以降低硅烷单体的水解活性,减少凝胶发生的概率,可以将硅含量提高到 15%。黄可知等人[86]以三甲基氯硅烷改性后的 A174 和丙烯酸酯类单体共聚,制得了有机硅质量分数达 35% 的高硅含量的硅丙乳液,改性后涂膜的耐候性、耐水性、耐擦洗性和耐沾污性均有提高。

通过以上论述,在此对所涉及的一些保洁涂料的配方组成成分及特点进行了归纳汇总,以便于行业人员对保洁涂料进行更进一步的认识和了解,具体内容如表 1 - 3 所示。

表 1 - 3　几种保洁涂料的成分及特点

涂料名称	涂料成分	特点
氟碳涂料	以含氟树脂为主要成膜物,在氟树脂基础上经过改性、加工而成的一种新型涂层材料	能使建筑物长期保持清洁,不粘灰尘。如有张贴物贴上,时间不长就会自动脱落,且不留痕迹
"双疏"汽车面漆	以三元共聚氟硅树脂为基料,将新型聚甲基丙烯酸丁酯、聚甲基丙烯酸三氟乙酯、聚乙烯基三甲氧基硅烷等共聚物制成水性环保氟硅涂料	附着力强、防腐防锈、丰满度和鲜艳度高、耐候性好,以及耐磨、抗冲击、耐老化、耐酸碱等
无毒防污涂料	无毒硅酸盐与其他防污剂复合,以自抛光树脂为基料	无毒、环保、有效期长

续表 1 - 3

涂料名称	涂料成分	特点
环保节水高效汽车清洗液	由纳米材料、高级表面活性剂、抛光剂、抑菌剂、稳定剂等组成	配方独特，性质温和，不伤肌肤，能迅速溶化油污灰尘，不留水痕，洁力强劲不损伤车漆的光亮，利于环保，有去污打蜡效果，防静电、抗紫外线、抑菌，延长漆面寿命，抗紫外线、防尘
自洁防污涂料	采用正硅酸乙酯制备 SiO_2 纳米粒子，与 KH - 570 进行改性，采用原位乳液聚合方法制备纳米 SiO_2/含氟丙烯酸酯核壳型共聚物复合乳液涂料	表面能低，不仅具有优良的耐洗刷性和耐候性，而且具有抗菌和自洁等特殊功能
低表面能防污涂料	全氟辛酸和甲基丙烯酸羟丙酯（HPMA）为原料，合成聚甲基丙烯酸全氟辛酰氧丙酯（PFPMA）	低表面自由能（14.2mN/m）
	通过调整氟、硅含量，即两种元素在涂层表面的分布和原子排列	力学性能好，防污效果佳、无毒
	在全氟丙烯酸酯和全氟甲基丙烯酸酯等树脂上接入—$(CH_2)_2$—$(CF_2)_n$—F，其中 $n > 10$	低表面自由能（6mN/m）
疏水涂料	新型改性硅油为主体，经过乳化后，制成乳液	附着力好，光滑透明，防污性强
防污自洁面涂剂	利用 PVDF 构筑疏水粗糙表面，然后通过添加纳米 SiO_2 粉体，进一步提高了粗糙度	增强防污自洁效果
圣光超级魔力漆面保护剂	含硅素高分子聚合体、氟素高分子聚合体、高纯水和二氧化钛等环保材料，采用光触媒技术工艺	可有效地分解漆面污物和难以清除的鸟粪、昆虫尸体，自身不氧化，不会对车漆产生二次污染

1.2.6 微相分离结构防污涂料

立邦公司发明了一种具有微相分离结构的、由有机硅 - 丙烯酸酯共聚树脂制得的防污涂料[87]。这种涂料由两种以上不相容的树脂组成，可在表面形成直径为 10~20nm 的粒状突起结构，具有良好的防污效果。现在经常使用的一种亲水性硅树脂是含有聚醚侧链的聚二甲基硅氧烷。聚醚侧链有亲水性，而聚二甲基硅氧烷具有疏水性，这种树脂与其他硅树脂经交联后，可以形成具有亲水、疏水微观相分离结构的涂层。

基于荷叶效应原理，用 PVDF 与纳米 SiO_2 粒子在 PVC 建筑膜材表面构筑出微米 - 纳米粗糙结构，并用 AFM 电镜加以验证得出具有此粗糙结构的 PVC 建筑膜材防污自洁效果良好[88]。这符合 Cassie 等人所描述的高粗糙表面的情况，认为液滴在粗糙表面上的接触是一种复合接触，液滴并不能填满粗糙表面上的凹槽，在液珠下将有截留的空气存在[89]。微米 - 纳米粗糙结构与水接触的孔洞中截留的空气所占的比例越大，则 PVC 建筑膜材与水接触角越大，滚动角越小，即 PVC 建筑膜材防污自洁性能就越好。

赵晓娣等人[90]采用聚偏氟乙烯（PVDF）与纳米 SiO_2 粒子制备防污自洁面涂剂，并将此面涂剂面涂到高强涤纶长丝双轴向经编 PVC 建筑织物上。面涂后该织物与水的接触角达 158.2°，滚动角为 3°，且经集灰实验测试，水滴能将撒在织物表面上的炭黑带走，证明了所制备的面涂剂具有一定的自洁性。同时，用原子力显微镜（AFM）观察面涂后的 PVC 建筑织物，其表面形成了同荷叶表面类似的微米 - 纳米粗糙结构，从而为其具有防污自洁性提供了依据。

纳米 SiO_2 分散在油漆中后可以形成网状结构，可以同时提高汽车面漆的强度并降低粗糙度。复合的纳米 TiO_2、纳米 SiO_2 和/或纳米 ZnO 的协同作用，充分利用它的优异性能，使其在增加抗老化性能和提高力学性能上都具有更加优越的效果，可以大大提高汽车面漆的抗老化性能[91]。

粟常红等人[92]采用微米、纳米二氧化硅与树脂共混制备涂层剂，进行两次离心涂膜制备了超疏水表面。Woodward 等人[93]采用 CF_4 等离子化学气相沉积在聚丁二烯表面构筑出超疏水表面，并探讨了功率对表面形态的影响。Katsuya Teshima 等人[94]选用不同的有机硅氧烷作为等离子化学气相沉积的气体在 PET 膜上构筑了超疏水表面，探讨了不同物质及其复配品对表面性能的影响；Katsuya Teshima 等人[95]还采用两步法氧气等离子处理和 FAS 等离子增强化学气相沉积在 PEF 上成功制出了超疏水表面。张之秋等人[96]采用两步法等离子处理和化学表面处理来构筑防污自洁表面，探讨各因素对膜表面接触角的影响以及制备方法的可行性。郑振荣等人[97]基于荷叶效应原理，利用聚偏氟乙烯（PVDF）溶液涂膜构筑微米结构，采用氧等离子体诱导化学沉积的方法在 PVDF 膜表面构筑纳米结构，同时对其表面微米 – 纳米结构产生的机理进行了分析，探讨了表面结构和化学组成对 PVDF 膜表面超疏水性的影响。利用扫描电镜、原子力显微镜、X 射线光电子能谱仪及接触角测量仪等研究了 PVDF 膜表面的微结构及化学组成与疏水性能的关系，结果表明，化学浴沉积法（CBD）可在 PVDF 膜上生成刺状线性网络纳米结构，该表面与水的接触角为 157°，滚动角为 4°；化学气相沉积法（CVD）可在 PVDF 膜生成鸟爪状的纳米结构，与水的接触角为 155°，滚动角为 4°。经集灰试验证明，用两种沉积方法制备的 PVDF 膜表面均具有良好的防污自洁性能。

郭阳刚等人[98]在一个规格的容器中，用聚氯乙烯或聚甲基丙烯酸甲酯（如 0.2g）在室温下溶入四氢呋喃（如 THF 20mL）中。当聚合物完全溶解时，添加表面改性纳米 SiO_2（如 0.1g）并溶于溶液中，即可制得以硅为基础的纳米复合材料超疏水表面。

1.2.7　其他涂料及技术

1.2.7.1　无锡自抛光防污涂料

无锡自抛光防污涂料一般可分为普通自抛光防污涂料、含杀生物功能基的自抛光防污涂料和生物降解型自抛光防污涂料，这些防污涂料的主体都是自抛光共聚物。普通自抛光防污涂料的共聚物为丙烯酸或甲基丙烯酸类共聚物。含杀生物功能基的自抛光防污涂料的共聚物侧链上含有杀生物活性功能基团，该侧链活性基团可为四芳基硼酸四烷基铵配合物、N – 甲基丙烯酰咪唑、甲基丙烯酸 – 2，4，6 – 三溴酚酯等。生物降解型自抛光共聚物有生化树脂、天然树脂、合成树脂 3 类。

1.2.7.2　自洁防污涂料

紫外光照射可以引起纳米粒子在纳米区域形成亲水性及亲油性两相共存的二元协同纳米界面结构，类似二维的毛细管现象，在宏观的纳米粒子表面表现出奇妙的超双亲性[99]。利用此性质，可以制备具有自洁防污功能的水性涂料，应用于建筑物及汽车的玻璃窗、树脂镜片及精密仪器的玻璃罩，即使空气中的水分、蒸汽凝结，或者淋上雨水，也会迅速扩散成均匀的水膜，不会形成影响视线的水滴。

1.2.7.3　环保生态纳米涂料

北京中材国建化工材料科学研究院研制出环保生态纳米涂料，形成以表里合一生态纳米涂料为核心的系列产品。该表里合一生态涂料采用纳米技术，具有底漆（腻子）与面漆（乳胶漆）二合一功效。该纳米涂料不仅环保，还能释放负离子，起到净化空气、促进新陈代谢的功效。

1.2.7.4 自动免擦建筑清洗保洁技术

该技术突破传统建筑外墙人工清洗方式，采用专用设备及专用清洗剂，使各种形状的建筑物外表面的污垢因专用清洗剂的物理及化学作用而自动与建筑外表面实现分离，从而达到无需人工擦洗而实现建筑外表面的自动清洗保洁。

1.2.8 固体表面保洁技术的展望

通过对这些技术的了解，其依据大多为分子黏附力学、分子动力学、热力学、分子结构力学、光谱学、表面物理化学等理论。将物理－生物－化学有机结合，从化学药剂配方上进行改进，生产环保无毒涂料；在表面形态上，从仿生学角度考虑，对表面进行改性，提高表面的微观粗糙度，构筑微纳米多元态结构，构筑超疏水表面。将理论运用于实践，使得表面保洁技术得到进一步的发展。但是，这些技术仍存在不足，下面是有关保洁技术的几点方向：

（1）纵观全局，可以看出，防污涂料的发展方向是研制无毒的、新型的环境友好型防污涂料，即所研制的防污涂料既要有很好的防污效果，又必须是对人类以及整个生态环境无毒无害。同时，保洁技术最好能够充分利用自然界的资源，如光能、生物能等，达到一举多得的效果。

（2）表面改性中偶联剂法的制备工艺简单，粒子分散效果显著，引起人们更多的关注，但其中还是有不足之处，还有望进一步提高。

（3）表面具有纳米或亚微米结构是表面能否自洁的关键。于是，如何在纳米尺度和亚微米尺度上控制材料的表面微结构和表面形态将会有更大的发展空间。

（4）虽然有关表面保洁越来越受到关注，但还没有真正系统化的关于表面保洁的理论研究，因此，进一步深化理论研究，是深入了解表面保洁的关键。

（5）环境保护备受关注，资源紧缺越来越严重，尤其人们赖以生存的水资源，因此开发研制防污自洁性表面材料刻不容缓，材料保洁的长期性更是值得探讨。

1.3 微颗粒黏附力测试技术研究进展

1.3.1 AFM 分离技术

1986 年，IBM 公司的 G. Binning 和斯坦福大学的 C. F. Quate 及 C. Gerber 合作发明了原子力显微镜（AFM）[100,101]，AFM 逐渐成为分子和原子级显微测试工具，在表面特征的刻画和微颗粒黏附力测试方面都得到了越来越广泛的应用。

AFM 分离技术的测试装置如图 1－4 所示，将一个对极微弱力极敏感的微悬臂梁一端固定，另一端设有微小的探针，利用显微操纵技术将微颗粒黏附在探针上[102~104]；样品衬底表面放置在压电驱动器上，通过施加在压电驱动器上的电压可以实现样品表面在纳米尺度的上下移动，同时记录微悬臂梁的变形，微悬臂梁的变形通常采用光学手段来测量（从激光二极管中发射出来的光束聚焦在微悬臂梁的末端背面，为了增强反射性，其背面常涂有一层薄黄金层[105]，并且通过分裂光电二极管来探测其位移）。当压电驱动器向上移动到一定程度时，微颗粒就会与表面黏附；当压电驱动器向下移动时，微颗粒将继续与之黏附直到悬臂梁产生足够大的回复力以使微颗粒从衬底表面脱离。通常以使微颗粒刚好脱离衬底表面的回复力来表示微颗粒与衬底表面之间的黏附力。

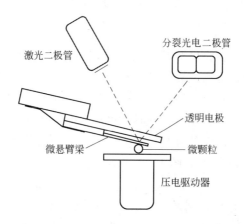

图 1-4　AFM 分离技术测试装置图[106]

AFM 分离技术测试微颗粒黏附力得到的典型力 - 位移变化（力等于探针变形量乘以微悬臂梁的弹性系数）如图 1-5 所示。

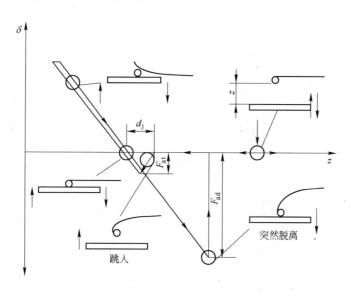

图 1-5　AFM 的典型力 - 位移变化示意图[107]

图中横坐标表示压电驱动器的位移，纵坐标表示探针变形量（可以转化为力）。当微颗粒远离衬底表面时，探针变形量为 0，此时作用力也为 0；当压电驱动器逐渐向上运动时，随着微颗粒和衬底表面的靠近，探针会在某一时刻开始变形，进入跳入阶段，接着微颗粒会突然跳至与衬底表面接触的状态（称为突然接触[108]），F_{at} 为跳入力；微颗粒与表面接触后实现加载，将压电驱动器继续向上移动，使得探针向上变形，探针变形将会由向下变形恢复至 0，然后开始向上变形，d_j 为跳入距离；向上移动到一定程度后，开始撤离，微颗粒与衬底表面保持接触直至达到某一临界值时突然跳离（称为突然脱离[108]）；此时的作用力即为微颗粒与衬底表面的黏附力 F_{ad}。一般情况下，黏附力大于跳入力，因为提升衬底表面的功以微颗粒和衬底表面之间的黏附能的形式储存着（表面结构的改变、电荷状态和离子层等）；在净作用力是相互排斥的情况下，曲线可能不会出现跳入力 F_{at} 的阶段。

1.3.2 微机械分离技术

微机械分离技术的原理：将微颗粒黏附在固定的手持式操纵器的玻璃纤维悬臂梁上，不锈钢样品表面安装在高精度操纵器的试样夹上，高精度操纵器可以自由移动，先让其相互接近，加以一定的预载荷直至不锈钢样品与微颗粒接触到一定程度；将微颗粒刚分离时高精度操纵器的位移记录下来，用数字视频显微镜来跟踪黏附在低弹性系数梁悬臂上微颗粒的运动情况，其黏附力取决于位移与悬臂梁的弹性系数的乘积。

微机械分离技术的测试装置如图 1-6 所示。图 1-6（a）是两操纵器的初始位置；图 1-6（b）是高精度操纵器向下移动，不锈钢样品表面加载预载荷给微颗粒；图 1-6（c）是高精密操纵器向上移动直到微颗粒从不锈钢样品表面分离；图 1-6（d）测量微颗粒从不锈钢样品表面分离时其间的位移 δ。微机械分离技术测试微颗粒与表面的黏附力是基于测量微颗粒与微颗粒之间的黏附力原理[109~111]的基础上而设计的。

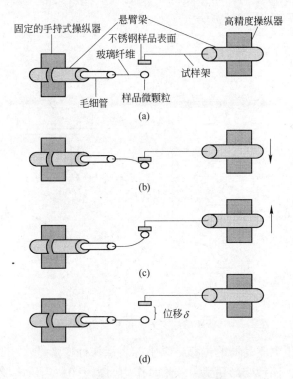

图 1-6   微机械分离技术测试装置图[112]

1.3.3 离心分离技术

离心分离技术的原理：将微颗粒黏附在旋转的表面上，当旋转的转子转动时，微颗粒就会受到离心分离力的作用，随着旋转的转子旋转角速度的不断增大，微颗粒所受的离心分离力也随之相应增大；当黏附在表面的微颗粒所受到的离心分离力达到一定程度时，微颗粒就会克服与表面之间的黏附力而脱离表面，从而使微颗粒从表面分离[113]；又由于微颗粒的重力相对于黏附力来说其影响很小可以忽略，所以可用微颗粒刚从表面分离时的离心分离力来间接衡量黏附力的大小。

离心分离技术的测试装置（图1-7），由限位器、测试圆盘、适配器和金属管构成；样品微颗粒黏附在测试圆盘表面上，测试圆盘安装在适配器上，金属管和适配器采用轻质且抵抗性强的材料如铝，这样可使其能达到高的转速，测试圆盘采用不锈钢材料使其既能达到很高的抵抗性又能达到很高的抛光程度；测试前，测试圆盘表面要进行抛光，样品要用水或酒精漂洗，其目的是使表面粗糙度尽可能小；测试时，转子的角速度逐渐增大，对于每个阶段通过高精度 CCD 摄像机来观察，通过观察和分析某一区域的微颗粒分离的情况来表征微颗粒与表面的黏附力。

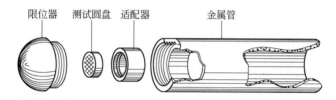

图1-7　离心分离技术测试装置图

微颗粒在不同转速下的离心分离情况如图1-8所示。图1-8（a）为旋转示意图，图1-8（b）为旋转前后表面的影像图。从图中可以发现，对于不同微颗粒脱离表面的情况一般是不同的，随着衬底表面加速度的不断提高，在每一个加速阶段会有不同的微颗粒脱离表面，黏附力小的微颗粒先脱离表面；图1-8（b）中三角形内的微颗粒最先脱离表面，说明其黏附力最小；其次是圆形内的微颗粒，正方形内的微颗粒最后脱离，其黏附力最大。

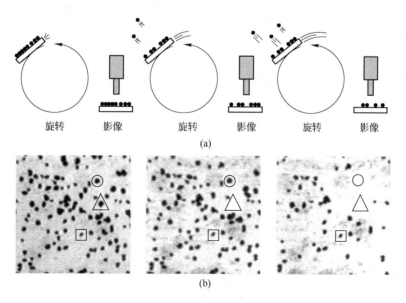

图1-8　离心分离技术的微颗粒分离情况[114]

1.3.4 静电场分离技术

静电场分离技术的原理：将带有微颗粒的衬底表面样品置于平行电极板中，加上可以调节的外电场，随着外加电场强度的逐渐增大，增加到一定程度时，微颗粒所受到的电场力就会克服其黏附力而脱离衬底表面。又由于微颗粒的重力相对于黏附力来说其影响很小可以忽略，所以可用微颗粒分离时所受到的电场力来间接衡量黏附力的大小。

静电场分离技术的测试装置如图1-9所示。微颗粒分离的情况采用电流计来监测，在两平行电极之间加上直流电压，且可以不断地以某一个设定的电压增加速率而增加，在两平行电极板间就会产生一逐渐增加的静电场；样品衬底表面分散有微颗粒，放置在下电极板上，随着电压的增大，微颗粒所受的静电力不断增大，当其增大到一定程度时就会开始脱离下极板而飞向上极板；而随着微颗粒不断地向上极板运动就会产生相应的电流，电流的流动情况可以通过回路中的电流计来测量，采用数据采集卡采集电压的输出情况，再用信号调节器和高压放大器将数据采集卡上的低压信号放大，得到相应的微颗粒黏附力的情况。

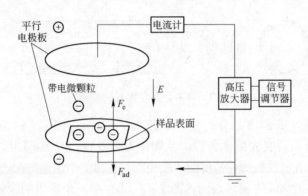

图1-9 静电场分离技术测试装置图[115]

1.3.5 振动分离技术

振动分离技术的原理：在垂直于黏附微颗粒的衬底表面的方向上加正弦振动的加速度，这样就会产生相应的惯性力作用在微颗粒上，当振动的加速度达到一定程度时，在惯性力作用下微颗粒就会克服黏附力的作用而从衬底表面分离，由此，用微颗粒刚从表面分离时的惯性力来间接衡量黏附力的大小。

振动分离技术的测试装置如图1-10所示。

图1-10中1为连接衬底的振动系统；2为显微镜的光学单元和CCD摄像机；3为压缩空气；4为层流箱；5为空气暴露试验箱，其中虚线部分表示输入电脑的相关参数；衬底表面的正弦振动是用超声波压电驱动器来驱动的，该驱动器可调节其频率和激发电压，同时也可作为温度传感器，被测试的衬底安装在与驱动器连接的适配器上；驱动器提供的最大频率取决于驱动器的温度及其上安装的衬底质量，衬底正弦振荡加速度的校准是通过激光振动计以一定的频率发射而产生的激发电压和驱动器的温度来确定的；衬底放置在流道的交叉口，当衬底的加速度增加到一定程度时，惯性分离力就会超过黏附力，微颗粒就会脱离表面，该过程可以通过显微镜、CCD摄像机和影像分析软件连续实时地进行记录和

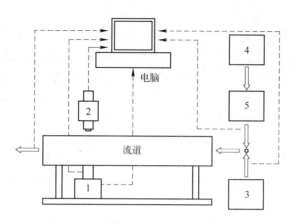

图 1-10　振动分离技术测试装置图

观测；当微颗粒分离后，就会被流道当中的层流空气流带走，所选用的压缩空气为干空气，其相对湿度要尽可能的低；随着正弦振动加速度的逐渐增加，衬底表面的微颗粒所对应的分离状况，如图 1-11 所示，其中，图 1-11（a）为初始状态没有加正弦加速度，图 1-11（a）到图 1-11（b）为随着正弦加速度的增大有部分微颗粒从衬底表面分离，加速度继续增大微颗粒继续从衬底表面分离（图 1-11（c）），直至全部分离（图 1-11（d））。

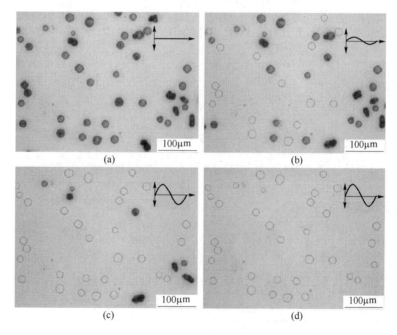

图 1-11　振动分离技术的微颗粒分离情况[116]

1.3.6　激光分离技术

激光分离技术的原理：脉冲激光技术可以使光能量在很短的时间内聚集，这个瞬时的力（也即光压）可用来克服微颗粒的黏附力，且黏附力的大小可由微颗粒分离时脉冲光的光压来间接度量。

基于激光分离技术的测试装置如图 1 - 12 所示，从 Nd. YAG 激光器发射出来的脉冲光入射到样品上，利用其产生的强大光压来克服样品微颗粒和衬底表面的黏附力，光路中的石英玻璃片分出一束光，用来监测脉冲光的能量；在样品盒上方用一物镜配合 CCD 组成一套显微系统，并连接到计算机以监测衬底表面样品的分布情况；将试样放置于样品盒内，样品盒是用两片蓝宝石玻璃装配起来的小室；在测试前，将一定粒径的样品微颗粒小球先经过清洗并过滤，烘干后用高倍显微镜观察大小均匀后再用高压气流吹到干净的蓝宝石玻璃表面；在 He - Ne 激光器的辅助下将 Nd. YAG 单脉冲激光对准所要观察的样品，并使之与显微镜视场相一致；经过一系列能量依次增加的单脉冲后，可观察到微颗粒小球位置的变化，在比较低的单脉冲能量下，观察不到微颗粒小球的移动，随着脉冲能量的逐渐增加，不断会有微颗粒从表面分离；黏附力小的微颗粒将先从表面分离。

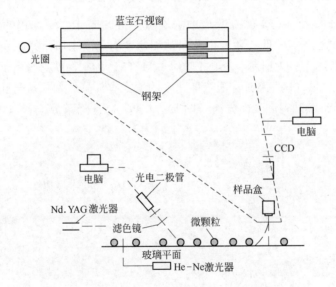

图 1 - 12 激光分离技术测试装置图[117]

1.3.7 各种测试技术比较

微颗粒黏附力测试技术可以概括为两类：接触技术和非接触技术[118]。接触技术如 AFM 分离技术、微机械分离技术；非接触技术如离心分离技术、静电场分离技术、振动分离技术和激光分离技术。对各种测试技术的优缺点做比较分析，如表 1 - 4 所示。

表 1 - 4 微颗粒黏附力测试技术的优缺点

类型 \ 优缺点	优 点	缺 点
AFM 分离技术	操控精度高，悬臂梁和表面间的间距可准确控制；可做在不同的独立变化条件下的专门测量，理解各因素的黏附作用的影响；在对建立的模型的测试和修正方面有广泛的用途；更适合于测试不带电微颗粒的黏附力；同一微颗粒可被用于一系列的实验且之后可扫描其表面形态	对于带电微颗粒，由于悬臂梁的轻微导电性和水的作用，可带走、转移或抵消部分电荷而产生一定的误差；只能测试单个微颗粒的黏附，由于微颗粒的形态各异，其测试结果不足以表征所有微颗粒的黏附情况；单个颗粒黏附在探针上的显微操作过程要求的精度高，不同的颗粒不能在同一个实验中进行比较研究

优缺点 类型	优 点	缺 点
微机械 分离技术	一种操作快捷、计算方便直接的测试方法；可分别分析在不同预载荷的情况下，微颗粒的粒径、粗糙度、接触时间和相对湿度对微颗粒黏附的影响	对显微操纵器的精度要求较高；对位移的测量和悬臂梁弹性系数的校核有一定的要求；只能测试单个微颗粒的黏附，不能测试微颗粒黏附的整体特性
离心 分离技术	能测试带电或不带电、有机性或无机性、规则与不规则以及聚分散性微颗粒的黏附力；可测试多个微颗粒的黏附力及其分布情况；可测试同种材料微颗粒的粒径、电荷等对黏附力的影响；可测试不同材料的微颗粒黏附力及其分布情况的影响	得到相应的测试数据需要相当长的时间；只能获得微颗粒的平均黏附力，对实验的条件（如粗糙度和湿度的要求）及材料要求较高；对于粒径相对越大的微颗粒所需要的转速要求越高；一般对于粒径太小的微颗粒，离心力将不足以克服黏附力的作用而从表面分离
静电场 分离技术	可测试多个微颗粒的黏附力及其分布情况；能够很快地获取相应的测试数据，能刻画不同类别微颗粒的平均黏附状况；可以建立许多材料的黏附情况数据库并确定材料种类对微颗粒黏附作用的影响	所测试的微颗粒必须是带电且非传导性的，对于非带电的微颗粒需对其进行荷电预处理，对荷电性能较弱的微颗粒效果不佳；当微颗粒的黏附作用较强时，需要很高的外加电压；如果不在真空环境中的，则易产生电离
振动 分离技术	一种黏附力及其分布测试的实用方法，可以测量多个微颗粒的黏附力并可以形成对比分析；可分析微颗粒的粒度、粗糙度、接触时间和相对湿度等对黏附力及其分布的影响	得到实验数据需要一定的时间；对实验条件（如控制相应层流的雷诺数）有一定的要求；不能用于纳米尺度的微颗粒测试，因为测试是在光学显微镜下进行的
激光 分离技术	可以测出众多微颗粒的黏附力及其分布情况，并可对不同微颗粒分离表面进行对比；得到实验数据所需时间比较短	样品微颗粒的处理要求比较严格；激光是以一定的夹角斜着照射的且假设激光作用在小球表面的功率密度是均匀的，实际并非如此，存在误差

1.3.8 微颗粒黏附力测试技术前沿方向探讨

微颗粒的黏附作用是很复杂的现象，随着高新技术的发展及应用，给微颗粒黏附力的测试提供了更加广泛的机遇，目前有很多测试技术及实验装置来测试微颗粒黏附力，这方面的研究也取得了一定的成果。同时，随着要测试的微颗粒粒径的不断减小及各种黏附作用因素的耦合影响，给微颗粒黏附测试技术带来了新的挑战。微颗粒黏附力测试技术的前沿方向主要如下：

（1）AFM 分离技术仍会进一步发展。AFM 作为一种直接的测试微颗粒黏附力的方法，虽然在实际测试过程中取得了很好的效果，然而 AFM 本身的参数确定（如悬臂梁弯曲程度及弹性系数的校正、探针的参数确定、压电驱动器的位移）、外界因素的影响机制以及更优化的黏附模型的改进等方面还需要进行深入的研究。AFM 对黏附模型的修正与发展特别是模型中黏附影响因素参数的确定有着巨大的发展潜力。

（2）传统的测试技术（如离心分离技术和静电场分离技术等）仍具有一定的应用前景。这些经典的测试技术一直受研究者的青睐，在除尘技术中，离心除尘器和静电除尘器等应用也比较广泛。对于外界力场的施加对微颗粒黏附作用的影响机制以及在测试后被清除的机制，还需进一步的探究。

（3）可以考虑在现有微颗粒黏附力测试技术的基础上，不断地修正和完善其中的限制影响因素，对其进行优化和修正，对相应的测试装置进行改装，采用技术集成的方式，将几种测试技术组合集成为新型的复合测试技术，拓展其功能及应用范围。

（4）需要进一步探究测试装置设计的原理，使用何种高精密仪器及部件，如何实施，达到何种效果，使用何种微颗粒及何种表面衬底，通过何种方式使得微颗粒从固体表面分离，分析有何种影响因素，有何种意义。

（5）需要进一步结合微颗粒测试技术与微颗粒黏附模型，将实验结果与模型预测结果相比较，得到各种黏附影响因素的作用机制，不断修正模型参数，促进模型的发展。在研究单个微颗粒黏附的基础上，进行拓展应用，研究群体颗粒团体系复合作用的力学行为和混沌力学作用体系，建立微颗粒群黏附体系的复合力学模型，发展相应的测试技术。

（6）需要将微颗粒的清除技术与微颗粒黏附力测试技术结合，进一步研究微颗粒黏附力测试技术如何优化相应的清除力学模型，把握好微颗粒测试和清除的关系。

1.4 细菌在表面黏附的研究现状

目前，关于细菌在纸币等材料表面黏附的相关力学参数表达以及模型建立方面的资料甚少，而针对生物材料的细菌黏附国内外都有多方面的研究。

1.4.1 近年相关研究成果检索结果及计量分析

用 bacterial 和 adhesion 两个主题词检索了 Web of Knowledge 从 2002 年到 2011 年所收录的文献，文献有 5000 篇之多，涉及细菌的方方面面，但是也各有侧重，见表 1-5。

表 1-5 细菌黏附的研究论文计量分析

出版年份	计数	百分比/%（共 5420）	柱状图	出版年份	计数	百分比/%（共 5420）	柱状图
2010	721	11.569		2011	499	8.007	
2009	661	10.607		2005	463	7.429	
2008	643	10.318		2002	449	7.205	
2007	557	8.938		2004	446	7.157	
2006	538	8.633		2003	443	7.108	

按照出版年份来分析，由图可以看出，随着年份的增长，相关文献发表数量相对增多。相关研究论文的学科多集中于微生物学、免疫学、材料科学、生物化学、分子生物学等学科，偏重细菌的生物、医药的研究，对于细菌的黏附也是针对于生物材料表面的黏附机理研究，对于细菌在纸币等材料表面的黏附研究的文献甚少。

1.4.2 细菌黏附的相关研究现状

在细菌黏附的初期阶段，细菌的黏附是吸引力-斥力平衡的结果。细菌与材料表面接触过程中，斥力主要是静电力，吸引力主要为范德华力、疏水键力和特异性作用。范德华力的作用距离为 2~15nm，疏水键的作用距离为 8~10nm，并且疏水键的作用力强度是范德华力的 10~100 倍。本书针对细菌黏附纸币这一常见的细菌黏附问题开展以下研究：

（1）全面总结和分析了细菌在纸币表面的分布情况，在纸币表面的细菌量随着季节变化明显，同时与纸币面值的大小也有关系。通过电镜观察，纸币表面粗糙度与细菌黏附量呈正相关。细菌在纸币表面黏附受多种因素影响，包括细菌本身、外界环境、纸币表面的情况等，所以在研究黏附力时要综合考虑多种因素的影响。

（2）细菌的黏附过程可分为特异性黏附和非特异性黏附，其中范德华力是普遍存在的黏附力，其他力都是在一定条件下存在的。在黏附过程中还存在静电力、毛细作用力、细菌特殊结构产生的作用力、氢键力、化学键力。细菌的细胞结构、纸币表面的情况和外界环境因素都影响细菌的黏附。

（3）利用 MATLAB 对细菌的黏附力进行可视化模拟，加深了对模型的认识和分析。直观显示了各个参数、变量的变化情况，以及对黏附的影响。在细菌与纸币的黏附过程中，当细菌与纸币的距离减小到 2×10^{-7}m 时，范德华力作用急剧增大，当接触的突起部分半径 $r < 2 \times 10^{-9}$m 时，粗糙度增加，范德华力增大的速度变大。并且，由分析可知，在纳米量级，静电力要比范德华力大 $2 \sim 3$ 个数量级。毛细作用力比静电力也大 2 个数量级左右。

（4）运用 ANSYS 软件对细菌进行了模拟和分析，细胞模型内的应力分布及传递规律是：随着位移的增加，应力沿细胞中心轴传播并同时向其周围传播，但向周围传播的速度比较慢。由于外在载荷的存在和细胞质的流动，对细胞壁产生内压，由此而发生一些应力分布的变化。而且随着载荷的施加，X 方向的应力分布情况要比 Y 方向的应力分布变化明显。

通过研究能够对细菌在纸币表面的黏附及力学情况有全面的了解，使人们在使用纸币的时候能够注意到健康、安全的使用方式，同时对于纸币的杀菌消毒有重要的意义，也为纸质类物品（图书、包装袋等）的杀菌问题提供了理论基础。

1.5 本章小结

（1）本章利用 EI Compendex 和 Elsevier Science 等数据库，主要检索了 2000 年以来有关微颗粒黏附、保洁和测试技术的文献，对有关微颗粒黏附与清除研究成果进行了文献计量分析。

（2）综述了植物滞尘研究、细菌黏附表面研究、疏水表面研究、黏附理论模型研究、减少表面黏附方法；系统分析评介了防止微粒子黏附、表面保洁和防污方面的研究进展，以及有关对改进涂料的化学药剂组成和表面构造、涂料的改性、纳米技术的应用、光触媒技术的应用、仿生学表面能涂料、应用领域等。

（3）介绍了 AFM 分离技术、微机械分离技术、离心分离技术、静电场分离技术、振动分离技术和激光分离技术等微颗粒黏附力测试技术，并进行了分析和优缺点比较；最后提出了微颗粒黏附、保洁和测试技术的展望和前沿方向。

2 微颗粒黏附作用基础理论

微颗粒广泛地黏附于各种不同固体物体表面，这与它们接触表面的物理性质和化学成分等相关。通过开展固体表面黏附原因及其黏附方式研究，可为发现固体表面黏附微颗粒的规律、建立黏附力学模型和开发表面微颗粒清除技术等提供基础理论与方法。

2.1 固体表面自由能

一般情况下，我们认为固体中任意一个质点（离子、原子或分子）受到周围对其作用的状况是完全相同的。实际上，处于固体表面的质点，其境遇是不同于内部的，这使固体表面呈现出一系列特殊的性质，表面自由能就是其中典型表现之一。

2.1.1 表面能产生原因

固体中每个质点周围都存在着一个力场。由于固体内部质点排列是有序和周期重复的，故每个质点力场是对称的。但在固体表面，质点排列的周期重复性中断，使处于表面边界上的质点力场对称性破坏，表现出剩余的键力，这就是固体表面力（热力学上称为表面能）。根据性质不同，可以分为化学力和分子引力两部分[119]。分子引力又称范德华力（Van der Waals），存在于任何物质的分子之间，它由 Keesom 力、Debye 力和 London 力组成，是固体表面产生物理吸附和气体凝聚的原因。

以液体为例，可以很容易对表面能进行解释。液体中由于粒子能够自由移动，原子或分子等都有占据最低势能的趋势，也就是说，各种粒子都试图达到一种力的平衡。而在相界面或表面上的粒子都只受到一个指向液体内部的力，如图 2-1 所示[120]。

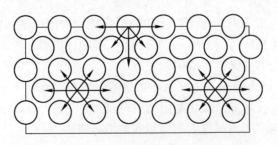

图 2-1　相界面上的原子或分子间的作用力

因此，相界面或表面总是高表面能区域。由于各相都试图将表面能降到最低，故而液体总是试图将表面降到最小（球形），这种趋势不会被重力或其他相邻相所干扰[121]。而固体表面与之不同，由于表面或相界面上的粒子不能自由移动，因此，测定固体表面能比液体表面能复杂得多。真正的固体表面是非均质体，除了其化学组成和晶体结构不均匀外，任何固体表面都有不同的粗糙度和不同的晶格畸变。最后，应该考虑到吸附层的影响，因为高能固体表面上（如金属、氧化物层等）在室温情况下都被观察到有吸附层存在，如图2-2所示。

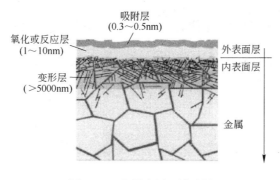

图2-2　金属表层区域示例

2.1.2　固体表面能估算

固体的表面自由能（又称表面能）（solid surface energy）是指生成$1cm^2$新的固体表面所需做的等温可逆功。固体和液体在形成新表面时情况不同。对于液体由于分子的可动性，形成新表面时分子在瞬间即可达到平衡位置，其表面张力等于表面能，表面张力可以直接通过毛细上升法、最大泡压法和滴重法等进行测试。而固体表面的原子或分子的可动性小，固体的表面张力和表面能常常不相同。固体在表面原子总数保持不变条件下，可以因弹性形变而使表面积增加，所以固体的表面能中包含了弹性能，表面张力在数值上已不等于表面自由能，直接测定和估算表面能很困难。由于固体表面的非流动性，表面上的原子组成和排列的各向异性，导致固体表面能随着表面区域的不同而改变，表2-1给出了部分无机颗粒的比表面能。

表2-1　部分无机颗粒的比表面能[122]

颗粒名称	比表面能/$J \cdot cm^{-2}$	颗粒名称	比表面能/$J \cdot cm^{-2}$	颗粒名称	比表面能/$J \cdot cm^{-2}$
石膏	40×10^{-7}	方解石	80×10^{-7}	石灰石	120×10^{-7}
高岭土	$(500 \sim 600) \times 10^{-7}$	氧化铝	1900×10^{-7}	云母	$(2400 \sim 2500) \times 10^{-7}$
二氧化钛	650×10^{-7}	滑石	$(60 \sim 70) \times 10^{-7}$	石英	780×10^{-7}
长石	360×10^{-7}	氧化镁	1000×10^{-7}	碳酸钙	$(65 \sim 70) \times 10^{-7}$
石墨	110×10^{-7}	磷灰石	190×10^{-7}	玻璃	1200×10^{-7}

2.2　表面物理及化学吸附的定性分析

微颗粒在无规则运动过程中碰撞或接近固体表面后，由于各种作用力的存在而滞留在固体表面上的现象称为吸附。按吸附微颗粒与固体表面的作用力的性质不同分为两类[123]：一类是无选择性吸附，即固体表面可以吸附靠近它的所有微颗粒物，这类吸附一般称为物理吸附；另一类为有选择性吸附，这类表面吸附具有较强的选择性，只能吸附具有某种化学性质的粉尘，这类吸附一般称为化学吸附。

2.2.1 表面物理吸附

微颗粒与固体表面分子间的物理吸附作用力主要为分子间吸引力，即范德华力。通常这种吸附又称为范德华吸附，它是一种可逆过程。当固体表面分子与微颗粒分子间的引力大于其内部分子间的引力时，它们就会被吸附在固体表面。从分子运动学观点来看，这些吸附在固体表面的分子是由于分子运动造成的，同时也会有分子从固体表面脱离而进入气体（或液体）中去，其本身不发生任何化学变化。随着温度的升高，气体（或液体）分子的动能增加，分子就不易滞留在固体表面上，而越来越多地进入气体（或液体）中去，即"脱附"。这种吸附－脱附的可逆现象在物理吸附中均存在。物理吸附的特征是吸附物质不发生任何化学反应，吸附过程进行得极快，参与吸附的各相间的平衡瞬时即可达到。

物理吸附通常进行得很快，并且是可逆的，被吸附的气体在一定条件下，在不改变气体和固体表面性质的状况下定量脱附（desorption）。物理吸附是放热过程，吸附热（heat of adsorption）与气体的液化热相近。气体的物理吸附和气体液化相似，故只有在临界温度以下才能发生，并且通常在较低的温度（如吸附物气体的沸点附近）时即可显著进行。物理吸附可以在任何固气界面发生，即物理吸附无选择性，当因吸附剂孔径的大小限制某些分子进入时，也可呈现选择性吸附，但这种性质并非因气体分子与固体表面的特殊要求所决定。物理吸附可以是单层的（monolayer），也可以是多层的（multilayer），这是因为在一层吸附分子之上仍有范德华力的作用。

2.2.2 表面化学吸附

如果固体表面的原子化学结合力未完全被相邻原子所饱和，还有剩余的形成化学键的能力，则在吸附剂与吸附物之间可以发生电子转移形成化学键，这种通过化学键结合作用的吸附称为化学吸附[124]，因此化学吸附是固体表面与被吸附物间的化学键力起作用的结果。这种类型的吸附需要一定的活化能，故又称活化吸附。这种化学键亲和力的大小可以差别很大，但它大大超过物理吸附的范德华力。化学吸附放出的吸附热比物理吸附所放出的吸附热大得多，达到化学反应热这样的数量级。化学吸附往往是不可逆的，因为脱附后，脱附的物质常发生了化学变化不再是原有的性状，故其过程是不可逆的。

化学吸附的速率大多进行得较慢，吸附平衡也需要相当长时间才能达到，升高温度可以大大地增加吸附速率。对于这类吸附的脱附也不易进行，常需要很高的温度才能把被吸附的分子逐出去。人们还发现，同一种物质，在低温时，它在吸附剂上进行的是物理吸附，随着温度升高到一定程度，就开始发生化学变化转为化学吸附，有时两种吸附会同时发生。化学吸附在催化作用过程中占有很重要的地位。化学吸附总是单层吸附，并且有明显的选择性。

2.2.3 吸附势能曲线

当吸附物分子逐渐接近吸附剂表面时，它们之间的作用势能随其间距的大小而变化。作用势能与距离间变化关系（即势能曲线）可以计算出来。以双原子分子 H_2 在吸附剂 Ni

上的吸附为例, 物理吸附和化学吸附的势能曲线如图 2 – 3 所示。

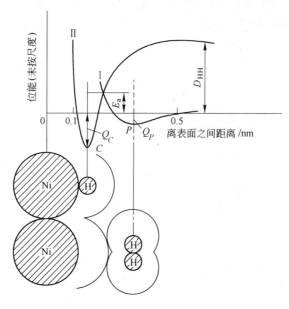

图 2 – 3 物理吸附和化学吸附的势能曲线实例

图 2 – 3 中曲线 I 是 H_2 分子被 Ni 物理吸附的势能曲线。在 P 点发生物理吸附能槽的深度即为物理吸附热 Q_P, 此时 H_2 与表面距离相当大, 尚未发生电子云重叠。曲线 II 是 H_2 分子发生解离被 Ni 化学吸附的势能曲线, 在 C 点发生化学吸附, 能槽深度为化学吸附热 Q_C。化学吸附热 Q_C 比物理吸附热大得多。化学吸附时被吸附物与固体表面的距离比物理吸附时近。发生物理吸附的分子继续靠近固体表面, 因电子云重叠而使势能急剧升高, 能量达曲线 I 和曲线 II 的交汇点时有可能发生化学吸附, 能垒 E_a 是与表面形成化学键所需的能量, 即为化学吸附活化能。当 E_a 为零或为负值时, 为非活化吸附, 需活化能的吸附称为活化吸附。从化学吸附状态变为物理吸附状态需要翻越能垒 $E_d = E_a + Q_C$, E_d 称为脱附活化能。

2.2.4 物理吸附与化学吸附之间关系

物理吸附和化学吸附的基本区别见表 2 – 2。

表 2 – 2 物理吸附与化学吸附的基本区别

性 质	物 理 吸 附	化 学 吸 附
吸附力	范德华力	化学键力
吸附热	近于液化热 （<40kJ/mol）	近于化学反应热 （约80～400kJ/mol）
吸附温度	较低	相当高
吸附速度	快	有时较慢
选择性	无	有
吸附层数	单层或多层	单层
脱附性质	完全脱附	脱附困难, 常伴有化学变化

以上列举的是物理吸附与化学吸附的一般特点和区别，例外情况常有所见。例如，-180℃时 CO 在铁催化剂上就可以发生化学吸附，而碘蒸气 200℃时在硅胶上还是物理吸附；不需要活化能的化学吸附可在瞬间完成，而在微孔固体上发生物理吸附时有时因扩散速度慢而使吸附速度很慢。在实际的吸附过程中，两类吸附有时会交替进行。如先发生单层的化学吸附，而后在化学吸附层上再进行物理吸附。因此，欲了解一个吸附过程的性质，常要根据多种性质进行综合判断。

2.3 微颗粒黏附固体表面作用力及其表达

2.3.1 微颗粒与表面间的范德华力

范德华力是由于两个物体的相互极化而产生的弱力，如图 2-4 所示。它包括三种微弱效应，即定向效应、诱导效应和分散效应。定向效应是指发生在极性分子或极性基团之间、永久偶极间的静电相互作用。诱导效应是指发生在极性物质与非极性物质之间、永久偶极与由它诱导而来的诱导偶极之间的相互作用。分散效应是非极性分子或集团间仅有的一种范德华力，同时又称为 London 分散力瞬时偶极间的相互作用。偶极方向是瞬时变化的。

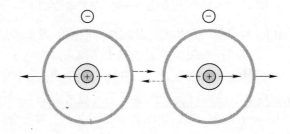

图 2-4 范德华力示意图

2.3.1.1 取向力

由于分子固有的偶极之间同极相斥、异极相吸而造成的偶极之间取向，这种偶极间取向而引起的分子间作用力称为取向力。取向力是指偶极子－偶极子相互作用：

$$E_{取} = -\frac{2\mu_1^2\mu_2^2}{3kTr^6}\frac{1}{(4\pi\varepsilon_0)^2} \tag{2-1}$$

式中，μ_1，μ_2 为两个相互作用分子的偶极矩；r 为分子质心间的距离；k 为 Boltzmman 常数；T 为绝对温度，负值代表能量降低；ε_0 为介电常数。

2.3.1.2 诱导力

当极性分子和非极性分子接近时，由于非极性分子受到极性分子电场的影响而产生诱导偶极。这种诱导偶极与极性分子的固有偶极之间所产生的吸引力称诱导力。粉尘分子中某些分子是由多种性质迥异的微组分所构成，在其大分子之间和内部有大量的交联键，周边存在着许多极性原子基团，而且粉尘分子的结构受到破坏后，薄弱的交联键会断开，断面上会形成一些悬键，使之带有电性，所以这些粉尘分子是具有极性的，它的诱导作用可使固体表面颗粒形成诱导偶极矩。通常计算固有偶极矩的平均诱导作用能的公式为：

$$E_{诱} = -\frac{a_2\mu_1^2}{(4\pi\varepsilon_0)^2 r^6} \qquad (2-2)$$

式中，μ_1 为分子 1 的偶极矩；a_2 为分子 2 的极化率。

2.3.1.3 色散力

当非极性分子相互靠近时，由于原子中电子的不断运动和原子核的不断振动，要使每一瞬间正负电荷中心都重合是不可能的，在某一瞬间总有偶极存在。由瞬间偶极产生的分子间作用力称为色散力。色散力是任何分子间都存在的作用力，它是瞬时偶极矩与诱导偶极矩之间相互作用而产生的，是由相邻分子的电子密度的涨落而引起的。两个球形分子之间由色散力产生的位能为：

$$E_{色} = -\frac{3}{2}\frac{I_1 I_2}{I_1 + I_2}\left(\frac{a_1 a_2}{r^6}\right)\left(\frac{1}{4\pi\varepsilon_0}\right)^2 \qquad (2-3)$$

式中，I_1，I_2 为分子 1 和分子 2 的电离能；a_1 为分子 1 的极化率。

取向力、诱导力和色散力统称范德华力，它具有以下的共性：永远存在于分子之间，力的作用很小，无方向性和饱和性，是近程力，经常是以色散力为主。其大小可从表 2-3 示例中看出。

表 2-3 分子间的范德华力示例   kJ/mol

分子类型	取向力	诱导力	色散力
Ar	0	0	8.49
HCl	3.305	1.104	16.82

2.3.2 微颗粒与表面间的氢键力

物质的氢键是一种特殊类型的分子作用力[125]。当氢原子与电负性大的原子 X 形成共价键 X—H 时，H 原子存在的额外吸引力吸引另一共价键 Y—R 中电负性大的原子 Y 生成氢键：

$$\begin{array}{ccc} \delta_+ & & \delta_- \\ X—H & \cdots\cdots & Y—R \\ \uparrow & & \uparrow \\ 共价键 & & 氢键 \end{array}$$

氢键也可以看做是一种静电力的作用，X—H 键中负电性大的 X 原子强烈地吸引 H 原子的电子云，使其成为近似裸露状态的质子并带有额外的正电荷。由于 H 原子体积很小（半径约 0.03 nm），又无内层电子，允许有多余负电荷的 Y 原子充分接近它并产生静电引力即氢键力。

显然，氢键形成的条件必须是体系一方是氢给体（$H\delta_+$）或电子受体，另一方为氢受体（$Y\delta_-$）或电子给体，两者匹配成对。电子受体有时候也包括氢原子以外的某些金属离子。实际上在化合物中，一切酸都是电子受体，而碱是电子给体。氢键作用是酸碱配位作用的一种特殊形式。另外，$H\delta_+$ 原子只允许一个 $Y\delta_-$ 原子接近它。如果另一个 $Y\delta_-$ 原子接近它，会受到已配对的 $Y\delta_-$ 及 X 原子的排斥。因此，氢键力作用具有饱和性，它与色散作用的累加性有很大区别。$H\delta_+$ 原子与 $Y\delta_-$ 原子的相对作用要求 $Y\delta_-$ 的孤对电子云的对称轴尽可能与 X—H 键的方向一致，故氢键力作用又具有方向性。

在形成氢键的原子配对中，X 原子电负性越大及其半径越小时，对 $H\delta_+$ 原子形成的氢键键能就越大。常见有机物氢键键能值见表 2-4。

表 2-4 常见有机物氢键的键能值 kJ/mol

氢键结构	键能	氢键结构	键能

F—H······F—H	26.4 ~ 29.3	RO—H······ O—R
		             |
		             H
			13.4 ~ 25.6

NC—H······N—CH	13.8 ~ 18.4	R—N—H ······NH_2R
		    |
		    H
			13.0 ~ 18.8

HO—H······ O—H
            |
            H
	14.2 ~ 24.3		

对于高分子物质，氢键可以在分子之间产生，也可以在分子内产生，如聚乙烯醇。由两种物质组成的界面区只要具有电子受体-电子给体配对基团，就有可能产生氢键。

2.3.3 微颗粒与表面间的化学键力

化学键是相邻的原子之间强烈的相互作用。化学键力是指不同的原子之间形成化学键后的结合力。化学键包含三种类型：共价键、离子键和金属键。与范德华力不同，产生化学键的原因是有的价电子不再为原来的原子所独有或者所据有，而是发生了转移。由于这种原因，化学键力是短程力，其值通常远大于范德华力和氢键力，其键能约为 0.4 ~ 10 eV。化学键力不是普遍存在的，只有在界面产生了化学键，形成了化合物，才有这种键力，即只有当固体表面发生了化学吸附时，固体表面和微颗粒之间才会具有化学键力。

综上所述，范德华力、氢键力和化学键力所具有的特点及它们之间的关系如表 2-5所示。

表 2-5 三种作用力之间的比较

作用力	化学键力	分子间作用力（范德华力）	氢键力
概念	相邻两个或多个原子间强烈作用	分子间微弱的相互作用	某些强极性键氢化物分子间作用
范围	分子内或晶体内	所有分子间	某些分子间（HF、H_2O、NH_3 等）
能量	一般为 120 ~ 800kJ/mol	每摩尔几千焦至数十千焦	每摩尔数十千焦（比范德华力强）

2.3.4 微颗粒与表面间的静电力

实际上几乎所有天然粉尘或工业粉尘都带有电荷，静电荷代表微颗粒带的电子过多（-）或不足（+）。表 2-6 中列出了某些气溶胶天然电荷数据。

表 2-6 某些气溶胶的天然电荷[126]

物 料	电荷分布/%			比电荷/静电单位·g⁻¹	
	正	负	中性	正	负
飞 灰	31	26	43	1.9×10^4	2.1×10^4
石膏灰	44	50	6	1.6	1.6
熔铜炉尘	40	50	10	0.2	0.4
铅 烟	25	25	50	0.003	0.003
实验室油烟	0	0	100	0	0

注：1 静电单位 = 2.08 × 10⁹ 电子电荷。

实验证明，静电荷的存在能使微颗粒之间的黏附作用显著增加，如图 2-5 所示，但如果接触表面是潮湿的，静电力作用就不会出现或大大地减小。

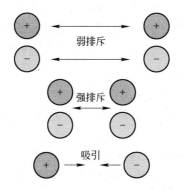

图 2-5 静电作用力示意图

两种形式的静电力作用于颗粒和表面[127]，第一个是由于表面或者颗粒体上带多余的电荷产生了一个分级的库仑吸引力，如图 2-6 所示。

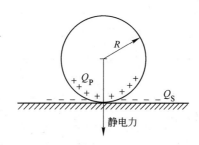

图 2-6 微颗粒静电力示意图

通过公式给出：

$$F_{es} = \frac{1}{4\pi\varepsilon} \frac{Q_P Q_S}{d^2} \tag{2-4}$$

式中，Q_P 为颗粒上的电量，C；Q_S 为衬底基体上的电量，C；ε 为自由空间介电常数，$\varepsilon = 8.85 \times 10^{-12} C/(V \cdot m)$；$d$ 为颗粒与表面各自带电中心的距离，m。

还有另一种形式的静电力是由于电子会从一个物质转移到另一个物质直到一个物质达

到平衡时，电流在两个方向达到平衡而产生的。U 为微观存在的电压，通常为 $0 \sim 0.5$ eV，这个静电力为：

$$F_E = \frac{\pi \varepsilon U^2 R}{z} \qquad (2-5)$$

式中，z 为颗粒与表面的距离，m；R 为颗粒的半径，m。

微颗粒物质由于静电力黏附在生产生活中很常见，并且会带来许多影响和危害，在纺织、印染、粉末加工等行业会产生大量静电，使微颗粒及其他物质黏附在基体表面。

2.3.5　微颗粒与表面间的毛细力

弯曲液面所产生的附加压力又称为毛细力，主要是由于液体的表面张力引起的。微颗粒黏附于固体表面时，由于表面形貌的不规则性，微颗粒与表面、微颗粒团之间存在大量微空间或微裂隙，在液体作用下产生毛细力。

由于空气潮湿，在两个接触物体间的间隙里可产生水蒸气的凝结（图 2-7），在间隙中形成的这种弯月面将微粒拉向表面。微粒的拉力来源于两方面：（1）表面张力；（2）毛细作用减小了液体对外界的压力。这个拉力也就是给微粒增加的附着力，就是毛细黏附力[128]，它可以写成两部分之和：

$$F_m = F_{iv} + F_p \qquad (2-6)$$

式中，F_m 为由于水的存在产生的总拉力；F_{iv} 为表面张力；F_p 为毛细现象产生的毛细压力或拉普拉斯压力。因此有：

$$F_m = 4\pi R \gamma_{iv} \sin\alpha \sin(\theta + \alpha) + 4\pi R \gamma_{iv} \cos\theta \qquad (2-7)$$

式中，θ 为接触角；α 角通常很小，因此第一项并不重要，对于浸润液体 $\cos\theta = 1$，故有 $F_m = 4\pi R \gamma_{iv}$。

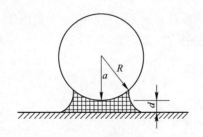

图 2-7　毛细力示意图

毛细力产生的条件不是很苛刻，只要在潮湿的环境或者有水的条件下很容易发生，而且力还很大，正是因为有这个力的存在，微颗粒粉尘会很容易影响到基体表面。同样的，毛细作用力也有它有利的一面，例如，利用毛细作用力强的原理，可以通过喷淋的方式吸附、过滤生产生活中产生的粉尘，所以研究有效控制和利用毛细作用力，可以达到趋利避害的目的。

2.4　本章小结

（1）微颗粒黏附问题的关键就是黏附物体之间表面相互作用问题，由此本章从固体表面性质出发，定性分析了固体表面自由能及其物理、化学吸附作用与区别。

（2）根据微颗粒黏附固体表面作用方式的不同，将黏附作用力分为物理黏附与化学黏附两类。重点介绍了化学黏附中的氢键力和化学键力，物理黏附中的范德华力、静电力和毛细力，并就其产生的原因与计算表达式进行了详细讨论。

（3）毛细力在微颗粒黏附固体表面过程中具有极其重要的作用，当黏附表面湿润或吸附液体层时，毛细力的作用就变得比较明显，并且其黏附力也较大，这成为讨论微颗粒黏附固体表面问题的主要研究内容。

3 微颗粒与固体表面黏附力学模型

如上章所述，固体表面自由能与表面性质是微颗粒黏附的主要原因。在了解黏附主要作用力的基础上，本章针对具体微颗粒黏附固体表面的黏附力学模型，从固体接触力学与力的复合角度出发，研究了几种不同环境条件下微颗粒黏附力学模型。

3.1 固体表面黏附力学基础理论

接触力学开始于 Hertz 在 1882 年发表的经典论文《论弹性固体的接触》[129]。接触力学理论研究涉及黏弹性力学、破裂机理和表面科学等综合学科。接触理论所要解决的问题是当固体接触的时候，它们最初是在一个点上或一条线上接触；在微小的载荷作用下，它们在最初的接触点附近发生变形，致使它们在一个有限的区域上接触。尽管这区域比起两物体尺寸来说可能是很小的，仍然需要一个接触理论来预测这个接触区的形状，它们的尺寸如何随载荷的增加而增大，其大小和分布，以及它们是如何穿过界面的传递方式等，最终应能计算出两物体中接触区附近的变形分量和应力分量[130]。

接触力学研究的典型理论模型包括 Hertz 接触理论、JKR 理论、DMT 理论、M－D 理论以及 GW 理论和基于分形理论的 Persson 接触理论等。由于不同理论模型的基本假设和初始条件存在差异，不同理论的结论甚至存在冲突，致使在理论研究上存在许多争议。这些争议表明了在固体之间的接触力学研究上，还存在着理论没有得到圆满解决的问题。

从 Hertz 接触理论开始，每一种接触理论都有其特定的理论基础和适用范围，它们之间相互补充，有时又相互矛盾，它们共同支撑着接触力学的研究和发展，形成了现代接触力学的基本理论。

3.1.1 Hertz 接触理论

Hertz 接触理论是接触力学的经典理论，是接触力学的理论基础，许多后续的理论研究成果从某种意义上讲是 Hertz 接触理论的扩展。它以弹性固体的法向接触为基本前提，其基本假设还包括：接触表面光滑；表面间无摩擦、无黏附；接触物体的材料为均匀的、各向同性的，符合胡克定律的理想弹性体；接触区域与结构尺寸相比很小。

对于半径、材料弹性模量和泊松比分别为 R_1 和 R_2，E_1 和 E_2，μ_1 和 μ_2 的两个弹性球体接触时（图 3 - 1），有：

$$E^* = \left[(1 - \mu_1^2)/E_1 + (1 - \mu_2^2)/E_2\right]^{-1} \tag{3-1}$$

$$R = R_1 R_2 / (R_1 + R_2) \tag{3-2}$$

若两球接触面的接触圆半径为 a，向两接触球施加的接触载荷为 P，则运用弹性半空间点载荷的作用原理，可求得在圆 a 范围内距离中心线为 r 的圆周一点上所承受的压力（Hertz 压力）为：

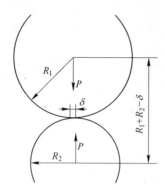

图 3-1　弹性球的接触示意图

$$P = P_0 [1 - (r/a)^2]^{1/2} \tag{3-3}$$

式中，P_0 为接触区域内所受压力的最大值。

接触面半径 a 的大小反映了在载荷 P 的作用下两接触球体的变形程度，接触面的半径 a 与接触载荷 P 有如下关系式：

$$a = \left(\frac{3PR}{4E^*} \right)^{1/3} \tag{3-4}$$

按假定的前提条件 $a \ll R$，则远处点（相对于接触区域）的接近值为：

$$\delta = a^2 / R = \left(\frac{9P^2}{16RE^{*2}} \right)^{1/3} \tag{3-5}$$

式中，R 为刚性球的半径；δ 为球体压入到弹性半空间中的位移量。

接触区域内的最大压力值为：

$$P_0 = \frac{3P}{2\pi a^2} = \left(\frac{6PE^{*2}}{\pi^3 R^2} \right)^{1/3} \tag{3-6}$$

当刚性球与弹性半空间（平面）接触时：

$$E^* = E_0 / (1 - \mu_0^2) \tag{3-7}$$

式中，E_0 为弹性半空间的弹性模量；μ_0 为弹性半空间的泊松比。

由于 Hertz 理论仅适用 $a = R$ 的小变形条件下的接触问题，当刚性球与弹性半空间（平面）接触发生较大变形时，Sneddon[131] 解决了压头压入弹性半空间时的接触问题，当压头为刚性球时：

$$\delta = \frac{1}{2} a \lg \frac{R+a}{R-a} \tag{3-8}$$

式中，R 为压头半径。此时接触载荷 P 与接触半径 a 关系为：

$$P = \frac{E}{2(1-\mu)} \left[(a^2 + R^2) \lg \frac{R+a}{R-a} - 2aR \right] \tag{3-9}$$

3.1.2　JKR 接触理论

Hertz 理论没有考虑接触体的自由能、表面能所产生的黏附对接触力学行为的影响，Roberts 和 Kendall 等人[132] 在研究接触力学的实验中发现，在低载荷状态下，两接触体间的接触面积要比按 Hertz 理论计算的结果大；而且当接触载荷减小至零的时候，接触面积趋向一个确定的有限值；特别是在接触表面处于清洁而干燥的状态时，能够观察到强烈的黏附现象发生；而在高的接触载荷作用时，接触实验的结果更接近于 Hertz 理论。在此基础上 Johnson，Kendall 和 Roberts 等人通过理论分析和实验验证，在 1971 年确定了被称为 JKR 理论的弹性球接触与表面黏附的关系。

当两个弹性球在无外部载荷的情况下相互接触时，两表面间的吸引力作用使接触面产生一半径为 a 的有限接触面，此时能量平衡的关系表现为两接触表面所具有的表面能转化为接触面变形的弹性能。所损失的表面能 U_s 为：

$$U_s = -\pi a^2 \gamma \qquad (3-10)$$

式中，γ 为接触表面的自由能。当两个接触表面的接触前单位面积的表面能分别为 γ_1 和 γ_2，两接触表面之间接触后的表面能为 γ_{12} 时：

$$\gamma = \gamma_1 + \gamma_2 + \gamma_{12} \qquad (3-11)$$

在外部接触载荷 P_0 的作用下，在接触界面间存在着能量之间的转换，其总能量 U_T 由三部分能量组成：外部载荷对接触弹性体所做的功 U_M（机械能），两接触弹性体产生形变所转化的弹性势能 U_E 和两接触体的表面自由能 U_s。在 JKR 接触理论的分析中运用了最小势能原理，即 $dU_T/da = 0$ 或 $dU_T/dP = 0$，确定平衡方程，进而求得 P（考虑黏附能时，产生接触体变形的当量载荷）与接触载荷 P_0 之间的关系为：

$$P = P_0 + 3\pi\gamma R + \sqrt{6\pi\gamma R P_0 + (3\pi\gamma R)^2} \qquad (3-12)$$

由此可求得两圆球体接触时，接触圆半径 a 与接触载荷 P 的关系为：

$$a^3 = \frac{3R}{4E^*}(P + 3\pi\gamma R + \sqrt{6\pi\gamma R P + (3\pi\gamma R)^2}) \qquad (3-13)$$

在外部接触载荷卸载后，分离两接触状态的球体的分离力为：

$$P_{pull-off} = -\frac{3}{2}\pi\gamma R \qquad (3-14)$$

从上式可以看出，$P_{pull-off}$ 与接触体的弹性模量无关，也就是说材料的因素不影响 $P_{pull-off}$ 值。由于表面能的存在，当外部接触载荷卸除后，接触表面在表面能的作用下仍然存在变形，此时的接触圆半径由式（3-13）（令 $P=0$）求得：

$$a_0 = \left(\frac{9\pi\gamma R^2}{2E^*}\right)^{1/3} \qquad (3-15)$$

JKR 理论将黏附因素的影响引入接触问题，是目前分析复合材料、高分子材料和生物材料接触问题的重要理论，在微/纳米尺度的接触问题研究中也得到了广泛的应用。

3.1.3　DMT 接触理论

Derjaguin、Muller 和 Toporov[133] 在 1975 年提出了计算变形、接触面积及硬表面球体接触黏附脱开力的接触理论，后来被称为 DMT 理论。这个理论以 Hertz 接触理论为基础，考虑了由范德华力引起的接触黏附效应。

在 DMT 理论中，接触载荷 P 与接触半径 a 之间的关系为：

$$\frac{PR}{K} = a^3 - \frac{2\pi\gamma R^2}{K} \qquad (3-16)$$

式中，$K = 4E^*/3$。远处点的接近量与 Hertz 理论相同：

$$\delta = a^2/R \qquad (3-17)$$

在外部接触载荷卸除后，分离两接触状态的球体的分离力为：

$$P_{\text{pull-off}} = -2\pi\gamma R \qquad (3-18)$$

比较式（3-18）与式（3-14），可以发现两者之间存在着较大的量差，由此也引起了两种理论研究群体间的争论。直到 Tabor[134] 提出了 Tabor 数界定了各自的适用范围才使这场理论的纷争得到解决。

3.1.4 M-D 接触理论

JKR 理论和 DMT 理论以不同的方式计算得到了相互接触球体的弹性变形，然而所得的计算结果存在严重矛盾。Tabor 数为：

$$\mu = \left(\frac{R\gamma^2}{E^{*2}z_0^3}\right)^{1/3} \qquad (3-19)$$

代表了在黏附的脱开（pull-off）点处到表面力的作用范围 z_0 时，表面的弹性位移率。z_0 值取自 Lennard-Jones 势能原理，表面力 P_a（压缩时为正值）与离开原子平面距离 z 的函数关系为：

$$P_a = \frac{8\gamma}{3z_0}\left[\left(\frac{z}{z_0}\right)^{-9} - \left(\frac{z}{z_0}\right)^{-3}\right] \qquad (3-20)$$

JKR 理论和 DMT 理论适用于参数 μ 的两个极端。JKR 理论适用于柔性球，μ 值很大的情况；而 DMT 理论适用于 μ 值很小，球体接近于刚性。对于这两种理论之间的联系问题，Maugis[135] 引入了参量，并给出了圆满的解答。

$$\lambda = \sigma_0\left(\frac{9R}{2\pi\gamma E^{*2}}\right)^{1/3} = 1.16\mu \qquad (3-21)$$

式中，最大压力 σ_0 的选取与 Lennard-Jones 势能原理相适应，其表面力的计算采用了 Dugdale 的近似计算方法，也称该理论为 M-D 理论。

对两球之间的圆形接触区域用简化的半径 R'（$R' = 1/R_1 + 1/R_2 = 1/R$），按照 M-D 理论中心部分半径为 a 的区域接触如图 3-2 所示，黏附力的强度 σ_0 使其延伸至半径 C 的区域。在环形区域 $a < r < C$ 中，接触表面间的距离从 0 增加至 h_0 发生微小变化使其分离时，表面力的分布由两部分构成。图中 Maugis-Dagdale 接触力的表面分布由两部分构成：Hertz 压力 P_1 作用于半径为 a 的区域，黏附张力 P_a 作用于半径为 C 的区域[136]。

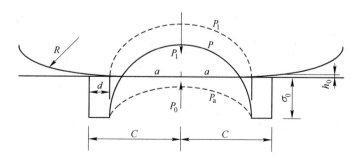

图 3-2 M-D 理论接触表面分布

Hertz 压力 P_1 作用于半径为 a 的区域，压力与接触半径 a 的关系由式（3-3）和式（3-6）推得：

$$P_1(r) = \frac{3P_1}{2\pi a^2}\left[1 - (r/a)^2\right]^{1/2} \qquad (3-22)$$

由式（3-4）可推得：

$$P_1 = 4E^* a^3 / (3R') \qquad (3-23)$$

弹性压缩量为：

$$\delta_1 = u_{z1}(0) = a^2 / R' \qquad (3-24)$$

在 $r = C$ 处的垂直位移为：

$$u_{z1}(C) = (1/\pi R')\left[(2a^2 - C^2)\arcsin(a/C) + a\sqrt{C^2 - a^2}\right] \qquad (3-25)$$

两表面之间的间隔为：

$$h_1(C) = C^2/(2R) - \delta_1 + u_{z1}(C) \qquad (3-26)$$

黏附（Dugdale）应力：

$$P_a(r) = \begin{cases} -\sigma_0/\pi\arccos\left[\dfrac{2a^2 - C^2 - r^2}{C^2 - r^2}\right] & r \leq a \\ -\sigma_0 & a \leq r \leq C \end{cases} \qquad (3-27)$$

则黏附力为：

$$P_a = -2\sigma_0 C^2\left[\arccos(a/C) + a\sqrt{C^2 - a^2}\right] \qquad (3-28)$$

接触体的压缩量（远处点的接近量）为：

$$\delta_a = -(2\sigma_0/E^*)\sqrt{C^2 - a^2} \qquad (3-29)$$

则在 $r = C$ 处的接触面间的间隔为：

$$h_a(C) = (4\sigma_0/\pi E^*)\left[\sqrt{C^2 - a^2}\arccos(a/C) + a - C\right] \qquad (3-30)$$

作用在接触面上的牵扯力 $P(r)$ 是上述两部分力的和，即 $P(r) = P_1(r) + P_a(r)$，$P_1(r)$ 和 $P_a(r)$ 见式（3-22）和式（3-27）。同理接触面的接触载荷 $P = P_1 + P_a$。

Maugis 引入无量纲参数，并利用上述公式，推导得出：

$$\frac{\lambda \overline{a}^2}{2}\left[(m^2 - 2)\mathrm{arcsec}\,m + \sqrt{m^2 - 1}\right] + \frac{4\lambda^2 \overline{a}}{3}\left(\sqrt{m^2 - 1}\,\mathrm{arcsec}\,m - m + 1\right) = 1$$

$$(3-31)$$

$$\overline{P} = \overline{P}_1 + \overline{P}_a = \overline{a}^3 - \lambda\overline{a}^2\left(\sqrt{m^2 - 1} + m^2\mathrm{arcsec}\,m\right) \qquad (3-32)$$

$$\overline{\delta} = \overline{a}^2 - (4/3)\lambda\overline{a}\sqrt{m^2 - 1} \qquad (3-33)$$

式（3-31）~式（3-33）中，部分参数意义为：

$$m = \frac{C}{a}; \quad \overline{a} \equiv a\left(\frac{4E^*}{3\pi\gamma R'^2}\right)^{1/3}; \quad \overline{P} \equiv \frac{P}{\pi\gamma R'}; \quad \overline{\delta} \equiv \delta\left(\frac{16E^{*2}}{9\pi^2\gamma^2 R'}\right)^{1/3} \qquad (3-34)$$

当 λ 值较大时如 $\lambda > 5$，$m \to 1$，则 JKR 理论适用，则：

$$\overline{P} = \overline{a}^3 - \sqrt{6\overline{a}^3} = \overline{P}_1 - \sqrt{6\overline{P}_1} \qquad (3-35)$$

$$\overline{\delta} = \overline{a}^2 - (2/3)\sqrt{6\overline{a}} \qquad (3-36)$$

3.1.5　接触理论之间的关系

Johnson 和 Greenwood[137] 在 M-D 理论的基础上分析总结了几种接触理论之间的关系，

并绘制了弹性球接触的黏附图（图 3 - 3）。图中横坐标为无量纲弹性参数 λ 或 μ（$\lambda = 1.16\mu$），是接触球体在表面力作用范围内的弹性变形的度量；纵坐标为无量纲载荷 $\overline{P}$，它代表了净的接触力与拉脱力（pull - off）的比率。图中的几条曲线是在参数 $P_a/P = 0.05$，$\delta_a/h_a = 20$，$\delta_a/h_a = 0.05$ 的条件下做出的曲线，曲线之间的关系反映了不同的接触理论对于处理接触中黏附力问题的适用性。

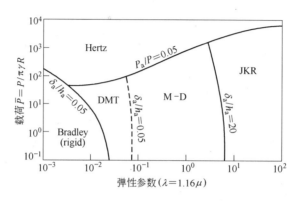

图 3 - 3   黏附理论关系图示例

在 Johnson 和 Greenwood 的理论分析和数值计算中发现，当 μ 值很大，如 $\mu > 5$ 时，在 JKR 理论适用范围，数值方法计算和运用 M - D 理论所计算的结果均出现不良的计算条件或错误结果；而处于 $\gamma = 0.2\text{J}/\text{mm}^2$，$R = 5\text{mm}$，$P_a/P < 0.05$ 的 Hertz 区，当 $P > 8\text{N}$ 时，在一般的工程计算中黏附力是可以忽略的；在 DMT 区域内，由表面力引起的弹性变形是可以忽略的；在刚性区域内与表面力的作用区域相比所有的弹性变形都很小。

3.2   四种黏附力的物理机理

为更好地了解微颗粒与固体表面接触力学的作用机理，下面对范德华力、表面张力、静电引力和 Casimir 力的物理黏附机理进行讨论。

3.2.1   范德华力黏附的物理机理

分子间存在的范德华力同样存在于微观物体中，它可由物体的单个原子或分子间的力的总和来得到[138]。只要存在表面与表面的接触，范德华力在表面积与体积之比很大的情况下就有显著的影响。

由于范德华力大小与分子间距离的六次方成反比，由此是近程力，但在涉及大量分子或极大表面时，可产生长达 $0.1\ \mu\text{m}$ 以上的远程效应[139]。

当微颗粒与黏附固体表面之间面积较小时，可以假设接触面为两个平滑、无限平板，其单位面积范德华力[140]：

$$P = A/(6\pi D^3) \qquad (D < 10\text{nm}) \qquad (3-37)$$

$$P \approx B/D^4 \qquad (D > 10\text{nm}) \qquad (3-38)$$

式中，D 为平板间距；A，B 为近程和远程范德华力 Hamaker 常数。

当 $A = 5.4 \times 10^{-20}\text{J}$，$B = 10^{-28}\text{J}$ 时得出图 3 -4 曲线。

从图 3 -4 中可见，在间距小于 10 ~ 100 nm 时，范德华力足以使微颗粒与其基质产生

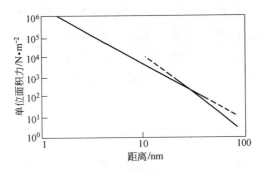

图 3-4 两平板间的单位面积的范德华力计算示例

黏附作用。理论分析可知：短程范围内，力的大小随间距 3 次方变化，则范德华力对微颗粒黏附具有很大影响，在没有表面张力作用时，范德华力在短程范围内是造成黏附的主要原因。由此可见，范德华力大小与微颗粒与黏附表面的有效距离及其表面粗糙度密切相关[141]。

3.2.2 表面张力黏附的物理机理

表面张力是在表面上或表面附近的分子聚合力不平衡而形成的一种液体特征，其结果是液体平面趋于收缩，并具有类似于展开的弹性膜特性的特征[138]。当微颗粒与黏附表面之间存在液体时，由于毛细管力作用会导致粘连，如图 3-5 所示。当表面层中的分子受到附加力（内聚力）的作用而进入液体内部时，引起表面层分子浓度略为变稀，微观上来看，使得分子间距离 r 增大，从而分子势能增大，形成了表面势能（表面能）。而在势阱作用下要使势能趋小，分子间受到互吸力的作用，有使 r 恢复到平衡状态时的 r_0 倾向。这个互吸力作用是各向同性的，在垂直液面的方向上起着平衡内聚力的作用，防止表面层内液体分子进一步进入内部而造成"坍缩"。而在平行于液面的方向上互吸力使分子相互靠近，液面收缩，则形成了表面张力[139,142,143]。图 3-5 中，当液体与固体的接触角 $\theta_c < 90°$ 时，液滴内的压强小于外部压强，产生了使两板靠近的吸引力。

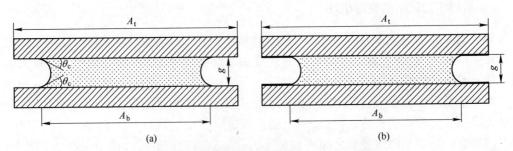

图 3-5 平板间液体的表面张力示意图

(a) 两平板间未铺展的液桥；(b) 两平板间铺展后的液桥

液体与空气界面的压强差可由拉普拉斯方程得到：

$$\Delta p_{la} = \frac{\gamma_{la}}{r} \tag{3-39}$$

式中，γ_{la} 为液-气界面表面张力；r 为弯月面的曲率半径。

由压强差产生的两平板表面间的表面张力为：

$$F = -\Delta p_{la} A = \frac{2A\gamma_{la}\cos\theta_c}{g} \tag{3-40}$$

式中，A 为润湿面积。

如图 3-5 所示模型，两固体平面间存在的一薄层液体可成为一种黏附剂。根据 Young's 方程，平衡状态可表示为：

$$\gamma_{sa} = \gamma_{sl} + \gamma_{la}\cos\theta_c \qquad (0 < \theta_c < \pi) \tag{3-41}$$

式中，γ_{sa}，γ_{sl} 为固-气、固-液界面的表面张力。

由公式（3-41）可见，当 $\gamma_{sa} < \gamma_{sl} + \gamma_{la}$ 时，接触角 $\theta_c > 0°$，液体将不铺展，如图 3-5（a）所示。反之，当 $\gamma_{sa} > \gamma_{sl} + \gamma_{la}$ 时，则液体将会铺展，直到接触角 $\theta_c = 0°$ 达到平衡状态，并在液桥区域以外形成一层液体薄膜，如图 3-5（b）所示。

如忽略弯月面面积，如图 3-5（b）所示，得到液体铺展后两平板间的总表面能为：

$$E_s = 2[A_t(\gamma_{sl} + \gamma_{la}) - A_t\gamma_{la}] = 2[A_t(\gamma_{sl} + \gamma_{la}) - A_b\gamma_{la}\cos\theta_c] \tag{3-42}$$

而如图 3-5（a）所示的液体未铺展时两平板间的总表面能为：

$$E_s = 2[A_t\gamma_{sa} - A_b(\gamma_{sa} - \gamma_{sl})] = 2(A_t\gamma_{sl} - A_b\gamma_{la}\cos\theta_c) \tag{3-43}$$

因而得到，当两平面间存在液体时且两平面间的间隙 g 很小时，总表面能 E_s 为：

$$E_s = C - 2A_b\gamma_{la}\cos\theta_c \tag{3-44}$$

式中，C 为式（3-41）和式（3-42）中常数项；$\gamma_{la}\cos\theta_c$ 为黏附张力；A_b 为液体湿润部分面积。

3.2.3　静电引力黏附的物理机理

静电引力（electrostatic forces）是由于两个相对表面间带有静电荷而形成的引力，它是存在于带电分子或粒子之间的作用力。不同表面间由于电子的转移而形成双电层，其接触电势通常小于 0.5V，电荷密度小于 $10^3/cm^2$。其大小与分子或粒子之间距离的平方成反比（r^{-2}），与范德华力相比，静电力是比较长程的作用力。对于微颗粒黏附固体表面而言，当间距很小时，两表面间的静电力小于范德华力。在间距小于 0.1μm 时最为重要，而在 10μm 时仍具有显著影响。

静电作用所产生的静电力和能量可表示为：

$$F_{el} = \frac{\varepsilon_0 u^2}{2\delta^2} \tag{3-45}$$

$$E_{el} = \frac{\varepsilon_0 u^2}{2\delta} \tag{3-46}$$

式中，ε_0 为表面间的介电常数；u 为表面间的电势差；δ 为表面间距。

3.2.4　Casimir 力黏附的物理机理

Casimir 力与范德华力有密切的关系，在近程范围内（$D < 20nm$），可考虑范德华力作用，而远程范围内（$D > 100nm$），通常考虑 Casimir 力的影响。但两者是有区别的，范德华力总是引力，而 Casimir 力的符号与物体几何形状有关，如一个球壳分成两半后，半球之间的 Casimir 力表示为斥力。

很多学者对各种现象下的 Casimir 力进行了计算，大多采用两种方法：（1）有限边界的量子场论；（2）涨落理论或其等效理论。目前，实验已经定性地认定了 Casimir 力的存在，而定量上比较可靠的实验也正在研究中，如扭秤实验测量导体平板间的 Casimir 力，利用 Suspended Interferometer 来测量两导体平板间的 Casimir 力以及利用 AFM 来测量球与平板间的 Casimir 力。

如相距 d 的两平行导电金属板间单位面积零点能为：

$$U(d) = -\frac{\pi^2 hc}{720}\frac{1}{d^3} \tag{3-47}$$

则单位面积 Casimir 力为：

$$F_0(d) = -\frac{\partial U}{\partial d} = -\frac{\pi^2 hc}{240}\frac{1}{d^4} \tag{3-48}$$

令

$$\mathscr{R} = \frac{\pi^2 hc}{240} \tag{3-49}$$

式中，$h = h^*/2\pi$，h^* 为普朗克常数；c 为光速；d 为两光滑表面间距。

式（3-49）适用于 $d \geqslant 100\text{nm}$。当 d 为微米级时，力常数 $\mathscr{R} = -Fd$ 为 0.013×10^{-7} N·m^2，当 d 为米级时，力常数 $\mathscr{R}$ 为 1.3×10^{27} N·m^2。

由于 Casimir 力及其方向与物体的形状有关，因此几何边界的影响很大，需要对 Casimir 力进行修正。图 3-6（a）曲线反映了考虑实际表面形貌、导电性和温度的影响系数随间距的变化。图 3-6（b）比较了修正前后 Casimir 力的变化。

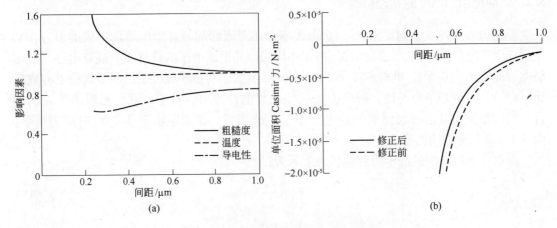

图 3-6 Casimir 力影响系数及修正曲线

（a）表面形貌、导电性和温度的影响系数；（b）修正前后 Casimir 力的变化

综合考虑三个影响因数，得到修正后的 Casimir 力为：

$$F(d) = \eta_c \times \eta_r \times \eta_T \times F_0(d) \tag{3-50}$$

式中，η_c，η_r，η_T 为考虑表面形貌、导电性和温度时的影响因数。

Casimir 力之所以在微米、纳米结构中有很大作用，有两方面原因：（1）由于单位面积 Casimir 力通常随接触物体间距 4 次方变化，当间距处于微米、纳米量级时，其变化显著；（2）是由于微颗粒尺寸小、质量轻，当两物体之间间距很小时，Casimir 力将显著影响微颗粒的运动和黏附的稳定性。随着微颗粒的尺寸、间距进一步减小，其影响越来越大。当考虑接触表面粗糙度、材料特性和温度影响时，Casimir 力作用下产生黏附的物理机理还需进一步分析。

3.3　微颗粒黏附力比较及其复合力学模型

微颗粒黏附于各种固体表面时，其受到的作用力除了第 2 章介绍的几种黏附力之外，还有：重力、浮力、磁力、毛细力和万有引力等。一般情况下，微颗粒受到的作用力主要是其中一种或几种力的复合作用结果。下面从物理黏附机理方面研究黏附力学复合模型，初步了解各种作用力的大小，结合实验数据及理论分析的情况，对各种作用力进行计算和比较。

（1）微颗粒受到的重力：

$$G = mg = \rho g V = \frac{4\pi R^3}{3}\rho g \qquad (3-51)$$

若假设：$R = 1 \sim 5\mu m = (1 \sim 5) \times 10^{-6} m$；$\rho = (1 \sim 10) \times 10^3 kg/m^3$；

根据公式计算得到重力：$G = 4.1 \times 10^{-14} \sim 5.1 \times 10^{-11} N$。

（2）微颗粒在空气中受到的浮力：

$$F_{浮} = \rho_{空} v_{排} g = \frac{4}{3}\pi R^3 \rho_{空} g \qquad (3-52)$$

若假设：$R = 1 \sim 5\mu m = (1 \sim 5) \times 10^{-6} m$；$\rho_{空} = 1.293 kg/m^3$；

根据公式计算得到浮力：$F_{浮} = 5.3 \times 10^{-17} \sim 6.6 \times 10^{-15} N$。

（3）微颗粒间的万有引力：

$$F_{万} = \frac{GM_1 M_2}{R^2} = \frac{G}{R^2}\frac{4}{3}\pi r_1^3 \rho_1 \frac{4}{3}\pi r_2^3 \rho_2 = \frac{16G}{9R^2}\pi^2 \rho_1 \rho_2 r_1^3 r_2^3 \qquad (3-53)$$

式中，G 为万有引力常量（$6.67 \times 10^{-11} N \cdot m^2/kg^2$）；$M_1$，$M_2$ 为两物体质量；R 为两物体间距；r_1，r_2 为两物体等效直径；ρ_1，ρ_2 为两物体密度。

若假设：r_1，$r_2 = (1 \sim 5)\mu m = (1 \sim 5) \times 10^{-6} m$；$\rho_1$，$\rho_2 = (1 \sim 10) \times 10^3 kg/m^3$，$R = r_1 + r_2$；

根据公式计算得到微颗粒间万有引力：$F_{万} = 1.05 \times 10^{-29} \sim 1.8 \times 10^{-23} N$。

（4）微颗粒与黏附表面及微颗粒间的范德华力：

$$F_w = \frac{A r_1 r_2}{6D^2 (r_1 + r_2)} \qquad （微颗粒 - 微颗粒） \qquad (3-54)$$

$$F_w = \frac{Ar}{6D^2} \qquad （微颗粒 - 黏附表面） \qquad (3-55)$$

若假设：r_1，$r_2 = 1 \sim 5\mu m = (1 \sim 5) \times 10^{-6} m$，$D = 0.01 \mu m$，$A$ 为 Hamaker 常数（$A_{11} = 8.86 \times 10^{-20} J$，$A_{121} = 1.02 \times 10^{-20} J$）（注：1—固体，2—液体水）。

1）范德华力：$F_w = 7.4 \times 10^{-11} \sim 3.7 \times 10^{-10} N$　　（A_{11}）⎫
　　范德华力：$F_w = 8.5 \times 10^{-12} \sim 4.25 \times 10^{-11} N$　　（A_{121}）⎬（微颗粒 - 微颗粒）

2）范德华力：$F_w = 1.5 \times 10^{-10} \sim 7.5 \times 10^{-10} N$　　（A_{11}）⎫
　　范德华力：$F_w = 1.7 \times 10^{-11} \sim 8.5 \times 10^{-11} N$　　（A_{121}）⎬（微颗粒 - 黏附表面）

（5）微颗粒与黏附表面静电力：

$$F_{静} = \frac{1}{4\pi\varepsilon} \times \frac{Q_1 Q_2}{d^2} \tag{3-56}$$

式中，ε 为真空电容率，$\varepsilon = 8.85 \times 10^{12} N \cdot m^2$；$Q_1$，$Q_2$ 为接触物体所带电量，C；d 为接触表面之间距离，m。

若假设：$Q_1 = Q_2 = 1.6 \times 2.08 \times 10^9$，$d = 10^{-8} m$

$$F_{静} = 2.55 \times 10^{-17} \quad （各种情况相差比较大，需具体分析） \tag{3-57}$$

（6）微颗粒与黏附表面和微颗粒间毛细力：

$$F_y = 2\pi\sigma R\cos\theta \quad （微颗粒 - 微颗粒） \tag{3-58}$$

$$F_y = 4\pi\sigma R\cos\theta \quad （微颗粒 - 黏附表面） \tag{3-59}$$

式中，σ 为液体的表面张力，N/m；θ 为微颗粒润湿接触角，(°)；R 为微颗粒半径，m。

若假设：$R = 1 \sim 5\mu m = (1 \sim 5) \times 10^{-6} m$，$\sigma = 0.07275 N/m$（20℃水）；$\cos\theta = 0.8$；

计算值得到微颗粒毛细力：$F_y = 3.6 \times 10^{-7} \sim 3.6 \times 10^{-6} N$

根据具体实例计算结果可知，毛细力≫范德华力＞重力≫浮力＞静电力≫万有引力。

已有研究表明，化学黏附一般较物理黏附作用大且黏附比较稳定，但化学黏附导致接触物体间发生了化学变化产生新的化学键或物质，化学黏附具有不可逆性。下面主要从物理黏附角度出发，结合比较结果，重点讨论黏附过程中的毛细力、范德华力、重力、浮力和静电力的作用。

3.3.1 理想表面的黏附力学模型

当微颗粒黏附于固体表面并稳定后，微颗粒受力状况如图 3-7 所示，其中假设微颗粒为刚性球体，微颗粒与表面接触没有变形，表面没有吸附其他物质。

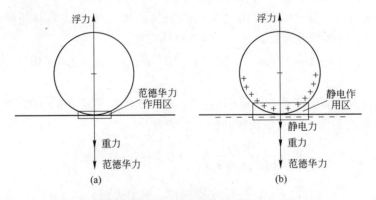

图 3-7 微颗粒与固体表面黏附力学模型（干燥环境）

根据微颗粒在黏附表面受力平衡可知：

$$F = G + F_w + F_e - F_F \tag{3-60}$$

式中，F_w 为范德华力；F_e 为静电力；F_F 为空气浮力。

代入公式后得到：

$$F = \frac{4\pi R^3}{3}(\rho_1 - \rho_2)g + \frac{AR}{6d^2} + \frac{1}{4\pi\varepsilon} \times \frac{Q_1 Q_2}{d^2} \tag{3-61}$$

式中，R 为微颗粒等效半径，m；ρ_1 为微颗粒密度，kg/m^3；ρ_2 为空气密度，kg/m^3；g 为重力加速度，9.8 m/s；ε 为真空电容率，$\varepsilon = 8.85 \times 10^{12} N \cdot m^2$；$Q_1$，$Q_2$ 为接触表面所带电量，C；d 为两接触表面的间距，m；A 为 Hamaker 常数。

若 $F > 0$，则微颗粒可以黏附在固体表面，并随 F 值越大，黏附作用力越大。

3.3.2 普通表面黏附力学模型

实际大气中存在大量水蒸气，当接触表面与空气接触后，表面都会吸附一定量的水蒸气，在一定条件下在微颗粒与黏附表面形成一层吸附层。下面就吸附层对微颗粒黏附力的影响开展讨论。

当微颗粒黏附在固体表面之后，其受力如图 3-8 所示。

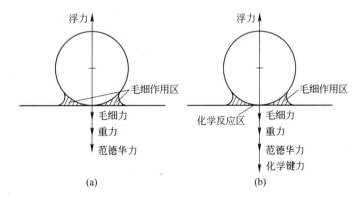

图 3-8　微颗粒与固体表面黏附力学模型（湿润环境）

根据微颗粒受力平衡可知：

$$F = G + F_f + F_m + F_h + F_e - F \tag{3-62}$$

式中，F_f 为范德华力；F_m 为毛细力；F_h 为化学键力；F_e 为静电力；F 为空气浮力。

代入具体计算公式可得：

$$F = \frac{4\pi R^3}{3}(\rho_1 - \rho_2)g + \frac{AR}{6d^2} + \frac{1}{4\pi\varepsilon} \times \frac{Q_1 Q_2}{d^2} + 4\pi\sigma R\cos\theta + F_h \tag{3-63}$$

当考虑接触表面在力的作用下变形时，微颗粒受力如图 3-9 所示。

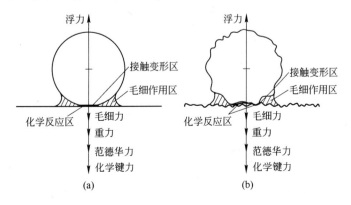

图 3-9　微颗粒与固体表面黏附力学模型（化学反应及粗糙表面）

根据微颗粒受力平衡可知：

$$F = G + F_f + F_m + F_h + F_e - F \qquad (3-64)$$

$$F = \frac{4\pi R^3}{3}(\rho_1 - \rho_2)g + \frac{hr}{8\pi r^2} + \frac{h\delta^2}{8\pi d^3} + \frac{1}{4\pi\varepsilon} \times \frac{Q_1 Q_2}{d^2} + 4\pi\sigma R\cos\theta + F_h \qquad (3-65)$$

式中，δ 为黏附表面半径，m；h 为利夫茨范德华（Liftshitz – Van der Waals）常数，J。

3.3.3 预处理表面黏附力学模型

表面活性剂作用于固体表面时，可以改变固体表面的组成和结构，使高能表面变为低能表面而容易被润湿。各种表面活性剂在不同固体表面上吸附性不同，所形成的吸附层的结构及最外层的基团不仅因表面活性剂和固体性质而异，而且随表面活性剂溶液浓度、酸碱度及其他环境因素而变。当表面活性剂与微颗粒接触时，朝向空气的亲油基与微颗粒之间存在着吸附作用，因此暴露在水相外面的亲油基就很容易和固体表面结合，并带动活性剂分子向微颗粒表面上移动，此时亲水基就会相应地带动水分子向微颗粒表面移动。由于表面活性剂的介入，水与固体表面上的接触角就会改变，通过活性剂可以增加液体在颗粒表面的湿润和铺展能力。减小颗粒与表面的黏附特性，清洗效果就会更好，加快颗粒粉尘等的清洗[144]。

为研究表面活性剂预处理固体表面黏附微颗粒的情况，下面对其进行理论探讨，书中后续章节将介绍具体实验研究。

经表面活性剂预处理固体表面如图 3 – 10（a）所示，表面活性剂由亲水基和亲油基两部分组成，其亲水基与水分子结合，而亲油基就会伸向气相中，在固体表面形成排列紧密的定向列层，使得固体表面物理化学发生改变。图 3 – 10（b）模拟了预处理表面附近空气中微颗粒运动黏附过程，其中有部分微颗粒已黏附于固体表面。

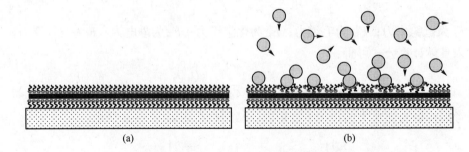

(a)　　　　　　　　　(b)

图 3 – 10　预处理表面黏附微颗粒过程示意图

当微颗粒黏附在预处理固体表面时，可呈现图 3 – 11 所示的情形。

根据微颗粒受力平衡可得：

$$F = G + F_f + F_m + F_e + F_h - F \qquad (3-66)$$

代入计算公式得到：

$$F = \frac{4\pi R^3}{3}(\rho_1 - \rho_2)g + \frac{hr}{8\pi r^2} + \frac{h\delta^2}{8\pi d^3} + \frac{1}{4\pi\varepsilon} \times \frac{Q_1 Q_2}{d^2} + 4\pi\sigma R\cos\theta + F_h \qquad (3-67)$$

对于预处理固体表面而言，由于表面活性剂的参与，改变了固体原有物理化学性质，一般而言对黏附力的具体影响包括：（1）微颗粒黏附的静电力由于表面活性剂的存在，使

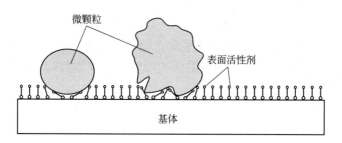

图 3-11 预处理表面黏附微颗粒示意图

得带电电荷明显减少，导致静电力明显减小；（2）对于毛细力而言，由于表面活性剂改善了液体（水）的表面张力，使得固-液接触角变小，毛细力也明显减小；（3）由于范德华力大多为近程力，由于预处理层的存在，使得微颗粒预黏附表面的间距增大，也减小了范德华力；（4）预处理表面隔离了微颗粒与黏附表面的化学反应，使得化学键力随之减弱，同时表面活性剂具有清洗剂作用，能够促进微颗粒与黏附表面的分离和清洗。

下面就表面吸附层对微颗粒黏附作用的影响开展讨论。

（1）表面吸附层对范德华力的影响。

当微颗粒及固体表面有吸附层时，除了微颗粒本身作用外，还必须考虑吸附层分子（原子）之间的吸附作用及吸附层对颗粒作用的影响。假设微颗粒间的相互作用区域为平面，如图 3-12（a）所示，范德华作用能为[142,143,145~148]：

$$V_w = -\frac{1}{12\pi}\left(\frac{A_{232}}{H^2} - \frac{2A_{123}}{H+\delta^2} + \frac{A_{121}}{H+2\delta^2}\right) \qquad (3-68)$$

式中，A_{232}，A_{123}，A_{121} 为 Hamaker 常数；H 为颗粒间距离；δ 为吸附层厚度。

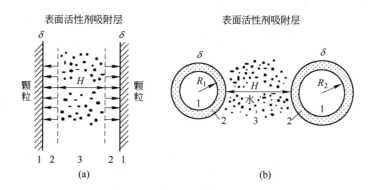

图 3-12 表面活性剂吸附层与微颗粒作用示意图
（a）平板形颗粒；（b）球形颗粒
1—微颗粒；2—微颗粒表面吸附层；3—所处的环境空间

对于半径分别为 R_1 和 R_2 的两球形颗粒，如图 3-12（b）所示，范德华作用能为：

$$V_w = -\frac{R_1 R_2}{6(R_1 + R_2)}\left(\frac{A_{232}}{H} - \frac{2A_{123}}{H+\delta} + \frac{A_{121}}{H+2\delta}\right) \qquad (3-69)$$

若 $R_1 = R_2 = R$，则：

$$V_w = -\frac{R}{12}\left(\frac{A_{232}}{H} - \frac{2A_{123}}{H+\delta} + \frac{A_{121}}{H+2\delta}\right) \tag{3-70}$$

在多数情况下，吸附层的存在导致颗粒间范德华力减弱，原因有：1）吸附层增大了微颗粒与表面和颗粒之间的间距；2）吸附物质的 Hamaker 常数通常比固体颗粒小，吸附层对范德华作用能的影响如图 3-13 ~ 图 3-15 所示。

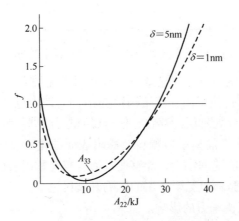

图 3-13   吸附层对范德华作用能的影响[149]

图 3-13 中颗粒与介质的 A_{11} 和 A_{33} 分别为 12.4×10^{-20} J 及 4.12×10^{-20} J，颗粒间最短距离 $H = 0.3$ nm，颗粒半径 $R = 50$ nm，吸附层厚度分别为 1nm 及 5nm。图中纵坐标 f 为微颗粒的范德华力对吸附层的影响而发生的相对变化。可见，当 $\delta = 5$ nm 时，如 $A_{22} \approx A_{33}$，吸引作用消失；当 $\delta = 1$ nm 时，吸引作用受到一定影响，但尚未消灭。在 $A_{22} > A_{11}$ 时，吸引作用才可能增强。

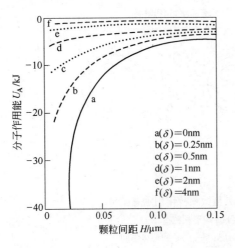

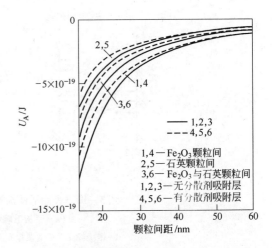

图 3-14   不同吸附层厚度对微颗粒间相互作用能影响[149]   图 3-15   颗粒间范德华作用能相互作用[150]

图 3-14 是在氯苯的油/水乳液中范德华吸引作用能随乳化剂吸附层厚度的增加而递减的情况。图 3-15 是 Fe_2O_3 和石英颗粒表面有吸附层存在时，颗粒间距对范德华作用能的影响。

（2）表面吸附层对静电作用的影响。

表面活性剂形成的吸附层可直接改变固体及微颗粒表面电位（φ_δ），而影响微颗粒与表面和微颗粒间的静电作用，中性分子型表面活性剂虽然不能直接改变颗粒的表面电位，但研究表明，中性分子型（特别是中性表面活性剂或高分子）的吸附，往往也能引起电位变化。中性分子吸附层可以直接吸附在表面，使非中性离子与接触表面的距离增大（外推距离为吸附层厚），扩散层滑移面的外移引起库仑双电层交叠距离的增加，使静电排斥作用加大。

图 3 - 16 表示聚氧乙烯在负电荷的颗粒表面吸附及其对电位的影响。图 3 - 16（b）是聚氧乙烯通过烃链在表面吸附情况，图 3 - 16（c）是聚氧乙烯通过极性基在表面吸附情况。以上两种情况均使扩散层滑移面向外推移，从而引起电位减小[151]。

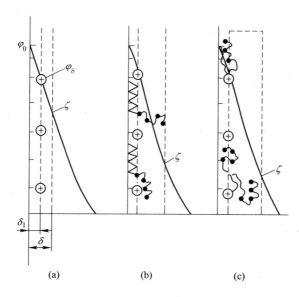

图 3 - 16　非离子型表面活性剂情况下带电微颗粒表面
（a）没有吸附层情况；（b）聚氧乙烯非极性端吸附；（c）聚氧乙烯极性端吸附

3.3.4　粗糙表面黏附力学模型

一般而言，微颗粒表面与接触表面都是粗糙的，如图 3 - 17 所示。

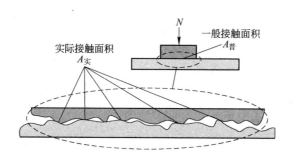

图 3 - 17　实际接触表面粗糙度示意图

微颗粒黏附表面的作用力，如范德华力、毛细力、静电力等都与接触表面间距存在显著关系，所以接触物体的表面形貌会对最终产生的黏附力影响较大。

但是，传统方法所确定的表面特性并不客观，因为它是建立在诸如表面高度、斜率及曲率的均方根基础上的，而这些数值依赖于表面简单化了的尺寸及测量所得出值的分解的基础上。在不同尺度上，表面具有不同的坡度和峰顶曲率等数值，因此表面粗糙度的统计参数是不唯一的，它强烈地依赖于放大倍数和测量仪器的精度。物体表面在不同的分辨率下，有不同的表面形貌特征，测量得到的粗糙度统计特征将会完全不同。

Mandelbrot 于 1967 年在对无序及无规律的物体的研究中首次引入分形描述。分形物体具有连续性、不可导性和自相似性的规律。由于物体接触表面同样具有分形特征，所以可用分形来对微颗粒表面进行描述。两维的表面特征可由 Weierstrass – Mandelbrot 函数（简称 W – M 函数）表示为：

$$z(x) = L_x\left(\frac{G}{L_x}\right)^{D-1} \sum_{m=0}^{m} \frac{\cos(2\pi\gamma^m x/L_x)}{\gamma^{(2-D)m}} \tag{3-71}$$

式中，L_x 为 x 方向的分形样本长度；G 为分形粗糙度参数；$D(1 < D < 2)$ 为分形维数；$\gamma(\gamma < 1)$ 为尺度参数。

$$M = \text{int}\left[\frac{\lg(L_x/L_0)}{\lg\gamma}\right] \tag{3-72}$$

W – M 函数的功率谱密度函数 $S(w)$ 为：

$$S(w) = \frac{G^{2(D-1)}}{2\ln\gamma} \frac{1}{w^{5-2D}} \tag{3-73}$$

实际上，一个表面的轮廓曲线图可以抽象地看成一个质点在一段时间内的随机运动轨迹。功率谱密度分析就是在频率域上对时间序列进行分析的一种方法。通过功率谱密度分析，可以考察一个表面形貌序列的频率组成。

下面分析主要是建立在两维分形描述基础上，其中 h 均指接触表面间距[152~156]。

（1）粗糙表面毛细力。

两粗糙表面间毛细力可以表述为：

$$F_{\text{cp}} = \frac{\gamma_{\text{L}} L_y S}{r_{\text{k}}} \tag{3-74}$$

式中，S 为 x 方向表面湿润部分长度；r_{k} 为 Kelvin 半径；γ_{L} 为液体的黏度；L_y 为两粗糙表面间的距离。

$$S = \int_{L_0}^{L_x} \mathrm{d}x \quad (h > z(x) \geq h - d_{\max}) \tag{3-75}$$

$$d_{\max} = -\min[r_{\text{k}}(\cos\theta_1 + \cos\theta_2), 0]$$

式中，$d_{\max}$ 为能形成弯月面的最大表面分离距离；θ_1，θ_2 为两表面与液体接触角。

$$r_{\text{k}} = \frac{\gamma_{\text{L}} V_{\text{L}}}{RT\lg(p/p_{\text{s}})} \tag{3-76}$$

式中，p 为液体内的蒸汽压力；p_{s} 为大气压；V_{L} 为液体分子体积；R 为气体常数；T 为绝对温度。

（2）粗糙表面范德华力。

两粗糙表面间范德华力可以表述为：

$$F_{vdw} = \int_{L_0}^{L_x} P'_{vdw} L_y \, dx \qquad (3-77)$$

$$P'_{vdw} = \begin{cases} -\dfrac{B}{[h-z(x)]^4} & （远程力） & \text{(a)} \\[3mm] -\dfrac{A}{6\pi[h-z(x)]^3} & （近程力）\quad (h-z(x)>h_c) & \text{(b)} \\[3mm] -\dfrac{A}{6\pi h^3} & （近程力）\quad (h-z(x)\leqslant h_c) & \text{(c)} \end{cases} \qquad (3-78)$$

式中，P'_{vdw} 为范德华压力；h_c 为两原子间不重合部分距离，一般为几埃（$1\text{Å}=0.1\text{nm}$）。

用 SiO_2 与 SiO_2 表面进行模拟，在 $D=1.4$，$G=4.2\times10^{-12}$m（相对于 $\sigma=7$nm）情况下，近程和远程范德华压力曲线相交在 $h\approx39$nm 处，在 39nm 范围以内，远程范德华力影响是第二位的，可以只考虑近程力影响；在 13nm 的距离处，P'_{vdw} 快速变化，说明表面形貌对范德华力具有重要影响。当 $h/\sigma\gg1$ 时，压力按 $P'_{vdw}\sim h^{-3}$ 关系变动，随着间距在 $1\leqslant h/\sigma\leqslant2.5$ 范围内时，范德华力的增加与间距关系更加明显。当 $h-z(x)\approx h_c$ 时，范德华力上升达到一个平稳阶段，说明对间距相对弱的依赖性。这三种明显变化特征表明，表面形貌对小范围内范德华力具有重要作用，由此在表面接触分析中有必要考虑表面形貌的影响。范德华力同样受到材料性质的影响，但这种作用相对于表面形貌影响是次要的。

（3）粗糙表面静电力。

粗糙表面的静电力可表示为：

$$F_{el} = \int_{L_0}^{L_x} P'_{el} \, dx \qquad (3-79)$$

$$P'_{el} = \begin{cases} -\dfrac{\varepsilon U^2}{2[h-z(x)]^2} & (h-z(x)>h_c) & \text{(a)} \\[3mm] -\dfrac{\varepsilon U^2}{2h_c^2} & (h-z(x)\leqslant h_c) & \text{(b)} \end{cases} \qquad (3-80)$$

式中，P'_{el} 为静电黏附压力；$U=\max(U_q,U_\phi,U_e)$ 为两材料接触面的电势差；ε 为介电常数；$U_q=qh/\varepsilon$ 为两材料接触面的电势差；q 为表面电荷密度。

3.4 微颗粒黏附力测试的空气动力学模型

3.4.1 测试模型的基本假设条件

所建立的微颗粒黏附力测试的空气动力学模型基于以下假设：在研究范围内流体为不可压缩的、连续的介质，且为定常的均匀层流流动；研究的微颗粒在层流边界层内受到剪切流作用；微颗粒产生的变形量相对于其半径来说很小；微颗粒的重力相对于黏附力而言很小，且可以忽略不计；黏附在固体表面上的微颗粒为球形且为单层黏附。

3.4.2 测试模型的建立

边界层坐标系的建立：以固体表面边缘点作为坐标系的原点，以固体表面与气流方向一致的边界作为 x 轴，以垂直于固体表面的外法线作为 y 轴。建立微颗粒黏附力测试的空气动力学模型（图3-18），基于研究的流体为不可压缩的、连续的介质且为定常的均匀层流流动和微颗粒在层流边界层内受到剪切流作用的假设，当气流通过微颗粒时会产生使微颗粒从固体表面清除的3个作用[157]：F_r（拖拉力）、F_L（惯性提升力）和M_D（瞬时外加力矩）。

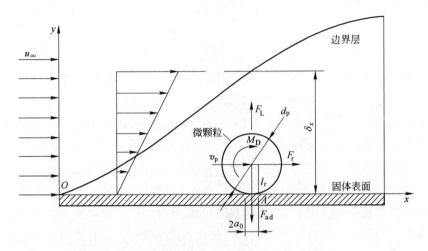

图3-18　微颗粒黏附力测试的空气动力学模型

对于拖拉力，由Stokes定律可将其表达为：

$$F_r = 1.7009 \times 3\pi\mu d_p v_p \tag{3-81}$$

式中，μ为空气的动力黏度；d_p为微颗粒的粒径；v_p为微颗粒中心处的气流速度。

对于惯性提升力，有：

$$F_L = 1.615 \times \mu d_p^2 \left(\frac{\rho}{\mu} \times \frac{du}{dy}\Big|_{y=\frac{d_p}{2}} \right)^{1/2} v_p \tag{3-82}$$

式中，u为平行于固体表面的气流速度；ρ为空气的密度。

对于瞬时外加力矩，有：

$$M_D = 0.943993 \times 2\pi\mu d_p^2 v_p \tag{3-83}$$

当气流从固体表面流过时，会产生一层很薄的边界层，边界层的厚度[158]定义为：若u_∞为外部势流区沿固体表面的切向速度（即来流速度），则将边界层内切向速度增至$u = 0.99u_\infty$的法向距离δ_x规定为边界层与外部势流的边界。根据黏性流体力学观点，由Blasius方程求得平板边界层的厚度为：

$$\delta_x = 4.91 \sqrt{\frac{\mu x}{\rho u_\infty}} \tag{3-84}$$

由剪切层流的假设可得在同一个位置处的速度梯度是不变的，有：

$$\frac{du}{dy}\Big|_{y=\frac{d_p}{2}} = \frac{u\delta_x}{\delta_x} = \frac{0.99u_\infty}{\delta_x} \tag{3-85}$$

则可得：

$$v_p = \frac{d_p}{2} \times \frac{du}{dy}\Big|_{y=\frac{d_p}{2}} = \frac{d_p}{2} \times \frac{0.99u_\infty}{\delta_x} = \frac{0.495u_\infty d_p}{\delta_x} \tag{3-86}$$

3.4.3 测试模型的求解

根据建立的微颗粒黏附力测试的空气动力学模型，用使微颗粒刚好从固体表面清除的临界作用力来间接衡量其黏附力，结合微颗粒从固体表面清除的运动模式分析，可得：

若为提升模式，则由垂直方向的受力平衡关系得：

$$F_L = F_{ad} \tag{3-87}$$

若为滑动模式，则由水平方向的受力平衡关系得：

$$F_r = K_s(F_{ad} - F_L) \tag{3-88}$$

若为滚动模式，则由力矩平衡关系得：

$$M_D + F_r \times l_r + F_L \times a_0 = F_{ad} \times a_0 \tag{3-89}$$

式中，K_s 为静摩擦因数；l_r 为清除力臂；a_0 为接触区域半径，假设比微颗粒的半径小得多。

联立式（3-81）~式（3-89）化简后可得各模式下所测试的黏附力为：

若为提升模式：

$$F_{ad} = 0.0731\rho^{5/4}\mu^{-1/4}u_\infty^{9/4}x^{-3/4}d_p^3 \tag{3-90}$$

若为滑动模式：

$$F_{ad} = 1.6151\rho^{1/2}\mu^{1/2}u_\infty^{3/2}x^{-1/2}d_p^2K_s^{-1} + 0.0731\rho^{5/4}\mu^{-1/4}u_\infty^{9/4}x^{-3/4}d_p^3 \tag{3-91}$$

若为滚动模式：

$$F_{ad} = 0.5976\rho^{1/2}\mu^{1/2}u_\infty^{3/2}x^{-1/2}d_p^3a_0^{-1} + 1.6151\rho^{1/2}\mu^{1/2}u_\infty^{3/2}x^{-1/2}d_p^2l_ra_0^{-1} +$$
$$0.0731\rho^{5/4}\mu^{-1/4}u_\infty^{9/4}x^{-3/4}d_p^3 \tag{3-92}$$

在式（3-90）~式（3-92）所测试的黏附力中，若按某组测试数据：$\rho = 1.205\text{kg/m}^3$，$\mu = 18.1 \times 10^{-6}\text{kg/(m·s)}$（标准状况下空气的物性参数[159]），$u_\infty = 8.3\text{m/s}$，$x = 0.02\text{m}$，$d_p = 2\mu\text{m}$，$K_s = 0.01$，$a_0/r_p = 0.01$（可得 $l_r = 0.99995r_p$），代入可得各模式下所测试的黏附力为：

若为提升模式：

$$F_{ad} = 1.2444 \times 10^{-12}\text{N} \tag{3-93}$$

若为滑动模式：

$$F_{ad} = 5.1016 \times 10^{-10}\text{N} \tag{3-94}$$

若为滚动模式：

$$F_{ad} = 8.8602 \times 10^{-10}\text{N} \tag{3-95}$$

由上述各模式下所测试的黏附力结果可知，滚动模式时所测试的黏附力最大，说明此模式的清除作用力最大，也是微颗粒被清除时最易发生的一种模式。因此，以下将从滚动模式出发来分析微颗粒黏附力与测试模型中各参数之间的关系。

讨论微颗粒黏附力与来流速度的关系，将原始测试数据代入式（3-92），只是将来流速度看作变量，可得：

$$F_{ad} = 3.7052 \times 10^{-11}u_\infty^{3/2} + 2.1284 \times 10^{-16}u_\infty^{9/4} \tag{3-96}$$

将式（3-96）用 MATLAB 7.1 绘成曲线，如图 3-19 所示。图 3-19 中来流速度分别取位置 $A(8.3\text{m/s})$，$B(12.1\text{m/s})$ 和 $C(16.9\text{m/s})$，求得其对应的黏附力依次为：8.8602×10^{-10}、1.5596×10^{-9}、$2.5743 \times 10^{-9}\text{N}$；若假设来流速度可以从 0 开始慢慢增大，即图

3-19 中的速度线可以在横坐标上移动，那么其所对应的黏附力线也会在纵坐标上相应地移动，则理论上分析可知，在来流速度逐渐增大的过程中，必然会有一个来流速度所对应的黏附力线达到该微颗粒黏附力可以使微颗粒从固体表面清除，可用这个来流速度所对应的黏附力来表征该微颗粒黏附力。

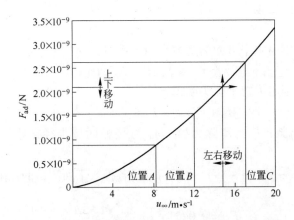

图 3-19 微颗粒黏附力 F_{ad} 与来流速度 u_∞ 的关系

讨论微颗粒黏附力与粒径的关系，将原始测试数据代入式（3-92），只是将粒径看作变量，可得：

$$F_{ad} = 221.4998 d_p^2 + 3.1108 \times 10^3 d_p^3 \qquad (3-97)$$

将式（3-97）用 MATLAB 7.1 绘成曲线，如图 3-20 所示。图 3-20 中粒径分别取 4、6、8μm，求得其对应的黏附力依次为：3.5442×10^{-9}、7.9747×10^{-9}、1.4178×10^{-8}N。由图 3-20 可知，在相同条件下，粒径越大，其黏附力也越大。

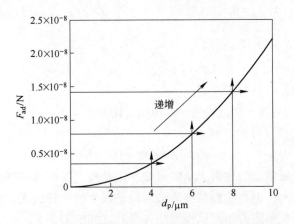

图 3-20 微颗粒黏附力 F_{ad} 与粒径 d_p 的关系

讨论微颗粒黏附力与距原点的距离 x 的关系，将原始测试数据代入式（3-92），只是将 x 看做是变量，可得：

$$F_{ad} = 1.2530 \times 10^{-10} x^{-1/2} + 1.3236 \times 10^{-15} x^{-3/4} \qquad (3-98)$$

将式（3-98）用 MATLAB 7.1 绘成曲线，如图 3-21 所示。图 3-21 中距原点的距离分别取 10、30、50mm，求得其对应的黏附力依次为 1.2530×10^{-9}、7.2343×10^{-10}、

5.6037×10^{-10} N。由图 3 – 21 可知，在刚开始的一段距离内微颗粒黏附力随着距原点的距离增大而急剧减小，在之后其减小趋势比较缓慢。

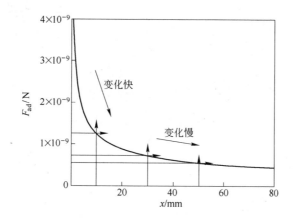

图 3 – 21　微颗粒黏附力 F_{ad} 与距原点的距离 x 的关系

　　以上讨论的只是微颗粒黏附力与某一单变量的关系，而实际上各变量可能并不是单一变化的，为了更加形象地表现微颗粒黏附力与测试模型中各变量之间的关系，分别绘制了三维图和四维图对测试模型中的微颗粒黏附力进行模拟分析。

　　对于三维图，讨论微颗粒黏附力与来流速度、粒径的关系，将原始测试数据代入式（3 – 92），只是将来流速度和粒径看作变量，可得：

$$F_{ad} = 9.2631 u_{\infty}^{3/2} d_{p}^{2} + 26.6044 u_{\infty}^{9/4} d_{p}^{3} \tag{3 – 99}$$

　　将式（3 – 99）用 MATLAB 7.1 绘制成三维图，如图 3 – 22 所示。由图 3 – 22 可知，随着来流速度和粒径的增加，微颗粒黏附力也随之增大，且在假设的条件下微颗粒黏附力的直观范围为：$(0 \sim 8.3) \times 10^{-8}$ N。

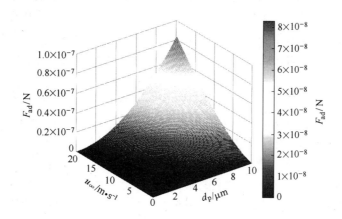

图 3 – 22　微颗粒黏附力 F_{ad} 与来流速度 u_{∞}、粒径 d_p 的三维图

　　对于四维图，根据微小变形假设和标准状况下的空气物理参数，可将式（3 – 92）化为微颗粒黏附力与来流速度、距原点的距离、粒径的关系，即：

$$F_{ad} = 1.31 u_{\infty}^{3/2} x^{-1/2} d_{p}^{2} + 1.4149 u_{\infty}^{9/4} x^{-3/4} d_{p}^{3} \tag{3 – 100}$$

将式（3-100）用 MATLAB 7.1 进行数据处理和可视化编程，生成一个动态的立体三维切片图，并借助色彩实现其四维表达[160]，如图 3-23 所示。

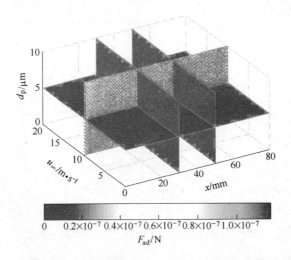

图 3-23　微颗粒黏附力与各参数关系的四维图

取来流速度为 10m/s、距原点的距离为 30mm 和 50mm、粒径为 5μm；从图 3-23 可以看出，大部分微颗粒的黏附力主要集中范围为：$(0\sim1.5)\times10^{-7}$ N。

3.5　一种固体材料表面黏附力测量方法及测试系统

目前，获得物体间黏附力数值往往是通过探针原子力显微镜（AFM）、离心力测量类仪器得到。众所周知，探针原子力显微镜购置、使用成本高，操作技术难度大，专业性强，测量对象的选择具有局限性，往往需要根据不同测试目的、测试对象进行局部结构调整来实现，作为精密仪器传感器灵敏、操作复杂，易在使用过程中发生损坏。而对目前力学类测量仪器来说，由于微颗粒与固体表面的黏附力很微弱，通常采用微米、纳米力学来衡量黏附力大小，因此对于普通力学测量仪器来说存在测量精度差、操作困难等问题，需要针对性地开发出一种简单易用、使用成本低、可靠性较好的测量方法与测试系统。

3.5.1　测试方法基本原理

针对上述不足和缺陷，作者发明提供了一种测量固体表面黏附力大小的测量方法与测试系统，能够较好地解决固体表面黏附力测量目前存在的问题。本发明所采用的测试方法基本原理参见图 3-24。

通过水平支架 4 将待测固体材料固定于水平支架下表面，测试固体表面所能黏附最大质量微颗粒，实现在空气中形成力的平衡，从而根据下式计算出固体表面最大黏附力数值。

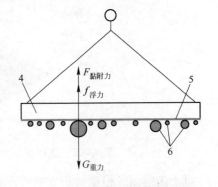

图 3-24　测试方法原理示意图

$$F_{黏附力} = G_{重力} - f_{浮力} \qquad (3-101)$$

本发明解决其技术问题所采用的技术方案参见图 3-25。

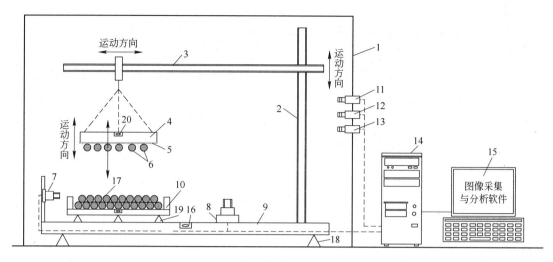

图 3 - 25 测试系统结构示意图

该固体材料表面黏附力测量方法及测试系统包括可移动测试水平支架 4、可调的精密螺杆 2、精密螺杆 3、微颗粒容器 10、高清摄像头 7、高清摄像头 8、温度传感器 11、湿度传感器 12、气压传感器 13、计算机 14、摄像头图像采集与分析软件 15、封闭式操作柜 1 等。

3.5.2 操作步骤

通过将测试水平支架 4 固定于精密螺杆 3，将待测试固体材料固定于测试水平支架下表面，通过调节螺杆使测试支架及测试材料在水平面上左右移动，通过调节精密螺杆 2 使测试水平支架及测试材料在垂直方向上下移动。将预先制备的测试微颗粒平铺于微颗粒容器 10 中，通过调节精密螺杆 2 和 3 使测试材料表面水平接触容器内测试微颗粒，通过图像采集与分析软件 15 将左侧摄像头 7 所观测的图像输入计算机 14，通过观测使测试材料 5 表面刚刚与微颗粒接触时，则将其缓慢从接触面脱开，通过精密螺杆 3 将其移动到摄像头 8 所观测范围，通过图像采集与分析软件 15 确定黏附微颗粒 6 最大直径（最大质量）并计算出最大粒径值。通过温度传感器 11、湿度传感器 12、气压传感器 13 等计算出测试环境中空气的实际空气密度及当地重力加速度 g 值，进而计算出固体表面最大黏附力 F。

上述测量固体材料表面黏附力的测试系统的测试方法，其特征在于通过如下步骤实现：

（1）制备或购置不同粒径范围（粒径：$0.1 \sim 100\mu m$）的测试用标准固体微颗粒（已知微颗粒密度值），一般密度范围：$(1.0 \sim 10) \times 10^3 kg/m^3$。

（2）将待测试固体材料按照要求（长 $(1 \sim 5cm) \times$ 宽 $(1 \sim 5cm)$）固定于测试水平支架 4 上，并尽量满足材料测试表面平整。

（3）调节可调支架 18 将水平底座 9 上的水准仪 16 调至水平状态；盖上封闭式操作柜 1，启动计算机预热，打开图像采集与分析软件 15。

（4）将测试水平支架 4 固定于精密螺杆 3 上，并通过可调固定端调整至水准仪 20 处于水平状态。

（5）将一定粒径要求的测试用标准微颗粒平铺于微颗粒容器 10 内，通过可调支架 19 调整水准仪 17 处于水平状态。

（6）通过综合调整精密螺杆 2 和精密螺杆 3，使测试水平支架缓慢移动到微颗粒容器 10 正上方，平稳、缓慢地调节精密螺杆 2，同时通过摄像头 7 和计算机 14 显示器观测，直至测试样品 5 与微颗粒容器 10 内微颗粒表面发生直接接触为止，然后平稳、缓慢调节精密螺杆 2 使固定于测试水平支架 4 上的测试样品离开微颗粒容器 10。

（7）平稳、缓慢调节精密螺杆 3 使测试水平支架位于摄像头 8 正上方，通过精密螺杆 3 和摄像头 8 配合调节，直至图像采集与分析软件 15 获得清晰的微颗粒与测试样品表面黏附图像。

（8）通过图像采集与分析软件 15 获得分析图像，通过图像分析软件确定所黏附微颗粒的最大粒径，并获得粒径测试数据。

（9）通过温度传感器 11、湿度传感器 12、气压传感器 13 等获得空气实际密度和当地重力加速度 g 值，按照公式 $F = G - f = mg - \rho_0 Vg = \dfrac{\pi d^3}{6}(\rho_1 - \rho_0)g$ 计算测试样品最大黏附力 F。

3.6　本章小结

（1）从固体接触力学出发系统分析总结了 Hertz，JKR，DMT 和 M - D 经典接触力学模型，讨论了它们的特点及其相互之间的关系。

（2）微颗粒黏附固体表面有物理黏附和化学黏附两类，鉴于化学黏附已发生化学变化，具有不可逆性，本章主要从物理作用机理讨论了范德华力、表面张力、静电力和 Casimir 力的黏附机理。

（3）从微颗粒与固体表面受力平衡出发，根据力学平衡方程建立微颗粒黏附力学复合模型。由于微颗粒所受到的作用力较多且各作用力之间的大小变化较大，为有效简化和重点突出，本章对各种作用力进行了计算与比较，据此确定黏附力学复合模型研究的几个重要作用力。

（4）根据微颗粒黏附固体表面存在的接触变形、表面吸附层、表面粗糙度及表面活性剂的影响，分别建立了相应的黏附复合力学模型，并详细分析了黏附复合力学模型的计算公式。

（5）对于普通微颗粒黏附问题而言，表面吸附层与粗糙度对微颗粒的黏附力起着十分重要的作用，由此重点讨论这两者对微颗粒黏附力的影响。对于表面吸附层：建立了吸附层作用下范德华力与静电力的作用变化与计算表达式。对于表面粗糙度：通过引入分形理论，建立了粗糙表面作用下的范德华力、静电力和毛细力的表达式。

（6）根据建立的微颗粒黏附力测试的空气动力学模型求得各清除运动模式下所测试的微颗粒黏附力，可知微颗粒被清除时滚动模式最易发生。就滚动模式绘制了微颗粒黏附力与测试模型中各参数之间的关系图，可知气流的来流速度越大、微颗粒的粒径越大、距原点的距离越小，所测试的微颗粒黏附力就越大，并得到了相应条件下所测试的微颗粒黏附力的大小。

（7）介绍一种固体材料表面黏附力测量方法及测试系统。该系统利用固体材料表面与微颗粒黏附作用力的平衡原理，采用显微图像分析软件获得相关测试参数，进而测得固体材料表面黏附力大小。

微颗粒主要黏附力及其可视化

　　迄今，微颗粒粉尘与表面黏附的力学模型研究已经有了很大的进展，这些模型的建立有利于更深刻地认识微颗粒与表面黏附的作用机理和量化关系，并以此为基础可以采取有效的控制和清除措施。然而，由于微颗粒是肉眼看不见的，运用这些模型来表达其作用机制很抽象，模型中各个参数的影响力和作用很难看得出来，这就阻碍了人们对微颗粒黏附机理的进一步深入认识。因此，为了有效了解微颗粒各种力的作用特性和力的分布情况，数学模型可视化表达就是一个比较可行的方法。

4.1　可视化软件 MATLAB 介绍

　　3.4.3 节已提到和应用的 MATLAB 是矩阵实验室计算工具。MATLAB 除具备卓越的数值计算能力外，还提供了专业水平的符号计算、文字处理、可视化建模仿真和实时控制等功能。MATLAB 的基本数据单位是矩阵，它的指令表达式与工程数学中常用的形式十分相似，故用 MATLAB 来解算问题，要比用 C、FORTRAN 等语言简捷得多。

　　视觉是人们感受世界、认识自然的最重要依靠。数据可视化的目的在于：通过图形，从一堆杂乱的离散数据中观察数据间的内在关系，感受由图形所传递的内在本质。MATLAB 注重数据的图形表示，并采用新技术改进和完备其可视化功能，通过可视化的仿真环境，根据计算模型，对有关微颗粒黏附的数学模型进行可视化编程，生成一个动态的一、二、三以至四维图，并且借助色彩实现表达，很好地体现了模型中各个变量与研究量的变化关系。利用 MATLAB 所提供的图形技术，模拟出各类可视化图形，把微观的微颗粒与表面黏附力场概念变为清晰、直观的数据和图像，理解和掌握力场的规律，同时也能够很好地体现粉尘分布的变化趋势，对于进一步的研究、认识和应用具有重要的推动作用。

　　微颗粒黏附作用力包括物理吸附力：范德华力、静电力、电力、毛细作用力、磁力，此外还有化学键力和氢键力等。下面选择范德华力、静电力、毛细作用力、磁力黏附力数学模型进行可视化研究。

4.2　范德华力可视化及其算例

4.2.1　范德华力通常表达式的可视化及分析

　　范德华力通常表达式为：

$$F_{\text{vdw}} = \frac{hr}{8\pi z^2}$$

$$(4-1)$$

由范德华力的大小与颗粒直径 r、利夫茨范德华（Liftshitz – Van der Waals）常数 h、粉尘微颗粒之间的距离 z 紧密相关。根据研究的需要和关注的方面，通过对各因素进行简化或采取赋值的方式进行处理，以突出研究的重点。

根据典型利夫茨范德华常数 h 的范围和一个电子伏的能量（1.6×10^{-19}J），取 h 变化范围 $0.96 \times 10^{-19} \sim 14.4 \times 10^{-19}$J。为了计算简化起见，在利用 MATLAB 前，取 $h = 0 \sim 10^{-18}$J，同时令 z 为常数，取 $z = 10^{-8}$m，这个数值只是假定的，也可以取别的值，都可以达到表现关系的目的。以上述的赋值、取值范围及相应的力学模型公式为依据，通过 MATLAB编程得到图 $4 - 1$ 所示的可视化模拟图。

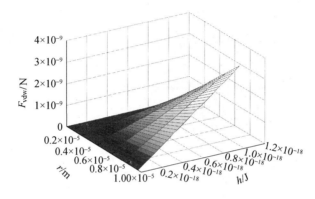

图 $4 - 1$　$h = 0 \sim 10^{-18}$J，$z = 10^{-8}$m，$r = 0 \sim 10^{-5}$m 范德华力模拟图

当 h 取定值时，若取平均值 h 为 1.12×10^{-18}J，那么表现 r 与 z 关系的可视化图形如图 $4 - 2$ 所示。

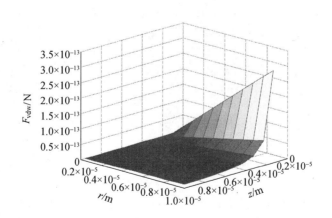

图 $4 - 2$　$h = 1.12 \times 10^{-18}$J，$(r, z) = 0 \sim 10^{-5}$m 范德华力模拟图

从图 $4 - 1$ 和图 $4 - 2$ 可以看出，利夫茨范德华常数不变情况下，范德华力颗粒直径的增加和与表面的距离的减小趋势变大，这一结论已经得到理论和实验的证明和支持，尤其在 $z < 0.4 \times 10^{-5}$ 时力急剧增加。同理，从图 $4 - 1$ 了解到，颗粒与表面的距离不变的情况下，利夫茨范德华常数越大，粉尘颗粒直径越大，其范德华力也随之变大。

因为实际中公式（$4 - 1$）的几个量都是变化的，所以假定某个量不变，有一定的局限性，采用 MATLAB 软件进行数据处理，根据计算数据对其进行可视化编程，生成一个动态的立体三维切片图，并且借助色彩实现四维表达，很好地体现了坐标位置三个变量与目标函数的变化关系，使研究更全面透彻。因为微观范德华力的最大值和最小值限定了色轴的表达范围，切片的位置又可以任意设置，这样通过三维坐标点上的颜色变化把图形的表现能力扩展到四维空间[161]。

图 4-3 中表现得不明显，除了底部有一小部分有变化外，其他几乎一致。为了突出不同，将其改进一下，得到了图 4-4 和图 4-5。

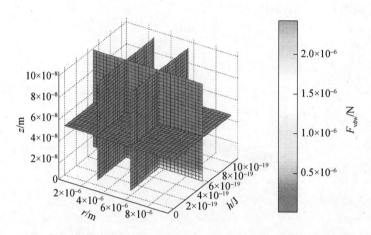

图 4-3　$h = 0 \sim 1.6 \times 10^{-18}$ J，$(r, z) = 0 \sim 10^{-5}$ m 范德华力模拟图

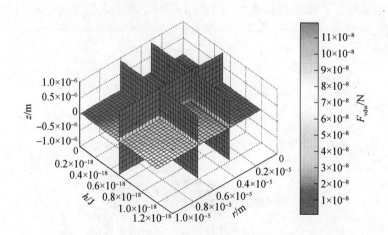

图 4-4　$h = 0 \sim 1.6 \times 10^{-18}$ J，$(r, z) = 0 \sim 10^{-5}$ m 范德华力模拟图

从图 4-4 和图 4-5 可以看出，利夫茨范德华常数、颗粒直径的增加和与表面的距离的减小趋势变大，并且这一趋势随着 z 趋近于零时表现更为明显。

4.2.2　考虑粗糙度对范德华力的影响

如果颗粒外表面相对光滑，所接触的表面粗糙突出部分不是很小，Rumpf's 的理论给出这种情况下的范德华力可以表达为：

$$F_{\text{Rumpf}} = \frac{A}{6}\left[\frac{rR}{z_0^2(R+r)} + \frac{R}{(z_0+r)^2}\right] \tag{4-2}$$

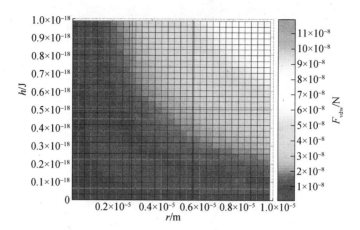

图 4-5　$h = 0 \sim 1.6 \times 10^{-18} \text{J}$，$(r,z) = 0 \sim 10^{-5} \text{m}$ 范德华力模拟平面图

文献［162］列举了几种微颗粒的 A 为 6.0×10^{-20}、15.0×10^{-20}、$9.5 \times 10^{-20} \text{J}$，$r$ 为 30、110、240nm。为了模拟简化起见，以上述为参考，这里取各自的范围为：$A = (0 \sim 1) \times 10^{-19} \text{J}$，$r = (0 \sim 1) \times 10^{-7} \text{m}$，$R = (0 \sim 1) \times 10^{-5} \text{m}$，那么以式（4-2）已知量和设定的量为依据，对 Rumpf's 的理论所表达的力进行可视化模拟，得到图 4-6。

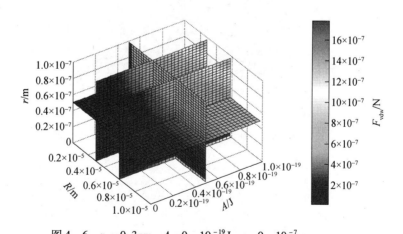

图 4-6　$z_0 = 0.3 \text{nm}$，$A = 0 \sim 10^{-19} \text{J}$，$r = 0 \sim 10^{-7} \text{m}$，
$R = 0 \sim 10^{-5} \text{m}$ 范德华力模拟图

如果忽略玻璃衬底层的作用，那么 Rumpf's 的理论可以变为：

$$F_{\text{vdw}} = \frac{A}{6z_0^2}\frac{rR}{r+R} \tag{4-3}$$

那么同上，根据已知量和设定的量为依据，进行可视化模拟，得到图 4-7~图 4-9。

从图 4-6~图 4-9 中可以看到随着 A、r 的增加和 R 的值向其区域中心靠近，F_{vdw} 的值也随之增加。从图 4-7 中可以看到，有明显变化的区域，在此颜色区域里颜色迅速加深，表面力也迅速上升，这个位置大约在 $A \geqslant 0.5 \times 10^{-19} \text{J}$，$r \geqslant 0.5 \times 10^{-7} \text{m}$。

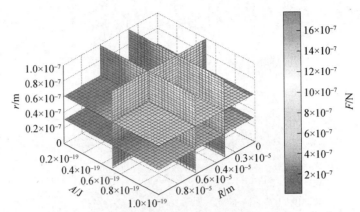

图 4 - 7 $z_0 = 0.3 \text{nm}$, $A = 0 \sim 10^{-19} \text{J}$, $r = 0 \sim 10^{-7} \text{m}$, $R = 0 \sim 10^{-5} \text{m}$

忽略玻璃衬底层范德华力模拟图

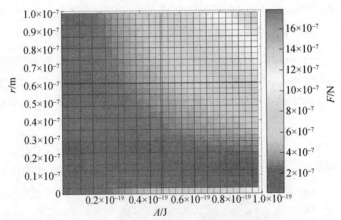

图 4 - 8 $z_0 = 0.3 \text{nm}$, $A = 0 \sim 10^{-19} \text{J}$, $r = 0 \sim 10^{-7} \text{m}$, $R = 0 \sim 10^{-5} \text{m}$

忽略玻璃衬底层范德华力分布模拟 (r, A) 平面图

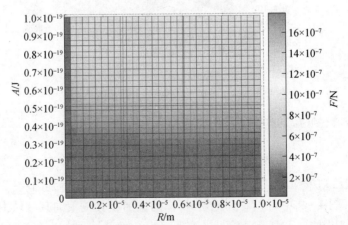

图 4 - 9 $z_0 = 0.3 \text{nm}$, $A = 0 \sim 10^{-19} \text{J}$, $r = 0 \sim 10^{-7} \text{m}$, $R = 0 \sim 10^{-5} \text{m}$

忽略玻璃衬底层范德华力分布模拟 (A, R) 平面图

4.3 静电力可视化

4.3.1 一种静电力形式的可视化

一种静电力形式的表达式为：

$$F_e = \frac{1}{4\pi\varepsilon} \frac{Q_p Q_s}{d^2} \qquad (4-4)$$

大气中各种粉尘天然电荷不尽相同，这里以常见的飘尘为例，其密度为 $2.5 \times 10^3 \mathrm{kg/m^3}$，电量为 2.1×10^4 静电单位/g，一个微米级颗粒的质量为：$4/3\pi R^3 \times 2.5 \times 10^3 \times 10^3 = 1.05 \times 10^{-11}\mathrm{g}$，电量为：$1.05 \times 10^{-11} \times 2.1 \times 10^4 \times 2.08 \times 10^9 /(6.25 \times 10^{18}) = 7.34 \times 10^{-17}\mathrm{C}$，为了简化起见代入式（4-4）时取 Q_p、Q_s 的范围为 $0 \sim 10^{-16}\mathrm{C}$，取 $d = 10^{-4}\mathrm{m}$，由上述参数做出图 4-10 所示模拟图。

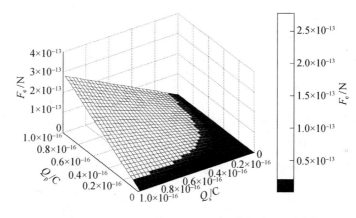

图 4-10　$(Q_p, Q_s) = 0 \sim 10^{-16}\mathrm{C}$，$d = 10^{-4}\mathrm{m}$ 静电力 F_e 分布模拟图

从图 4-10 中可以看到，在 $d = 10^{-4}\mathrm{m}$ 恒定不变情况下，静电力随着颗粒的电量或者表面的电量增加而变大，并且变化的趋势比较平和。

4.3.2 另一种形式的静电力可视化

另一种形式的静电力的表达式为：

$$F_E = \frac{\pi\varepsilon U^2 r}{z} \qquad (4-5)$$

式中，z 是颗粒和表面的距离；r 是颗粒的半径。令 U 为常数，取平均值 0.25V，模拟 r 与 z 的关系，如图 4-11 所示。

从图 4-11 中可以看出，随着 r 不断趋近于 $10^{-5}\mathrm{m}$，z 不断趋近于 0，电场力 F_E 不断增大，尤其在 $z \approx 0.4 \times 10^{-5} \sim 0\mathrm{m}$ 这一阶段，增加的速度更为明显。不过从最高值可以看出，其大小较 F_{vdw} 小得多。

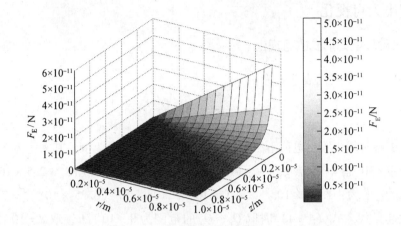

图 4 – 11 $(r, z) = 0 \sim 10^{-5}$ m, $U = 0.25$ V 电场力 F_e 分布模拟图

4.4   磁力的可视化

磁力表达式为:

$$F_{\mathrm{magn}} = \frac{8\pi}{3} \frac{B^2 R^6}{\mu_0 x^4} \tag{4-6}$$

普通永久磁铁 B 为 $0.4 \sim 0.8$ T。对于微小颗粒的磁性物质,这个值还会更小,为了便于研究,这里取 $B = 0.01$ T,再进一步简化,处理得到可视化图形(图 4 – 12 ~ 图 4 – 14)。这里考虑的情况是,实际 x、r 的取值范围是 $(0 \sim 1) \times 10^{-5}$ m。

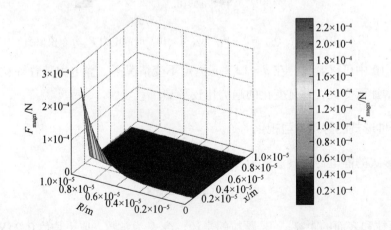

图 4 – 12 $(x, R) = 0 \sim 10^{-5}$ m, $B = 0.01$ T 磁力分布模拟图

从图 4 – 12 可以看出,随着 R 的不断趋近于 10^{-5} m,x 不断趋近于 0,磁力 F_{magn} 不断增大,尤其在 $x < 0.3 \times 10^{-5}$ m 到 0 和 $R = (0.41 \sim 1) \times 10^{-5}$ m 这一阶段,增加的速度更为明显,其量值相对前两种力也大些。

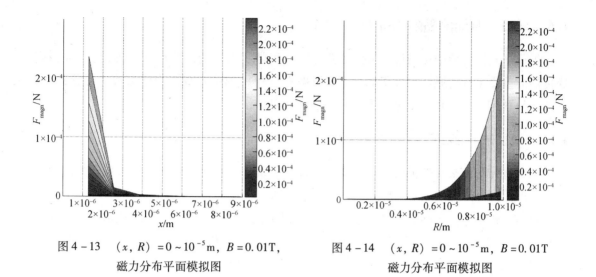

图 4 – 13　$(x, R) = 0 \sim 10^{-5}$ m, $B = 0.01$ T, 磁力分布平面模拟图

图 4 – 14　$(x, R) = 0 \sim 10^{-5}$ m, $B = 0.01$ T 磁力分布平面模拟图

4.5　毛细作用力可视化

对于水，$\gamma_{iv} = 72 \times 10^{-3}$ N/m，对于一个 1μm 的粒子 $F_c = 4.2 \times 10^{-1}$ μN，一些物质的 γ_{iv} 分别为：乙醇 22.75×10^{-3} N/m，$NaNO_3$ 116.6×10^{-3} N/m，全氟甲基环己烷 15.70×10^{-3} N/m，苯 28.88×10^{-3} N/m，正辛烷 21.80×10^{-3} N/m。

以 $F_c = 4\pi R\gamma_{iv}$ 公式为例，模拟出 R，γ_{iv} 与 F_c 的关系可视化图形，如图 4 – 15 所示。

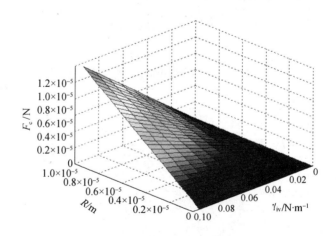

图 4 – 15　$R = 0 \sim 10^{-5}$ m, $\gamma_{iv} = 0 \sim 0.1$ N/m 毛细作用力分布模拟图

从图 4 – 15 可以看到，随着 L、γ_{iv} 的同时增大，毛细力也稳定增大。这个力与范德华力相比是重要的，空气中的油雾也会在微粒与表面的间隙之间凝结，由此而形成的弯月面也将对微粒的附着增加其附着力。从模拟图对比中可以看出，毛细力比范德华力大得多，所以在毛细力存在的情况下，其大小起着主导作用，这一结论也得到了许多理论和实验的验证。

4.6 纸币表面细菌黏附的可视化算例

纸币是人们生活中接触最频繁的东西之一，携带了大量的微颗粒物（细菌），成为疾病传播的重要工具。通过可视化能直观分析微颗粒物（细菌）黏附力随参数的变化趋势，对微颗粒（细菌）黏附力的研究和认识有着积极的意义。

4.6.1 细菌黏附的范德华力可视化算例

根据研究细菌黏附的范德华力需要，对各个因素进行控制和赋值。根据利夫茨范德华常数 h 的范围 $h = 0.6 \sim 9.0\text{eV}$，为了计算简化起见，取 $h = 1.12 \times 10^{-18}\text{J}$；因为细菌细胞与基底材料接触距离在 2nm 或以上时，就会产生因电偶极子相互作用导致的范德华力，取 $z = 5 \times (10^{-9} \sim 10^{-7})$ m；球菌的直径为 $0.5 \sim 1.0\mu\text{m}$，取 $r = 0.5 \sim 1.0\mu\text{m}$，运用式（4-1），通过 MATLAB 编程得到图 4-16 ~ 图 4-18 所示可视化模拟图。

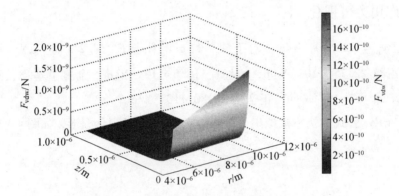

图 4-16 细菌黏附纸币的范德华力的模拟图

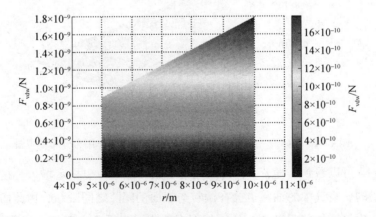

图 4-17 细菌黏附纸币的范德华力 $r - F_{vdw}$ 模拟图

从这些图中可以看出，利夫茨范德华常数不变情况下，范德华力随细菌直径的增加和细菌与表面距离的减小而变大，这一结论已经得到理论和实验的证明和支持，尤其在 $z <$

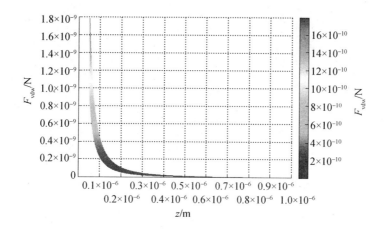

图 4 – 18　细菌黏附纸币的范德华力 z – F_{vdw} 模拟图

0.2×10^{-6}m 时，力急剧增加。

考虑粗糙度对范德华力的影响：当接触的材料表面相对光滑时，可以认为接触是发生在细菌突出的部分，这种情况下，运用式（4 – 2）和原子力显微镜对单个革兰氏阳性菌细胞和革兰氏阴性菌细胞进行扫描，超微结构显示出革兰氏阳性菌细胞表面颗粒直径为 8nm 左右，平均高度为 3.53nm；革兰氏阴性菌细胞表面颗粒直径为 12nm 左右，颗粒平均高度为 4.25nm[163]。由此，取突出部分的半径 $r = 1.5 \times 10^{-9} \sim 3 \times 10^{-9}$m。为了简化研究，取细菌半径 $R = 0.25 \times 10^{-6} \sim 1 \times 10^{-6}$m；通常情况下 Hamaker 常数数量级为 10^{-20}J，取 $A = 2 \times 10^{-20}$J，$z_0 = 0.3$nm。通过 MATLAB 编程得到图 4 – 19 ~ 图 4 – 21 所示可视化模拟图。

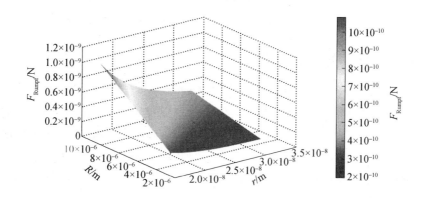

图 4 – 19　细菌黏附纸币时考虑粗糙度的范德华力模拟图

从图 4 – 20 可以看出，F_{Rumpf} 随着突出部分的半径 r 的增大而减小，变化平缓，而且随着细菌半径 R 的增大而增大，变化平缓。由此可知，在细菌与纸币的黏附过程中，当细菌与纸币的距离减小到 2×10^{-7}m 时，范德华力作用急剧增大；当接触的突起部分半径 $r < 2 \times 10^{-9}$m 时，粗糙度增加，范德华力增大的速度变大，上述结果可为研究纸币的杀菌方法提供理论基础。

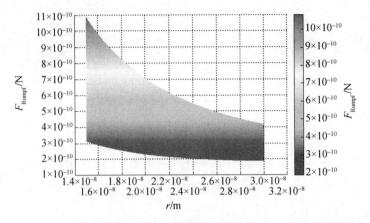

图 4 – 20 细菌黏附纸币时考虑粗糙度的范德华力 r – F_{Rumpf} 模拟图

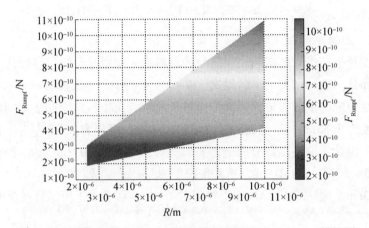

图 4 – 21 细菌黏附纸币时考虑粗糙度的范德华力 R – F_{Rumpf} 模拟图

4.6.2 细菌黏附静电力的可视化算例

静电力在细菌黏附的黏附过程中起着重要作用。静电力有两种作用形式[164]：

一是由于纸币表面或者细菌上带多余的电荷，从而产生了库仑吸引力，其表达式可运用式 (4 – 3)。静电力的大小与细菌和材料所带电量 q_{p} 和 q_{s}、细菌与材料的带电中心的距离有关。为了便于观察，取材料上的带电量为定值 $q_{\text{s}} = 1.6 \times 10^{-16} \text{C}$；细菌上的带电量 $q_{\text{p}} = 0 \sim 1.6 \times 10^{-16} \text{C}$；细菌与表面各自带电中心的距离 $z = 5 \times (10^{-9} \sim 10^{-7}) \text{ m}$，运用可视化表达可得图 4 – 22 ~ 图 4 – 24 所示模拟图。

由图中可以看出，在纸币带电量一定的情况下，静电力随着细菌的带电量的增加而成正比增加，在细菌与纸币带电的距离 $z < 0.25 \times 10^{-6} \text{m}$ 时，静电力发生急剧变化，在此之前的变化趋势一直比较平和，并且和前面范德华力的对比，细菌细胞产生的静电力比范德华力要大 3 个数量级左右。

二是电荷感应力黏附力可用式 (4 – 4)。以球菌为研究对象，半径 $r = (0.25 \sim 0.5) \times 10^{-6} \text{m}$；通过介电常数表查到的纸的介电常数为 2，即 $\varepsilon = 2 \times \varepsilon_0 = 17.7 \times 10^{-12} \text{C}^2/(\text{N} \cdot \text{m}^2)$；细菌和纸币表面的距离 $z = 5 \times (10^{-9} \sim 10^{-7}) \text{ m}$；细菌上的带电量 $q = 0 \sim 1.6 \times 10^{-16} \text{C}$。在

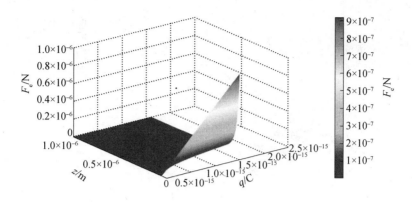

图 4-22 细菌黏附纸币的静电力模拟图

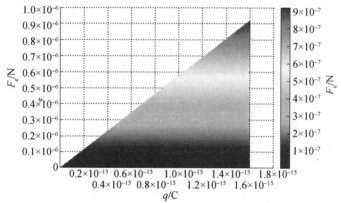

图 4-23 细菌黏附纸币的静电力 $q-F_e$ 模拟图

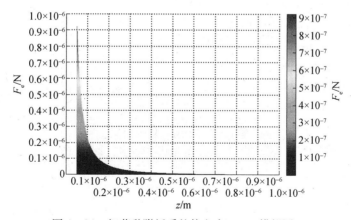

图 4-24 细菌黏附纸币的静电力 $z-F_e$ 模拟图

此,为方便计算和观察,设细菌半径为一定值,即 $r = 0.35 \times 10^{-6} \mathrm{m}$,细菌和纸币表面的距离 $z = 5 \times (10^{-9} \sim 10^{-7}) \mathrm{m}$;细菌上的带电量 $q = 0 \sim 1.6 \times 10^{-16} \mathrm{C}$,运用可视化表达可得图 4-25 ~ 图 4-27。

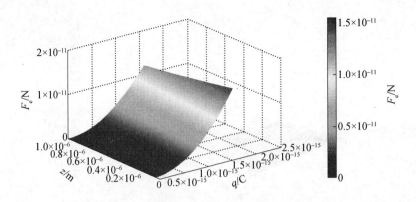

图 4 - 25　细菌黏附纸币的电荷感应力模拟图

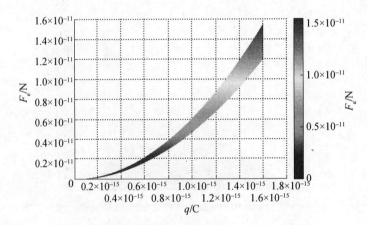

图 4 - 26　细菌黏附纸币的电荷感应力 $q - F_e$ 模拟图

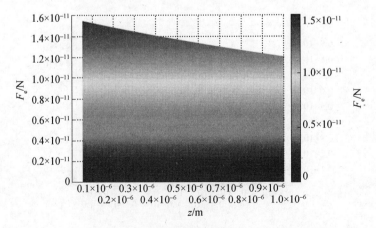

图 4 - 27　细菌黏附纸币的电荷感应力 $z - F_e$ 模拟图

从图中可以看出，电荷感应力 F_e 随着细菌所带电量 q 的变化比较大，特别是在 $q = 0.2 \times 10^{-15}$C 时，电荷感应力 F_e 急剧增加。与前面静电力的比较还可以看出，电荷感应力比静电力要小得多，因此在纸币表面的黏附过程中，电荷感应力的作用非常小。

4.6.3 细菌黏附的毛细作用力可视化算例

在空气潮湿的情况下，细菌与纸币的接触过程中，会产生水蒸气的凝结，这种凝结会生成一个弯月面，形成的这个弯月面可产生力的作用，将细菌拉离纸币的表面。

毛细作用力的公式为：

$$F_c = 2\pi\gamma r_N - \pi r_N^2 \Delta p \qquad (4-7)$$

式中，γ 是填隙液体的表面张力，在细菌与纸币的接触过程中，填隙液体为水，水的表面张力系数 $\gamma = 72.75 \times 10^{-3}$ N/m；Δp 是气液界面压强差，气液界面内外的压强差 Δp 为负值；r_N 是液桥颈部曲率半径，$0 < r_N < R$。为简化研究，在此取压强差 $\Delta p = -101.325 \times 10^3$ Pa，$r_N = 0.25 \times 10^{-6} \sim 0.5 \times 10^{-6}$ m，利用 MATLAB 编程得到图 4-28~图 4-30。

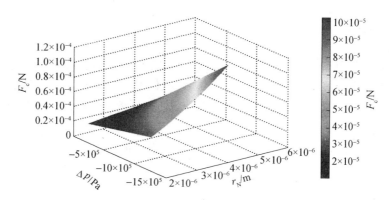

图 4-28 细菌黏附纸币的毛细作用力模拟图

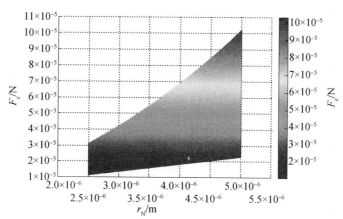

图 4-29 细菌黏附纸币的毛细作用力 $r_N - F_c$ 模拟图

从图中可以看出，毛细作用力 F_c 随 r_N 和 Δp 的变化都比较平缓，随着 r_N 的增大而增大，随着 Δp 的增加而减小。从模拟图还可以看出，毛细作用力比前面所介绍的范德华力和静电力都要大，而且要大 2 个数量级左右。所以，在细菌与纸币接触的过程中，如果在利于产生毛细作用力的情况下，毛细作用力起着主导作用。

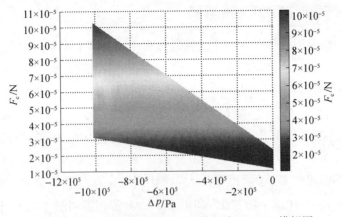

图 4 - 30 细菌黏附纸币的毛细作用力 $\Delta p - F_c$ 模拟图

4.7 本章小结

由于微颗粒肉眼看不见,其黏附力更是难以琢磨和感觉。为了有效了解微颗粒各种力的作用特性和力的分布情况,本章运用可视化软件 MATLAB 对微颗粒黏附的范德华力、静电力、磁力、毛细作用力等数模进行可视化表达和分析,并给出了一些典型算例。另外,还对纸币表面细菌黏附的范德华力、静电力、毛细作用力进行了可视化表达和分析。通过这些研究使人们对微颗粒黏附机理有了深入的认识和量化理解。

5 建筑物外墙的污染机理及防污实验

现代建筑常用的外墙装饰包括瓷片、玻璃、铝板、石材、不锈钢、涂料等。总体上，建筑外墙材料要求有一定的耐久性、耐水性、耐火性、抗渗性、抗冻性、耐腐蚀性、耐热性、耐光性、耐污性，并要求颜色、光泽、外形不发生显著变化，在有效去除污垢和对建材表面进行防护时，不能影响建材的装饰性能。现代建筑常用的外墙装饰材料有以下几种[165]：

(1) 瓷片：瓷片多以可塑性黏土、高岭土、长石、石英为原料，经过素烧、釉烧两次完成。釉面可提高瓷片的机械强度、抗渗性、耐腐蚀性、抗污性，通常厚度为 120 ~ 140 μm。一些强酸可轻易将釉面破坏，使瓷片表面变得粗糙无光，容易吸附污垢。

(2) 玻璃：普通玻璃是由石英砂、长岭石、纯碱、石灰石经熔融加工制成。玻璃的化学成分复杂，二氧化硅是玻璃的主要成分，呈网络结构。钙、钠等阳离子被一定数量的氧离子包围，因为多数阳离子体积小，具有较大的场强，对附近氧离子有强大的作用力。玻璃内部离子间作用力处于平衡状态，但表面离子间存在不饱和的剩余键力，这种表面作用力导致玻璃表面与周围介质如水、氧气、二氧化碳等易发生吸附作用，甚至对某些生物也表现出很大活性。例如玻璃表面易吸附霉菌，不仅霉菌会侵蚀玻璃，而且在霉菌周围易凝结水滴，进而吸收空气中的二氧化碳使玻璃受到侵蚀。

(3) 铝板：铝板因其塑性好、耐腐蚀、质量轻、外观漂亮，广泛用于建筑外墙、屋面。铝板表面一般进行了阳极电解氧化处理，能很好地保护铝板。但铝是很活泼的金属，其耐腐蚀性与纯度有关。卤素单质以及离子对铝的氧化层有着剧烈的破坏作用，pH 值大于 10 的碱性溶液对铝板也有腐蚀作用。

(4) 石材：石材分为天然石材和人造石材，天然石材主要包括大理石、花岗岩。大理石主要矿物成分为方解石、白云石；化学成分为氧化钙、氧化镁及少量二氧化硅，由于其硬度较低（莫氏硬度 3 ~ 4），易于琢磨，常用于室内以及墙面的装饰。花岗岩主要矿物成分为长石、石英、少量云母；主要化学成分为二氧化硅，由于其硬度相对较高（莫氏硬度 6 ~ 7），耐磨性好，常用于地面、台面的装饰。总体上讲，天然石材体积密度较小，内部存在毛细孔，污垢易于吸附和渗入，酸性物质会分解石材的成分，使得石材表面粗糙、多孔、失去光泽。人造石材如微晶石主要是由矿渣、煤粉等经过烧结压延浇注成型，其强度、耐磨性、耐腐蚀性、寿命优于天然石材，但缺点是易吸附和渗入污垢。

(5) 不锈钢：不锈钢的主要成分是铁铬合金。铬使钢的耐腐蚀性大大提高。不锈钢的表面有一层致密的氧化铬薄膜保护，通常情况下其内部不被腐蚀，但氯、溴等离子或单质对不锈钢有着强烈的腐蚀作用。

(6) 涂料：建筑涂料的种类繁多，大致可分为：苯丙系列、纯丙系列、醋丙系列、含氟树脂涂料、无机溶剂涂料。涂料由于不增加建筑本体质量，色泽鲜艳，环保、成本低，越来越被广泛地使用。外墙涂料易于吸附污垢,污垢易于渗入,进而破坏涂料膜层,渗入的污垢也很难清洗干净。

5.1 建筑物外墙材料表面防污机理研究

随着经济建设的迅猛发展,城市规模的不断扩大,各式各样的现代建筑物在不断增多。大理石作为一种建筑装饰材料具有色彩艳丽、光泽度好等特点,在城市许多建筑物内外装饰中得到了广泛运用[166]。然而,大理石由于病变受污染却是一个不可回避的问题。过去,一些大理石加工、经营、装饰、房地产开发企业对大理石的病症及养护不够重视,认为大理石无需养护,往往是施工后不到一年,大理石就出现了不同程度的病症,包括锈斑、黄斑、水斑、水迹、盐斑、白华、有机色斑、溶蚀、龟裂、粉化、失光等[167]。在诸多病症中,大理石表面产生锈斑是最常见的。因此,认真研究锈斑的发生机理,最大限度地减小锈斑形成,是石材研究者的重要课题。

然而,人们在对大理石病症形成的研究中,往往只注重某些单一的环节,对病变的分析仅仅限于查清病变的原因,从而采取相应措施,预防病变事故再次发生,这种传统的事后找原因的方法,只能发现表层显形的原因,不能显现事故的全部过程,也很难有效预防污染的重演。大理石发生病变,我们可以称之为失效,而失效分析最有效的工具就是事故树分析法,因此我们可以借用该方法来分析大理石产生锈斑的原因。事故树分析方法从系统和综合的观点出发,应用数理逻辑方法,从一个可能的事故开始,一层一层逐步寻找引起事故发生的触发事件、直接原因和间接原因,并分析种种事故原因之间的相互逻辑关系,是一种演绎分析方法。它不仅能对导致大理石锈斑事故形成的各种因素及逻辑关系做出全面阐述,而且还可以利用该方法,根据事故的发生、发展过程,找出行之有效的预防措施,为防止该类病变的发生提供科学、可信的参考依据。

5.1.1 大理石表面锈斑的事故树分析

5.1.1.1 事故树分析方法

所谓事故树,就是从结果到原因描绘事故发生的有向逻辑树[168]。该事故树遵循逻辑分析原则(即从结果分析原因的原则),相关事件(节点)之间用逻辑门连接。利用事故树对事故进行预测的方法称为事故树分析,被用于分析的事故树也称事故树图。其中用到的有事件树符号和逻辑门符号,矩形符号表示顶上事件或中间事件;圆形符号表示基本(原因)事件;菱形符号表示省略事件,即表示事前不能分析,或者没有必要再分析下去的事件;屋形符号表示正常事件,是系统在正常状态下发生的正常事件;或门符号表示输入事件 A、B 或 C 中,任何一个事件发生都可以使事件 T 发生;与门符号表示输入事件 A 和 B 两个事件同时发生才可以使事件 T 发生。

5.1.1.2 事故树的建立[169~171]

大理石表面产生锈斑事故树的建立,首先根据顶事件确定原则,选取"大理石表面产生锈斑"作为顶事件。而大理石表面产生锈斑又分为:内在原因,即内部产生的铁锈渗出表面;外部原因,即外部铁锈附在大理石表面,这两个原因为逻辑或关系。内部产生的铁锈渗透出来必须具备三个条件:大理石内部含铁、大理石的微孔与外面相通(使铁锈能够渗出)和潮湿的空气(水和氧气使铁能够被氧化为铁锈),这三个条件为逻辑与的关系。

大理石内部含铁主要由两方面的原因造成：一是大理石在形成过程中由于结晶的作用不可避免地混入含铁矿物，比如黄铁矿、硫铁矿、赤铁矿等；二是大理石在开采、加工、运输、贮存、安装等过程中使外界的铁渗入到大理石里面。由于大理石是一种碳酸盐矿物集合体，这些矿物的结晶点不同，因此在形成的过程中会存在一些微孔结构（大理石本身缺陷），这些微孔在外界防护剂的作用下可以防止外部的污染物质渗入。因此，微孔中渗出铁锈就是由于大理石表面没有防护，导致外部的水和氧气进入微孔里面与铁反应生成铁锈，进而在水流的作用下在大理石表面渗出。外部产生的铁锈附在大理石外表也必须具备三个条件：大理石与含铁物质接近、含铁物质表面存在铁锈和水流的作用，比如有些水管焊接处及管道开关等处漏水，积水在大理石器具的铁架上生成的铁锈，污染到洗脸盆台面平、立、侧各部位，在靠近管道开关处尤为明显，这三者的关系为逻辑与关系。含铁物质表面有铁锈生成是由于防护失效或没有防护造成的。水流则有天然雨水和人为水流。

根据以上分析，所建立的大理石表面产生锈斑的事故树如图 5-1 所示。

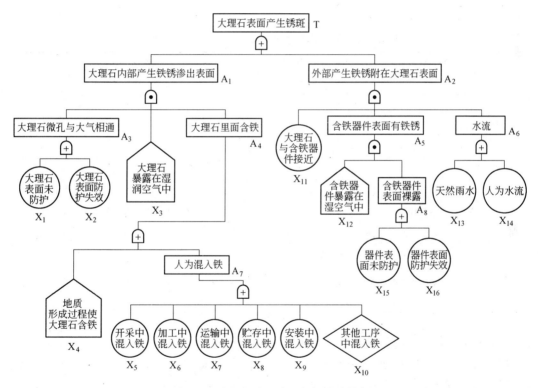

图 5-1　大理石表面产生锈斑的事故树

5.1.1.3　事故树的定性分析

（1）事故树最小割集。所谓割集，是指导致顶上事件发生的基本事件的集合，即一组基本事件的发生能够造成顶上事件的发生，这组基本事件的集合就称为割集，割集也称截集或者截止集。引起顶上事件发生的基本事件的最低限度的集合称为最小割集。根据逻辑运算和布尔代数化简法则，图 5-1 可用下式表示：

$$T = (X_1 X_3 + X_2 X_3)(X_4 + X_5 + X_6 + X_7 + X_8 + X_9 + X_{10}) +$$
$$(X_{11} X_{12} X_{15} + X_{11} X_{12} X_{16})(X_{13} + X_{14}) \tag{5-1}$$

则由最小割集的定义和式（5－1）计算可知，该事故树共有 18 个最小割集（表 5－1）。亦即有 18 种大理石表面产生锈斑的原因组合。

（2）事故树最小径集。所谓径集，它是使顶上事件不发生的各基本事件不发生的基本组合。在同一事故树中，不包含其他径集的径集称为最小径集。如果径集中任意去掉一个基本事件后就不再是径集，那么该径集就是最小径集，所以，最小径集是保证顶事件不发生的充分必要条件。通过计算该事故树最小径集如表 5－1 所示，即从理论上讲控制大理石表面产生锈斑的方案有 12 种。

（3）事故树结构重要度。结构重要度分析，是从事故树结构上分析各基本事件的重要程度，即在不考虑各基本事件的发生概率的情况下，分析各基本事件对顶上事件发生所产生的影响程度。根据结构重要度的近似判定法，该故障树中有关基本事件的结构重要度为：$I_{\phi(3)} = 3/2$，$I_{\phi(11)} = I_{\phi(12)} = 3/4 + 1/128$，$I_{\phi(1)} = I_{\phi(2)} = 3/4$，$I_{\phi(13)} = I_{\phi(14)} = I_{\phi(15)} = I_{\phi(16)} = 3/8 + 1/256$，$I_{\phi(4)} = I_{\phi(5)} = I_{\phi(6)} = I_{\phi(7)} = I_{\phi(8)} = I_{\phi(9)} = I_{\phi(10)} = 1/64 + 1/128$。其顺序如表 5－1 所示。

表 5－1 大理石表面产生锈斑事故树定性分析计算结果

最小割集	$P_1 = \{X_1, X_3, X_4\}$	$P_7 = \{X_1, X_3, X_{10}\}$	$P_{13} = \{X_2, X_3, X_9\}$
	$P_2 = \{X_1, X_3, X_5\}$	$P_8 = \{X_2, X_3, X_4\}$	$P_{14} = \{X_2, X_3, X_{10}\}$
	$P_3 = \{X_1, X_3, X_6\}$	$P_9 = \{X_2, X_3, X_5\}$	$P_{15} = \{X_{11}, X_{12}, X_{13}, X_{15}\}$
	$P_4 = \{X_1, X_3, X_7\}$	$P_{10} = \{X_2, X_3, X_6\}$	$P_{16} = \{X_{11}, X_{12}, X_{14}, X_{15}\}$
	$P_5 = \{X_1, X_3, X_8\}$	$P_{11} = \{X_2, X_3, X_7\}$	$P_{17} = \{X_{11}, X_{12}, X_{13}, X_{16}\}$
	$P_6 = \{X_1, X_3, X_9\}$	$P_{12} = \{X_2, X_3, X_8\}$	$P_{18} = \{X_{11}, X_{12}, X_{14}, X_{16}\}$
最小径集	$K_1 = \{X_3, X_{11}\}$	$K_5 = \{X_1, X_2, X_{12}\}$	$K_9 = \{X_4, X_5, X_6, X_7, X_8, X_9, X_{10}, X_{11}\}$
	$K_2 = \{X_3, X_{12}\}$	$K_6 = \{X_1, X_2, X_{15}, X_{16}\}$	$K_{10} = \{X_4, X_5, X_6, X_7, X_8, X_9, X_{10}, X_{12}\}$
	$K_3 = \{X_3, X_{15}, X_{16}\}$	$K_7 = \{X_1, X_2, X_{13}, X_{14}\}$	$K_{11} = \{X_4, X_5, X_6, X_7, X_8, X_9, X_{10}, X_{13}, X_{14}\}$
	$K_4 = \{X_1, X_2, X_{11}\}$	$K_8 = \{X_3, X_{13}, X_{14}\}$	$K_{12} = \{X_4, X_5, X_6, X_7, X_8, X_9, X_{10}, X_{15}, X_{16}\}$
结构重要度	$I_{\phi(3)} > I_{\phi(11)} = I_{\phi(12)} > I_{\phi(1)} = I_{\phi(2)} > I_{\phi(13)} = I_{\phi(14)} = I_{\phi(15)} = I_{\phi(16)} > I_{\phi(4)} = I_{\phi(5)} = I_{\phi(6)} = I_{\phi(7)} = I_{\phi(8)} = I_{\phi(9)} = I_{\phi(10)}$		

5.1.1.4 事故树的结果分析

（1）由事故树可知，或门个数多而与门个数少。根据或门定义，只要有任意一个基本事件发生就有输出，而与门表示只有全部基本事件发生时才有输出。所以，从与门和或门的数量比例来看，可知该系统中顶上事件发生的可能性是比较大的。

（2）任一割集就是造成系统分流短路的分支集合。事故树中有几个最小割集，顶上事件发生就有几种可能；最小割集越多，系统就越危险，最小割集反映了系统的危险性。最小割集中基本事件数越多，事故就越难发生；反之，基本事件数越少，事故发生就较容易。从分析计算可以看出，由于该事故树的最小割集有 18 组，表明导致事故发生共有 18 种途径。可以看出，大多数基本事件只是省略事件，如开采过程混入铁、加工过程混入铁、施工过程混入铁的这些事件又包括许多基本事件，所以实际上造成该事件的可能性很大。事故树分析中，最小割集有如下两种用途：第一，在进行大理石表面产生锈斑事故分析时，人们可以从 P_1 开始，依据 P_1 提示的 $\{X_1，X_3，X_4\}$ 三个基本事件逐一检查、核实和分析，就可以确定事故是不是由 P_1 所造成的，这样就可以检查出基本原因。第二，可以利用最小割集来制定预防事故发生的措施。由最小割集定义可知，当每一割集中的全部基本事件同时发生时，则顶上事件就发生。因此，人们若对第 P_i 个割集中的基本事件发生条件破坏一个，则该割集失去了造成顶上事件的可能，但是其中很多基本事件有 X_3、X_4、X_{12} 和 X_{13} 是正常，这样在一定程度上就增加了查找事故原因的难度。所以必须从最小径集着手来分析，提出控制顶上事件发生的措施。

（3）在事故树中，如果最小割集比较多而最小径集比较少，或者最小割集的事件组中含有的正常事件比较多，则用最小径集来分析更方便。在大理石表面产生锈斑的事故树中，其中最小割集 18 个，最小径集 12 个，而且最小割集中含有的正常事件比较多，所以用最小径集来分析。$K_1 = \{X_3，X_{11}\}$ 表明 X_3，X_{11} 都不发生，顶上事件就不发生，在分析 K_1 不发生时，其他不管。但是最小径集中含有 X_3、X_4、X_{12} 和 X_{13} 正常事件的不考虑，因为控制这些事件是不可能的或者是需要付出很大代价的。比如：由于大理石在使用中必须处在开放的环境中，所以无法控制事件 X_3；大理石在变质形成过程中，不可避免地机械混入了像黄铁矿（FeS_2）、硫铁矿（FeS）、赤铁矿（Fe_2O_3）和 FeO 等含铁杂质，它们也是产生锈斑的一个主要原因，这些铁杂质接触空气中的水和氧生成铁锈，通过大理石的微孔渗出表面及浅表面。这种先天性成因（事件 X_4）无法控制；同样事件 X_{12}（含铁质的器件处在开放的环境中）和事件 X_{13}（天然雨水）也无法控制。

（4）结构重要度也是制定预防措施的一个依据。从上面结构重要度中，可以看到不同的基本事件在系统中结构重要度是不同的。如 X_3 基本事件的结构重要度最大，X_1 和 X_2 基本事件次之，说明 X_3 基本事件在事故树结构上对顶上事件的发生起重要作用，但是 X_3、X_4、X_{12} 和 X_{13} 都属于正常事件，所以分析寻找控制措施时必须将含有这些事件的径集都排除在外，这样就只剩下 $K_4 = \{X_1，X_2，X_{11}\}$ 和 $K_6 = \{X_1，X_2，X_{15}，X_{16}\}$ 两个，即有两个措施来控制预防大理石产生锈斑：一是对大理石进行防护并保证防护不失效，同时保证大理石周围没有含铁器件；二是对大理石进行防护并保证防护不失效，同时保证大理石周围的含铁器件的表面有防护措施且有效。其中可以看出，无论使用哪种措施，都必须对大理石进行防护并且保证防护措施不失效。

5.1.2 大理石锈斑的预防措施

通过对图 5-1 事故树的定性分析可知，大理石产生锈斑的最小割集 18 个、最小径集 12 个，即导致大理石产生锈斑的可能性有 18 种，可见大理石产生锈斑是很容易发生的。但只要能采取 12 个径集中的任何一个，事故就可以避免。由于 12 个径集中的基本事件有些是可以控制的（安装过程避免混入铁），而有些是难以控制的（大理石形成的地质条件使其不可避免地含铁），基本事件的控制有些是容易实现的（使用防护剂对其进行防护），而有些是很难实现的（维持空气的低湿度）。从前面的分析可知，只要控制了最小径集 K_4 中事件 X_1、X_2 和 X_{11} 或者最小径集 K_6 中 X_1、X_2、X_{15} 和 X_{16}，顶上事件就不会发生。

大理石防护措施现在最主要的是采用石材防护剂[172]。石材防护剂的原理就是防止水进入大理石，从而不能生成铁锈。现在的防护剂主要有石蜡类、有机硅类和硅氟类三种防护剂。石蜡类由于使用后大理石内部的水分不能排出，导致了大理石其他病症，已经很少使用。硅氟类的产品由于比较昂贵，所以现在绝大多数都使用有机硅类防护剂对大理石进行防护。

为了保证大理石的周围没有含铁器件，一般都是采用塑料制品或不锈钢制品作为替代品来达到该目的；为了保证大理石周围的含铁器件不生锈，目前普遍采用的都是油漆来对含铁器件进行防护并定期进行维护，比如大理石墙壁外的空调架就必须使用不锈钢，或者是含铁但架子外表必须进行防护并定期维护。

但是由于人们的疏忽，现实中很多大理石材料都已经出现锈斑，可以采用两种方法来治理：

（1）表面翻新[173]。由于有些锈斑处在大理石表面或浅表面，就采用水磨机等机器除去大理石的表面层，再进行抛光、晶化、涂防护剂等对石材进行翻新。这种方法对那些潜藏在大理石表面的铁锈有一定的效果。如果是先天性造成的锈斑，由于锈是从石材底部返渗上来的，再加上翻新的厚度有限。因此，这种方法效果不是很理想，而且成本较高。

（2）应用石材除锈剂[174]。目前国内市场上出现的除锈剂大部分是国外进口的，价格一般都较高，而且大部分都是针对花岗岩的，此类除锈剂表现为强酸性，对主要成分是碳酸盐的大理石危害很大，人们一般采用稀释产品来处理大理石锈斑，但效果不佳，还会腐蚀石材。市场上少数针对大理石开发的除锈剂产品，也往往是简单地应用一些强氧化性化学药品，这些产品对于表层的铁锈特别是在一些浅色石材表面看似严重，其实并没有渗入石材深层的锈斑具有一定的效果。但对于深层的铁锈及石材底部返渗上来的返黄现象（锈斑）就无能为力了。因此，大理石在使用前进行防护显得尤为重要，同时对其附近的含铁器件进行防护和保养或者保证周围没有含铁器件，这样大理石产生锈斑的病症就可以避免。

5.1.3 建筑物外墙防污剂的防污机理及其优缺点

建材的防污主要是防止有机污染物在其表面聚积以及向里面渗透。目前防污剂主要有石蜡类防污剂、乳胶类防污剂、有机硅类防污剂、含氟类防污剂和自清洁防污免清洗材料五种。不同种类的防污剂防污机理不相同，以下是各种防污剂的防污机理和各自的优缺点。

5.1.3.1 石蜡类防污剂的防污机理及优缺点[175~177]

石蜡类防污剂防污机理就是利用堵塞封闭微孔的方法。最典型的就是采用在建材表面涂覆蜡的方法，在建材表面形成致密的蜡膜，从而阻隔水、油、灰尘等污物的侵入。但蜡水将建材的微孔完全封堵，阻碍了建材的透气性，使建材内部的水分或建材底部的水分无法正常排出，极易在建材上形成水渍、湿痕等建材"病症"。石蜡类防污剂属于非渗透覆盖型防护剂，其防污机理如图5-2所示。

蜡膜特性是较黏，且易受污染，形成蜡垢，更不易清洗。蜡膜的耐磨性极差，需要经常打蜡才能维护其光泽。然而，如果在某些部位经常打蜡，会使该部位建材颜色变深，失去原有色彩和质感，不仅没有达到防护的目的，而且造成了人为的破坏。蜡的涂覆只是在地面使用并好操作，在立面及高层立面使用就相当困难，更为困难的是一旦蜡渗透到建材内部，一般就很难清除，除非将建材表面打磨掉，费时费力，很不经济。涂蜡后不易清除，对以后使用新型防污剂会很困难；使用蜡防护后需要经常反复上蜡，尤其在公共场

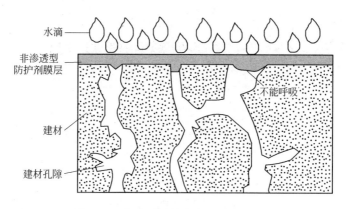

图 5 - 2　非渗透覆盖型防污剂防污机理

所；其耐候性也较差、更不耐磨等。所以，将蜡的防护称为"暂时性"的防污剂。随着人们对蜡性能的逐渐认识，现在已经很少用蜡作为长久的建材防污剂了。因蜡的使用带来了新的建材"病症"，也出现了专门用于去除蜡的建材化学品——除蜡剂、起蜡水。虽然，蜡作为建材防污剂经过近几年的改进，在使用功能上有很大的提高，如流动性、黏性、光泽度等都有质的改进，但是只要存在蜡的成分，在建材防污上就会或多或少地存在上述弊端。

5.1.3.2　乳胶类防污剂的防污机理及优缺点[178~180]

乳胶类防污剂是利用它在建材的表面形成一层致密的保护膜，从而达到建材与污染源的隔绝，防污、防水、防油的目的。这类防污剂包括有色和无色系列，一般是通过有机溶剂溶解或稀释一些高分子材料来制取这类防污剂，如丙烯酸树脂、甲基硅酸钠、甲基硅酸钾等无机非金属硅酸盐类产品等。与石蜡相比，乳胶类防污剂防水性、耐污性、寿命、使用范围都有很大提高，部分产品已经有填补、渗透能力，但透气性仍较差，使建材内及建材背部的水分在装修后仍不能排出，易使建材产生"病变"。而化学品的覆膜会在一定程度上改变建材的质感和色泽，对抗紫外线、老化、耐久性都不是很好，而且覆膜易磨损、起层、脱落，带动建材成片状剥离，需要经常修补。由于此类防护品使用的有机溶剂挥发后才能使膜层固化，所以挥发物有毒性，产品易燃，在施工时易对人造成伤害或污染环境。作为快速防污有一定的使用市场，但市场应用面不大，在一些低端产品上可使用，在环保要求高及需长久防污的建材上不宜使用。乳胶类防污剂属于非渗透填充型防护剂，其防护原理见图 5 - 3。这类防污剂的代表产品是丙烯酸树脂，也是建材使用较多的一类低档防污剂；而填充型防污剂则是一些硅酸盐类产品，早期是砖瓦的防水剂，现在用在建材上已显得落伍。

5.1.3.3　有机硅类防污剂的防污机理及优缺点[181~183]

有机硅类防污剂属于渗透型、浸润型、透气型防污剂。其原理是通过溶剂将有机物渗透到建材表层及浅表层，其中的 Si—OH 与建筑物表面的羟基结合，在表层及浅表层形成稳定的保护膜，从而达到防污、防水、防油等的目的。此类防污剂既能防污又不影响建材透气性，不会使污物滞留在建材内部，减少了产生"病变"的几率，便于清洗，耐老化、抗紫外线能力高，是近年来使用逐渐增多的建材防污产品。它分为水剂型和溶剂型两类。

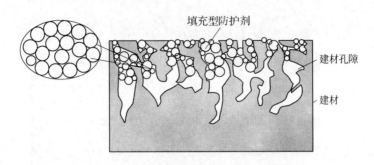

图 5 - 3   非渗透填充型防污剂防污机理

建材防污剂中只有有机硅类防污剂具有透气性能，即建材的孔隙、内部结构、微裂隙、孔洞等在涂刷有机硅防污剂后，仍与空气相通，形成建材内部的水分（在压力下）可以出去，而外部的水分、污染源又不能渗入的特性，从而形成防水、防污、防油功能。形成这种独特功能是有机硅分子结构的孔隙所致。有机硅涂刷在建材表面后，经过渗透，进入建材表层及浅表层，成为一种树根状的渗入薄膜层。这与一般蜡层，一些树脂，如丙烯酸树脂覆盖式、填充式的防污不同，那些形式的防污通常全部将建材孔道堵塞并封闭起来，而有机硅的膜层除渗透建材表层、浅表层外，并且极薄的膜层（约有 $3\mu m$ 厚）还均匀地分布着一些透气孔，这些透气孔的直径比水分子小，比水蒸气分子直径大，也即水分子、有机硅膜层孔隙、蒸汽分子之间直径大小的关系为：水分子直径 > 有机硅孔隙直径 > 水蒸气水分子直径。所以，当建材装饰面内或背面产生水分，因温度升高、压力增大，建材内及建材底面水分会变为潮气——蒸汽分子，从有机硅孔隙中释放出来；而由于有机硅薄层上的孔隙小于外界水分子，外界水及含水的污物就无法进入建材内部，达到防水、防污，防油的目的。其防污机理见图 5 - 4 和图 5 - 5。

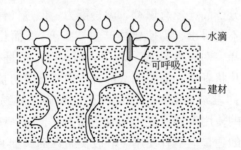

图 5 - 4   采用渗透型有机防污剂处理过的建材具有透气、防污的效果

由于有机硅防护剂的低黏度，与建材成分可以适当地发生反应和渗透较深，使得它受紫外线影响相对变小，延长了使用寿命。据资料报道，有机硅防护剂一般耐候性至少在 10年以上，与传统的甲基硅酸钠相比有了更长的寿命（甲基硅酸钠现已禁止在建材装饰工程上使用）。

5.1.3.4   含氟类防污剂的防污机理及优缺点[184~189]

含氟类防污剂是一种含固体量 30% ~ 40% 的强渗透性防污剂。其特性是强渗透性，将防水、防油、防污的纳米级材料渗透到建材的内部，跟毛细孔壁形成一个整体。独有的纳米微粒与抗污物质形成一种特殊的保护膜，这种保护膜具有独特的双官能团，一个基团渗

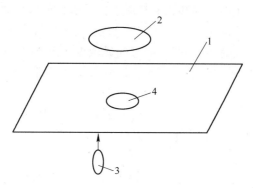

图 5-5　水分子、有机硅膜层上孔隙与蒸汽水分子之间直径大小的关系
1—有机硅膜层；2—装饰建材外水分子；3—装饰建材内水蒸气分子直径；4—有机硅膜层上的孔隙直径

透吸附于建材内部和表层，另一个基团向外具有憎污功能，使建材透气性好，抗污力强。憎水性、耐候性十分明显的氟材料，比如硅氟树脂、含氟丙烯酸树脂等，有 30 年以上的耐候时间，对水一类的液体有极强的排斥性。一些产品在其中加了抗紫外线材料、纳米级材料，使防污剂耐久性、渗透性更强。使用环保型溶剂或水溶剂，都使这一类产品成为近年来普遍受欢迎的新产品。经过分子设计、裁减、配位等化学手段，生产出的浸润强力含氟渗透型防护剂能发挥最大的功效，尤其耐候性十分卓越，这一技术是建材化学领域中最前沿的研究课题，因此产品价格昂贵。

5.1.3.5　自清洁防污免清洗材料防污机理

自清洁防污免清洗就是建筑外墙利用自清洁材料来达到防污自清洁而免清洗的目的。目前研究和应用的主要是光催化剂材料。光催化是光化学的一个组成部分。光催化反应利用光催化剂吸收光能，并将其转化为化学能，促使吸附在催化剂表面的物质发生化学反应，而催化剂本身不发生变化。实际上光催化反应始终存在于我们身边，绿色植物的光合作用就是一种典型的光催化反应，叶绿素作为生物光催化剂通过吸收光能，将水和二氧化碳转变为氧气和葡萄糖，这一光化学反应直接维持了包括人类在内的地球上大多数生命的生存。具有现代科学意义的光催化学科始于 20 世纪 60～70 年代，苏联科学家首先发现二氧化钛材料在阳光下能够分解有机物，随后，日本科学家发现二氧化钛半导体粉末在光照下能将水分解为氧气和氢气。这些现象被报道后，引起了世界各国科学家的关注，随后进行的研究表明，很多半导体材料如氧化锌、氧化铁、氧化钨、硫化镉、二氧化钛等都具有光催化性能。这些光催化性能包括[190]：

（1）光催化氧化性能：在光照下，光催化剂具有分解各种有机污染物的能力，可以将有机物分解为 CO_2、H_2O 等无机小分子物质。

（2）光致超亲水性能：负载有光催化剂薄膜的材料，在光照下，表面具有超亲水性能，水滴可在其表面形成水膜。

（3）能吸收紫外线：一层几十纳米厚的二氧化钛光催化薄膜可以吸收阳光中几乎全部的紫外线，可见光部分则可完全通过。

进入 20 世纪 90 年代，随着纳米技术的高速发展，纳米制备技术和光催化技术相结合，使得纳米光催化剂的工业生产成为可能。由于二氧化钛光催化剂具有成分稳定、对人体无毒害作用、光催化氧化能力强和原材料成本低、价格便宜等诸多优点，获得了人们的青睐，所以目前研究和应用的主要是以二氧化钛光催化材料为主。实验表明，将 TiO_2 涂敷在内墙和外墙瓷砖上，油膜经 3d 照射就可明显减少，经 5d 照射就不留痕迹了；有机染料经 3d 照射，染料的颜色就可消退。同时，涂敷有 TiO_2 薄膜的表面与未涂 TiO_2 薄膜的表面相比，显示出高度的自清洁效应，一旦这些表面被油污等污染，因其表面具有超亲水性，污染不易在表面附着，附着的污物在外部风力、水淋冲力、自重等作用下，也会自动从 TiO_2 表面剥离下来，阳光中的紫外线足以维持 TiO_2 薄膜表面的亲水特性，从而使其表面具有长期的自洁去污效应。

TiO_2 的晶型主要分为两种：一是金红石结晶，一般作为紫外线吸收剂及工业颜料（钛白粉）。二是锐钛矿结晶，在紫外线的作用下具有极强的氧化还原能力，可作为光催化剂。其光催化过程如下[191]：TiO_2 是一种 N 型半导体，当 TiO_2 暴露在比它能阶（约 3.2eV）更高能量的紫外线照射时，TiO_2 的电子会被激发，由价带跃入导带上，形成电子与空穴，分别产生还原与氧化反应。当 TiO_2 表面吸附着空气及水蒸气时，水蒸气与空穴发生氧化反应，产生 · OH 自由基的中间产物。另外氧气与电子发生还原反应，产生活性氧（O_2^-）。以上两种活性物质可产生极强的氧化、还原能力，可破坏有机物中的 C—C 键、C—H 键、C—N 键、O—H 键、N—H 键，因而具有高效的分解有机物的能力，从而具有光催化抗菌和光催化分解表面有害气体和有机污物的功能。TiO_2 光催化有机物的模型见图 5-6。

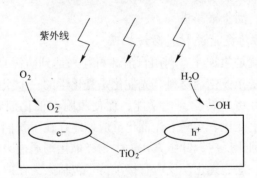

图 5-6   光催化剂有机分解的模型

其氧化、还原反应式如下：

$$TiO_2 + h\gamma \longrightarrow TiO_2(h^+) + TiO_2(e^-)$$

氧化反应：
$$TiO_2(h^+) + H_2O \longrightarrow H^+ + \cdot OH$$

$$TiO_2(h^+) + 有机污染物 \longrightarrow 分解物$$

$$\cdot OH + 有机污染物 \longrightarrow 分解物$$

还原反应：
$$TiO_2(e^-) + O_2 \longrightarrow \cdot O_2^-$$

$$TiO_2(e^-) + 无机重金属离子 \longrightarrow 分解物$$

$$\cdot O_2^- + 无机重金属离子 \longrightarrow 分解物$$

TiO_2 表面被紫外线照射后，TiO_2 的氧被激发，产生的空穴能吸引空气中的水分子（图 5-7（a）），使之产生表面 · OH 基，而具有亲水性。若再进一步吸附空气中的水，则在表面生成了物理吸附水层（图 5-7（b）），有强的亲水性，加之水的毛细管现象，使水

在 TiO_2 表面不能形成水珠，而完全被覆在 TiO_2 的表面，表现出超亲水性质。

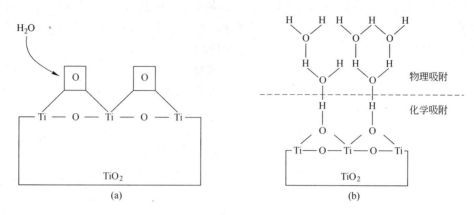

图 5-7 TiO_2 光催化超亲水的模型

超亲水作用就是光照条件下 TiO_2 表面水的接触角不断减小并最终变为完全湿润的一种现象。其作用原理是光照使 TiO_2 表面产生相互交替的亲水和疏水的微畴，这种微畴交替的结构相当于很多细小的毛细管，使附着于 TiO_2 表面的水的接触角减小，随着光照时间的延长，毛细管作用增强，水最终在其表面完全湿润，达到超亲水状态。另外，藤屿昭等人的研究也表明，在通常情况下，TiO_2 薄膜表面与水的接触角约为 72°，经紫外线照射后，水的接触角在 5° 以下，甚至可达到 0°。水滴可完全浸润表面，显示非常强的超亲水性。停止光照射后，表面超亲水性可维持数小时到 1 周左右，慢慢恢复到照射前的疏水状态。再用紫外光照射，又可表现为超亲水性，即采用间歇紫外光照射就可使 TiO_2 薄膜表面始终保持超亲水状态[192]。

5.1.4 建筑物表面材料防污剂防污机理的异同点

通过对各种防污剂防污机理的分析可以看出，石蜡类防污剂、乳胶类防污剂、有机硅类防污剂、含氟类防污剂的防污机理都是以阻止污染物进入建筑物外墙材料的孔隙为基本前提，只是各种方法实现的方式不同而已，而且各种方法基本上都是以防水为第一目的。

石蜡类防污剂通过密封建筑物外墙材料表面的孔隙来阻止污染物进入孔隙而达到防污的目的。由于石蜡不含亲水基，因此其憎水性极强，当然能很好地阻止水侵入孔隙里面，但是却忽视了石蜡不透气和表面具有黏性的特点。由于石蜡不透气，所以建筑物外墙材料里面的水蒸气不能排出，而在外墙材料表面形成水痕，当存在温差水蒸气产生热胀冷缩时，表面石蜡膜也会鼓起直至脱落；由于石蜡表面具有黏性的特点，所以容易黏附污染物，比如粉尘颗粒。从机理上来说，由于石蜡膜的存在，减少了外墙材料表面的孔隙，降低了由于凸凹不平引起的机械性黏附粉尘的几率，但是增加了物理性黏附的几率，而物理性黏附比机械性黏附更难去除，加上石蜡易变黄、不耐磨，很难去除而不易进行二次防护，所以用这种方法防护的外墙材料表面比原来更容易受污染。

乳胶类防污剂是利用它在建材的表面形成一层致密的保护膜，从而达到建材与污染源的隔绝即防污、防水、防油的目的。乳胶类防污剂是填充外墙材料表面的孔隙而不只是封闭孔隙表层，它的透气性优于石蜡类防污剂，但是在其表面仍然容易生成水痕。它比石蜡耐磨，时效性长。由于减少了外墙材料表面的孔隙，降低了由于凸凹不平引起的机械性黏附粉尘的几率。覆膜易磨损、起层、脱落，带动建材成片状剥离，需要经常修补。由于此类防护品使用的有机溶剂挥发后才能使膜层固化，所以挥发物有毒性，产品易燃，在施工时易对人造成伤害或污染环境。因此，一般很少使用。

有机硅类防污剂是通过溶剂将有机物渗透到建材表层及浅表层，其中的 Si—OH 与建筑物表面的羟基结合，在表层及浅表层形成稳定的保护膜，从而达到防污、防水、防油等的目的。由于保护膜的生成，因此减少了外墙材料表面的孔隙，降低了由于凸凹不平引起的机械性黏附粉尘的几率。而且该有机硅保护膜表面能比原建筑材料的表面能低，所以该表面的水接触角变大，能达到防水的目的，吸收外来物质的能力也就降低。另外，该有机硅保护膜能保证里面的水蒸气蒸发出来而外部的水滴不能进入，因此能够达到防污的目的。

含氟类防污剂是一种含固体量 30% ~40% 的强渗透性防污剂，其原理是将防水、防油、防污的纳米级材料渗透到建材的内部，跟毛细孔壁形成一个整体，独有的纳米微粒与抗污物质形成一种特殊的保护膜。由于保护膜的生成，因此减少了外墙材料表面的孔隙，降低了由于凸凹不平引起的机械性黏附粉尘的几率。而且该保护膜具有独特的双官能团，一个基团渗透吸附于建材内部和表层，所以耐候性、耐磨性强，另一个基团向外，由于含氟类物质表面能非常低，所以该表面的水接触角非常大，吸收外来物质的能力也就降低。同样的，该保护膜同有机硅类保护膜一样能保证里面的水蒸气蒸发出来而外部的水滴不能进入，因此，具有憎水、防污的功能。

自清洁防污免清洗就是建筑外墙利用自清洁材料来达到防污自清洁而免清洗的目的。目前研究和应用的主要是光催化剂材料。其原理就是利用光催化作用，将黏附在外墙材料表面的污染物分解成水和二氧化碳，还有使雨水在建筑外墙表面铺展开来（亲水作用），而使污染物能够借助雨水的冲刷作用而流走，达到自洁的目的。此方法不是从防止污染物黏附外墙材料出发，而是从去除污染物的角度考虑，因此，严格地讲不算是防污手段，但是其比其他防污措施更有效、更实用。

5.2 表面活性剂与粉尘的耦合及其防污性能实验

化学表面活性剂具有降低液体表面张力、增强其湿润能力和去污能力等功能，因此表面活性剂是湿润粉尘、清除污染物的一种重要化学试剂。本章选取了几种相关的表面活性剂，并通过一系列的试验研究了解它们在建筑物表面防尘自洁过程中的作用以及与粉尘的耦合情况。

5.2.1 表面活性剂性质及分类

5.2.1.1 表面活性和表面活性剂的概念

一切液体，在一定条件下均有一定的表面张力[193]。在 20℃ 下，水的表面张力为 72.75mN/m，苯为 28.88mN/m，己烷为 18.43mN/m。当将性质不同的某些物质分别溶于水后，发现水的表面张力发生了变化；进一步观察各种物质水溶液的表面张力随浓度的变化时，还发现了 3 种情形：第一种情形是表面张力随溶质浓度的增加而稍有增高，且近于直线上升。例如，氯化钠、硫酸钠、氢氧化钾、硝酸钾、氯化铵等无机盐类以及蔗糖、甘露醇等多元醇有机物溶于水时，为此种情况。第二种情形是表面张力随溶质浓度增加而逐渐下降，绝大部分醇、醛、脂肪酸等有机物溶于水时，为这种情况。第三种情形是表面张力在稀浓度时随溶质浓度增加而急剧下降，下降至一定程度后便缓慢下降或不再下降，有时溶质中含有某些杂质时，可能出现表面张力最低值。例如，肥皂、高碳直链烷基硫酸盐或磺酸盐、烷基苯磺酸盐等的水溶液均属于这种类型。

所谓表面活性是指使溶剂的表面张力降低的性质，上述后两类能降低水表面张力的物质，具有表面活性（若不指明其他溶剂时，即指对水有表面活性），称为表面活性物质；第一类物质无表面活性，称为非表面活性物质。然而第二类和第三类物质，它们的表面活性又很不相同，为区别它们，将具有第三类表面活性的物质称为表面活性剂。表面活性剂除具有很高的表面活性外，还具有工业生产中所要求的一些特性，如润湿、乳化、增溶、起泡、消泡和洗涤等直接作用，及平滑、抗静电、匀染与固色、润滑、防锈、疏水、杀菌和凝集等间接作用。而第二类物质则不具备这些性质。

因此可以说，表面活性剂是这样的一种物质，在溶剂中加入很少量时即能显著降低其表面张力，改变体系界面状态，从而产生润湿、乳化或破乳、分散或凝集、起泡或消泡、增溶等一系列作用，以满足实际应用的要求。

实际应用的表面活性剂，品种繁多，若从化学结构上予以简单归纳，可将表面活性剂的分子看作是在碳氢化合物（烃）的分子上加一个或一个以上极性取代基而构成的。极性取代基可以是离子，也可以是不电离的集团。因此，表面活性剂可以分为离子型表面活性剂和非离子型表面活性剂。

5.2.1.2 表面活性剂的分类[194~198]

由以上的介绍可知，能显著降低溶剂（一般为水）表面张力和液-液界面张力的物质称为表面活性剂。表面活性剂具有亲水、亲油的性质，并且能够起到上节中所介绍的一系列的作用。

从结构看，所有的表面活性剂分子都是由亲水基和憎水基两部分组成的。亲水基使分子引入水，而憎水基使分子离开水，即引入油，因此它们是两亲分子。表面活性剂分子的亲油基一般是由碳氢原子团，即烃基构成的，而亲水基种类繁多。所以表面活性剂在性质上的差异，除了与碳氢基的大小和形状有关外，还与亲水基团的性质有关。亲水基团在种类上和结构上的改变，远比亲油基团的改变对表面活性剂的影响大。因此，表面活性剂一般以亲水基团的结构为依据进行分类。通常分为离子型和非离子型两大类。离子型表面活性剂在水中电离，形成带阳电荷或带阴电荷的亲水基。前者称为阳离子表面活性剂，后者称为阴离子表面活性剂；在1个分子中同时存在阳离子基团和阴离子基团者称为两性表面活性剂。非离子型表面活性剂在水中不电离，呈电中性。此外还有一些特殊类型的表面活性剂。它们的具体情况分别如下：

（1）阴离子表面活性剂。阴离子表面活性剂的历史最久，18世纪兴起制皂业所生产的肥皂即为阴离子表面活性剂，肥皂属于高级脂肪酸盐。此外，有代表性的阴离子表面活性剂还有磺酸盐、硫酸酯盐、脂肪酰-肽缩合物等。

阴离子表面活性剂在低温下较难溶解，随温度升高溶解度增大，溶解度达到极限时会析出表面活性剂的水合物。但是，水溶液加热至一定温度时，表面活性剂分子发生缔合，溶解度会急剧增大。

阴离子表面活性剂亲水基团的种类有限，而疏水基团可以由多种结构构成，故种类很多。阴离子表面活性剂一般具有良好的渗透、润湿、乳化、分散、增溶、起泡、抗静电和润滑等性能，另外用作洗涤剂有良好的去污能力。

（2）阳离子表面活性剂。阳离子表面活性剂溶于水则发生离解，形成的阳离子具有表面活性，其亲水基可以含氮、磷或硫，但目前工业上具有实际意义的主要是含氮。含氮的阳离子表面活性剂中，按氯原子在分子结构中的位置又可分为胺盐、季铵盐、氯苯和咪唑啉4类，其中以季铵盐类用途最广，其次是胺盐类。

阳离子表面活性剂具有许多优越性能，除可作纤维用柔软剂、抗静电剂、防水剂和染色助剂外，还可用作矿物浮选剂以及杀菌剂、防锈剂和特殊乳化剂等。

（3）两性表面活性剂。两性表面活性剂广义地讲是指在同一分子中兼有阴离子性和阳离子性，以及在非离子性亲水基中有任意一种离子性质的物质。但是，通常主要是指兼有阴离子性和阳离子性亲水基的表面活性剂，因此，这种表面活性剂在酸性溶液中呈阳离子性，在碱性溶液中呈阴离子性，而在中性溶液中有类似非离子表面活性剂的性质。

两性表面活性剂的阳离子部分可以是胺盐、季铵盐或咪唑啉类，阴离子部分则为羧酸盐、硫酸盐、磺酸盐或磷酸盐。

两性表面活性剂易溶于水，溶于较浓的酸、碱溶液，甚至在无机盐的浓溶液中也能溶解，难溶于有机溶剂。一般地讲，两性表面活性剂的毒性小，具有良好的杀菌作用，耐硬水性好，与各种表面活性剂的相容性也很好。此外，它还有良好的洗涤力和分散力。因此，两性表面活性剂可用作安全性高的香波用起泡剂、护发剂、纤维的柔软剂和抗静电剂、金属防锈剂等，也可用作杀菌剂以及用于石油工业。

两性表面活性剂可分为氨基酸型两性表面活性剂、甜菜碱型两性表面活性剂、咪唑啉型两性表面活性剂和氧化胺等。

（4）非离子表面活性剂。非离子表面活性剂溶于水时不发生离解，其分子中的亲油基团与离子型表面活性剂的大致相同，其亲水基团主要是由具有一定数量的含氧基团（如羟基和聚氧乙烯链）构成。

非离子表面活性剂在溶液中由于不是以离子状态存在，所以它的稳定性高，不易受强电解质存在的影响，也不易受酸、碱的影响，与其他类型表面活性剂能混合使用，相溶性好，在各种溶剂中均有良好的溶解性，在固体表面上不发生强烈吸附。

非离子表面活性剂大多为液态和浆状态，它在水中的溶解度随温度升高而降低。非离子表面活性剂具有良好的洗涤、分散、乳化、发泡、润湿、增溶、抗静电、匀染、防腐蚀、杀菌和保护胶体等多种性能，广泛地用于纺织、造纸、食品、塑料、皮革、毛皮、玻璃、石油、化纤、医药、农药、涂料、染料、化肥、胶片、照相、金属加工、选矿、建材、环保、化妆品、消防和农业等各个方面。

非离子表面活性剂按亲水基分类，有聚乙二醇型和多元醇型两类。

（5）特殊表面活性剂。特殊表面活性剂主要包括氟表面活性剂、硅表面活性剂、氨基酸系表面活性剂、高分子表面活性剂、生物表面活性剂等。

5.2.2 粉尘颗粒与表面活性剂耦合的实验

由于化学表面活性剂具有降低水溶液表面张力的作用，当表面活性剂的溶液和粉尘粒子接触时，就能够迅速地在粉尘粒子表面上铺展开来。表面活性剂溶液和粉尘粒子的耦合速度、效率与粉尘的粒径、干湿度、表面活性剂的种类、浓度、耦合温度以及表面活性剂的复合情况等诸多因素有关。

5.2.2.1 表面活性剂种类和浓度对粉尘湿润效果的影响

不同的表面活性剂具有不同的性质，因此不同种类的表面活性剂对粉尘粒子的湿润效果和速度就有很大的不同。另外，表面活性剂的浓度也会影响它们与粉尘粒子的耦合情况。下面的试验测试了几种表面活性剂和浓度对粉尘湿润效果的影响情况。

（1）实验试剂与粉尘：本实验选取的表面活性剂共有三种，它们分别是十二烷基苯磺酸钠、十二烷基硫酸钠和吐温60。每种表面活性剂又分别有四种不同配置的浓度，十二烷基苯磺酸钠和十二烷基硫酸钠分别为0.2%、0.4%、0.6%、0.8%（这里均为质量分数，下同），吐温60的浓度分别为0.1%、0.2%、0.4%和0.6%。选取的粉尘粒子为大气中沉积的污染粉尘，它们粒径在0.078~0.074mm（180~200目）之间。

（2）实验方法：本实验采用的是滴液实验法，即用滴定管向粉尘中滴下表面活性剂溶液的液滴，待液滴完全在粉尘中铺展后，测试液滴在粉尘中的铺展直径，并根据其直径的大小来判断该表面活性剂的湿润粉尘的效果。滴液实验方法简单易行，其实验装置示意图如图5-8所示。

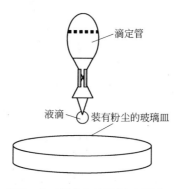

图5-8 滴液实验装置示意图

（3）实验仪器：滴定管、容量为200mL的小烧杯、玻璃器皿、数字化天平、小纸片、三角尺和圆规等。

（4）实验过程：

1）用数字化天平分别称出十二烷基硫酸钠和十二烷基苯磺酸钠的质量为0.2g、0.4g、0.6g、0.8g等，再称出吐温60的质量分别为0.1g、0.2g、0.4g和0.6g，然后用量筒分别量出100mL的清水，将表面活性剂和清水放入烧杯中用玻璃棒搅拌，配置好不同浓度的溶液备用。

2）将粒径在180~200目之间的粉尘粒子放入玻璃器皿中，同时将粉尘表面拂平，用滴定管分别取各种表面活性剂的不同浓度的溶液向粉尘中滴大小基本相同的液滴（在滴定时要注意让液滴从同一高度落下）。

3）待液滴完全在粉尘表面铺展开后，用圆规和三角尺测出液滴两个垂直方向的直径大小并取其平均值，将此直径的平均值作为液滴在粉尘表面上展开的大小。

（5）实验结果：通过上述试验得出的结果如表5-2～表5-4所示。实验温度为26℃，相对湿度为70%。

表5-2 不同浓度十二烷基苯磺酸钠溶液液滴的铺展数据

浓度（质量分数）/%	0.2	0.4	0.6	0.8
液滴平均值/cm	0.94	1.09	1.27	0.94

表5-3 不同浓度十二烷基硫酸钠溶液液滴的铺展数据

浓度（质量分数）/%	0.2	0.4	0.6	0.8
液滴平均值/cm	1.03	1.26	1.08	0.87

表5-4 不同浓度吐温60溶液液滴的铺展数据

浓度（质量分数）/%	0.1	0.2	0.4	0.6
液滴平均值/cm	1.12	1.29	1.16	1.04

（6）实验结果分析：从表5-2和表5-3可以看出，十二烷基苯磺酸钠、十二烷基硫酸钠和吐温60湿润粉尘的效果首先随着浓度增加而缓慢增加，当达到最高值时浓度再增加，它的湿润效果就会降低，它们都有一个最佳的湿润浓度，分别为0.6%、0.4%和0.2%。

5.2.2.2 粉尘粒径的影响

（1）实验试剂与粉尘：选用的试剂是浓度为0.4%的十二烷基硫酸钠溶液，粉尘粒子的粒径分别为160～180目、180～200目和200目以下三个区间内。

（2）实验方法：实验方法为滴液实验法。

（3）实验仪器：滴定管、容量为200mL的烧杯、玻璃器皿、数字化天平、小纸片、秒表、三角尺和圆规等。

（4）实验步骤：

1）首先用数字化天平称量出0.4g的十二烷基硫酸钠，然后用量筒量出100mL的清水，将它们放入烧杯中用玻璃棒搅拌制成溶液后备用。

2）用数字化天平称量出160～180目、180～200目和200目以下的粉尘各0.5g。取三个大小相同的表面皿，测试其直径为7.10cm。将0.5g粉尘均匀地放入表面皿中待用。

3）用滴定管取表面活性剂溶液，在一定的高度让溶液液滴自然滴下，开始用秒表计时直到液滴完全在粉尘上铺展开，然后用圆规和三角尺测出液滴展开的大小。

（5）实验数据：通过试验得出的结果如表5-5所示。试验温度为26.1℃，相对湿度为70%。

表 5 - 5　0.4%的十二烷基硫酸钠在不同粒径粉尘中的铺展情况

粉尘粒度	160~180目		180~200目		200目以下	
测试内容	铺展直径/cm	铺展时间/s	铺展直径/cm	铺展时间/s	铺展直径/cm	铺展时间/s
液滴平均值	2.20	9.7	2.18	14.7	1.73	84.0

（6）实验结果分析：根据表 5 - 5 中的数据可知，粉尘的粒径越大，表面活性剂在其表面铺展的效果就越好，速度就越快。因为粉尘粒子的粒径越小，相同质量的粉尘表面积就越大，这对表面活性剂溶液在粉尘粒子上的铺展有一定的阻碍作用。另外，200 目以下的粉尘粒子在液滴铺展的直径和时间上相对前面两种粉尘有很大的变化，这是因为，200目以下的粉尘粒子粒径的区间较宽，不同大小的粒子堆积在一起，中间空隙小，较为密实，这些因素都会阻碍表面活性剂和粉尘粒子的耦合。

5.2.2.3　粉尘含水量的影响

（1）实验试剂和粉尘：本试验选取的表面活性剂为 0.4%的十二烷基硫酸钠，粉尘粒子的粒径在 180~200 目之间，其中粉尘的含水量分别为 2%、4%、6%、8%四种等级。

（2）实验方法：此试验仍然采取了滴液试验法。

（3）实验仪器：数字化天平、大烧杯、量筒、滴定管、玻璃器皿、纸片、圆规和三角尺等。

（4）实验步骤：

1）首先用天平称出质量分别为98g、96g、94g、92g粒径为180~200目之间的粉尘粒子，放入不同的大烧杯中，然后用量筒分别量出体积为2mL、4mL、6mL、8mL 的清水注入相应的大烧杯中，用玻璃棒搅拌均匀，最后放入不同的玻璃皿中，待用。

2）用数字化天平称量出 0.4g 十二烷基硫酸钠，再用量筒量出 100mL 的清水注入烧杯中用玻璃棒搅拌配制成质量分数为 0.4%的溶液，以备后用。

3）用滴定管分别向不同的玻璃皿中滴溶液，滴液时要尽量保持滴液的情况一致，待液滴完全铺展后，用圆规和三角尺测量出溶液铺展的直径。

（5）实验数据：上述实验的数据如表 5 - 6 所示。实验条件：温度为 26.2℃，相对湿度为 71%。

表 5 - 6　0.4%十二烷基硫酸钠与不同含水量粉尘的耦合情况

粉尘含水量（质量分数）/%	2	4	6	8
液滴平均值/cm	1.01	0.90	0.86	0.83

（6）实验结果分析：从表 5 - 6 中可以看出，随着粉尘含水量的增加，粉尘与 0.4%的十二烷基硫酸钠的耦合就越难。当粉尘完全干燥时，它们与表面活性剂耦合的效果最好。由此可见，粉尘中的水分不利于粉尘与表面活性剂的耦合。

5.2.2.4　表面活性剂的复合效果

文献［199］表明，当湿润剂复合后其湿润效果会有一定的改善。本节中使用湿润性能比较好的三种浓度的表面活性剂溶液进行了复合实验。

（1）实验试剂和粉尘：选用的表面活性剂分别是 0.4%的十二烷基硫酸钠溶液、

0.6%的十二烷基苯磺酸钠溶液和0.2%的吐温60溶液。选用的粉尘粒子的粒径在180~200目之间。

（2）实验方法：滴液实验法。

（3）实验仪器：数字化天平、滴定管、容量为200mL的烧杯、玻璃器皿、玻璃棒、圆规和三角尺等。

（4）实验步骤：

1）用数字化天平分别称出质量为0.2g的吐温60三份、0.4g的十二烷基硫酸钠三份和0.6g的十二烷基苯磺酸钠三份，两两混合后放入烧杯中，然后用量筒分别量出三份100mL的清水注入烧杯中，用玻璃棒搅拌成溶液后待用。

2）将粒径在180~200目之间的粉尘粒子装入表面皿中，同时将粉尘的表面拂平，用滴定管选取三种混合溶液分别滴入粉尘中，为了保证液滴大小相同，要求液滴均在同样的高度自然下落，并保证滴定管处于静止状态。

3）待液滴完全在粉尘表面铺展开后，用圆规和三角尺测量出液滴在粉尘表面上铺展的直径。

（5）实验数据：上述实验的记录结果如表5-7所示。实验条件：温度26.2℃，相对湿度71%。

表5-7 表面活性剂复合后与粉尘的耦合情况

复合的表面活性剂	十二烷基硫酸钠+十二烷基苯磺酸钠	十二烷基硫酸钠+吐温60	十二烷基苯磺酸钠+吐温60
液滴平均值/cm	1.34	1.38	1.56
增加长度/cm	0.07	0.12	0.27

（6）实验结果分析：从表5-7中可以看出，以上几种表面活性剂两两复合后它们与粉尘的耦合能力都有了进一步的增强，特别是0.6%的十二烷基苯磺酸钠和0.2%的吐温60复合后它们的液滴铺展直径比单一的0.2%的吐温60高出了0.27cm。本实验表明表面活性剂通过复合后它们与粉尘的耦合能力基本上都能得到进一步的提高。

5.2.2.5 温度的影响

文献［200，201］表明，湿润剂的温度对湿润剂的湿润性能也有一定的影响。本实验是使用不同温度的表面活性剂溶液来滴定粉尘，以验证温度对表面活性剂和粉尘耦合情况的影响。

（1）实验试剂及粉尘：选取了0.4%的十二烷基硫酸钠溶液，分别把溶液的温度控制在25℃、35℃、45℃、55℃左右，粉尘的粒径选定在180~200目之间。

（2）实验方法：滴液实验法。

（3）实验仪器：数字化天平、滴定管、容量为200mL的烧杯、玻璃器皿、玻璃棒、温度计、圆规和三角尺等。

（4）实验步骤：

1）首先用数字化天平称出0.4g的十二烷基硫酸钠，再用量筒量出100mL的清水，在烧杯中用玻璃棒搅拌配制成质量分数为0.4%的溶液，备用。

2）将盛有溶液的烧杯放入温度在80℃左右的热水中，同时在溶液中放入一支温度计，当溶液的温度分别在 25℃、35℃、45℃、55℃时，用滴定管取出溶液滴入盛有粉尘粒子的玻璃器皿中，各个液滴的高度、大小应保持基本相同。

3）待液滴完全在粉尘中铺展后，用圆规和三角尺测量液滴的扩散直径，并记录。

（5）实验结果：经过实验得出的实验结果如表 5 - 8 所示。实验的温度为 25.4℃，相对湿度为 73%。

表 5 - 8　不同温度下十二烷基硫酸钠溶液和粉尘的耦合情况

温度/℃	25	35	45	55
液滴平均值/cm	1.28	1.52	1.29	1.13

（6）实验数据分析：由表 5 - 8 中的数据可以看出，温度对浓度为 0.4% 的十二烷基硫酸钠和粉尘粒子的耦合有一定的影响。当温度从常温下逐渐升高时它们之间的耦合效果不断改善，但是达到一个最大值后随着温度的上升，它们的耦合效果又不断下降，温度为 35℃ 左右时，十二烷基硫酸钠溶液和粉尘粒子的耦合效果最好。该实验的数据结果与相关文献中的实验结果保持一致，这说明湿润剂溶液湿润粉尘时，都存在着一个最佳的温度，但是不同的溶液和粉尘，其最佳的耦合温度又有所不同，这需要用具体的实验来验证。

5.2.3　表面活性剂与粉尘耦合的分析

上节中介绍了各种影响因素对表面活性剂溶液和粉尘表面耦合的影响情况，本节中主要从理论上分析表面活性剂和粉尘表面的耦合情况，并且分析了表面活性剂在清除基体表面上的粉尘时所起到的作用。

5.2.3.1　耦合理论分析

固体表面上的原子或分子的价键未饱和时，与内部原子或分子相比有多余的能量。因此，固体表面与液体接触时，其表面能减少。一般地说，固体表面暴露在空气中，其上总是吸附着气体，当它与液体接触时，所吸附的气体被推斥而离开表面，于是固体与液体发生直接接触，这种现象称为湿润，也就是液体与固体表面的耦合。

液体与固体接触时液体能否和固体表面耦合，从热力学观点看，就是恒温恒压体系下体系的表面自由焓是否降低。如果自由焓降低就能耦合，且降低得越多，耦合效果就越好。图 5 - 9 表示界面均为一个单位面积时固 - 液接触体系表面自由焓的变化：

$$\Delta G = \sigma_{液-固} - \sigma_{气-液} - \sigma_{气-固} \tag{5-2}$$

当体系自由焓降低时，它向外做的功为：

$$W_a = \sigma_{气-液} + \sigma_{气-固} - \sigma_{液-固} \tag{5-3}$$

式中，W_a 为黏附功。W_a 越大，体系越稳定，液 - 固界面结合越牢固，或者说此液体极易在此固体上黏附。所以，$\Delta G < 0$ 或 $W_a > 0$ 是液体湿润固体的条件。但固体的表面张力 $\sigma_{气-固}$ 和 $\sigma_{液-固}$ 难于测定，因此难于用式（5 - 2）或式（5 - 3）进行计算和衡量耦合程度。后来人们发现液体湿润固体表面的现象与湿润角有关，而湿润角是可以通过试验测定的，目前已经有很多测量湿润角的方法[202]，例如液滴法、吊片法和水平液体表面法等。

表面活性剂能够降低溶液表面的张力，能够使水溶液快速、高效地铺展在固体的表面上，这就是表面活性剂溶液能够很好地和粉尘耦合的原因。

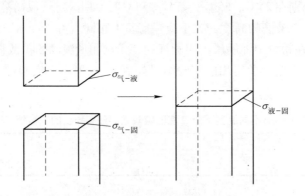

图 5 – 9   固 – 液接触时表面自由焓的变化

表面活性剂由亲水基和亲油基两部分组成，当它们溶于水中时其亲水基与水分子结合，而亲油基就会伸向气相中，于是表面活性剂分子会在水溶液表面形成排列紧密的定向列层，导致水溶液表面张力大幅度降低，如图 5 – 10 所示。

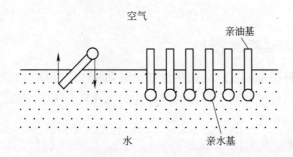

图 5 – 10   表面活性剂分子在气 – 水界面上的排列示意图

当表面活性剂的溶液与粉尘粒子接触时，朝向空气的亲油基与粉尘粒子之间存在着吸附作用，因此暴露在水相外面的亲油基就很容易和固体表面相结合，并带动表面活性剂分子向粉尘粒子表面上移动，此时亲水基就会相应地带动水分子向粉尘粒子上面移动。这个过程从宏观上来看，就是表面活性剂的水溶液慢慢地在粉尘粒子中铺展。

由于表面活性剂的介入，水与固体表面上的接触角就会改变，有的表面活性剂可以使它们的接触角变大，增加溶液在固体表面上的湿润难度。有的表面活性剂可以减小水与固体表面的接触角，从而增加溶液的湿润能力[203]。这里主要是使用表面活性剂的湿润能力。

5.2.3.2   表面活性剂在清除粉尘粒子时的作用

建筑物暴露在空气中，因为各种作用力的存在，就会不断地吸附空气中的粉尘粒子。首先建筑物表面上只能存留一些比较小的粒子，但是随着表面上的粉尘粒子增多，建筑物表面就会变得粗糙，这就有利于粉尘粒子的进一步的沉积，这时较大的粒子就会沉积下来，如果不能及时地将这些粉尘粒子清除掉，建筑物表面上的粒子黏附就会在这里形成一个恶性循环。建筑物表面上的粉尘粒子的清除主要是靠雨水的冲刷，但是随着时间的增长，一般情况下，粉尘粒子与基体表面的黏结力会不断增大，当雨水不是很大时，这些粉尘粒子就很难被清除掉。如果在建筑物表面材料中加入一些表面活性剂，这时情况就会有所变化。表面活性剂分子在材料内的排列如图 5 – 10 所示，只是亲水基和亲油基的方向发生了变化。

当建筑物中含有表面活性剂时，表面活性剂在其中的分布情况完全与水中的分布情况相反，其亲水基会朝向空气中排列。这对建筑物表面的自洁具有两个增强作用：一是亲水基对粉尘粒子具有一定的排斥作用，能够减弱建筑物对粉尘的吸引力，增加粉尘的黏附难度，从而减少粉尘粒子在其上面的黏附机会；二是当有少量的降雨时，它们就可以将水分子强行拉入粉尘与建筑物表面之间的接触点，隔离粉尘粒子和建筑物，减弱范德华力的作用，并且可以在重力的作用下使粉尘粒子随着水流一起脱离建筑的表面，从而使建筑物达到自洁防尘的目的。建筑物表面自洁的示意图如图 5 - 11 所示。

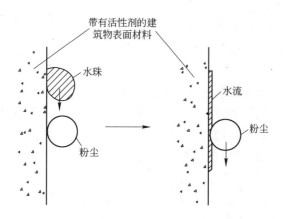

图 5 - 11　建筑物表面上的粉尘粒子自洁示意图

由上面分析可知，表面活性剂在建筑物表面上的防尘自洁中起着一定的积极作用，目前在建筑物中很少有这方面的应用，但是表面活性剂作为一种湿润剂在防尘中已经得到了广泛的应用。如果将表面活性剂涂抹在建筑表面，需要考虑它们的化学稳定性、对粉尘和表面材料的湿润能力及最佳耦合浓度较低等各因素。这样既能达到防尘目的，又可以实现经济效益最大化，这在今后值得实践。

5.2.4　建筑材料表面活性剂的防污性能实验

因为表面活性剂具有洗涤、润滑、抗静电等作用，所以它们应该可以用在建筑物的表面帮助清除已黏附的粉尘粒子，能够增强建筑物表面材料的自洁功能。下面通过一系列的实验来验证表面活性剂所具备的防污性能情况。

5.2.4.1　几种表面活性剂的防污性能比较

实验中分别选取了两种阴离子表面活性剂和两种非离子表面活性剂，它们分别是十二烷基硫酸钠、十二烷基苯磺酸钠、吐温 40 和吐温 60。

十二烷基硫酸钠，或称月桂硫酸脂钠（$C_{12}H_{25}SO_4Na$），为白色粉末，有特征气味，易溶于水，可用作家用洗涤剂和药物的乳化剂、起泡剂，还可以作为湿润剂。

十二烷基苯磺酸钠为白色粉末，易溶于水，有良好的湿润、洗涤去污能力和发泡性能。大量用于洗衣粉和家用洗净剂中。

吐温是将失水山梨醇酯类进行聚氧乙烯化得到的。聚氧乙烯失水山梨脂肪酸酯，根据所用的脂肪酸的种类和所加成上的环氧乙烷数目，有不同的品种：单棕榈酸，环氧乙烷数为18~22时称为吐温40；单硬脂酸，环氧乙烷数为18~22时称为吐温60，等等。吐温可用作柔软剂、柔软平滑剂、乳化剂、湿润剂及金属清洗剂等。

利用选取的四种表面活性剂配置成一定浓度的溶液。根据已有研究分析结果可知，建筑物表面上存留粉尘粒度的大小与材料表面的光滑度有很大的关系，其他因素影响较小，因此，为了研究的方便这里可以选用玻璃片作为一种建筑物表面材料。此实验中主要是将配置的各种表面活性剂溶液分别均匀地涂抹在不同的玻璃片上，然后观察它们在空气中黏结粉尘的情况。

（1）实验仪器及器材：数字化电子天平、鼓风电热恒温干燥箱、70mm×20mm的玻璃片、容量为400mL的烧杯、玻璃棒等。

（2）实验试剂：0.4%的十二烷基苯磺酸钠水溶液、0.6%的十二烷基硫酸钠水溶液、0.2%的吐温40水溶液和0.2%的吐温60水溶液。

（3）实验方法：

1）首先在四个烧杯中配置上述浓度的十二烷基苯磺酸钠、十二烷基硫酸钠、吐温40和吐温60四种表面活性剂的水溶液，并用玻璃棒搅拌均匀，等待使用。

2）取5块70mm×20mm的玻璃片用清水洗干净，分别在其上贴上十二烷基苯磺酸钠、十二烷基硫酸钠、吐温40、吐温60和无表面活性剂的标签，放在鼓风电热恒温干燥箱中进行干燥。

3）根据玻璃片上的标签分别在其上面均匀地涂抹表面活性剂溶液，标签为"无"的玻璃片上不涂抹任何表面活性剂，然后将它们再次放入鼓风电热恒温干燥箱中进行干燥，待它们充分干燥后取出，然后用数字化电子天平测量它们的质量，并进行记录。

4）然后将这些涂有表面活性剂并充分干燥后的5块玻璃片在建筑物窗子外面并排竖直放置，在放置的过程中，这些玻璃片不会受到雨水的侵袭，放置时间为一个月左右。

5）然后将这5块玻璃片取回实验室，用数字化电子天平测量它们质量的增重情况，并进行记录。

6）分别用清水冲洗这些玻璃片，然后放入鼓风电热恒温干燥箱中进行干燥，待充分干燥后，再次用数字化电子天平测量它们质量，并记录结果，最后根据实验中所记录的结果进行分析比较。

（4）实验记录结果：通过上述实验测试，所得的数据如表5-9和表5-10所示。

表5-9 涂抹不同表面活性剂的玻璃片的粉尘黏附和清除情况（1组）

玻璃片上的表面活性剂	实验中玻璃片的质量/g			黏附粉尘质量/g	清除粉尘质量/g	粉尘清除率/%
	洁净时	清除粉尘后	清除粉尘前			
十二烷基苯磺酸钠	4.9681	4.9686	4.9697	0.0016	0.0011	68.8
十二烷基硫酸钠	4.9907	4.9912	4.9920	0.0013	0.0008	61.5
吐温60	4.9173	4.9178	4.9190	0.0017	0.0012	70.6
吐温40	5.1041	5.1045	5.1053	0.0012	0.0008	66.7
无	5.1954	5.1960	5.1964	0.0010	0.0004	40.0

表 5-10 涂抹不同表面活性剂的玻璃片的粉尘黏附和清除情况（2组）

玻璃片上的表面活性剂	实验中玻璃片的质量/g			黏附粉尘质量/g	清除粉尘质量/g	粉尘清除率/%
	洁净时	清除粉尘后	清除粉尘前			
十二烷基苯磺酸钠	4.8570	4.8577	4.8590	0.0020	0.0013	65.0
十二烷基硫酸钠	5.1107	5.1113	5.1124	0.0017	0.0011	64.7
吐温60	4.9678	4.9683	4.9696	0.0018	0.0013	72.2
吐温40	4.9085	4.9089	4.9199	0.0014	0.0010	71.4
无	5.1267	5.1275	5.1281	0.0014	0.0006	42.8

（5）实验结果分析：根据表5-9和表5-10中的数据可以知道，涂有表面活性剂的玻璃片上黏附的粉尘粒子的质量比没有涂抹表面活性剂玻璃片上的多，但是在同样强度的清水冲洗后，它们的粉尘清除率比没有涂抹表面活性剂的玻璃片要高很多。另外清洗后，玻璃片上存留的粉尘粒子都比没有涂抹表面活性剂的少。就涂在玻璃片上表面活性剂的性能来讲，吐温系列的化学表面活性剂在清除粉尘粒子的过程中所起到的作用略高于十二烷基苯磺酸钠和十二烷基硫酸钠。

5.2.4.2 涂有不同表面活性剂的瓷砖表面粉尘粒子粒度分析

分析了不同表面活性剂对粉尘粒子在基体表面上黏附和清除的影响情况，下面分析不同表面活性剂对黏附在建筑物表面上粉尘粒子粒度的影响情况。众所周知，粉尘粒子粒度是影响粉尘粒子在建筑物表面上的遮光比的重要因素，粉尘粒子的粒径越大，它们对建筑物表面的污染就越容易显现，因此对它们进行粒度分析是非常有必要的。

（1）实验仪器与器材：光学显微镜、大小相同的瓷砖、250B超声波清洗器、规格为75mm×25mm的载玻片、鼓风电热恒温干燥箱和容量为400mL的烧杯。

（2）实验试剂：十二烷基苯磺酸钠水溶液、十二烷基硫酸钠水溶液和吐温60水溶液。

（3）实验方法：

1）首先在烧杯中配置十二烷基苯磺酸钠、十二烷基硫酸钠、吐温60表面活性剂的水溶液，并用玻璃棒搅拌均匀，等待使用。

2）取4块瓷砖用清水清洗干净，然后放入鼓风电热恒温干燥箱中进行干燥，待它们完全干燥后取出来，在其中3块分别均匀地涂上配制好的3种表面活性剂，再次放入干燥箱中进行干燥，然后将这4块瓷砖并排竖直放置在窗台上，时间约为一个月（此期间保证瓷砖不会受到雨水的冲刷）。

3）经过大约一个月的时间后将4块瓷砖取回实验室，用刷子将它们上面的粉尘粒子完全清洗进一定量的清水中，然后将烧杯放入250B超声波清洗器中进行振荡，使粉尘粒子充分分散，时间约为2min。

4）将这些含有粉尘粒子的溶液分别均匀地涂在4块载玻片上，然后放在干燥箱中进行干燥，充分干燥后把载玻片放在光学显微镜下进行粉尘粒子的粒度分析，并将实验数据记录。

（4）实验记录结果：经过上述实验，实验数据如表5-11所示。

表 5 – 11   涂有不同表面活性剂的瓷砖表面粒子粒径分析

表面活性剂种类	十二烷基苯磺酸钠	十二烷基硫酸钠	吐温 60	无
最大粒径/μm	27.373	20.059	31.514	15.412
平均粒径/μm	2.068	2.289	2.059	2.023
0~4μm 所占比例/%	86.6	82.8	86.7	85.5
4~8μm 所占比例/%	9.8	11.4	9.3	10.6
8~12μm 所占比例/%	1.8	4.7	2.2	2.6
12~16μm 所占比例/%	1.3	0.9	1.1	1.3
16μm 以上所占比例/%	0.5	0.2	0.7	0.0

（5）试验结果分析：由表 5 – 11 中可以看出，涂有表面活性剂的瓷砖表面上的粉尘粒子最大颗粒较大，但是粉尘粒子的平均直径基本相同，因为绝大部分粉尘粒子的粒径都在 0~4μm 之间。此项实验表明，涂有表面活性剂的建筑物表面材料上的粉尘粒径基本没有什么明显变化。

5.2.5   实验结果讨论与防尘分析

5.2.5.1   实验结果对比分析

A   表面活性剂除尘效率对比分析

通过实验得出的实验数据发现涂有不同表面活性剂的基体表面在清水的冲洗下自洁除尘能力大小排序并不是很严格，各种表面活性剂的清除粉尘效率随着实验的不同会稍有变化，这是因为实验本身不是很精确，另外，它们之间的差别也不是很明显，所以结果就会显得有些随机性。但是涂有表面活性剂的基体表面比没有涂表面活性剂的基体表面自洁除尘能力强得多，它们的总体效果与没有涂抹表面活性剂相比，并不具有随机性。另外实验中的数据表明，涂有表面活性剂比没有涂表面活性剂的表面除尘效率最高可以高出 30.6%之多，四种表面活性剂中除尘能力最差的表面活性剂也比没有表面活性剂的表面高出 21.5%。

吐温系列的表面活性剂属于非离子表面活性剂，它是由失水山梨醇酯类与其他水溶性表面活性剂复合进行聚氧乙烯化制得的。此类表面活性剂具有良好的湿润性能，它能够有效地降低水表面的张力，使粉尘粒子很容易被水完全湿润。十二烷基苯磺酸钠和十二烷基硫酸钠属于阴离子表面活性剂，这类表面活性剂具有很强的湿润性能和洗涤去污能力。它们在水溶液中很容易与粉尘粒子结合，并且能够将粉尘粒子拖离基体的表面，从而达到清除基体表面上粉尘粒子的目的。从实验中可以看出，表面活性剂能够大大地提高建筑物表面的防尘自洁能力，这是因为当水溶液中存在表面活性剂时，在表面活性剂的作用下，水溶液很容易渗入到粉尘粒子和基体表面之间的接触部位，从而大大地降低了粉尘粒子在基体表面上的黏结力，因此黏附其上的粉尘粒子在水流的冲洗下很容易从基体表面脱落。当然没有表面活性剂的水流因为它们表面的张力相对较大，当水流与粉尘粒子接触时，因不太容易渗入粉尘粒子与基体的接触表面，并不能有效地降低两者之间的作用力，它们清除基体表面的粉尘粒子主要是靠水流的冲击力。这就是涂有表面活性剂的基体表面比没有活性剂的基体表面防尘自洁能力强得多的主要原因。

　　另外，因为表面活性剂具有亲水和亲油的性能，所以当把它们涂抹在基体表面上之后，放在外界与大气接触时，随着时间的推移，它们就会自动地吸附空气中的水蒸气和带有油污的污染粉尘。当基体表面出现一定量的液态水时，在毛细力的作用下，空气中的粉尘粒子就更加容易黏附在基体的表面。

　　B　表面活性剂对基体表面吸附粉尘粒度影响的分析

　　建筑物表面涂有表面活性剂基本不会影响黏附在它上面的粒子大小。这主要是因为，粒径较大的粉尘粒子在竖直表面上不容易黏附，即使在表面活性剂的作用下，黏附了一定数量的大颗粒粉尘粒子，但是它们的数量还是很少，仍然是小粒子粉尘占据了绝大多数，所以这种情况下，建筑物表面材料上的粉尘粒子的平均直径基本上不会有很大的变化。

　　涂有表面活性剂的建筑物表面的自洁能力比没有表面活性剂的表面有了很大的提高，而涂有表面活性剂的表面对人类视觉污染基本没有变化，由此来说，在建筑物表面上涂抹表面活性剂可以作为一个提高它们防污自洁的措施。

　　5.2.5.2　实验防尘对比分析

　　涂抹有表面活性剂的基体表面虽然在水流的冲洗下具有很强的自洁能力，但是同时如果它们过多还能增加粉尘在建筑物表面上的黏附力和黏结机会。另外还存在一个问题，那就是如果把表面活性剂简单地涂抹在建筑物的表面上，在雨水的冲刷下很容易流失，不能起到长久性的作用。所以要想取得好的效果就必须先解决这两个问题。

　　在制造建筑物的表面材料时，将表面活性剂充填到表面材料（如瓷砖、涂料等）之中，如果加入的表面活性剂足量，表面活性剂就会形成图5-12中所示的结构，表面活性剂的亲水基都朝空气一侧排列，形成单分子亲水层，从而降低了表面活性剂的亲油基吸附空气中粉尘粒子的可能性，并且能够增强粉尘粒子的湿润性，这样表面的污染粉尘粒子就会在活性剂的作用下，随着雨水一起脱离建筑物表面，从而增强了建筑物表面防尘自洁的功能。另外，建筑物表面材料在空气中暴露时间过长时，在水流和风力的作用下，其表面上的活性剂会受到一定的损坏或流失，但是这时分布在内部的表面活性剂会不断地渗入建筑物表面，从而使建筑物表面上的活性剂能够得到不断的补充，这样就解决了表面活性剂不能在建筑物表面上长久起作用的问题。内部的表面活性剂迁移到表面上的速度大小取决于表面活性剂与材料的相容性和剂量的大小，速度太大或太小都不能起到很好的效果，所以这需要在具体应用中用试验进一步验证。此种方法在树脂的抗静电中已经得到了应用[204]。

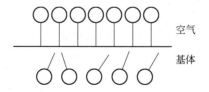

图5-12　表面活性剂在基体内外的结构

　　另外，大气的受污染情况直接影响着暴露在外面的基体表面，特别是当空气中含粉尘粒子过多时，建筑物表面上沉积粉尘的几率就会相应地增加，所需要的清洗频率就会提高。当大气中含的酸性气体较多时，它们就会以酸雨的形式降落到地面，并严重腐蚀地面上的建筑设施。

5.3 建筑物外墙材料表面污染物的去除实验

建筑物外墙表面污染物的清除保洁方法大致可分为物理清洗、化学清洗和新型清洗保洁三大类。其中，物理清洗保洁方法有：（1）手工铲凿法；（2）水或水蒸气清洗法；（3）喷砂法。化学清洗保洁就是依靠化学反应的作用，利用化学药品或溶剂对污垢进行溶解、分离、降解等使外墙去垢、去锈、去污脱脂等而又不使建筑物外墙表面受到破坏的一种清洗保洁方法。新型清洗保洁方法有：（1）离子交换法；（2）微生物转化法；（3）激光清洗技术；（4）表面涂膜去污法；（5）超声波清洗；（6）干冰清洗。

5.3.1 建筑物外墙表面的清洁度

5.3.1.1 表面清洁度的定义

虽然目前国内外有关基片表面清洗的原理和方法的研究已经有许多，但是关于怎么样准确、全面地评价基片表面清晰效果还没有一个现有的标准。现在国内评价清洗效果的方法多为后验法：即通过清洗后的成品率来确定清洗方法，对清洗后的表面清洁度没有准确的评价方法，这样势必造成了大量的财力、物力和人力的浪费。因此，在目前的形势下，根据各行业的特点，制定相关的表面清洁度评价标准和评价方法是一件相当紧迫而又艰巨的任务。

表面清洁度也称表面洁净度，一般是指经去油、除锈、去氧化皮及其他腐蚀产物、去旧涂膜，甚至包括磨光和抛光等工艺处理后，获得所需表面的清洁度程度。表面清洁度的一般要求是：

（1）彻底去除油污。使用各种不同的方法，彻底去除金属或非金属表面油污，使其由憎水或局部憎水变为亲水；

（2）彻底去表面的杂物。包括去除金属表面的腐蚀物、焊渣、型砂、旧漆膜、抛光粉等，使其呈现金属的本质；去除非金属表面的杂质等，使其呈现非金属的纯净表面。

5.3.1.2 表面清洁度的评定

表面清洁度是衡量表面清洗质量好坏的指标。但至今还没有一种简单、有效的检测基片表面清洁度的方法。下面是几种常用的表面清洁度的检测方法[205~207]：

（1）呼气成像检测法。当对玻璃表面呼气时，水就附着在表面上。经火焰清洁处理的玻璃板表面（为清洁状态）在呼气时形成均匀水膜，形成对光不产生漫反射的黑色呼气像。未经清洗的玻璃板，其表面不被水湿润，这时形成灰色的呼气像。

将试样罩在清洁的热蒸汽上，观测表面水的附着状态和附着水的蒸发状态。这种方法也称蒸汽检验法。用这种方法检验石英板表面可以达到微量污染的半定量检验。

（2）液滴检验法。液滴检验法是将水或乙醇等液体置于基片表面上，用液体在表面上的扩散程度、浸润性和接触角大小等参数来判断表面清洁度。利用接触角参量检验表面清洁度可以实现定量检测。它用于非沾水污染的判定上。接触角的测量可采用光反射法和扩散映像法等。接触角检测法能有效地检查出单分子层等级的污染。

（3）利用静摩擦系数的检验法。该方法的原理是利用表面上有油污等杂质时，表面的静摩擦系数变小的原理进行的。检验方法为在试样表面放置有载荷的玻璃，水平拉引玻璃，求出拉引力；或者使基片慢慢倾斜，当基片开始滑动时，求出倾斜度。

（4）利用放射性同位素的检测方法。该方法是利用放射性同位素示踪原理计数检验污染物质。优点是：与基片表面粗糙度无关，能大面积检查。例如：用 ^{14}C 示踪硬脂酸残余污染物，结果发现，用一般有机溶剂清洗和超声波清洗不能完全去除硬脂酸。

（5）利用表面分析的检验方法。对于比较精确的表面清洁度的检验，多采用该类方法。该类方法是利用 X 射线衍射仪（XRDS）、扫描电子显微镜（SEM）、电子能谱仪（AES）、电子探针（EPMA）等设备对基片表面杂质的分布进行准确地观察和分析。

5.3.2　瓷砖表面痕迹（铁锈、墨水）清除实验

建筑物外墙上使用的瓷砖是用高岭土或优质黏土加釉料在高温下烧制成的人造石材。瓷砖因其防腐耐碱，表面光滑洁净，施工方便，易于清洗，造价比大理石、花岗岩低，所以在建筑装饰工程中得到广泛应用。用高档瓷砖装饰的高大建筑物常能给人以美观大方的感觉。瓷砖常见的污染现象是变色，如白度降低、起花、泛黄、变色或发黑。当瓷砖上只被轻微污染时，通过人工刷洗或高压水冲洗即可去除污垢。但随着时间的推移，瓷砖表面不仅会沾染上煤灰、尘埃，而且还会被空气中的二氧化硫等硫氧化物、酸性气体侵蚀发生风化。二氧化硫与瓷砖中硅酸盐的钙质成分结合生成石膏（硫酸钙）等风化产物。往往在建筑物的上半部瓷砖，这些瓷砖表面的风化物吸附空气中的灰尘、煤粉，形成颜色深黑、附着紧密、结壳坚硬的污染层；而在建筑物靠近地面的下半部的瓷砖，其表面的风化物则常吸附带有油污的灰尘，再加上下雨时含铁锈水的滴溅，会在瓷砖表面形成灰黄色的平滑污垢层，在瓷砖表面呈现黑、灰、黄等不同颜色的污斑块，严重影响市容美观。

在对瓷砖进行清洗前，应首先对其污垢的情况进行化验分析，然后有针对性地选用合适的清洗剂和清洗方法，如针对建筑物上半部瓷砖的污垢主要成分是石膏、积炭、灰尘等的特征，可采用对除去石膏有较好效果的酸类清洗剂，如无机酸及其盐类、有机酸等，从节约成本考虑最好选用无机酸及其盐类。实验结果表明，虽然用浓度较高的盐酸和硫酸的混合物对石膏等瓷砖风化物有很好的清洗效果，但存在污染环境和会使瓷砖产生白斑的缺点，因此不宜选用。而它们水解后显酸性的盐类，对石膏也有相当的清除能力，所以可以选用在水中溶解度大的无机酸铵盐如硫酸铵（$(NH_4)_2SO_4$）等作清洗剂主成分，它在清洗剂中的含量可达 30% 以上。为了保证清洗剂溶液能很好地渗透到瓷砖表面的污垢中去，在清洗剂中还应加入表面活性剂。研究表明，选用非离子表面活性剂与阴离子表面活性剂或两性表面活性剂的复配产物，有助于清洗剂对石膏等污垢的渗入、溶化、剥离。为克服硬水对清洗效果的影响，在清洗剂中还应加入三聚磷酸钠等洗涤助剂。而在对建筑物下半部瓷砖进行清洗时，考虑到污垢中除了含有石膏等瓷砖风化物之外，还可能含有较多的油垢，因此在上述清洗剂中可加入对油污有较好溶解和去除作用的有机溶剂和表面活性剂。在选择表面活性剂具体种类时，考虑的出发点与前面有所不同，此时应考虑选用去污力强而不是渗透力强的品种。

根据实验条件，下面主要以清洗瓷砖表面污染物的容易程度来判断涂吸附膜前后瓷砖表面的耐污染性。吸附膜溶液为氟碳表面活性剂的水性溶液，污染物为墨迹和铁锈。

5.3.2.1　实验方法与步骤

本试验主要研究涂有吸附膜与未涂吸附膜两种瓷砖表面的耐污染特性。通过对其表面

污染物痕迹清除的实验，对其耐污染特性进行评价。参考《GB/T 3810.14—1999》陶瓷砖试验方法中的第13部分：耐污染性的测定，根据实验条件，拟采用如下方法和程序来检测瓷砖的耐污性。

（1）原理：利用试验溶液和试验材料与瓷砖正面接触在一定时间内的反应，然后按照规定的清洗方法清洗瓷砖面，以瓷砖面的明显变化来确定瓷砖的耐污染性。

（2）试验溶液和材料：选择易产生痕迹的污染物，铁锈和黑色墨水作为试验溶液和材料。

（3）清洗剂和设备：选择自然水和不含腐蚀成分及 pH 值在 6.5~7.5 的弱清洗商业试剂为清洗剂。清洗剂选用长沙鸿飞精细化工发展公司生产的亮丽洁瓷灵。该品由高效表面活性剂、强力洗净剂等优质原料组成，清除瓷器、浴盆、瓷砖、马赛克、陶瓷、搪瓷、塑料、玻璃等制品的水垢、污垢、铁锈有特效，适宜于宾馆、饭店、医院、机关、家庭的卫生洁具。用温布或毛刷稍加擦拭，再用水冲洗后即光洁如新。该品无毒，对皮肤、织物、下水道无腐蚀性，长期保存，不会变质。

（4）清洗剂清洗程序：

1）程序 A：在流动的自然水中清洗砖面并保持 2min。

2）程序 B：喷洒弱清洗剂在瓷砖试样表面，10min 后，然后在流动的水下冲洗。

3）程序 C：用机械方法在高浓度的清洗剂中清洗砖面，选用下述机械清洗：将盛清洗剂的玻璃杯放在超声波仪器中，然后将污染瓷砖块放在清洗剂中，开启超声波仪器，清洗 2min，然后在流动的自来水下冲洗。

4）程序 D：试样在清洗剂溶液中浸泡 12h，然后将瓷砖面在流动的自来水下冲洗。

（5）试样：每种试验溶液和材料需 8 块试样。使用完好的整砖或半块砖。考虑到清洗设备的体积，将每个大瓷砖用切割机切割成多个小块。试验砖的表面应足够大，以确保涂上不同的污染物。若砖面太小，可以增加砖的数量。

（6）试验步骤：准备好 8 块瓷砖，用脱脂棉将瓷砖表面擦干净。将其中的 4 块瓷砖表面涂上氟碳表面活性剂溶液，并使其自然干燥，然后将其中的 2 块涂上黑墨水，使试验区域接近圆形，另外 2 块瓷砖表面分别放上一颗生锈的钉子，并将其放在潮湿的空气中使其表面产生铁锈，保持一个月；另外 4 块干净的瓷砖，取其中的 2 块涂上黑墨水，使试验区域接近圆形，另外 2 块瓷砖表面分别放上一颗生锈的钉子，并将其放在潮湿的空气中使其表面产生铁锈，保持一个月。即编号 1、2 为表面涂有氟碳表面活性剂溶液后的瓷砖用铁锈污染；编号 3、4 为表面未处理的瓷砖用铁锈污染；编号 5、6 为表面涂有氟碳表面活性剂溶液后的瓷砖用黑墨水污染；编号 7、8 为表面未处理瓷砖用黑墨水污染。

处理试样上的污染物，按照程序 A、程序 B、程序 C 和程序 D 的清洗过程进行。试样每次清洗后在烘箱中烘干试样，然后用眼睛观察釉面的变化，眼睛距离瓷砖面 25~30cm，光线为日光或人造光源大约 300lx，但避免直射的阳光。目测表面污染物面积和颜色变化并作清洁程度的记录。如果污染不能清除掉，则进行下一个清洗程序。

（7）结果分类：按前面处理的结果，将瓷砖表面耐污染性分为 4 级。记录每个试样与每种污染物所产生的反应结果。第四级对应于最易于将一定的污染物从砖面上清除。第一级对应于用任何一种试验步骤在不破坏砖表面情况下无法清除砖面上的污染物。第一级到第四级耐污染等级逐渐升高。

5.3.2.2 实验记录的分析及结果

清洗前各个瓷砖片表面污染状况实例如图 5 – 13 所示。

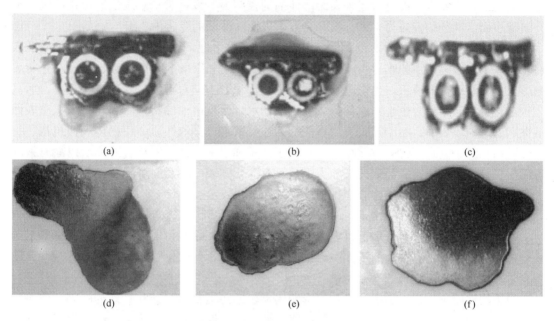

图 5 – 13　瓷砖试样污染图

（a）编号 1 瓷砖；（b）编号 2 瓷砖；（c）编号 3 瓷砖；（d）编号 4 瓷砖；（e）编号 5 瓷砖；（f）编号 6 瓷砖

按照实验方法所介绍的清洗程序清洗并作记录结果，如表 5 – 12 所示。

表 5 – 12　瓷砖耐污染测试结果

试样编号	程序 A 清洗后变化	程序 B 清洗后变化	程序 C 清洗后变化	程序 D 清洗后变化
1	无可见变化	表观有部分变化	表面大部分变化	全部有变化
2	无可见变化	表观有大部分变化	全部有变化	—
3	无可见变化	表观有部分变化	表面大部分变化	全部有变化
4	无可见变化	表观有轻微变化	表面部分变化	全部有变化
5	全部有变化	—	—	—
6	全部有变化	—	—	—

由上面记录结果可以看出，对于铁锈的清洗，用自来水清洗后污染物状况没什么变化，说明铁锈在水流的作用下是不能消除的，这与实际情况是相符合的。比如高楼建筑外墙空调支架处或者广告支架处，这些地方由于是铁制品制成，因此容易在墙面产生铁锈，但是这些铁锈并没有在长期雨水的作用下消失，而是越积越明显。当只用弱清洗剂来喷洒和自来水冲洗时，涂有氟碳表面活性剂的瓷砖表面的铁锈消失的多于没有涂氟碳表面活性剂的瓷砖，当加上机械力（超声波）的作用，涂有氟碳表面活性剂的瓷砖表面的铁锈几乎全部消除，而没有涂氟碳表面活性剂的瓷砖表面的铁锈仍然留有很多，只有通过浓度较大的清洗剂浸泡后用自来水冲洗表面。对于墨水的清洗，涂有氟碳表面活性剂的瓷砖用水即可冲去，未涂有氟碳表面活性剂的瓷砖通过程序 B 也可以全部清洗掉，说明瓷砖对墨水的

耐污染能力强于对铁锈耐污染能力。

通过对记录结果的分析，我们可以初步看出：对于铁锈的耐污染等级，涂有氟碳表面活性剂的瓷砖为 2 级，没有涂氟碳表面活性剂的瓷砖为 1 级；对于墨水的耐污染等级，涂有氟碳表面活性剂的瓷砖为 4 级，没有涂氟碳表面活性剂的瓷砖为 3 级。

由于氟碳化合物分子间的范德华力小，氟碳表面活性剂在水溶液中从内部移动至表面，比碳氢化合物所需的张力小，导致强烈的表面吸附和很低的表面张力，从而在瓷砖表面形成了一层致密的薄膜。也正由于氟碳链的范德华力小，它不仅与水的亲和力小，而且与碳氢化合物的亲和力也小，这就造成它不仅憎水，而且憎油的特性。因此，用氟碳表面活性剂处理固体表面，由于氟碳表面活性剂的这种憎水、憎油性质，使固体表面抗水、抗粘、防污、防尘。致密薄膜的存在，也降低了铁锈和墨水与瓷砖的结合力。所以涂有氟碳表面活性剂溶液的瓷砖表面耐污染能力强于没有涂氟碳表面活性剂溶液的瓷砖表面。

5.4 本章小结

本章主要研究建筑物外墙材料表面粉尘黏附的情况，黏附在不同建筑物表面材料上的残留粉尘粒子的粒径有很大的不同。根据表面物理化学、界面化学和清洗技术等理论，使用光学显微镜系统对玻璃表面粉尘进行分析。

建筑物外墙材料表面黏附污染物的影响因素包括污染物的制造和管理的缺陷、建筑物外墙材料表面的粗糙度、材料表面化学组成和亲水疏水性能等。建筑物材料表面防污剂的防污机理各不一样，石蜡类防污剂、乳胶类防污剂、有机硅类防污剂，首先都是以防水或者憎水为前提，然后考虑透气性为目的防污机理。含氟类防污剂和自清洁防污免清洗材料是发展的方向。

测试了几种化学试剂溶液处理后，玻璃表面粉尘粒子去除容易程度的相对大小，不管是利用气流作用力还是利用水流的作用力来去除玻璃表面粉尘颗粒，用稀氨水处理过的玻璃片表面粉尘颗粒的去除率都是最高的。没有用化学试剂处理的玻璃片表面所黏附的粉尘颗粒数目相对较少，可这些粉尘颗粒很难去除，说明玻璃表面用化学试剂处理后有利于玻璃表面粉尘的黏附。测试了氟碳表面活性剂溶液处理前后瓷砖表面的耐污性，无论是对于铁锈还是黑墨水污染物，涂有氟碳表面活性剂瓷砖表面的耐污染等级比未涂氟碳表面活性剂瓷砖表面的耐污染等级都要高。

根据表面活性剂的性质，选取了几种表面活性剂开展实验，通过滴液试验法分析了影响粉尘粒子与表面活性剂耦合的各种因素，以及它们的具体影响情况，了解了这些活性剂在建筑表面材料上的防污特点和性能，同时提出了一些应用表面活性剂防尘的措施。

玻璃表面微颗粒黏附及防尘实验

6.1　玻璃表面特性与微颗粒黏附

　　玻璃是广泛使用的建筑和装修材料，本章介绍以玻璃为研究对象开展的防尘实验。

6.1.1　表面能和玻璃表面的亲水性、憎水性

　　将一滴水滴于固体表面，多数情况下，水将停留在固体表面形成液滴，如图 6-1 所示，达到平衡时，在固、液、气三相交界处，自固-液界面经过液体内部到气-液界面的夹角称为接触角，以 θ 表示。

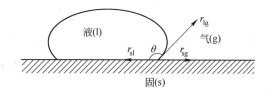

图 6-1　液体在固体表面接触角示意图

　　l 为液体，g 为气体，s 为固体；r_{sg} 为固-气表面张力，r_{lg} 为液-气表面张力，r_{sl} 为固-液界面张力。平衡接触角与三个界面自由能之间有如下关系：

$$r_{sg} - r_{sl} = r_{lg}\cos\theta \tag{6-1}$$

通过推导，可得到如下润湿方程。

　　沾湿是指液体与固体从不接触到接触，由液-气界面和固-气变为固-液界面的过程：

$$W_a = r_{sg} + r_{lg} - r_{sl} = r_{lg}(1 + \cos)\theta \geq 0 \tag{6-2}$$

浸湿是指固体浸入液体中的过程：

$$W_i = r_{sg} - r_{sl} = r_{lg}\cos\theta \geq 0 \tag{6-3}$$

铺展是指液体不仅能附着于固体表面，而且能自行铺展成为均匀的薄膜：

$$S = W_s = r_{sg} - r_{lg} - r_{sl} = r_{lg}(1 - \cos\theta) \geq 0 \tag{6-4}$$

式中，W_a 为黏结功；W_i 为穿透功；W_s 为铺展功；S 为铺展系数。

　　可用接触角 θ 的大小来判断润湿的大小。接触角越小，润湿性能越好。在以接触角表示润湿时，习惯上将 $\theta = 90°$ 定为润湿与否的界限。$\theta > 90°$ 为不润湿；$\theta < 90°$ 为润湿。

　　$\theta = 0°$ 润湿达到最大限度，液体自动铺展。从润湿方程来看，表面能（固-气表面张力值 r_{sg}）高的固体比表面能低的固体更易被水润湿，表面能高的玻璃表面表现为亲水性，表面能低的玻璃表面表现为憎水性。

　　玻璃表面的水接触角 θ 表征着玻璃表面的湿润性，其受很多因素影响，主要有：界面张力以及液相与玻璃表面的化学亲和性、玻璃表面的粗糙度和表面涂膜的影响。

　　润湿性取决于各个接触相的界面张力或表面能，同时和液相与玻璃表面的化学亲和性有关，也是由于玻璃表面吸附水气形成羟基，通过羟基再进一步吸附水和其他液相。

　　玻璃表面涂亲水膜可增加润湿性，涂疏水膜具有疏水性。在玻璃表面上镀二氧化钛纳米膜，制成自洁玻璃，不仅具有光催化性能，而且呈超亲水性，与水的接触角可达 0°，表面完全湿润。

　　在玻璃表面涂有机硅化合物，具有憎水性，如硅烷涂在玻璃上，与玻璃表面的 $\equiv$Si—O—悬挂键结合起来，阻止悬挂键吸附羟基，而使玻璃表面具有憎水性，与水接触角可达 90°。硅酮膜也具有憎水性，与硅原子连接的有机基团中的碳链愈长，则憎水性愈强[208]。

6.1.2 亲水性、憎水性表面防污对比

　　究竟是亲水性表面耐污还是憎水性表面耐污，下面将介绍这两种观点的由来[209]。

6.1.2.1 憎水性表面比亲水性表面更耐污的观点

　　经典的界面化学理论是如下阐述材料表面的接触角与耐污性能的关系的：对于材料的抗污性，存在着一个黏附润湿过程，这个过程的推动力：

$$W_a = r_{sg} + r_{lg} - r_{sl} \tag{6-5}$$

r_{sg}、r_{lg} 和 r_{sl} 符号各自表示的意义与 6.1.1 节中表示的意义相同。对于任何一个能使 r_{sl} 减小的作用力都可增大黏附的倾向与牢度，也就是抗污性下降。r_{sl} 是液－固表面张力值，表达式为：

$$r_{sl} = r_{sg} - r_{lg}\cos\theta \tag{6-6}$$

　　θ 越小，r_{sl} 越小，即抗污性越差。换言之，材料的表面能越低，θ 越大，r_{sl} 越大，耐污性能越好，也即憎水性表面比亲水性表面更耐污。

6.1.2.2 亲水性表面比憎水性表面更耐污的观点

　　在 20 世纪 90 年代之前，经典的界面化学理论中关于憎水性表面比亲水性表面更耐污的观点一直指导着涂料业抗污性能研究的方向。随着有机硅、有机氟技术在涂料应用中的不断进步，漆膜的表面能不断地得以降低，发展到金属幕墙板的氟碳烤漆时，到了低表面能的极值（临界表面张力值 20N/m）。但是，人们同时也发现低表面能漆膜，即使是氟碳漆，在外墙使用，依然没有达到预期的抗污效果，雨水流痕成为漆膜抗污的突出问题。经典的界面化学理论受到了怀疑。日本在 20 世纪 90 年代中期研制成功亲水性漆膜的氟碳漆，在实践应用中，雨水流痕的矛盾得到明显缓解，其耐污性能反而好于憎水性漆膜的氟碳漆。日本一些涂料界专业人士据此提出憎水性漆膜耐污性差的两大原因：一是静电吸附；二是雨水起珠（不铺展）不利于洗净污染物质。

　　溶剂型涂料形成亲水性漆膜，是在配方中加入热稳定性极优而且很易合成为能成膜的结构的抗静电剂（又称作表面调节剂），它能在溶剂型漆膜表面形成一层 0.1μm 左右透明的覆膜，能吸收空气中的水分。漆膜始终保持润湿状态，既发挥抗静电效果，同时也调节漆膜的表面能。通过这种漆膜控制调节技术，将憎水性（低表面能）的溶剂型漆膜改变为亲水性（高表面能），确实能够有效防止污染物质在漆膜表面附着和减少雨水流痕。因此，他们认为憎水性漆膜由于表面干燥而导致带电浮游污染颗粒的吸附，较亲水性漆膜更易污

染；他们认为雨水在憎水性漆膜表面起水珠而不能润湿铺展，抵消了雨水对污染物质的冲刷力，不利于利用雨水来洗净污染物，达到天然雨水自洁的效果；他们认为由于亲水性漆膜的憎油性，亲油性的灰尘即使附着，也较易被雨水冲走。

6.2 玻璃表面涂膜防尘与清洗实验

6.2.1 玻璃表面防尘涂膜实验

用防污剂对建材表面进行防污处理的方法主要有两种：涂膜法和渗透剂法[210,211]。根据实验条件，本章选取几种表面活性剂（包括憎水性的和亲水性的）来进行实验。因为表面活性剂溶液涂在建材表面后，随着溶剂的蒸发而在建筑表面形成一层吸附膜。

6.2.1.1 试剂的选择原则

试剂的选择一般遵循以下几个原则：（1）不影响建筑外墙材料的寿命：好的防护剂不仅要能提高建筑物外墙材料的抗污能力，且不影响建材使用寿命。（2）不影响外墙材料表面的光泽度：好的防污剂能提高建筑物外墙材料的表面光泽度、防止变色，从而提高建材的使用价值和美感。对光泽度的影响可以通过对施加防污剂的产品与未施加防污剂的产品比较实验来评价。（3）干燥速度快：适宜的干燥速度是防污剂应用性能的一项重要指标。其既能使防污剂在建材表面充分涂布和反应，又能使产品在包装之前快速干燥而不影响生产或者建筑后序工作。（4）特效性与安全性：特效性即试剂薄膜的耐摩擦、耐洗涤、耐磨耗、寿命长。安全性是指对人体健康无害，其分解或挥发物无毒副作用。对安全性的评判应符合国家有关建筑装修材料有害物质限量标准。

根据研究目的和需要，结合实验设备和实验条件考虑，选用化学试剂：（A）油酸（十八烯酸）；（B）十二烷基硫酸钠；（C）Zonyl® 8740（美国杜邦公司生产的氟碳表面活性剂产品，属阳离子型氟化物（全氟烷基甲基丙烯酸共聚物））；（D）稀盐酸；（E）氨水。

6.2.1.2 主要实验仪器

玻璃表面的粉尘颗粒数目和粒径的分析，要使用显微分析系统；试剂的制备，要使用天平、玻璃杯和玻璃棒等；试剂的涂刷和干燥，要使用刷子和鼓风电热恒温干燥箱等。

6.2.1.3 试剂涂膜制备方式

在建筑物外墙材料表面进行防护处理时主要有3种方法：刷子或滚筒涂刷、喷雾机喷涂和浸泡。

采用浸泡法时一般不将外墙材料全部浸入防护液中，因为将建材完全浸入防护液中，建材四周均匀等压，防护液不能渗入更深（图6-2），而是采用图6-3和图6-4所示的方法，因为这样可以使建材里面的空气顺利排出，保证防护液充分渗入建材表面内部。

使用刷子或滚筒的方法在建材表面涂布防护剂时也有两种方式：叠加涂刷方式（图6-5）和叠加与纵横结合涂刷方式（图6-6）。

由于玻璃片体积较小，故本实验采取浸渍提拉法在玻璃片表面形成各种表面活性剂吸附膜，然后垂直放在实验室环境状态下，让其表面自然吸附粉尘颗粒，经过一段时间后，利用显微分析系统来分析表面粉尘颗粒的相关参数。

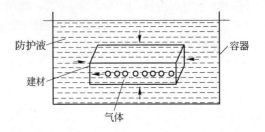

图 6 - 2 将建材完全浸入防护液中，因建材四周均匀等压，防护液不能渗入更深

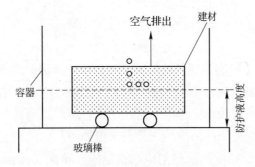

图 6 - 3 浸蘸示意图

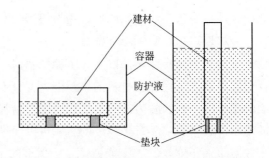

图 6 - 4 六面防护时逐面浸泡示意图

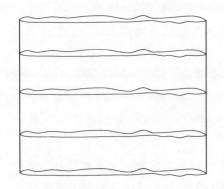

图 6 - 5 叠加涂刷方式示意图

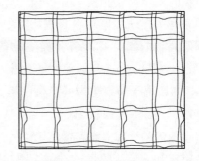

图 6 - 6 叠加与纵横结合涂刷方式示意图

6.2.2 玻璃表面粉尘颗粒的气流去除实验

6.2.2.1 实验步骤

本实验主要是研究气流去除吸附在涂有不同表面活性剂吸附膜的玻璃表面粉尘颗粒的难易程度。实验步骤如下：

（1）选用 2.5cm × 8cm 的普通平板玻璃为基片，先用自来水冲洗，再分别用稀盐酸和稀氨水洗涤，最后用蒸馏水清洗，将洗好的玻璃片放入鼓风电热恒温干燥箱中烘干，并存放于干燥器中待用。

（2）采用浸渍提拉法制备，在室温下将干净玻璃片用镊子夹住浸入配置好的表面活性剂溶液中（十二烷基硫酸钠、氟碳、稀盐酸、稀氨水，其中稀盐酸的 pH 值为 5 ~ 6，氨水的 pH 值为 8 ~ 9），停留片刻，然后垂直平稳匀速地提拉上来，放在干燥箱中烘干，与没有浸渍表面活性剂溶液的玻璃片一式两份放置在粉尘颗粒比较多的地方，让其自然吸附。

（3）一段时间后，将玻璃片拿到光学显微分析系统下观察。观察方法：以一点为中心，在横向和纵向沿直线方向等距离分别选取 3 点，共 5 个点（其中中心点重复），这样充分减少垂直和水平空间上位置不同带来的差异。记录每个点图像的相关数据（颗粒大小、颗粒分布、颗粒直径和面积等）。

（4）然后将各个玻璃片放在吹风机口上，放置方向与风流一致，对其表面的粉尘颗粒进行去除。注意保证每个玻璃片距吹风机口的距离、角度相同和吹的持续时间也一样。然后再将每个玻璃片分别拿到显微分析系统下分析，注意与前一次分析所选取点的位置保持一致，并记录相关数据（颗粒大小、颗粒分布、颗粒直径和面积等）。

（5）对数据进行处理和分析。取每个玻璃片上所测点粉尘颗粒数目的平均值作为基准值，用粉尘颗粒去除率来衡量气流的去除效果。去除率计算方法：

$$去除率 = \frac{原来颗粒平均数目 - 现在颗粒平均数目}{原来颗粒平均数目} \times 100\% \tag{6-7}$$

用粉尘颗粒面积占测量点的面积的平均值的变化率来表示其清洁度。清洁度变化率计算方法：

$$清洁度变化率 = \frac{原来颗粒面积所占比例平均值 - 现在颗粒面积所占比例平均值}{原来颗粒面积所占比例平均值} \times 100\% \tag{6-8}$$

粉尘颗粒表面面积所占比例越高，清洁度越低；粉尘颗粒表面面积所占比例越低，清洁度越高。

6.2.2.2 表面粉尘粒子气流去除方式的分析

本实验是用吹风机产生的气体流来清除玻璃表面粉尘粒子的。根据去除力的方向和作用于粒子的效果，可将去除玻璃表面粒子的方式分为两种：滑动式和滚动式[207]，如图6-7所示。

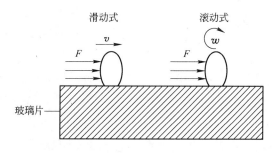

图6-7 吸附微粒被去除的方式

（1）滑动式。

如果作用于微粒的去除力的方向平行于玻璃表面，且微粒首先是由于产生了滑动而离开玻璃表面，则属于该种方式。在该种方式下微粒被去除的条件为：

$$F_{去除} > K F_{吸附} \tag{6-9}$$

式中，K 为微粒和玻璃表面间的静摩擦系数。一般来说，K 是小于 1 的数，所以在这种去除方式下，去除力 $F_{去除}$ 可以在小于吸附力的情况下有效去除表面吸附的微粒。

常用的方法为采用流体动力拖动技术在玻璃片表面形成高速的相对流体。该流体作用于微粒上的力可以用下式描述：

$$F = C_d P_f A_p V^2 / 2 \tag{6-10}$$

式中，C_d 为拖动系数；P_f 为流体的密度；A_p 为粒子的有效截面积；V 为流体相对于微粒的速度。

（2）滚动式。

同样是平行于玻璃表面的去除力，除了可能使粒子滑动外，还可能使粒子产生图6-8所示的滚动而被去除。设粒子在 $F_{去除}$ 的作用力下绕 O 点转动，则使粒子转动的条件为：

$$F_{去除}\left(\frac{d_p}{2} - a_0\right) > F_{吸附} a \tag{6-11}$$

在很多情况下，只需要比 $F_{吸附}$ 小的力就可以使粒子滚动。

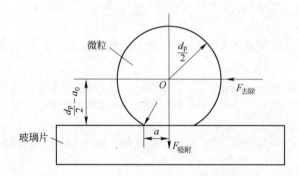

图 6-8 微粒滚动式去除方式

6.2.2.3 具有憎水表面活性剂的玻璃片表面黏附粉尘的现象观测

本实验憎水表面活性剂是油酸，采用乙醇溶解，然后将其涂在玻璃片表面上，放在窗台让其自然吸附粉尘。随着溶剂乙醇的挥发，油酸在玻璃表面开始凝聚成一个个小液滴，对玻璃的透明性有很大的影响。另外，由于油酸的亲油性，所以玻璃片表面容易黏附粉尘，而且其表面的粉尘也容易聚集在一起，不容易去除，所以用油酸这类憎水表面活性剂来防尘是不可取的。

6.2.2.4 亲水表面活性剂黏附粉尘的比较

按照实验步骤，测得具有氟碳表面活性剂和十二烷基硫酸钠的玻璃片表面粉尘颗粒数据如表6-1～表6-4所示。

表6-1 具有氟碳表面活性剂的玻璃片气流清除前表面黏附粒子的分布实验示例

粒径分布/μm	气流清除前所测点颗粒数目/个					颗粒数目/个	平均数
	①	②	③	④	⑤		
0~5	123	40	43	74	72	352	70.4
5~10	10	11	11	10	9	51	10.2
10~15	9	5	9	5	5	33	6.6
15~20	4	6	4	3	2	19	3.8
20~25	1	3	1	2	0	7	1.4

粒径分布/μm	气流清除前所测点颗粒数目/个					颗粒数目/个	平均数
	①	②	③	④	⑤		
25 ~ 30	0	1	0	1	1	3	0.6
30 ~ 35	0	1	0	1	0	2	0.4
35 ~ 40	1	1	0	0	1	3	0.6
40 ~ 45		1	0	1	0	2	0.4
45 ~ 50		0	0		1	1	0.2
50 ~ 55		0	2		1	3	0.6
55 ~ 60		0				0	0
60 ~ 65		0				0	0
65 ~ 70		1				1	0.2
70 ~ 75		1				1	0.2
最大值/μm	37.847	74.524	54.851	43.934	52.799	263.955	52.791
平均值/μm	2.643	9.298	6.247	4.227	4.153	26.568	5.3136
散粒总数/个	148	71	70	97	92	478	95.6

表 6 - 2　具有氟碳表面活性剂的玻璃片气流清除后表面黏附粒子的分布实验示例

粒径分布/μm	气流清除后所测点颗粒数目/个					颗粒数目/个	平均数
	①	②	③	④	⑤		
0 ~ 5	70	64	80	75	68	357	102
5 ~ 10	1	1	5		1	8	1.6
10 ~ 15		1	1			2	0.4
最大值/μm	5.971	11.48	10.495	4.222	6.433	38.601	7.7202
平均值/μm	0.046	0.67	1.267	0.694	0.83	3.507	0.7014
散粒总数/个	71	66	86	75	69	367	73.4

表 6 - 3　具有十二烷基硫酸钠的玻璃片气流清除前表面黏附粒子的分布实验示例

粒径分布/μm	气流清除前所测点颗粒数目/个					颗粒数目/个	平均数
	①	②	③	④	⑤		
0 ~ 5	36	25	38	28	45	172	34.4
5 ~ 10	17	19	14	12	13	75	15
10 ~ 15	6	14	6	12	10	48	9.6
15 ~ 20	4	4	2	6	2	18	3.6
20 ~ 25	3	2	3	3	2	13	2.6
25 ~ 30	0	3	0	2		5	1
30 ~ 35	2	0	0	3	2	7	1.4
35 ~ 40	1	0	1	1	1	4	0.8
40 ~ 45		1			1	2	0.4
最大值/μm	35.763	44.245	64.515	35.736	44.617	224.876	44.9752
平均值/μm	7.222	9.1	8.366	9.391	7.032	41.111	8.2222
散粒总数/个	69	68	67	67	76	347	69.4

表6-4 具有十二烷基硫酸钠的玻璃片气流清除后表面黏附粒子的分布实验示例

粒径分布/μm	气流清除后所测点颗粒数目/个					颗粒数目/个	平均数
	①	②	③	④	⑤		
0 ~ 5	56	16	30	77	23	202	40.4
5 ~ 10	2	2	1	6	0	11	2.2
10 ~ 15			1	2	1	4	0.8
最大值/μm	5.863	7.001	17.168	11.754	14.206	55.992	11.1984
平均值/μm	1.252	2.298	1.954	1.768	1.437	8.709	1.7418
散粒总数/个	58	18	32	85	24	217	43.4

从上面可以看出，氟碳表面活性剂玻璃片表面吸附的粉尘颗粒数目比十二烷基硫酸钠活性剂玻璃片表面吸附的粉尘颗粒数目多，但是其颗粒面积所占比例2.038%小于十二烷基硫酸钠活性剂玻璃片表面颗粒所占比例2.19%，说明氟碳表面活性剂表面虽然吸附的粉尘颗粒数目较多，但是粒径上小于十二烷基硫酸钠玻璃片表面的粉尘。同时也说明了氟碳表面活性剂比十二烷基硫酸钠更能均匀地在玻璃表面形成吸附膜，同时不影响玻璃的透明度。通过对其表面粉尘颗粒的气流去除实验后，氟碳表面活性剂玻璃片表面粉尘颗粒去除率23.22%小于十二烷基硫酸钠玻璃片表面粉尘颗粒去除率37.46%，但清洁度变化率97.15%略高于后者的96.44%。从实验数据可以看出，绝大部分粉尘颗粒在 0 ~ 5μm 之间，通过气流的清除作用，5μm 以上的颗粒基本上都被去除掉，可 0 ~ 5μm 之间的粉尘颗粒数目增多了，而颗粒表面所占比例却是下降的，说明一些团聚的大颗粒粉尘被吹散成了多个小颗粒。

6.2.2.5 酸性与碱性玻璃表面黏附粉尘的比较

在界面发生吸附的过程中，Fowkes认为，界面体系中偶极力作用对黏附功的贡献可忽略不计。界面体系的黏附功的影响因素除色散作用外，主要是由界面区的酸碱作用做出的贡献[212]。

$$W_{12} = W_{12}^d + W_{12}^{ab} \qquad (6-12)$$

式中，W_{12} 是两物质界面的黏附功；W_{12}^d 是黏附功的色散作用成分；W_{12}^{ab} 是黏附功的酸碱作用成分。

由此可以看出，在固体表面上发生吸附时酸碱作用可以增加粉尘粒子黏附的难易程度。酸碱作用在自然界中存在比较普遍，所以研究不同性质固体表面吸附粉尘颗粒的分布情况也是具有重要意义的。

Doremus认为，氨与玻璃表面断裂羟基用氢键键合起来，但不与已用氢键键合起来的羟基团反应，这属于化学吸附，从而使可溶性硅酸变成不溶性硅氧，在表面起保护膜作用。

下面研究经过酸性（稀盐酸）处理和碱性（氨水）处理后的玻璃表面黏附粉尘粒子的区别。按照实验步骤，测得具有稀盐酸和氨水分别处理后的玻璃片表面粉尘颗粒数据如表6-5~表6-8所示。

表 6-5 具有稀盐酸的玻璃片气流清除前表面黏附粒子的分布实验示例

| 粒径分布/μm | 气流清除前所测点颗粒数目/个 | | | | | 颗粒数目/个 | 平均数 |
	①	②	③	④	⑤		
0~5	39	45	99	73	39	295	59
5~10	19	11	25	25	14	94	18.8
10~15	7	5	18	12	10	52	10.4
15~20	3	3	7	4	3	20	4
20~25	2	2	2	2	2	10	2
25~30	0	0	3	2	1	6	1.2
30~35	2	2	0	3	3	10	2
35~40	0	2	0	2	0	4	0.8
40~45	1	0	1		0	2	0.4
45~50	2	1			1	4	0.8
50~55		1				1	0.2
最大值/μm	49.101	51.542	43.152	37.872	48.606	230.273	46.0546
平均值/μm	7.853	7.19	5.754	6.254	7.779	34.83	6.966
散粒总数/个	75	72	155	123	73	498	99.6

表 6-6 具有稀盐酸的玻璃片气流清除后表面黏附粒子的分布实验示例

| 粒径分布/μm | 气流清除后所测点颗粒数目/个 | | | | | 颗粒数目/个 | 平均数 |
	①	②	③	④	⑤		
0~5	12	43	26	28	19	128	25.6
5~10	2	4	12	7	5	30	6
10~15	0	0	1		1	3	0.6
15~20	1	1	0		1	3	0.6
20~25			2		1	3	0.6
最大值/μm	18.072	19.899	23.221	10.525	23.317	95.034	19.0068
平均值/μm	3.142	1.814	4.669	2.868	3.997	16.49	3.298
散粒总数/个	15	48	41	36	27	167	33.4

表 6-7 具有氨水的玻璃片气流清除前表面黏附粒子的分布实验示例

| 粒径分布/μm | 气流清除前所测点颗粒数目/个 | | | | | 颗粒数目/个 | 平均数 |
	①	②	③	④	⑤		
0~5	206	94	32	146	95	573	114.6
5~10	25	31	10	38	37	141	28.2
10~15	11	14	16	12	15	68	13.6
15~20	8	5	5	8	16	42	8.4
20~25	4	5	0	3	3	15	3
25~30	1	2	3	3	1	10	2
30~35	3	0	1	0	2	6	1.2
35~40	0	1	2	0	1	4	0.8

粒径分布/μm	气流清除前所测点颗粒数目/个					颗粒数目/个	平均数
	①	②	③	④	⑤		
40 ~ 45	2	1	0	2	0	5	1
45 ~ 50	0	0	0	1	1	2	0.4
50 ~ 55	0	0	1	0		1	0.2
55 ~ 60	0	0		2		2	0.4
60 ~ 65	0	0				0	0
65 ~ 70	0	0				0	0
70 ~ 75	0	1				1	0.2
75 ~ 80	0					0	0
80 ~ 85	0					0	0
85 ~ 90	0					0	0
90 ~ 95	1					1	0.2
最大值/μm	92.757	73.928	52.624	58.957	48.105	326.371	65.2742
平均值/μm	4.329	6.051	9.352	5.69	6.719	32.141	6.4282
散粒总数/个	261	154	70	215	171	871	174.2

表 6 - 8　具有氨水的玻璃片气流清除后表面黏附粒子的分布实验示例

粒径分布/μm	气流清除后所测点颗粒数目/个					颗粒数目/个	平均数
	①	②	③	④	⑤		
0 ~ 5	14	37	19	18	23	111	22.2
5 ~ 10	4	9	4	2	6	25	5
10 ~ 15		2	1	1	0	4	0.8
15 ~ 20		1	0	0	0	1	0.2
20 ~ 25			1	0	0	1	0.2
25 ~ 30				0	1	1	0.2
30 ~ 35				1	1	2	0.4
最大值/μm	7.001	15.41	23.139	31.332	34.253	111.135	22.227
平均值/μm	2.134	3.031	3.626	3.955	4.607	17.353	3.4706
散粒总数/个	18	49	25	22	31	145	29

　　从上面可以看出，酸性活性剂玻璃片表面吸附的粉尘颗粒数目比碱性活性剂玻璃片表面吸附的粉尘颗粒数目少，其颗粒面积所占比例 2.824% 也小于碱性活性剂玻璃片表面颗粒所占比例 3.928%，说明碱性活性剂玻璃片表面吸附的粉尘颗粒数目较多。

　　通过对其表面粉尘颗粒的气流去除实验后，酸性活性剂玻璃片表面粉尘颗粒去除率 66.47% 小于碱性活性剂玻璃片表面粉尘颗粒去除率 83.35%，清洁度变化率 91.92% 也略低于后者的 93.99%。从实验数据可以看出，绝大部分粉尘颗粒在 0 ~ 5μm 之间，通过气流的清除作用，5μm 以上的颗粒基本上都被去除掉，0 ~ 5μm 之间的粉尘颗粒也去除许多。

6.2.2.6 各种化学试剂气流清除效果比较分析

无化学试剂的玻璃片表面粉尘颗粒的气流去除实验数据见表6-9和表6-10。

表6-9 无化学试剂的玻璃片气流清除前表面黏附粒子的分布实验示例

粒径分布/μm	气流清除前所测点颗粒数目/个					颗粒数目/个	平均数
	①	②	③	④	⑤		
0~5	101	56	24	111	21	313	62.6
5~10	4	3	1	4	3	15	3
10~15	1	1	0	2		4	0.8
15~20	1	0	0			1	0.2
20~25		0	0			0	0
25~30		0	0			0	0
30~35		0	0			0	0
35~40		1	0			1	0.2
40~45		0				0	0
45~50		1				1	0.2
最大值/μm	17.93	35.17	45.043	11.672	8.704	118.519	23.7038
平均值/μm	1.582	2.597	2.707	1.65	1.835	10.371	2.0742
散粒总数/个	107	61	26	117	24	335	67

表6-10 无化学试剂的玻璃片气流清除后表面黏附粒子的分布实验示例

粒径分布/μm	气流清除后所测点颗粒数目/个					颗粒数目/个	平均数
	①	②	③	④	⑤		
0~5	73	40	42	33	20	208	41.6
5~10	0	1	1	6	3	11	2.2
10~15	1	0		1		2	0.4
15~20	1	0				1	0.2
20~25	1	0				1	0.2
25~30		0				0	0
30~35		0				0	0
35~40		0				0	0
40~45		1				1	0.2
最大值/μm	20.76	40.441	6.433	13.231	9.441	90.306	18.0612
平均值/μm	1.588	2.479	0.655	2.469	2.231	9.422	1.8844
散粒总数/个	76	42	43	40	23	224	44.8

将用各种化学试剂处理过的和没用化学试剂处理过的玻璃片表面粉尘颗粒清除实验数据进行对比分析。为了便于观察和比较，将两个指标分别画出直方图，分析结果见图6-9和图6-10。

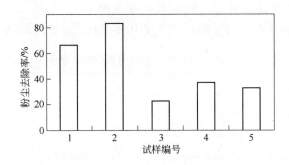

图6-9 气流对各种化学试剂处理后的玻璃片表面粉尘去除率
1—稀盐酸；2—稀氨水；3—氟碳表面活性剂；4—十二烷基硫酸钠；5—无化学试剂

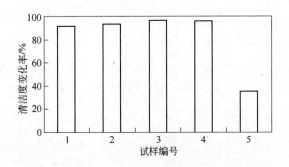

图6-10 气流对各种化学试剂处理后的玻璃片表面清洁度的影响
1—稀盐酸；2—稀氨水；3—氟碳表面活性剂；4—十二烷基硫酸钠；5—无化学试剂

从分析所获的柱状图可以看出：

从原始数据表格可以看出，黏附在玻璃表面的颗粒都集中在 $0 \sim 5\mu m$ 之间，说明颗粒越小越容易黏附；采用气流去除后其表面的大颗粒基本上全部被去除，小颗粒数目相对较多，说明小颗粒很难去除。气流清洁就是用风机产生高速的气流清除基体表面的外来微粒。文献［213］研究表明，高速气流去除效果与一个参数相关，这个参数就是去除力和范德华黏附力之比。本实验所用的去除力都是一定的，所以去除率越高，表明范德华力越小，反之，范德华力越大。而且大颗粒去除的效果比小颗粒好，所以小粒度粉尘颗粒与玻璃表面的范德华力大于大粒度粉尘颗粒与玻璃表面的范德华力。另外文献［214］也表明，气流清洁的效果与喷射口的角度、距基体表面的距离和粒子的粒度等因素有关，但是与气流是连续的脉冲还是单独的脉冲几乎没有关系。

气流对玻璃表面粉尘颗粒的去除率不高，最高的是稀氨水处理过的玻璃片为83.35%，最低的为氟碳表面活性剂处理过的玻璃片为23.22%；各种化学试剂处理过的玻璃片表面的清洁度都得到了不同程度的提高，其中氟碳表面活性剂提高的幅度最大为97.15%，无化学试剂处理过的玻璃片最低为35.59%，而且玻璃表面粉尘的去除率与其清洁度变化率之间没有必然的联系。

稀氨水处理过的玻璃片虽然表面粉尘颗粒面积所占比例最大，但是其表面的粉尘颗粒气流的去除率也是最高的，气流对其表面的清洁程度也比较高。说明在不影响玻璃表面的清洁度的情况下，用稀氨水处理玻璃表面效果是最好的。

无化学试剂处理过的玻璃片气流去除前后，其表面的粉尘颗粒数目相对较少，清洁度都相对较高，说明其表面黏附的粉尘颗粒最难去除，但是并不影响其表面清洁度。

6.2.3 玻璃表面粉尘颗粒的水流去除实验

实验步骤与上节中介绍的相同，只是将清除力由气流改为水流，这样可以模拟具有化学试剂的建筑外墙材料在雨水作用下的清洁效果和作用。

6.2.3.1 表面粉尘粒子水流去除机理的分析

在实际中，雨水的作用会对玻璃表面产生一定的清洁作用，图6-11为含有表面活性剂的水溶液去除硅表面的颗粒示意图[215]。下面研究水流对玻璃表面粉尘颗粒去除的效果和对玻璃表面清洁度的影响。

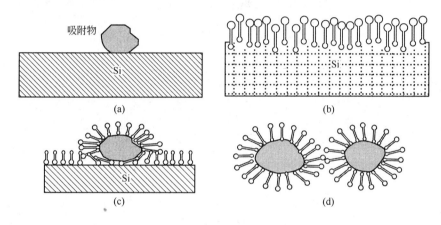

图6-11 活性剂去除颗粒的机理

（a）被吸附表面的固体颗粒；（b）活性剂大分子吸附在硅单晶抛光片表面（以色散力的物理吸附）示意图；
（c）活性剂的强渗透性；（d）溶液中的颗粒被活性剂分子包围将弱化学吸附物托起示意图

6.2.3.2 亲水表面活性剂之间黏附粉尘粒子的比较

按照实验步骤进行实验，测得具有氟碳表面活性剂和十二烷基硫酸钠的玻璃片表面粉尘颗粒数据如表6-11～表6-14所示。

表6-11 具有氟碳表面活性剂的玻璃片水流清除前表面黏附粒子的分布实验示例

粒径分布/μm	水流清除前所测点颗粒数目/个					颗粒数目/个	平均数
	①	②	③	④	⑤		
0~5	132	25	183	79	79	498	99.6
5~10	26	15	23	21	14	99	19.8
10~15	5	13	9	10	9	46	9.2
15~20	4	3	7	8	9	31	6.2
20~25	4	4	2	5	2	17	3.4
25~30	3	5	1	6	1	16	3.2
30~35	0	1	2	1	0	4	0.8
35~40	1	1	2	1	2	6	1.2

续表 6 – 11

粒径分布/μm	水流清除前所测点颗粒数目/个					颗粒数目/个	平均数
	①	②	③	④	⑤		
40 ~ 45	1			0	0	1	0.2
45 ~ 50				1	0	1	0.2
50 ~ 55				1	1	2	0.4
最大值/μm	43.344	31.875	36.703	52.503	51.653	216.078	43.2156
平均值/μm	4.205	9.611	3.579	7.25	5.518	30.163	6.0326
散粒总数/个	176	66	229	133	117	721	144.2

表 6 – 12 具有氟碳表面活性剂的玻璃片水流清除后表面黏附粒子的分布实验示例

粒径分布/μm	水流清除后所测点颗粒数目/个					颗粒数目/个	平均数
	①	②	③	④	⑤		
0 ~ 5	36	32	150	61	94	373	74.6
5 ~ 10	0	3	9	3	4	19	3.8
10 ~ 15	0		0	1		1	0.2
15 ~ 20	1		0			1	0.2
20 ~ 25			3			3	0.6
25 ~ 30			1			1	0.2
最大值/μm	17.075	5.863	29.522	14.116	8.813	75.389	15.0778
平均值/μm	1.62	1.763	2.068	1.73	1.256	8.437	1.6874
散粒总数/个	37	35	163	65	98	398	79.6

表 6 – 13 具有十二烷基硫酸钠的玻璃片水流清除前表面黏附粒子的分布实验示例

粒径分布/μm	水流清除前所测点颗粒数目/个					颗粒数目/个	平均数
	①	②	③	④	⑤		
0 ~ 5	53	43	91	37	60	284	56.8
5 ~ 10	17	9	18	13	13	70	14
10 ~ 15	8	5	20	10	8	51	10.2
15 ~ 20	8	5	3	3	3	22	4.4
20 ~ 25	3	3	3	3	2	14	2.8
25 ~ 30	2	0	1	1	2	6	1.2
30 ~ 35	1	0		0	1	2	0.4
35 ~ 40	0	0		4	0	4	0.8
40 ~ 45	0	0		1	0	1	0.2
45 ~ 50	2	1			1	4	0.8
50 ~ 55	0	0			0	0	0
55 ~ 60	1	1			1	3	0.6

粒径分布/μm	水流清除前所测点颗粒数目/个					颗粒数目/个	平均数
	①	②	③	④	⑤		
60 ~ 65				0	0	0	0
65 ~ 70				0	0	0	0
70 ~ 75				0	0	0	0
75 ~ 80				0	0	0	0
80 ~ 85				0	0	0	0
85 ~ 90					1	1	0.2
最大值/μm	56.897	55.388	27.327	42.001	86.878	268.491	53.6982
平均值/μm	7.835	6.736	4.819	8.904	7.177	35.471	7.0942
散粒总数/个	95	67	136	72	92	462	92.4

表 6 - 14 具有十二烷基硫酸钠的玻璃片水流清除后表面黏附粒子的分布实验示例

粒径分布/μm	水流清除后所测点颗粒数目/个					颗粒数目/个	平均数
	①	②	③	④	⑤		
0 ~ 5	68	54	17	34	41	214	42.8
5 ~ 10	3		2	1	2	8	1.6
最大值/μm	6.129	4.416	9.707	5.109	7.485	32.846	6.5692
平均值/μm	1.354	0.922	1.299	1.128	1.801	6.504	1.3008
散粒总数/个	71	54	19	35	43	222	44.4

从上面可以看出，经氟碳表面活性剂处理的玻璃片表面吸附的粉尘颗粒数目比经十二烷基硫酸钠活性剂处理过的玻璃片表面吸附的粉尘颗粒数目多，但是其颗粒面积所占比例 2.662% 小于十二烷基硫酸钠活性剂处理过的玻璃片表面颗粒所占比例 2.67%，说明氟碳表面活性剂表面虽然吸附的粉尘颗粒数目较多，但是粒径上小于十二烷基硫酸钠玻璃片表面的粉尘。数据也证明如此：氟碳表面活性剂玻璃片表面吸附的粉尘颗粒平均粒径为 6.0326μm，十二烷基硫酸钠玻璃片表面的粉尘颗粒平均粒径为 7.0942μm。同时也说明了氟碳表面活性剂比十二烷基硫酸钠更能均匀地在玻璃表面形成吸附膜，同时不影响玻璃的透明度。

通过对其表面粉尘颗粒的水流去除实验后，氟碳表面活性剂玻璃片表面粉尘颗粒去除率 44.80% 小于十二烷基硫酸钠玻璃片表面粉尘颗粒去除率 51.95%，清洁度变化率 92.41% 也低于后者的 98.50%。从实验数据可以看出，绝大部分粉尘颗粒在 0 ~ 5μm 之间，通过水流的清除作用，5μm 以上的颗粒基本上都被去除掉了。

6.2.3.3 酸性与碱性玻璃表面黏附粉尘的比较分析

同 6.2.2.5 节一样，下面研究经过酸性（稀盐酸）处理和碱性（氨水）处理后的玻璃表面黏附粉尘粒子的区别。按照实验步骤，测得具有稀盐酸和氨水处理后的玻璃片表面粉尘颗粒数据如表6-15~表6-18所示。

表6-15 具有稀盐酸的玻璃片水流清除前表面黏附粒子的分布实验示例

粒径分布/μm	水流清除前所测点颗粒数目/个					颗粒数目/个	平均数
	①	②	③	④	⑤		
0~5	22	71	35	36	32	196	39.2
5~10	7	28	9	22	20	86	17.2
10~15	7	19	5	7	12	50	10
15~20	1	6	3	4	6	20	4
20~25	4	6	4	1	3	18	3.6
25~30	1	2	4	0	2	9	1.8
30~35	2	1	0	2	0	5	1
35~40	0	1	0	0	2	3	0.6
40~45	2	0	2	0	0	4	0.8
45~50	1			0	1	3	0.6
50~55	0			1		1	0.2
55~60	0					0	0
60~65	0					0	0
65~70	1					1	0.2
最大值/μm	67.998	45.661	42.31	52.327	47.075	255.371	51.0742
平均值/μm	11.455	7.163	7.862	7.2	8.765	42.445	8.489
散粒总数/个	48	135	62	73	78	396	79.2

表6-16 具有稀盐酸的玻璃片水流清除后表面黏附粒子的分布实验示例

粒径分布/μm	水流清除后所测点颗粒数目/个					颗粒数目/个	平均数
	①	②	③	④	⑤		
0~5	30	64	12	24	35	165	33
5~10	1	8	5	1	7	22	4.4
10~15	1	2	4	0	2	9	1.8
15~20	0		2	1	2	5	1
20~25	0		0	1		1	0.2
25~30	1		0			1	0.2
30~35			1			1	0.2
最大值/μm	28.232	10.705	33.578	21.155	18.001	111.671	22.3342
平均值/μm	2.682	2.245	6.741	3.948	3.658	19.274	3.8548
散粒总数/个	33	74	24	27	46	204	40.8

表 6 – 17　具有氨水的玻璃片水流清除前表面黏附粒子的分布实验示例

粒径分布/μm	水流清除前所测点颗粒数目/个					颗粒数目/个	平均数
	①	②	③	④	⑤		
0 ~ 5	150	20	129	122	81	502	100.4
5 ~ 10	33	16	26	30	30	135	27
10 ~ 15	21	11	5	22	7	66	13.2
15 ~ 20	5	4	5	4	7	25	5
20 ~ 25	2	2	4	7	4	19	3.8
25 ~ 30	1	1	2	2	3	9	1.8
30 ~ 35	1	3	0	1	2	7	1.4
35 ~ 40	0	0	0	0	0	0	0
40 ~ 45	1	0	0	3	0	4	0.8
45 ~ 50		0	0	0	1	1	0.2
50 ~ 55		0	0	1	0	1	0.2
55 ~ 60		1	1		0	2	0.4
60 ~ 65			0		1	1	0.2
65 ~ 70			1			1	0.2
70 ~ 75			0			0	0
75 ~ 80			0			0	0
80 ~ 85			0			0	0
85 ~ 90			1			1	0.2
最大值/μm	44.187	56.182	87.934	50.796	63.666	302.765	60.553
平均值/μm	4.608	9.997	5.141	6.138	6.746	32.63	6.526
散粒总数/个	214	58	174	192	136	774	154.8

表 6 – 18　具有氨水的玻璃片水流清除后表面黏附粒子的分布实验示例

粒径分布/μm	水流清除后所测点颗粒数目/个					颗粒数目/个	平均数
	①	②	③	④	⑤		
0 ~ 5	64	78	85	43	32	302	60.4
5 ~ 10	9	1	4	1	2	17	3.4
10 ~ 15	1		2			3	0.6
15 ~ 20	0					0	0
20 ~ 25	0					0	0
25 ~ 30	0					0	0
30 ~ 35	1					1	0.2
最大值/μm	33.785	7.181	13.797	7.569	7.485	69.817	13.9634
平均值/μm	2.345	1.179	1.805	1.213	1.636	8.178	1.6356
散粒总数/个	75	79	91	44	34	323	64.6

　　从上面可以看出，经酸性活性剂处理的玻璃表面吸附的粉尘颗粒数目比经碱性活性剂处理过的玻璃片表面吸附的粉尘颗粒数目少，其颗粒面积所占比例平均值 2.824% 也小于碱性活性剂玻璃片表面粉尘颗粒所占比例平均值 3.45%，但是酸性活性剂玻璃片表面粉尘颗粒平均粒径 8.489μm 大于碱性活性剂玻璃片表面粉尘颗粒平均粒径 6.526μm。

　　通过对其表面粉尘颗粒的水流去除实验后，酸性活性剂玻璃片表面粉尘颗粒去除率 48.48% 小于碱性活性剂玻璃片表面粉尘颗粒去除率 58.27%，清洁度变化率 89.73% 也低于后者的 95.94%。从实验数据可以看出，绝大部分粉尘颗粒在 0～5μm 之间，通过水流的去除作用，5μm 以上的颗粒基本上都被去除掉，0～5μm 之间的粉尘颗粒碱性活性剂玻璃片表面去除了很多，但是酸性活性剂玻璃片表面几乎没有被去除，可能是由于酸的作用在玻璃表面产生侵蚀形成了微孔，而粉尘颗粒在这些微孔里面不容易被去除掉。

6.2.3.4　各种化学试剂水流清除效果比较分析

　　无化学试剂玻璃片表面的粉尘颗粒的水流去除实验数据见表 6-19 和表 6-20。

表 6-19　无化学试剂的玻璃片水流清除前表面黏附粒子的分布实验示例

粒径分布/μm	水流清除前所测点颗粒数目/个					颗粒数目/个	平均数
	①	②	③	④	⑤		
0～5	36	28	54	25	30	173	34.6
5～10	2	2	2	2	1	9	1.8
10～15	0	0	1		0	3	0.6
15～20	0	0	0		0	0	0
20～25						3	0.6
25～30	1	2	1		1	5	1
30～35			1			1	0.2
35～40			1			1	0.2
最大值/μm	27.269	22.959	39.526	5.971	32.272	127.997	25.5994
平均值/μm	1.977	3.182	3.084	1.813	2.383	12.439	2.4878
散粒总数/个	39	34	61	27	32	193	38.6

表 6-20　无化学试剂的玻璃片水流清除后表面黏附粒子的分布实验示例

粒径分布/μm	水流清除后所测点颗粒数目/个					颗粒数目/个	平均数
	①	②	③	④	⑤		
0～5	14	20	7	35	66	142	28.4
5～10	1	1		2	2	6	1.2
10～15	1	0		0		1	0.2
15～20	1					1	0.2
20～25		1			1	2	0.4
最大值/μm	11.995	24.135	3.656	6.91	24.58	71.276	14.2552
平均值/μm	2.965	2.895	0.881	1.256	1.4	9.397	1.8794
散粒总数/个	16	23	7	37	69	152	30.4

将用各种化学试剂处理过的和无化学试剂处理过的玻璃片表面粉尘颗粒清除实验数据进行对比分析，分析结果见图6-12。将前面数据与无任何化学试剂处理过的玻璃表面粉尘颗粒情况进行对比。

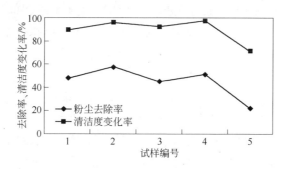

图6-12　化学试剂处理后玻璃片表面粉尘颗粒的水流去除率、清洁度变化率
1—稀盐酸；2—稀氨水；3—氟碳表面活性剂；4—十二烷基硫酸钠；5—无化学试剂

从上面的数据处理图形可以看出：

黏附在玻璃表面的颗粒都集中在0~5μm之间，说明颗粒越小越容易黏附；采用水流去除后其表面的大颗粒基本上全部被去除，小颗粒数目相对较多，说明小颗粒很难去除。

水流对玻璃表面粉尘颗粒的去除率不高，最高的是稀氨水处理过的玻璃片为58.27%，最低的为无化学试剂处理过的玻璃片为21.24%；各种化学试剂处理过的玻璃片表面的清洁度都得到了不同程度的提高，其中十二烷基硫酸钠活性剂溶液处理过的玻璃片表面清洁度提高的幅度最大为98.50%；无化学试剂处理过的玻璃片最低为70.63%，而且玻璃表面粉尘的去除率与其清洁度变化率相对关系很接近。

稀氨水处理过的玻璃片虽然表面粉尘颗粒面积所占比例最大，但是其表面的粉尘颗粒水流的去除率也是最高的，水流对其表面的清洁程度也比较高，说明在不影响玻璃表面的清洁度的情况下，用稀氨水处理玻璃表面效果是最好的。十二烷基硫酸钠的去除率次之，由于十二烷基硫酸钠表面活性剂的起泡、乳化作用，所以小颗粒（0~5μm）去除率相对较高。

无化学试剂处理过的玻璃片气流去除前后，其表面的粉尘颗粒数目相对较少，清洁度都相对较高，说明其表面黏附的粉尘颗粒最难去除，但是并不影响其表面清洁度。

影响粉尘黏附的玻璃表面性质主要为玻璃的表面能、玻璃表面的粗糙度、玻璃表面吸附物和表面涂膜。

6.3　玻璃表面沾污后的粉尘吸附

玻璃在空气中放置一段时间后就会吸附粉尘，表面黏附粉尘的性质很大程度影响粉尘的去除，因此分析不同性质（亲水性或亲油的）污染物沾污玻璃表面后主要吸附的性质，可以预先得知玻璃主要吸附粉尘的类别。

6.3.1　玻璃表面沾污实验研究

（1）实验材料与仪器：显微图像分析系统（北京泰克仪器有限公司）；鼓风电热恒温

干燥箱；2.5cm×8cm 平板玻璃，茶叶，植物油，盐酸和氨水。

（2）实验方法：

1）玻璃片处理。

选用 2.5cm×8cm 的普通平板玻璃为基片，先用自来水冲洗，再分别用 1mol/L 的盐酸和氨水洗涤，最后用蒸馏水清洗，将洗好的玻璃片放入鼓风电热恒温干燥箱于 100℃下烘干，并存放于干燥器中待用。

2）实验玻璃片的制备：

①浓茶溶液的配制：把茶叶用开水泡开后，茶溶液的颜色为棕色。静置一段时间，让其残渣沉淀，然后用洗干净的布过滤，得到没有杂质的浓茶溶液。②实验玻璃片的制备：采用浸渍提拉法制备，在室温下将干净玻璃片用镊子夹住浸入植物油、浓茶水中停留片刻，然后垂直平稳匀速地提拉上来，于恒温箱 100℃下干燥 5min，可得到均匀的植物油和茶水（玻璃片 A：茶水；玻璃片 B：植物油）的覆盖膜，然后在一块干净玻璃片按上手指印，使手上的污物覆盖玻璃表面得到玻璃片 C。

（3）实验准备。

将制备好的玻璃片（A：茶水（亲水性物质）；B：植物油（油脂类物质）；C：指纹（亲水性和疏水性混合物）；D：干净）先在显微图像分析系统观察，并保存不同玻璃片表面黏附物的显微图片，然后将其垂直放置在采样处，使空气中的粉尘能黏附到玻璃表面。

6.3.2 实验结果分析与讨论

6.3.2.1 显微图片分析

实验主要研究玻璃表面被亲水或亲油物质沾污后对粉尘吸附的影响，故采用亲水性污物——浓茶水，亲油性污物——植物油和手上的混合污染物来进行分析。当玻璃静置于空气几天后，黏附了一定量的粉尘，用显微图像分析系统分析玻璃表面黏附的粉尘的特性，见图 6-13，其中图 6-13（a）、（c）、（e）为玻璃片在温度 27℃、湿度相对比较大的环境中放置 8d 后黏附粉尘后的图片，图 6-13（b）、（d）、（f）是玻璃实验前有污染物的玻璃图片。

比较放置前与采样一段时间后玻璃表面黏附粉尘的显微图片，先把图 6-13（a）、（e）进行比较，在图 6-13（b）上可以看出油污涂层开始对光没有阻碍作用的，而经过一段时间后黏附的粉尘最多，油污相对于其他污染物而言它的黏性较大，粉尘与其接触后很难发生弹性碰撞后离开玻璃表面，它们一旦与玻璃表面发生碰撞就被油吸附，故相对来说玻璃上的粉尘颗粒较多；根据极性的吸附剂易于吸附极性溶质，非极性的吸附剂易于吸附非极性溶质的理论[216]，可分析前面为油对有机质的亲和力。

故从图 6-13（a）可看出，黏附于玻璃表面的粉尘大部分为圆形不透明球状实体：玻璃微珠和球状玻璃微珠状，它们是燃煤烟尘主要成分和汽车尾气的一种重要成分；且粉尘的颗粒相对于其他图片粉尘颗粒而言较大，可能是与黏附污染物为植物油的玻璃表面黏附的大部分为有机炭球，由于炭球具有高的比表面积、吸附活性、对有机质的亲和力，因而能吸附某些有机物形成团聚现象[217,218]。图 6-13（d）是自然黏附的大气粉尘，颜色相对较浅，只有几颗呈聚合状黑色大颗粒，说明炭含量相对较高，其他颗粒物颗粒较小，且分布均匀。图6-13（b）的颗粒物形状各异，一部分呈针形，一部分为不规则的几何形状，而有的呈圆形，有的表面暗淡，有的呈深黑色，但大部分粒子是小颗粒，且颜色较暗，这可能与其对无机质的亲和性有关，无机质的颗粒物一般分布在 $3\mu m$ 以下[219~222]。图6-13（c）是介于二者之间，因其是有机物和无机物的混合体。

从整体图来看，干净玻璃表面黏附的粉尘数量小于其他玻璃表面黏附的粉尘数量，故玻璃上黏附污染物后有利于粉尘的黏附。其中玻璃表面的污染物为油膜时，黏附的粉尘颗粒最多，且其大多为黑色、球状颗粒物；黏附最少的为干净的玻璃片，其次为浓茶溶液和手指污物的玻璃片。

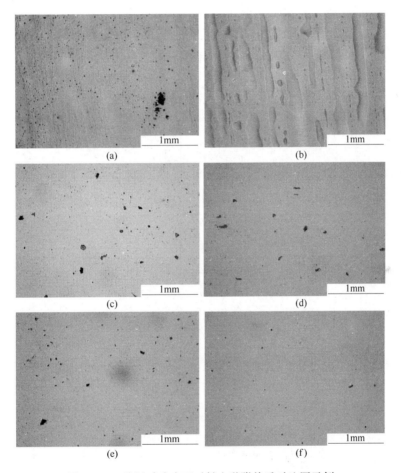

图6-13 沾污玻璃表面对粉尘黏附前后对比图示例
（a）油污玻璃表面对粉尘黏附图；（b）油污物玻璃片图；（c）手指污物玻璃表面对粉尘黏附图；
（d）手指污物玻璃片图；（e）浓茶污物玻璃表面对粉尘黏附图；（f）浓茶污物玻璃片图

6.3.2.2 黏附粉尘统计

对样品进行显微图像分析，得出玻璃表面黏附粉尘粒径的正态分布规律。

由正态分布规律可知，玻璃上的表面污染物为油污时，粉尘分布的标准差（s）为2.347；玻璃上的表面污染物为浓茶残渍时，粉尘分布的标准差（s）为2.002；玻璃上的表面污染物为手上的污物时，粉尘分布的标准差（s）为2.209；干净玻璃上粉尘分布的

标准差（s）为 2.278。标准差是围绕算术平均数的数据分布的测度，s 描述正态分布资料
数据分布的离散程度，s 越大，数据分布越分散；s 越小，数据分布越集中，s 也称为是正
态分布的形状参数，s 越大，曲线越扁平，反之，s 越小，曲线越瘦高。由此可知，对于
粉尘的粒径分布最集中的为茶残渍污物玻璃表面上黏附粉尘颗粒，其后为黏附手指上混合
污染物的玻璃表面黏附的粉尘颗粒，最分散的污物为亲油性的油类玻璃表面黏附的粉尘，
故如果玻璃表面黏附物不同，玻璃吸附的粉尘的粒径分布也不尽相同。

　　根据图像显微分析系统得到不同类型污染物玻璃表面黏附粉尘分布规律，如图 6 - 14
所示。

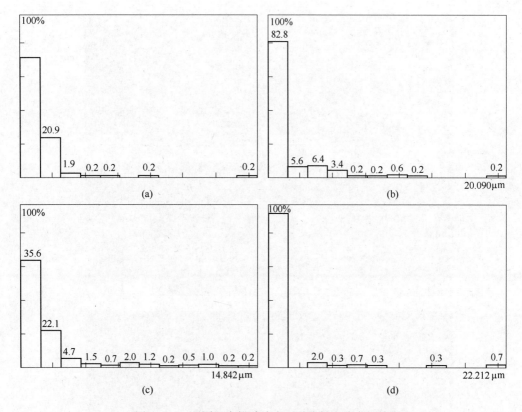

图 6 - 14　不同污染物玻璃表面黏附粉尘分布规律图
（a）油污玻璃表面黏附粉尘直方图；（b）茶残渍污物玻璃表面黏附粉尘直方图；
（c）手指污物玻璃表面黏附粉尘直方图；（d）干净玻璃表面黏附粉尘直方图

　　由直方图可看出粉尘分布的规律性。由图 6 - 14（b）、（d）可看出黏附物为茶渍和无
污染物的玻璃表面的粉尘分布具有相似性，颗粒分布都比较集中（污物为茶渍的玻璃表面
粉尘分析要排除玻璃片上初始的大颗粒），大部分为颗粒较小的颗粒。由图 6 - 14（a）、
（c）可以看出黏附物为植物油和污染物为手指上混合物的玻璃表面的粉尘分布具有相似
性，这可能跟手指上的混合物大部分为油脂有关，颗粒分布不像前两种，它们并非集中在
一个较小的分布范围之内，粒径的分布范围较广，其中在几个分布段则较为集中。

　　根据图像显微分析系统得到不同类型污染物玻璃表面黏附粉尘主要特征值，如表 6 -
21 所示。

表 6 – 21　不同污染物玻璃表面黏附粉尘主要特征值

类　型	油污玻璃表面黏附粉尘统计	茶残渍污物玻璃表面黏附粉尘统计	手指污物玻璃表面黏附粉尘统计	干净玻璃表面黏附粉尘统计
最大值	10.029	4.652	55.423	4.514
最小值	0.000	0.000	0.000	0.000
平均值	0.354	0.150	2.257	0.131
颗粒总数	539	410	474	316

从图中分析数据可知，黏附粉尘颗粒量的顺序是：污染物为油的玻璃表面 > 污染物为手指上混合物的玻璃表面 > 污染物为茶渍的玻璃表面 > 干净玻璃表面；且对于吸附物颗粒大小平均值从图上可得出来的结论是：污染物为手指上混合物的玻璃表面的粒径平均值最大，但由于玻璃片上有手指混合污染物，且非透明，颗粒较大，故误差大。在这里我们须对比玻璃片消除误差。可知黏附粉尘颗粒大小相对而言排列顺序为：污染物为油的玻璃表面 > 污染物为手指上混合物的玻璃表面 > 污染物为茶渍的玻璃表面 > 干净玻璃表面，跟前面的黏附粉尘颗粒量的顺序相同，故玻璃黏附不同性质污物对粉尘的吸附量的顺序为：亲油性污层的玻璃表面 > 亲水性污层的玻璃表面 > 无污染物的玻璃表面。

6.4　残留清洗剂对玻璃表面吸附粉尘的影响

人们平常对玻璃进行清洗时一般的清洗方式为：用湿布或海绵涂少量清洗液于玻璃上，然后用布擦净；或涂清洗剂后再用大量水进行清洗。在清洗完毕后，玻璃上都会或多或少地留下清洗剂的残渍，这部分涂层是否会影响到粉尘黏附，对粉尘的黏附又有什么样的影响。

6.4.1　玻璃表面黏附粉尘实验研究

6.4.1.1　玻璃片处理

选用可以放在光学显微镜下观看的 100mm × 50mm × 3mm 的普通平板玻璃为基片，先用清洗剂清洗，再用自来水冲洗干净，然后分别用 1mol/L 的盐酸和氨水洗涤，最后用蒸馏水清洗，将洗好的玻璃片放入鼓风电热恒温干燥箱于 100℃ 下烘干，并存放于干燥器中待用。注意在清洗的过程中用镊子夹住玻璃清洗，不能用手接触玻璃（手上的油脂会污染玻璃）。

6.4.1.2　试剂的选取

根据研究目的和需要，选用四种药剂。一种为阴离子表面活性剂：十二烷基硫酸钠（以下简称试剂 A），另一种为两性表面活性剂：吐温 80（以下简称试剂 B），其他两种为复合型表面活性剂，直接购买油烟清洁剂和洗洁精（以下简称试剂 C 和试剂 D）。

6.4.1.3　操作过程

溶液配制前，先确定一次需用的溶液量，再根据设计的各组分的百分比，计算各组分的质量。为提高实际的精度，每次配液量大于实验用的数据，用分度值为 0.1mg 的光学读数分析天平称量化学试剂，根据制备溶液所要求的顺序，将称好的试剂倒入干燥干净的烧杯中，然后加水搅拌，配制到所需的浓度。具体操作过程：将天平调零，称取十二烷基硫酸钠0.2838g，用量筒量取吐温80，配制成0.01mol/L的溶液，然后将玻璃清洗液和洗洁精各稀释1000倍作为实验复合型表面活性剂。将第二次配好的溶液，再稀释2倍和100倍，便得到了三种稀释的溶液。

在这里采用浸渍提拉法制备透明的薄膜，室温下将处理好的玻璃片浸入溶胶中停留片刻，然后以匀速垂直平稳地提拉上来，于恒温箱100℃下干燥5min，可得到均匀的覆盖膜，在太阳下照射，除涂有油烟清洁剂的玻璃片没条纹出现外，其他试剂都有少数条纹的出现。把粘有试剂的玻璃片同前的放置方式大体一致，即使其在自然的环境下放置6d、7d、23d、33d，让粉尘黏附在玻璃上。用XTH－/VTV光学显微镜观察其黏附粉尘情况，并采用图像显微分析系统进行分析。

6.4.2　实验结果与讨论

6.4.2.1　玻璃表面黏附粉尘的形态特征

图6-15和图6-16的总放大倍数是12倍。图6-15表示表面涂层的浓度为10^{-5} mol/L的玻璃片在7d后粉尘黏附涂有试剂的玻璃后的显微镜图像。

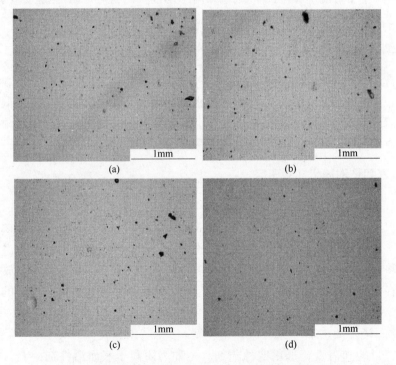

图6-15　试剂涂层玻璃表面7d后黏附粉尘显微图示例

（a）十二烷基硫酸钠玻璃表面黏附粉尘；（b）吐温80玻璃表面黏附粉尘；

（c）油烟清洁剂玻璃表面黏附粉尘；（d）洗洁精玻璃表面黏附粉尘

由于大气粒子粒径分布范围较广，图6-15不同涂层黏附粉尘的粒径差别较大，且有些玻璃表面黏附的粉尘粒径明显大于气溶胶中粒子的粒径。造成此现象的可能原因：（1）因玻璃的吸水性和玻璃表面试剂的亲水性，有可能从空气中吸收水分，且试验是在高湿度情况下进行，湿度比较大时，部分粉尘可能由于吸水后流淌在衬底上，从而黏结在一起使粒径变大，当湿度降低时被固化，使其强烈地附着到衬底上；（2）由于凝并、水合作用，粉尘可能引起化学反应等原因而使粒子的粒径变大；（3）在大颗粒中，有些是含碳的，由于碳的高吸附性黏附了其他颗粒使其粒径变大。由图6-15可以看出，不同的涂层黏附粉尘的粒径颗粒，形状是不相同，这可能除了与大气接触玻璃的偶然性有关以外，还与试剂对玻璃表面改性的作用不同有关。

图6-16为表面涂层的浓度为6×10^{-5}mol/L的玻璃片在33d后粉尘黏附涂有试剂的玻璃的显微镜图像分析图，图上的黑点代表黏附于玻璃表面的粉尘。图上显示不同涂层黏附的玻璃表面粉尘量有明显的差别，但黏附的量都比干净玻璃时要少。对涂有试剂的玻璃表面黏附的粉尘量进行比较，相对而言图6-16（a）和（b），即涂层为十二烷基硫酸钠和吐温80玻璃表面的粉尘黏附量最多，粉尘颗粒较大；图6-16（c）和（d）上，即涂层为油烟清洁剂和洗洁精的玻璃表面时，特别是涂层为油烟清洁剂时，黏附的粉尘量较少，且粉尘的颗粒较小。

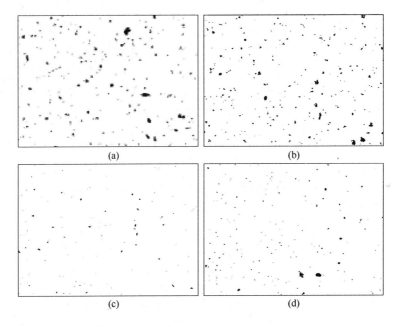

图6-16 33d后涂各种试剂玻璃的粉尘黏附放大图示例

（a）十二烷基硫酸钠玻璃表面显微图；（b）吐温80玻璃表面显微图；
（c）油烟清洁剂玻璃表面显微图；（d）洗洁精玻璃表面显微图

6.4.2.2 粉尘的显微系统粒径分析

采用显微镜分析系统对玻璃表面黏附粉尘进行分析。

A 不同浓度涂层玻璃表面黏附粉尘分析

由于每个人的习惯清洗或擦拭玻璃时使用的洗洁精的量不同，清洗后留在玻璃表面的洗洁精的量也不同，故应对滞留在玻璃表面的不同浓度的药剂进行分析。玻璃表面涂层的浓度分别为：10^{-8}mol/L，5×10^{-6}mol/L，10^{-5}mol/L。把实验玻璃放置7d后，对其进行分析得图6-17和图6-18。

7d后干净玻璃黏附的粉尘颗粒数为350颗，再结合图6-17可看出不同浓度黏附粉尘

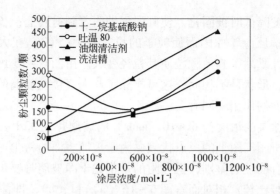

图 6-17　不同浓度涂层的玻璃表面黏附粉尘颗粒数示例

颗粒的区别：浓度比较小时，不同涂层的黏附粉尘量有一定的区别。随着浓度的增加，涂层为油烟清洁剂和洗洁精的玻璃表面黏附的粉尘量增加，油烟清洁剂随着浓度的增加粉尘的黏附量增长得快，而洗洁精相对增长的速度比较慢；十二烷基硫酸钠和吐温 80 涂层的玻璃表面随着涂层液浓度的增加，黏附的粉尘量呈曲线变化，在开始时粉尘的黏附量是有所降低的，过转折点后随着浓度的增加粉尘的黏附量增加。粉尘黏附的量顺序：吐温 80 > 十二烷基硫酸钠。从图上可看出三种涂层：十二烷基硫酸钠、吐温 80、洗洁精在转折点粉尘的数量基本相近。比较无涂层玻璃表面黏附的粉尘量可得出，在浓度比较低时吸附的粉尘量不大于干净玻璃吸附的粉尘量，但随着玻璃在空气中放置的时间的增长，有涂层的玻璃表面粉尘的黏附量大于干净玻璃表面粉尘的黏附量。

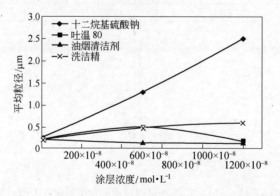

图 6-18　不同浓度涂层的玻璃表面粉尘粒径分布图示例

从图 6-18 可以看出，不同浓度黏附粉尘的平均粒径随着涂层浓度的变化而变化，在涂层浓度很低的情况时粉尘的平均粒径基本上差不多，但随着涂层的浓度增大，不同浓度和涂层的玻璃表面黏附粉尘的平均粒径就开始变化。在图中十二烷基硫酸钠和洗洁精的粉尘是呈增长趋势的；吐温 80 在浓度增大到一定值时，黏附的粉尘粒径开始变小，故其曲线在后来呈下降趋势；而油烟清洁剂黏附的粉尘粒径比较小，主要是黏附颗粒较小的粉尘。有涂层的玻璃表面和无涂层的玻璃表面进行比较可看出，在小浓度时黏附的粉尘粒径差不多，但当其浓度增加，不同涂层在不同浓度下黏附的粉尘粒径就开始变化。十二烷基硫酸钠黏附的粉尘粒径一直是比干净玻璃表面黏附的粉尘粒径大；不同浓度的洗洁精黏附粉尘的粒径与十二烷基硫酸钠黏附的粉尘的粒径规律相似，相对来说其黏附的粉尘粒径比十二烷基硫酸钠小；吐温80的曲线波动比较大，在开始时黏附粉尘的粒径比干净玻璃表面的粒径小，但随着浓度的增加洗洁精黏附粉尘的粒径变小，到后来黏附的粒径小于干净玻璃表面黏附粉尘的粒径；在这里油烟清洁剂黏附粉尘的平均粉粒是最小的。在一般情况下不同浓度涂层的玻璃表面吸附粉尘的粒径大小排序是：阴离子表面活性剂涂层 > 洗洁精涂层 > 无涂层 > 非离子表面活性剂涂层 > 油烟清洁剂涂层。

B 不同采样天数玻璃表面黏附粉尘分析

从图6-19~图6-22中看出，不同涂层黏附的颗粒大部分集中在一个较小的区域，玻璃在空气中静置1~5d时，不同涂层黏附的粉尘粒径的分布范围相对于后面天数玻璃片表面黏附的粉尘分布而言比较分散；7~23d时，粉尘的黏附主要是相对较小的颗粒；以

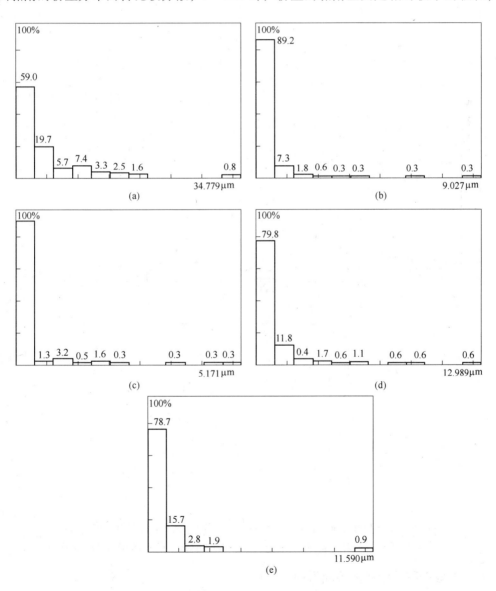

图6-19 不同试剂涂层玻璃表面粉尘浓度分布图示例（采样时间为5d）
（a）涂十二烷基硫酸钠；（b）涂吐温；（c）涂油烟清洁剂；（d）涂洗洁精；（e）无涂层

后随着时间的增加，黏附的粉尘粒径增大，特别是十二烷基硫酸钠和洗洁精，其黏附的大颗粒增加。刚开始放置5d，玻璃表面在大气中黏附的粉尘，油烟清洁剂黏附的粉尘粒径比较集中，92%粉尘都集中在一个区域内；随着时间的增加，玻璃表面吸附的粉尘的颗粒数发生变化，且粉尘的粒度也发生了变化。其吸附的粒径并不随着时间的变化呈现规律性，而是有很大的随机性。

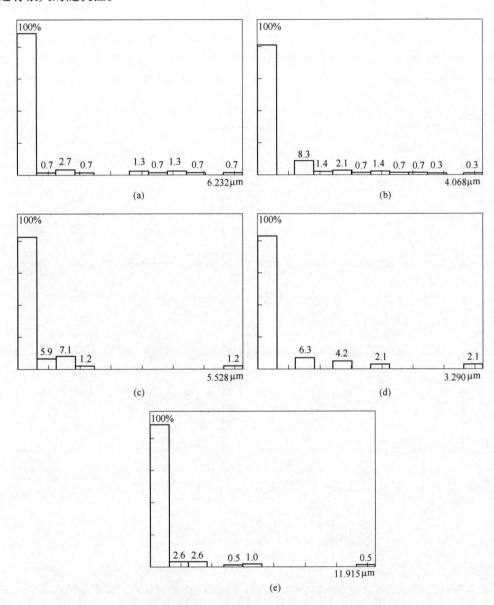

图6-20 不同试剂涂层玻璃表面粉尘浓度分布图示例（采样时间为7d）
(a) 涂十二烷基硫酸钠；(b) 涂吐温；(c) 涂油烟清洁剂；(d) 涂洗洁精；(e) 无涂层

C 粉尘在不同涂层玻璃表面的遮光比

表6-22表示同一浓度 10^{-8} mol/L 不同涂层的玻璃在空气中自然放置一定时间后，黏附粉尘用显微分析系统分析的遮光比。遮光比能把粉尘的颗粒数量与粒径综合起来分析。

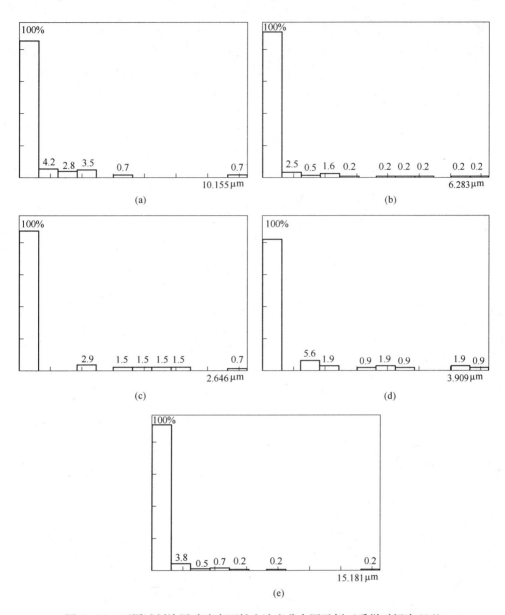

图6-21 不同试剂涂层玻璃表面粉尘浓度分布图示例（采样时间为23d）
（a）涂十二烷基硫酸钠；（b）涂吐温；（c）涂油烟清洁剂；（d）涂洗洁精；（e）无涂层

从整体上来看，没有涂层的玻璃上粉尘的遮光比最大，不同天数的遮光比分别为0.21%（5d）、0.32%（7d）、0.47%（23d）、1.10%（33d）；涂有油烟清洁剂的玻璃上黏附量相对来说比较均匀，且黏附的量也比较少，不同天数的遮光比分别为0.02%（5d）、0.06%（7d）、0.08%（23d）、0.12%（33d）；十二烷基硫酸钠、吐温相对来说处于中间的位置，且黏附粉尘比较均匀，其遮光比也比较均衡；其中变化较大的涂层为洗洁精，在开始时，黏附的粉尘相对较少0.01%（5d）、0.02%（7d）、0.04%（23d），而到最后其遮光比达到0.86%。

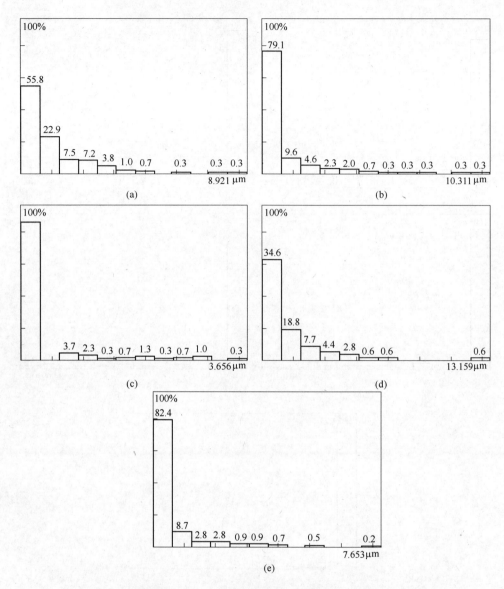

图 6 - 22　不同试剂涂层玻璃表面粉尘浓度分布图示例（采样时间为 33d）

（a）涂十二烷基硫酸钠；（b）涂吐温；（c）涂油烟清洁剂；（d）涂洗洁精；（e）无涂层

表 6 - 22　不同涂层玻璃表面黏附粉尘的遮光比

天　数	十二烷基硫酸钠/%	吐温/%	油烟清洁剂/%	洗洁精/%	无涂层/%
5	0.14	0.12	0.02	0.01	0.21
7	0.19	0.15	0.06	0.02	0.32
23	0.25	0.19	0.08	0.04	0.47
33	0.82	0.79	0.12	0.86	1.10

对表 6 - 22 进行分析得图 6 - 23，各涂层玻璃在空气中静置时间不长时，黏附于各涂层玻璃表面粉尘所产生的遮光比变化不大。但随着玻璃在空气中放置的时间的增长，不同

涂层玻璃表面的黏附粉尘遮光比变化相对较大，表中数据的变化规律在图 6 - 23 中可以直观地看出。

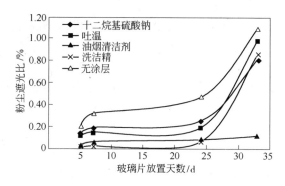

图 6 - 23　不同试剂涂片实验的粉尘遮光比与粉尘沉积时间的关系

6.5　清洗成分减少玻璃表面黏附粉尘研究

玻璃清洁剂用于玻璃门窗等的清洗时，由于不同用途的玻璃，其化学成分，耐酸、碱性不同，所污染污垢的化学成分也不一样，因玻璃清洁剂对不同玻璃污垢的清洗效果不同，故玻璃清洁剂的成分也有所不同。

6.5.1　清洗成分对去污的影响

洗涤剂清洗玻璃时既要求去除玻璃表面污垢又不能损伤玻璃。现一般玻璃洗涤剂的成分为：表面活性剂、溶剂、助剂和其他，故研究清洗成分对清除玻璃表面污垢的影响时，主要是从表面活性剂、溶剂、助剂这三个主要方面进行分析。

6.5.1.1　试剂的选择

玻璃洗涤剂一般应满足：对玻璃外表面的冲洗具有良好的清洗效果，不留痕迹，对玻璃无损伤；所选用的各组分与各种不同型号的玻璃中的成分不应有互溶现象，否则清洗后易使玻璃变"雾"，不易清洗干净；选用的溶剂和助剂挥发性要好，以免清洗后玻璃上留有条纹；不污染周围环境，清洗剂对人体无害。

（1）表面活性剂的选择：通常玻璃上只存在水斑、指纹及灰尘等轻度污垢，一般用低含量表面活性剂即可去除。但为了使玻璃表面保持高度透明，要求清洗后玻璃上残留物少，不形成条纹痕迹，表面活性剂的选择非常重要。阴离子表面活性剂可以起润滑作用，所以选择阴离子表面活性剂和非离子表面活性剂复配，选用十二烷基苯磺酸钠和吐温 80。当复配表面活性剂总量控制在 0.15% ~0.25% 时，就可使去污力达到 98% 以上。如果不加表面活性剂，则去污力不足 50%。

（2）溶剂的选择：溶剂的加入有利于表面活性剂的溶解并有良好的助洗效果，但是如果溶剂选择不当，清洗后玻璃上会留有条纹，清洗效果不好，所以选择挥发性能好的有机溶剂乙醇。以水、乙醇为溶剂。乙醇除具有溶剂的作用外，还可溶解玻璃上的部分污物，起到清洁的作用，但乙醇的量不可过大，否则会引起聚乙烯醇的沉淀。乙醇的量控制在 6.0% ~7.0% 为宜。

（3）助剂的选择：助剂本身没有洗涤能力，但是却可以使表面活性剂的洗涤去污能力得到提高，它们和表面活性剂分子之间发生复杂的相互作用，结果比单独使用表面活性剂时好。这里选用硅酸钠，其有良好的乳化性能，对玻璃表面的润湿作用尤佳。

6.5.1.2 实验研究部分

（1）污垢的选择：由于主要目的是试验清洗剂对不同污染成分的清洗效果，故选择涂于玻璃表面的粉尘要具有不同的性质，亲水的或亲油的，或混合的等。试剂的选择为：植物油（油类物），厨房污渍（以油渍为主的混合物），黑墨水（亲水物），混合物的配制：30%路面粉尘＋10%猪油＋20%厨房污渍＋20%大气降尘＋20%植物油。混合物的配制参考了国内外配制玻璃污物的原则，根据实验的需要配制各种物质的混合物。

（2）仪器及试剂选择：500mL烧杯，玻璃棒，鼓风电热恒温干燥箱，量筒，天平，超声波振动仪；十二烷基苯磺酸钠，化学纯（北京化学试剂公司）；吐温80，化学纯（广州市化学试剂批发部）；乙醇，化学纯（北京化工厂）；硅酸钠，分析纯（湖南师大化学试剂厂）；植物油，厨房污渍，黑墨水，混合物（配制：30%路面粉尘＋10%猪油＋20%厨房污渍＋20%大气降尘＋20%植物油）。

（3）溶液的配制：根据实验的目的和前面试剂的选择，用下列5种混合药剂加水配制200mL的溶液：A：0.4g十二烷基苯磺酸钠；B：0.4g吐温80；C：0.2g十二烷基苯磺酸钠＋0.2g吐温80；D：0.2g十二烷基苯磺酸钠＋0.2g吐温80＋12g乙醇；E：0.2g十二烷基苯磺酸钠＋0.2g吐温80＋12g乙醇＋1g硅酸钠。

（4）实验方法：将放在干燥器皿中的干净玻璃片取出后用天平称重，用刷子在玻璃表面均匀地涂上一层污染物（①厨房污渍；②混合物；③黑墨水；④植物油），于鼓风电热恒温干燥箱在60℃条件下老化24h，可得到均匀的覆盖膜，在空气中静置半小时后用天平称重。把涂有污染物的玻璃浸放在配制好试剂的烧杯中，放入超声波中振动2min后，用水清洗后继续放入鼓风电热恒温干燥箱蒸干水分，然后放在干燥器皿中冷却后称量。

（5）去污力的测定：通常是根据指标条件提供玻璃清洗度的特性。去污力的测定有很多种方法，实验的人根据需要而选用适当的方法，常常用定量法在大量污垢表面相对地测定少量的质量。在这里选用质量法对不同试剂的能力进行评定。去污力计算公式：

$$去污力 = (A_1 - A_2)/(A_1 - A) \times 100\% \tag{6-13}$$

式中，A_1为清洗前玻璃片质量；A_2为清洗后玻璃片质量；A为干净玻璃片质量。

6.5.2 实验结果分析与讨论

通过试验获得表6-23，表中数据显示玻璃表面有不同污染物时，在不同溶液中洗涤前、洗涤后和干净玻璃的质量，代入式（6-13），得到表6-24，即不同清洗成分对玻璃表面污染物的去污力（注：表6-23和表6-24中符号A、B、C、D、E代表含义与上文一致）。

表6-23 玻璃片在不同条件下的质量

溶液	干净玻璃片质量/g				清洗前玻璃片质量/g				清洗后玻璃片质量/g			
	①	②	③	④	①	②	③	④	①	②	③	④
A	4.683	4.063	4.229	4.788	4.846	4.754	4.239	4.838	4.809	4.187	4.231	4.810
B	5.184	5.157	4.846	4.613	5.450	5.528	4.854	4.859	5.353	5.224	4.847	4.768

溶液	干净玻璃片质量/g				清洗前玻璃片质量/g				清洗后玻璃片质量/g			
	①	②	③	④	①	②	③	④	①	②	③	④
C	4.868	5.057	4.897	4.829	5.260	5.125	4.909	5.133	5.007	5.076	4.898	4.993
D	4.446	4.548	3.988	5.070	4.991	4.814	3.996	5.145	4.815	4.600	3.993	5.126
E	4.678	5.062	5.209	4.875	5.143	5.106	5.209	4.995	4.702	5.066	5.215	4.883

表 6 - 24 不同清洗成分对不同污染物的去污力   %

溶 液	①	②	③	④
A	22.7	82.1	80	56.0
B	36.5	81.9	87.5	37.0
C	64.5	72.1	91.6	44.6
D	32.3	80.5	37.5	25.3
E	94.9	90.9	40	93.3

由表 6 - 24 可以看出，清洗成分不同，对同一污染物的清洗效果是不同的；对于同一清洗成分，对不同的污染物也有不同的效果。

清洗污染物为厨房污渍能力最强的是第五种溶液：0.2g 十二烷基苯磺酸钠 + 0.2g 吐温 80 + 12g 乙醇 + 1g 硅酸钠，定量上其去污力为 94.9%，用肉眼来看玻璃表面的污染物基本上清洗干净，光亮度为很光亮；清洗能力最弱的为第一种溶液：0.4g 十二烷基苯磺酸钠，定量上其去污力为 22.7%，用肉眼来看玻璃表面还存在着许多污染物，光亮度为不光亮。

清洗污染物为混合物能力最强的是第五种溶液：0.2g 十二烷基苯磺酸钠 + 0.2g 吐温 80 + 12g 乙醇 + 1g 硅酸钠，定量上其去污力为 90.9%，用肉眼来看玻璃表面的污染物基本上清洗干净，光亮度为比较光亮；清洗能力最弱的为第三种溶液：0.2g 十二烷基苯磺酸钠 + 0.2g 吐温 80，定量上其去污力为 72.1%。

污染物为黑墨水时，清洗能力最强的是第三种溶液：0.2g 十二烷基苯磺酸钠 + 0.2g 吐温 80，定量上其去污力为 91.6%，用肉眼来看玻璃表面基本没有墨水印；清洗能力最弱的为第五种溶液：0.2g 十二烷基苯磺酸钠 + 0.2g 吐温 80 + 12 g 乙醇 + 1 g 硅酸钠，定量上其去污力为 72.1%，看上去上面有大量的墨水印。

污染物为油污时，清洗能力最强的是第五种溶液：0.2g 十二烷基苯磺酸钠 + 0.2g 吐温 80 + 12g 乙醇 + 1g 硅酸钠，定量上其去污力为 93.3%，用肉眼来看玻璃表面基本没有油印；清洗能力最弱的为第二种溶液：0.4g 吐温 80，定量上其去污力为 37.0%，玻璃表面仍留有大量的油渍。

从整体上来看，五种清洗液相对于其他污染物来说，玻璃表面污染物为人工配制的混合物较易清洗，而为纯植物油的清洗效果相对来说比较低。

6.6 清洗作用力对厨房污垢的清洗效果研究

厨房中的污垢主要由油脂及油脂氧化聚合物和附着在空气中的粉尘和微生物组成。厨房中油污洗涤是一个令千家万户非常烦恼的事情，下面主要分析不同作用力对厨房污垢的清洗效果。按清洗作用性质不同可分为化学清洗和机械力清洗，使用玻璃清洗液清洗、手动清洗、超声波清洗和它们共同作用清洗。其中玻璃清洗液的清洗是一种化学清洗，而超声波清洗和手动清洗是一种机械力清洗，通过分析它们对厨房污垢清洗后的效果来分析不同作用力的清洗效果。

6.6.1 清洗效果实验部分

6.6.1.1 实验仪器

鼓风电热恒温干燥箱，数字化电子天平，14 块 50mm×50mm×3mm 的普通平板玻璃，4 块 50mm×5mm 的海绵，1 个 25mL 量筒，1 个 100mL 量筒，4 个 400mL 的烧杯，9 个 250mL 烧杯，5 个大的玻璃皿。

6.6.1.2 实验药品

（1）玻璃清洗液。性状：一种合成品，深蓝色液体，有芳香气味，pH 值为 9~10，带碱性。成分：表面活性剂、碱、有机溶剂、香精等。用途：用于玻璃门窗、汽车挡风玻璃及其他玻璃制品的去污，且不损物品，用后不留痕迹，不损皮肤。

（2）厨房污垢。性状：一种黑色稠状固体混合物，有刺激性气味。来源：厨房吹油烟机的收集盒。

6.6.1.3 溶液的配制

根据实验的目的，在这里配制 4 种不同浓度的溶液。将玻璃清洗液 100mL 稀释到 400mL，40mL 稀释到 400mL，10mL 稀释到 400mL，4mL 稀释到 400mL，加水配成稀释 4 倍、10 倍、40 倍、100 倍的玻璃清洗溶液。

6.6.1.4 实验方法

每三块玻璃片称重后记录放入贴有编号 a_1~a_3、b_1~b_3、c_1~c_3、d_1~d_3，e~g 的玻璃皿中。用小画图刷在玻璃表面均匀地涂上一层厨房污垢，于鼓风电热恒温干燥箱 60℃ 条件下老化 12h，可得到均匀的覆盖膜，在空气中静置 15min 后用天平称重。先分析不同浓度玻璃清洗液对机械作用力清洗效果的影响，再比较不同作用力的效果。

具体操作为：编号 a_1 位置的玻璃片放入装有稀释 4 倍的玻璃清洗剂的烧杯中静泡 2min 后取出，在装有清水的烧杯中来回轻荡几次，去掉上面的清洗剂；编号 a_2 位置的玻璃片放入装有稀释 4 倍的玻璃清洗剂的烧杯中，放入超声波振荡 2min 后取出，然后玻璃片在装有清水的烧杯中来回轻荡几次，去掉上面的清洗剂；编号 a_3 位置的玻璃片放入装有稀释 4 倍的玻璃清洗剂的玻璃皿中，用手用海绵在玻璃上来回轻拭 5 次，取出玻璃片在装有清水的烧杯中来回轻荡几次，去掉上面的清洗剂；编号 b_1，b_2，b_3，c_1，c_2，c_3，d_1，d_2，d_3 的玻璃片清洗方式跟上面 a_1，a_2，a_3 方式基本相同，其中编号中的符号 a 代表放入稀释 4 倍的玻璃清洗液中，b 代表放入稀释 10 倍的玻璃清洗液中，c 代表放入稀释 40 倍的玻璃清洗液中，d 代表放入稀释 100 倍的玻璃清洗液中，1 代表直接用清洗液泡 2min，2 代表用超声波振荡 2min，3 代表用海绵手动清洗，e 代表在无清洗剂的水中浸泡 2min，f 代表纯超声波振荡 2min，g 代表纯手动清洗。清洗后的玻璃都要放回原来编号的玻璃皿中，放入鼓风电热恒温干燥箱在 60℃ 条件下老化 12h，在空气中静置 15min 后用天平称重。

6.6.2　实验结果分析与讨论

6.6.2.1　实验主要结论

用前面的试验方法得出实验数据，然后根据式（6-13），求得不同作用力的除污效果，最后得到表6-25。表中数据显示不同情况下（洗涤前、洗涤后和试验前）玻璃片的质量，即不同作用力下清洗成分对玻璃表面污染物的去除效果。

表6-25　不同清洗作用力的清洗效果

编号	试验前玻璃片质量/g	有涂层玻璃片质量/g	清洗后玻璃片质量/g	总的污垢量/g	清洗掉的污垢量/g	去污率/%
a_1	4.9104	4.9967	4.9424	0.0863	0.0543	62.9
a_2	4.8624	5.014	4.8626	0.1516	0.1514	99.9
a_3	4.5984	4.744	4.6132	0.1456	0.1308	89.8
b_1	4.2714	4.3861	4.3343	0.1147	0.0518	45.2
b_2	5.0141	5.1281	5.0314	0.114	0.0967	84.8
b_3	4.9677	5.0187	4.9818	0.051	0.0369	72.4
c_1	4.8615	4.9304	4.9043	0.0689	0.0261	37.9
c_2	4.2296	4.3315	4.2705	0.1019	0.061	59.6
c_3	4.8381	4.9709	4.8825	0.1328	0.0884	66.6
d_1	4.8452	4.9318	4.9104	0.0866	0.0214	24.7
d_2	5.4496	5.5376	5.4557	0.088	0.0819	93.1
d_3	4.9388	5.0103	4.9683	0.0715	0.042	58.7
e	4.8351	4.9521	4.8421	0.1170	0.007	6.0
f	4.5439	4.6424	4.5834	0.0985	0.0395	40.1
g	5.137	5.2718	5.1552	0.1348	0.0182	13.5

对数据进行分析得图6-24和图6-25，不同作用力对厨房污垢的清洗效果通过图可以一目了然。

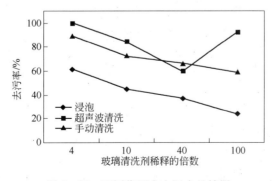

图6-24　不同作用力去污力的结果

通过图6-24不同作用力的作用效果比较，从图上可以看出纯玻璃清洗剂的作用时，即化学结合力的去除效果不是最佳的，当其与其他作用力相结合时，去污效果有很大的改善，可以看出玻璃清洗剂和其他作用力相结合时的去污效果曲线都在其曲线之上。在大部分浓度玻璃清洗剂单独作用时，其对厨房污垢的去除率都在60%以下，与其他作用力相结合时，去污率都在60%以上。

从图上的大体趋势可看出，清洗效果随着清洗浓度的降低而降低，且曲线具有一定的相似性，除手洗的曲线在后半段出现了曲折以外（由于手动清洗力量的大小具有不可控性）。不同浓度下的曲线变化具有相似性，可以说明玻璃上厨房污垢的清洗效果与玻璃清洗剂和其他作用力相结合的力是成正比例关系的，且其相互作用力所达到的效果具有一定的相似性。

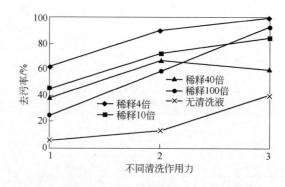

图 6-25 玻璃清洗剂在不同浓度下的作用效果比较
1—玻璃清洗剂直接浸泡；2—使用海绵清洗；3—超声波清洗

可以看出，在同一种作用力下，玻璃表面清洗剂的浓度越高，清洗的效果越好。从图6-25可看出，在刚稀释4倍时，也就是试验浓度最大时，在只有玻璃清洗剂的作用下，也就是只有化学作用力的情况下，清洗的去污率就达到了62.9%，如果加上超声波的振荡效果，去污率达到99.9%，即玻璃上污垢基本上全部被清洗干净。在低浓度时如果没有其他作用力相结合，在纯清洗剂的作用时，其去污率比较低，仅24.7%，即使在超声波的振荡下也只能达到66.6%。

从曲线的变化趋势来看，每一种浓度下的曲线都呈上升的趋势，不过同一浓度的曲线上升趋势不是很快，除了在稀释100倍后，也就是清洗剂的浓度很低的时候，曲线上升的趋势比较快。在这里也可明显地看出，在高浓度的玻璃清洗液中曲线高于低浓度的曲线，且高浓度时与其他机械作用力相结合时曲线的变化趋势具有相似性，但随着浓度的降低，不同机械作用力与玻璃清洗液的结合作用力对厨房油污的清洗效果不尽相同，其中浓度比较低时，机械力起主导作用。

6.6.2.2 实验结论讨论

不同浓度下同一作用力所达到的清洗效果是不相同的，且不同的作用力有不同的清洗效果，这与污垢的性质和不同作用力去除污染物的性质有关。

（1）油垢的组成：厨房污垢的成分很复杂，其主要成分是食用油，特别是不饱和程度很高的植物油，这些油的主要成分是一些结构中存在共轭二烯键的不饱和油脂，这些油脂在高温下能发生氧化聚合反应，和其他油污一起，受到高温后蒸发形成像油漆一样的黏性油垢。除油类和水以外还有固体污垢：空气中的灰尘、食盐、蔬菜、肉类等除油类外的其他可挥发性物质以及炭黑、蛋白质、淀粉和铁锈等。

（2）油垢去除方式：厨房污垢中只有食盐等调味剂、淀粉、蛋白质等非常小的一部分是属于水溶性和分散性物质，这类物质有些不是全水溶性的，但可以分散在大量的水中，在水中可以溶解、分散，借助表面活性剂等可以完全洗净；铁锈、灰尘、炭黑等非水溶无机物，不仅不溶于水，而且大多数也不溶于有机溶剂。对这类无机物，以适当的表面活性剂和机械力处理，就可以使它们脱离玻璃表面，分散、悬浮在洗涤液中；像动植物油等非水溶非活性有机物不溶于水，但能溶于某些有机溶剂和碱类物质，所以可以利用溶剂介质和化学反应把它们溶解除掉。厨房污垢中大部分为非水溶非活性有机物，故用有机溶剂和碱类物质可清洗掉大部分厨房污垢。

（3）不同作用力对厨房污垢的去污分析[223]：前面试验中在只有玻璃清洗剂的作用的情况下，对厨房污垢去污率有 62.5%。由前面不同清洗成分对不同物质的去污效果的比较中可以得知，不同清洗成分对污染物的清洗效果是不同的，且同一种清洗成分对不同物质清洗效果也不一样。玻璃清洗液对于黏附于玻璃表面的厨房污垢的清洗一方面是表面活性剂在厨房污垢固体质点及基质表面的吸附，然后利用卷缩机理把厨房污垢去除，另一方面是由于碱类物质与厨房污垢中油类物质反应生成能溶于水的物质，故玻璃清洗剂在没有其他作用力的作用下也能除掉玻璃表面的大部分污垢。

试验中原玻璃清洗剂加上其他作用力后去污力效果比玻璃清洗剂单独作用时效果要好，特别是玻璃清洗剂稀释 4 倍后加上超声波的振荡效果，对厨房污垢去污率达到99.9%。因为厨房污渍是以固体的形式在玻璃表面黏附，玻璃清洗液很难涌入到污垢质点与玻璃表面之间，不能把玻璃表面、污垢两者之间完全润湿，所以机械作用力的加入帮助了玻璃清洗液的渗透，从而减弱玻璃表面与污垢之间的结合力，使污垢易于脱离。

6.7 本章小结

本章重点针对玻璃的保洁，使用光学显微镜系统和激光粒度分析仪等仪器对玻璃表面粉尘进行分析和研究。玻璃表面污染物和残留清洗剂都会使玻璃表面性质发生改变，会对粉尘的黏附产生影响。玻璃表面有污染物后会有利于玻璃表面粉尘的黏附；残留清洗剂浓度的不同对玻璃片吸附粉尘的影响是不同的。玻璃放置的角度不同时，玻璃表面黏附的粉尘分布有不同的规律：垂直放置的玻璃片黏附的粉尘少、洁净度相对高。玻璃表面黏附粉尘的平均粒径呈曲线变化，曲线转折点的时间基本相同，在转折点以前呈下降趋势，转折点以后呈上升趋势。不同湿度对玻璃表面黏附的粉尘形状、粉尘数量和粒径影响很大。不同清洗成分对玻璃表面的污染物的清洗效果不同，清洗剂对不同类别的粉尘的清洗效果也不相同，应根据实际情况选择合适清洁剂。不同作用力对厨房污垢清洗效果不同，在低浓度时机械力起主导作用，随着玻璃清洗液浓度的升高，化学力与机械力相结合使玻璃表面的去污率有很大的提高，且去污率的变化曲线具有相似性。

7 漆面表面微颗粒黏附及保洁实验

研究漆面材料表面保洁首先要了解什么是漆面。漆面是一直被沿用下来的名称,它们统称为涂料。而涂料是以高分子材料为主体,以有机溶剂、水或空气为分散介质的多种物质的混合物。该物质涂于物体表面可形成一层致密、连续、均匀的薄膜,对于基体具有保护、装饰或其他作用。高分子材料是形成涂膜、决定涂膜性质的主要物质,称为主要成膜物。由于早期的主要成膜物质是植物油或天然树脂漆,所以常把涂料称作油漆。现在合成树脂已大部分或全部取代了天然植物油或天然树脂漆,所以统称为涂料。但是具体的涂料品种名称中有时还沿用"漆"字表示涂料,如调和漆、磁漆等。

涂料与漆的简单定义如下:涂料主要指应用到表面,形成一种装饰、保护或特殊功能(如防腐蚀、绝缘性、标志等)的固态涂膜的一类液体或固体材料的总称。具有流动性的液体涂料称为漆。油漆则是以有机溶剂为介质或高固体、无溶剂的油性漆。水性漆则是指可用水溶解或用水分散的涂料。

7.1 漆面材料表面保洁实验研究

7.1.1 漆面涂料成分及分类[224]

人们生产了很多不同的涂料,但是就其组分而言,都是由以下部分组成的。

涂料 { 成膜物 { 油脂 / 高分子材料(树脂) / 不挥发的活性稀释剂 / 溶剂(有机物、水) / 颜料、填料 / 助剂 }

涂料中的各种组成成分在涂料中的地位不同,一旦涂料施工成膜,有机溶剂和水等物质就会逐渐挥发到空气中去,并不留在涂膜中,一定要考虑挥发物对环境、人类健康的危害。

7.1.2 漆面涂装制备工艺[225]

为使物体表面保持清洁,可对表面进行改性,如制备保洁涂层,而使涂料在被涂的表面形成涂膜的全部工艺过程称为涂装工艺。具体的涂装工艺要根据工件的材质、形状、使用要求、涂装用工具、涂装时的环境、生产成本等加以合理选用。涂装工艺的一般工序是:涂前表面预处理—涂布—干燥固化。本章试验主要采用物理干燥法,使用真空干燥箱进行制备。

7.1.3 漆面涂层体系设计[226]

涂层设计是指以临界表面张力（γ_c）为参数而对涂布液在固体表面上的铺展情况进行判断。设涂布液的表面张力为 γ_1，当 $\gamma_1 > \gamma_c$，涂布液难以湿润固体表面，涂布液铺层不良，严重影响涂层效果；当 $\gamma_1 < \gamma_c$，涂布液易于湿润固体表面，可进行涂层设计。所以，涂层设计须遵循基本原则：选择的涂敷剂的表面张力要小于待改性的聚合物的临界表面张力。由于固体的临界表面张力 γ_c 越小，能在此固体上铺展的液滴就越少，这种固体的湿润性就越差。为使涂布表面 γ_c 尽可能的大，必须预先对涂布的聚合物表面进行改性。

为了得到均一的涂层，要求涂布液能同样润湿聚合物表面。涂布液涂敷的体系包括将涂敷剂溶于有机溶剂或水的溶液体系、热熔融树脂体系、紫外线引发的固化树脂无溶剂体系等。涂布方式有印刷涂油、直接辊涂、气动刮涂、金属丝刷涂布等。总之，可根据涂布的目的而选择涂布液和涂布方式。除上述之外，还要考虑涂层和聚合物表面的残留应力，只有降低残留应力，且不让残留应力集中在局部表面，涂层和聚合物表面才能紧密粘接。涂层配方设计的基本程序如图 7 - 1 所示。

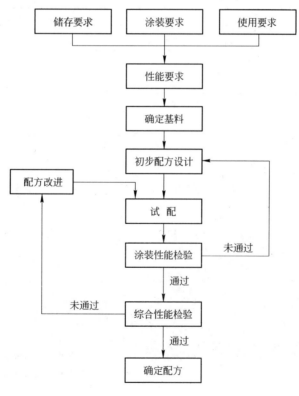

图 7 - 1　配方设计的基本程序

7.1.4 漆面涂层实验设计

7.1.4.1 实验仪器
电子分析天平、烧瓶、烧杯、玻璃棒、玻璃基片、6531 型电动搅拌机、电热恒温水浴锅、真空干燥箱、光学显微镜分析系统（三目生物显微镜、显微图像分析软件、专用高清晰度彩色摄像头、CCD 彩色摄像头光学接口、数字动态采集卡、彩色喷墨打印机、微机等）。

7.1.4.2 实验试剂

实验试剂可选用北京金汇应用化工制品有限公司提供的玻璃清漆和氨基清漆、偶联剂、固化剂和自干树脂，济南银丰硅制品有限责任公司提供的硅溶胶，伊宁美克化工（天津市）有限公司提供的消泡剂，舟山天元纳米科技有限公司提供的纳米二氧化钛、纳米二氧化硅、纳米二氧化锌。

按上述涂料配方制备涂料，为提高实际的精度，每次配液量大于试验用的数据，用分度值为 0.1mg 的光学读数分析天平称量化学试剂，根据制备涂层所要求的顺序，将称好的物质倒入干燥干净的烧杯中，然后加试剂搅拌，配制所需的质量百分比。当成功制备出所需涂料后，确定涂敷量并用刷子涂敷的方法将其涂敷到基板上，然后放入真空干燥箱中烘干，用显微镜观察表面结构形态。一些物质的表面张力如表 7-1 所示。

表 7-1 一些物质的表面张力

物　质	温度/℃	表面张力 γ/mN·m^{-1}
水	20	72.8
醋酸	20	27.6
丙酮	20	23.7
乙醇	20	22.3
聚二甲基硅氧烷	20	19.8

7.1.4.3 漆面涂层制备

根据上述制备保洁涂层的结构程序图，结合实验条件进行了试验，试验试剂及成膜图片如图 7-2 所示。

图 7-2 试验试剂及成膜图片

（1）玻片的清洗：玻片要彻底清洗，首先要用自来水清洗，之后依次用稀盐酸、稀氨水清洗，最后用蒸馏水清洗两次。将洗好的玻片放入真空干燥箱中120℃下干燥，备用。

（2）基片的制备：将玻璃清漆、固化剂和偶联剂按照100∶8.5∶1.5的比例调制混合均匀，涂在玻片上放入真空干燥箱中160℃下烘烤半小时，备用。另外，该玻璃烤漆不含流平剂，便于其他涂层的涂敷。

（3）涂膜的制备：称取一定量的自干树脂与0.5g纳米SiO_2混合，高速搅拌半小时，涂在玻璃烤漆上，编号为AB。另取10g自干树脂与0.015g纳米SiO_2混合，在45℃下高速搅拌半小时，涂在玻璃烤漆上，编号为3；再称取约25g自干树脂与0.05g纳米TiO_2，高速搅拌半小时，静置待用。

玻璃烤漆玻片编号为1、2、3、4、5各2片。编号1作为对比玻片，编号2只涂自干树脂，编号3涂配制好的自干树脂和纳米SiO_2，编号4玻片上涂调制好的自干树脂和纳米TiO_2，编号5上涂自干树脂、纳米SiO_2和纳米TiO_2，放入真空干燥箱中80℃下干燥20min。然后，将干燥后的编号为1、2、3、4、5的玻片分成两份，分别以45°倾角和65°倾角静置在实验室自然通风条件下，每隔10d用光学显微分析系统观察表面粘尘情况。

观察方法：以一点为中心，在x轴和y轴方向上除中心点外等距离分别选2个点，共5点，这样能将垂直和水平方向上位置不同的影响降到最低。测点布置如图7-3所示，坐标值是该光学显微分析系统中三目生物显微镜游标卡尺上x轴和y轴上的刻度值。经过分析整理，得到相关数据如表7-2~表7-5所示。

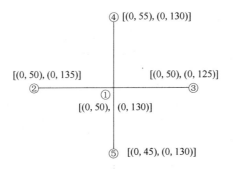

图7-3 玻片表面测点布置示意图

两次所测获得45°角放置的样品表面黏附粉尘个数、平均直径和平均等效直径，如表7-2和表7-3所示。

表7-2 第一次测得45°倾角上放置的样品粉尘参数

样品编号	指标参数	玻片不同测点标号				
		①	②	③	④	⑤
1	粉尘个数/颗	142	173	124	163	113
	平均直径/μm	3.645093	4.350838	4.827979	4.596982	4.117088
	平均等效直径/μm	3.9893	4.7844	5.2876	4.6279	5.3942
	所占比例/%	0.968	1.271	1.241	1.305	1.008

续表7-2

样品编号	指标参数	玻片不同测点标号				
		①	②	③	④	⑤
2	粉尘个数/颗	164	185	156	182	162
	平均直径/μm	3.164914	4.333569	3.770339	3.952962	3.038149
	平均等效直径/μm	4.0617	4.0617	4.0617	4.408	4.1119
	所占比例/%	0.817	1.424	1.078	1.157	0.798
3	粉尘个数/颗	144	157	143	147	141
	平均直径/μm	2.863064	2.698592	3.180187	2.754784	3.413714
	平均等效直径/μm	4.1665	3.8261	4.3185	3.9229	4.093
	所占比例/%	0.797	0.686	0.846	0.789	0.774
4	粉尘个数/颗	478	696	407	643	527
	平均直径/μm	4.283109	4.162092	8.226116	4.619923	4.196213
	平均等效直径/μm	3.9031	3.5311	4.1515	3.5802	3.5296
	所占比例/%	2.279	2.679	3.863	2.675	2.18
5a	粉尘个数/颗	273	332	331	283	425
	平均直径/μm	4.226985	4.5939	4.0399	4.302456	3.5033
	平均等效直径/μm	3.9134	3.7041	3.5499	3.6343	3.3511
	所占比例/%	1.409	1.709	1.447	1.431	1.544
B	粉尘个数/颗	146	163	92	142	107
	平均直径/μm	4.2338	4.169386	4.343835	3.07259	5.331383
	平均等效直径/μm	4.3233	4.328196	5.674434	4.345417	5.099074
	所占比例/%	1.139	1.204	0.971	0.812	1.29

表7-3 第二次测得45°倾角上放置的样品粉尘参数

样品编号	指标参数	玻片不同测点标号				
		①	②	③	④	⑤
1	粉尘个数/颗	305	243	239	239	225
	平均直径/μm	4.376415	4.378198	5.136297	4.898159	7.444997
	平均等效直径/μm	4.275013	4.594605	4.401392	4.391664	5.25772
	所占比例/%	1.736	1.563	1.689	1.587	2.82
2	粉尘个数/颗	240	252	200	184	199
	平均直径/μm	4.766342	5.246367	4.834	6.735689	7.846722
	平均等效直径/μm	4.393357	4.785451	4.667625	5.553258	5.089466
	所占比例/%	1.582	1.893	1.544	2.274	2.508
3	粉尘个数/颗	153	217	194	159	177
	平均直径/μm	4.22526	4.894021	5.354016	4.04727	4.689587
	平均等效直径/μm	4.556457	4.676486	5.015538	4.514886	4.520107
	所占比例/%	1.27	1.642	2.117	1.046	1.331

续表 7-3

样品编号	指 标 参 数	玻片不同测点标号				
		①	②	③	④	⑤
4	粉尘个数/颗	733	1336	640	704	571
	平均直径/μm	4.200227	4.790241	4.79873	4.267763	5.826624
	平均等效直径/μm	3.512381	3.644579	3.610375	3.653569	3.910857
	所占比例/%	2.819	3.518	3.069	2.851	3.378
5a	粉尘个数/颗	205	396	346	382	342
	平均直径/μm	5.320861	4.957238	4.346509	5.264645	4.924538
	平均等效直径/μm	4.918664	3.820866	3.585058	3.638529	3.775842
	所占比例/%	1.807	2.233	1.593	2.099	1.862
B	粉尘个数/颗	223	199	187	208	200
	平均直径/μm	4.596856	4.979589	5.183893	3.722096	6.194436
	平均等效直径/μm	4.413968	4.655553	4.851614	4.304	5.28145
	所占比例/%	1.545	1.613	1.558	1.242	2.141

根据以上实验数据整理得到如下变化曲线，如图 7-4 所示。

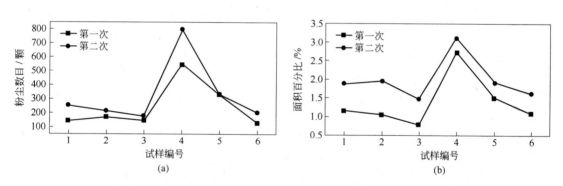

图 7-4 不同试样 45°倾角基片上黏附粉尘数目及所占面积百分比
（编号 5 代表 5a，6 代表 B）

两次实验测得 65°角放置的样品上的粉尘个数、平均直径和平均等效直径，如表 7-4 和表 7-5 所示。

表 7-4 第一次测得 65°倾角上放置的样品粉尘参数

样品编号	指 标 参 数	玻片不同测点标号				
		①	②	③	④	⑤
1	粉尘个数/颗	137	129	122	153	149
	平均直径/μm	3.155409	2.254614	3.549411	3.496515	4.408051
	平均等效直径/μm	4.353919	4.025557	4.677222	4.001746	4.732282
	所占比例/%	0.769	0.646	0.912	0.864	1.184

样品编号	指标参数	玻片不同测点标号				
		①	②	③	④	⑤
2	粉尘个数/颗	142	169	130	141	114
	平均直径/μm	5.185655	4.251062	5.379841	3.032338	4.360593
	平均等效直径/μm	5.271163	4.695644	5.505877	4.358504	4.941043
	所占比例/%	1.398	1.243	1.452	0.786	1.069
3	粉尘个数/颗	245	115	122	121	138
	平均直径/μm	3.624763	3.612422	3.644174	3.750913	3.641788
	平均等效直径/μm	4.430305	4.717818	4.730958	4.630074	4.269064
	所占比例/%	0.676	0.907	0.941	0.935	0.967
4	粉尘个数/颗	627	706	651	662	512
	平均直径/μm	5.585482	4.339102	3.723796	4.192776	4.008339
	平均等效直径/μm	3.510827	3.397491	3.276439	3.541941	3.402411
	所占比例/%	3.353	2.875	2.137	2.822	1.88
5b	粉尘个数/颗	135	111	134	101	112
	平均直径/μm	3.932513	7.017065	3.49472	2.730266	2.803428
	平均等效直径/μm	3.90386	5.171568	4.365172	4.275812	4.093884
	所占比例/%	1.132	1.707	0.922	0.671	0.613
A	粉尘个数/颗	67	115	133	161	113
	平均直径/μm	3.582511	3.122415	4.174506	3.023154	3.423705
	平均等效直径/μm	5.776284	4.6084	4.6819	4.1053	4.997622
	所占比例/%	0.759	0.761	1.072	0.955	1.042

表7-5 第二次测得65°倾角上放置的样品粉尘参数

样品编号	指标参数	玻片不同测点标号				
		①	②	③	④	⑤
1	粉尘个数/颗	236	186	208	175	202
	平均直径/μm	4.853925	5.21157	4.851597	4.403438	4.821205
	平均等效直径/μm	4.604554	4.651499	4.694429	4.584788	4.901464
	所占比例/%	1.879	1.577	1.632	1.265	1.714
2	粉尘个数/颗	180	170	165	239	205
	平均直径/μm	5.050714	5.119776	6.345624	3.996699	5.337294
	平均等效直径/μm	4.858099	5.528969	5.723825	4.26705	4.612369
	所占比例/%	1.563	1.667	2.117	1.342	1.634
3	粉尘个数/颗	136	201	161	230	139
	平均直径/μm	5.160583	4.43235	4.330565	4.7521	4.906591
	平均等效直径/μm	4.681448	4.553627	4.821311	4.510961	4.869014
	所占比例/%	1.305	1.382	1.296	1.699	1.272

样品编号	指 标 参 数	玻片不同测点标号				
		①	②	③	④	⑤
4	粉尘个数/颗	493	546	654	534	532
	平均直径/μm	6.357452	4.72094	4.68328	5.201362	5.195039
	平均等效直径/μm	3.855887	3.562757	3.639412	3.672987	3.878442
	所占比例/%	3.334	2.479	2.922	2.315	2.993
5b	粉尘个数/颗	178	179	201	222	131
	平均直径/μm	3.764247	4.278695	4.176818	4.074729	5.098839
	平均等效直径/μm	4.118948	5.096173	4.359426	3.841823	4.932085
	所占比例/%	1.067	2.568	1.4	1.337	1.291
A	粉尘个数/颗	118	238	188	142	116
	平均直径/μm	7.657	6.437477	4.672784	4.384881	5.332735
	平均等效直径/μm	6.0615	4.727799	4.634336	4.2633	5.828328
	所占比例/%	2.187	2.425	1.421	1.036	1.376

根据以上实验数据整理得到如下变化曲线，如图 7 – 5 所示。

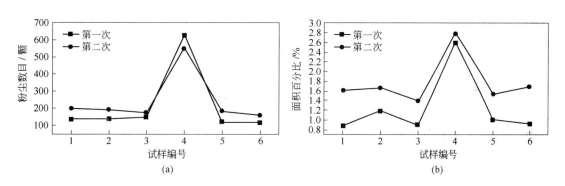

(a)　　　　　　　　　　　　　　　(b)

图 7 – 5　不同试样 65°倾角基片上黏附粉尘数目及所占面积百分比
（编号 5 代表 5b，6 代表 A）

经过两次相等时间间隔的观察分析，由实验数据可知，倾角的大小对表面黏附粉尘的情况有一定的影响，倾角越大，黏附的粉尘数量相对越少。经过相等时间间隔的分析结果表明，漆面上粉尘的数量并不是呈正比增长，且增幅并不是很大，这说明纳米材料要表现出表面活性需要一定的时间，一般在 15～20d 左右。对两次分析的数据进行对比发现，虽然粉尘颗粒数目增长不大，但是两次测得的颗粒的"平均直径"和"平均等效直径"数值，第二次的均比第一次测得的数值大，这说明，后来黏附的粉尘有可能与之前的粉尘发生了凝聚，颗粒由小变大。

另外，由于选择的漆面材料为玻璃烤漆，其本身耐沾污性能较好，所以涂有自干树脂与纳米 TiO_2、自干树脂与纳米 TiO_2 和纳米 SiO_2 的涂层（编号为 4、5）表面比只涂有玻璃清漆（编号 1）的对比表面黏附粉尘要多，其中涂有自干树脂与纳米 TiO_2（编号 4）的表面黏附粉尘最多，其次为编号 5 表面，这也说明亲水性的纳米 TiO_2 的耐沾污性能要低于纳米 SiO_2。在表面涂有自干树脂、自干树脂与纳米 SiO_2（编号分别为 2、3）的漆面，第一次分析时编号 2、3 上黏附的粉尘均比编号 1 上黏附的粉尘数量多，但编号 3 上粉尘所占面积百分比最小。当第二次分析时发现，编号 2、3 上黏附的粉尘均比编号 1 上黏附的粉尘少，且编号 3 上的粉尘少于编号 2 上黏附的粉尘数。

在各类涂料中添加纳米 SiO_2 可使其抗老化性能、光洁度及强度成倍地提高，涂料的质量和档次自然升级。因纳米 SiO_2 是一种抗紫外线辐射材料（即抗老化），加之其极微小颗粒的比表面积大，能在涂料干燥时很快形成网络结构，同时增加涂料的强度和光洁度。对于纳米 TiO_2 光催化作用只有在户外才能进行，因为紫外线辐射和湿度是光催化作用所必需的，以保持长久的亲水表面，如具有锐钛矿结构的二氧化钛在 380nm 的紫外线光波下表现活跃。

对比编号 3 与编号 A（B），其中编号为 A（B）的漆面黏附的粉尘数目比编号 3（自干树脂与纳米 SiO_2）还要少，在上述 6 种表面中，保洁效果最佳。此外可知，温度和纳米 SiO_2 的用量对漆面保洁有很大的作用。涂层保洁的关键取决于纳米 SiO_2 的用量，不能太少也不能太多，太少保洁效果不是很明显，用量太多液体很稠影响涂刷，且用量太多时保洁效果变化不大。这也说明，当其他因素恒定时，仅仅通过改变涂料中聚集体颗粒的大小来改变表面粗糙度时，对积尘沾污没有影响或者影响不大。

7.1.5 表面活性剂对漆面耐污性能影响研究

将玻璃烤漆、固化剂和偶联剂按照 100:8.5:1.5 的比例调制混合均匀，平均分成 5 份，每份的质量为 4.5g，其中一份不添加任何物质，作为对比参照。向其余 4 份滴加浓度为 0.1% 的氟表面活性剂，分别为 2 滴全氟 Lso – 100、3 滴全氟 Lso – 100、3 滴全氟聚醚 Le – 180、3 滴 Le – 430，相应编号分别定为 Ⅰ、Ⅱ、Ⅲ、Ⅳ、Ⅴ，其中表面活性剂的相关参数如表 7 – 6 所示，滴加表面活性剂均使用容积为 30mL 白滴瓶滴管滴加，下同。

表 7 – 6　氟表面活性剂的参数、性质及应用

活性剂	物理参数	性　质	应　用
Lso – 100	外观：棕色蜡状或浆状物 pH 值：6 < pH < 8 溶解度：在水和甲基氯仿、甲苯、异丙醇和甲醇、丙酮、醋酸乙酯和四氢呋喃中，>2%，不溶于正庚烷 相对密度（25℃）：1.35 表面张力（25℃时在去离子水中）：0.001% 活性含量时为 $24 \times 10^{-5} N/cm$；在 0.01% 活性组分中为 $23 \times 10^{-5} N/cm$	一种溶于水的不含任何溶剂的乙氧基化非离子氟表面活性剂。 由于不含溶剂，所以 Lso – 100 对提高有机聚合物和溶剂型油漆涂料的内部润滑特别有效。 Lso – 100 能从聚合物、填缝剂和溶剂型油漆涂料的内部扩散到表面以提供很强的耐候性、耐染污及紫外光稳定性	制版印刷：提高颜料在油墨中的相容性，改善印刷设备中的筒体寿命和印刷清晰度。 油漆涂料：改善抗染污，防雾和耐紫外光功能，与大多数水性、溶剂型油漆涂料相溶。 聚合物：内用润滑剂、防雾，减少增塑剂迁移，作为填料用耦合剂，耐紫外线，防染污。 黏结剂：增黏剂改性，改善润湿，与大多数水性或溶剂型黏结剂相溶。 蜡及抛光剂：改善润湿，增进流平，减少缩孔，主要应用于金属加工与电子制作行业，改善电路板蚀刻效能，可作为电镀槽助剂及电池防锈剂

活性剂	物 理 参 数	性 质	应 用
Le - 430	外观：黄色黏稠液体 密度（g/cm³）：1.17 闪点：>82℃ 沸点：200℃ 表面张力：21×10⁻⁵N/cm（0.1%）	非离子型含氟表面活性剂； 高表面活性，高热稳定性 和化学稳定性；优异的防污 能力，改善涂料的润湿性、 渗透性	降低油漆表面张力，改善油漆的流平 和润湿性，同时氟碳链对油污和毛细孔 的渗透性强，可以提高油漆、油墨的附 着力，避免漆膜表面有刷痕、缩孔、流 挂的现象。在油漆固化后，氟碳链能有 规则地排布在涂层表面，使油漆具有极 低的表面能，同时降低表面的摩擦系数
Le - 180	外观：棕黄色液体 含量：≥97% 表面张力：19×10⁻⁵N/cm（0.05% 水溶液） 溶解度：可溶于水，水中溶解度不 小于3%；亦能溶于醇类、三氯甲烷、 酮类等，难溶于正己烷、乙醚等	全氟碳类聚醚，非离 子型； 化学稳定性高，耐酸耐碱； 耐热性能好，适用于高温 体系	极高的表面活性，添加少量即能极大 地降低表面张力，提高表面活性； 改善涂料、油墨等的润湿性、渗透 性；能促进溶液在金属表面、塑料表面 的铺展。 具有抗油污防灰尘的性能，可添加于 聚氨酯、丙烯酸等乳液涂料体系中

将编号分别为Ⅰ、Ⅱ、Ⅲ、Ⅳ、Ⅴ的基片倾斜一定角度在实验室自然通风条件下放置3~4d，均为晴天，平均温度为23℃，平均湿度为95%。同之前分析方法相同，用光学显微分析系统对每个玻片选择5个点进行分析。分析结果如表7-7所示。

表7-7　加入不同湿润剂的玻璃烤漆基片表面粘尘参数实验示例

样品编号	指 标 参 数	玻片不同测点标号				
		①	②	③	④	⑤
Ⅰ	粉尘个数/颗	42	40	43	38	27
	平均直径/μm	1.04152	5.35214	1.33225	4.01225	3.41876
	平均等效直径/μm	4.2113	8.2151	4.872	6.2197	6.9264
	所占比例/%	0.357	1.057	0.438	0.653	0.549
Ⅱ	粉尘个数/颗	29	38	51	31	20
	平均直径/μm	1.3608	1.84622	4.18455	2.41547	2.68987
	平均等效直径/μm	5.2358	5.3131	6.923	6.3004	8.2177
	所占比例/%	0.278	0.42	0.88	0.497	0.438
Ⅲ	粉尘个数/颗	25	29	47	31	46
	平均直径/μm	3.15409	1.8219	2.26152	2.54435	4.73034
	平均等效直径/μm	7.6741	5.7005	4.8433	6.8561	6.8027
	所占比例/%	0.505	0.375	0.459	0.431	0.816
Ⅳ	粉尘个数/颗	38	28	32	31	42
	平均直径/μm	2.84473	4.36518	2.44431	3.15249	3.54935
	平均等效直径/μm	6.2605	7.6853	5.9028	7.2659	6.5928
	所占比例/%	0.481	0.656	0.403	0.524	0.732

续表7-7

样品编号	指标参数	玻片不同测点标号				
		①	②	③	④	⑤
V	粉尘个数/颗	37	32	38	39	36
	平均直径/μm	3.04026	5.59042	3.70733	4.81457	3.50873
	平均等效直径/μm	6.2452	8.3571	6.1111	7.5905	6.9653
	所占比例/%	0.506	0.853	0.674	1.117	0.604

测试试样黏附粉尘数目及粉尘所占面积百分比如图7-6所示。

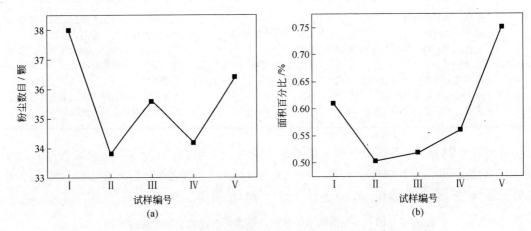

图7-6 试样黏附粉尘数目及粉尘所占面积百分比

由上述数据分析可知,加入浓度为 0.1% 的 Lso-100、Le-180 氟表面活性剂的清漆表面的耐沾污性质要比未加入活性剂的清漆好,且 Lso-100 的保洁效果优于 Le-180。滴入 2 滴 Lso-100 氟表面活性剂比滴入 3 滴的保洁效果好,说明表面活性剂可以提高表面耐沾污性,但其用量要适量,太多或太少都会影响表面性能。

称取 4.5g 普通清漆 5 份,分别加入浓度为 0.2%、0.4% 的十二烷基苯磺酸钠,0.05% 的 Lso-100、Le-180、Le-430;3 份等质量的清漆分别加入浓度为 0.1% 的 Lso-100、Le-180、Le-430,且加入量不同,在自然通风下静置 5d,期间平均温度约为 24℃,湿度范围为 83%~93%。详见表 7-8。

表7-8 不同表面活性剂的普通清漆表面粘尘情况

样品编号	指标参数	玻片不同测点标号				
		①	②	③	④	⑤
清漆（I）	粉尘个数/颗	54	56	47	45	58
	平均直径/μm	1.547376	1.432938	2.460375	1.675189	1.570258
	平均等效直径/μm	4.2774	4.32	5.2057	5.0723	4.3427
	所占比例/%	0.342	0.337	0.415	0.375	0.361
SDBS 0.28（II）	粉尘个数/颗	47	36	42	47	53
	平均直径/μm	2.00491	1.35752	1.420376	1.853137	2.229593
	平均等效直径/μm	5.1546	4.8175	3.9802	4.6314	4.9871
	所占比例/%	0.391	0.291	0.241	0.378	0.422

续表 7-8

样品编号	指标参数	玻片不同测点标号				
		①	②	③	④	⑤
SDBS 0.23 (Ⅲ)	粉尘个数/颗	50	45	46	62	51
	平均直径/μm	2.824558	2.07231	1.061357	1.879764	2.4278
	平均等效直径/μm	4.79015	5.0985	3.9893	4.5364	5.1317
	所占比例/%	0.292	0.505	0.262	0.392	0.458

注：SDBS 为十二烷基苯磺酸钠。

测试试样黏附粉尘所占面积百分比如图 7-7 所示。

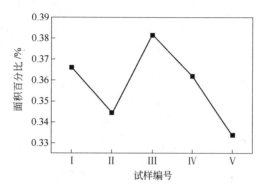

图 7-7　加入 SDBS 的普通清漆表面黏附粉尘百分比

观察结果经比较，只有加入一定量的浓度为 0.2% 的十二烷基苯磺酸钠的清漆和加入浓度为 0.4% 的 SDBS 的清漆表面黏附的粉尘比普通清漆黏附粉尘的数量及所占面积百分比小。加入 3 滴 SDBS 的清漆虽然粉尘数目也比对比清漆少，但是粉尘所占面积百分比却比对比清漆大。经过两次不同浓度的氟表面活性剂对比，证明浓度为 0.1% 的氟表面活性剂的耐沾污性比浓度为 0.05% 的耐沾污性强。但是两者都没有 SDBS 的耐沾污性能好。

7.2　轿车漆面粘尘实验分析及研究

轿车已经成为人们日常生活中必不可少的一部分，但轿车表面的清洁保养是人们不可忽略的问题，要分析轿车表面主要污染部位及原因，首先要清楚轿车行驶过程中的气流流谱（图 7-8）及压力分布（图 7-9）情况[227]。

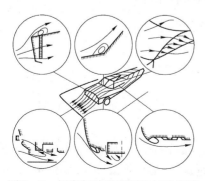

图 7-8　轿车行驶时周围的气流流谱

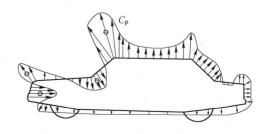

图 7-9　轿车行驶时表面的压力分布

由图7-8可以看出，在发动机罩前部的上边缘、前挡风玻璃与发动机罩连接处、前挡风玻璃两侧的边柱处、前保险杠下部、轮胎外侧以及侧窗边框，均有一个局部气流分离区，与周围的气压相比这些部位的气压相对较低。

由轿车行驶时表面压力分布可以看出，轿车顶部气压低于底部气压，所以轿车底部气流定会经轿车两侧流向顶部，从而带起地面上的尘土。此外，气流在轿车尾部形成尾涡，为负压区，更易黏附粉尘。

7.2.1 轿车表面所受空气动力及表面速度分析

轿车表面所承受的空气动力如图7-10所示，x、y、z轴上分别承受的3个分力以及3个力矩[228]分别为：空气阻力F_x、横向力F_y、升力F_z及侧倾力矩M_x、俯仰力矩M_y、横摆力矩M_z，其中，F_y、F_z、M_x、M_z对轿车运动性能等有较显著影响。

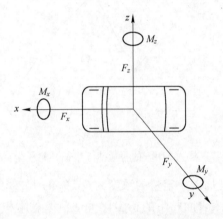

图7-10 作用于轿车上的空气动力

7.2.1.1 轿车表面压力

轿车车身表面主要污染部位在车头、发动机罩与挡风玻璃转折处、侧壁、车尾，因为空气流经此处时，气流分离，形成负压，使得尘土很容易黏附。

根据空气动力学原理，轿车表面不同部位压力分布情况见表7-9。

表7-9 轿车表面不同位置所受气流压力分布

压力分布区	轿车表面相应位置
正压区	轿车最前端、风窗与发动机罩某点空气脱体流动处
负压区	车头"鼻部"附近、轿车顶棚处、顶棚与车尾交界处、车尾

注：在气流到达风窗上边缘时，有一个较大的转角，在此形成了一个吸力峰。

图7-11和图7-12为采用数值分析软件计算得到的轿车对称面上下表面压力系数分布图[229]。

从图中曲线可知，压力变化较复杂的为车身上表面，而轿车底部均承受负压，变化相对较平缓。因为轿车前部承受较大压力，而后部为负压，形成压差阻力，占轿车总阻力的绝大部分。

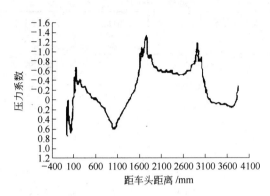

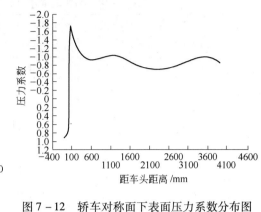

图 7 - 11　轿车对称面上表面压力系数分布图　　图 7 - 12　轿车对称面下表面压力系数分布图

7.2.1.2 轿车表面速度分析

图 7 - 13 为该轿车纵对称平面的绕流场速度矢量图，图 7 - 14 为轿车表面的速度分布矢量图[230]。

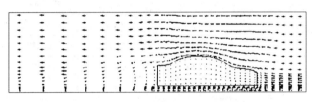

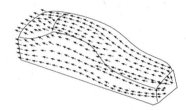

图 7 - 13　轿车纵对称平面的绕流场速度矢量图　　图 7 - 14　轿车表面的速度分布矢量图

7.2.2 轿车漆面粉尘黏附实验研究

　　根据上述论述，对轿车表面黏附的粉尘进行分析。在轿车表面不同部位采集粉尘，每辆车选 5 个点，分别为轿车鼻部，记为 $a_左$；风窗与发动机罩某点的气流脱体流动处（估计）记为 b；轿车顶棚前，记为 $c_前$；轿车顶棚中部，记为 $c_中$，车尾，记为 d。每个样品选择两个点分析粉尘的平均直径、平均等效直径、表面积平均值、圆球度、轮廓复杂度等。采样位置如图 7 - 15 所示。

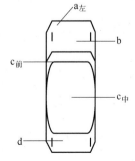

图 7 - 15　轿车表面采样位置示意图

　　根据具体情况，确定几辆轿车作为研究对象，平均每 3 ~ 5d 采一次样，采样在 4 月份完成，长沙 4 月前半月气温较低，平均为 14℃ 左右，湿度较大，平均为 85%。后半月气温升高，平均为 23℃ 左右，湿度仍较大，与前半月大致相同。

　　采样时，先用边长为 5cm × 5cm 的正方形边框在相应位置确定所采样轿车的粉尘面积，然后把棉签用蒸馏水浸湿后在确定的面积上黏附粉尘，再将粘有粉尘的棉签在干净的玻璃片上涂抹，最后将玻璃片在光学显微分析系统下进行分析，分析结果如表 7 - 10 和表 7 - 11 所示。

表7-10 轿车表面不同位置粉尘颗粒测定数据示例

编号	参 数	平均直径/μm	平均等效直径/μm	平均表面积/μm²	圆球度	轮廓复杂度
$a_左$	颗粒数目/颗	41	44	41	29	42
	最大值	4.650231	5.1678	84.55421	1.309656	44.2972
	最小值	1.005943	2.2114	8.060786	0.227961	6.7617
	平均值	2.647	3.6562	32.8239	0.685	17.4065
b	颗粒数目/颗	40	40	39	27	39
	最大值	5.0014	6.1309	102.3027	1.115487	33.3928
	最小值	1.331712	2.812	11.08631	0	8.5163
	平均值	3.008922	3.8697	39.3109	0.7554	16.0451
$c_前$	颗粒数目/颗	44	44	44	27	45
	最大值	5.615991	4.8181	127.4343	1.178371	29.1715
	最小值	1.126471	2.6666	9.187068	0.394217	11.1935
	平均值	2.6769	3.7907	33.8435	0.6327	19.0172
$c_中$	颗粒数目/颗	42	42	44	29	38
	最大值	4.316922	4.842	77.547	1.141153	25.2926
	最小值	1.704612	3.1778	13.69571	0.350312	10.2338
	平均值	2.964	3.8658	39.3581	0.7408	15.7774
d	颗粒数目/颗	43	43	41	30	45
	最大值	5.624805	6.2594	127.8315	1.204691	40.574
	最小值	1.433149	2.9873	12.24759	0.256637	8.0531
	平均值	3.1217	3.9871	43.6136	0.7905	15.7418

表7-11 轿车表面不同位置粉尘参数测定示例

位 置	$a_左$	b	$c_前$	$c_中$	d
平均直径/μm	2.647	3.0089	2.6769	2.964	3.1217
平均等效直径/μm	3.6562	3.8697	3.7907	3.8658	3.9871
平均表面积/μm²	32.8239	39.3109	33.8435	39.3581	43.6136
圆球度	0.685	0.7554	0.6327	0.7408	0.7905
轮廓复杂度	17.4065	16.0451	19.0172	15.7774	15.7418

轿车表面粉尘粒径大小为：$d_{轿车鼻部} < d_{轿车顶部前端} < d_{轿车顶棚中部} < d_{风窗与发动机罩某点气流脱体流动处} < d_{轿车尾部}$。粒度越小，粉尘轮廓复杂度值越大，圆球度值越小。表中的参数"颗粒数目"并不是指所采面积上的粉尘的颗粒数目，因为是人工采样而且在玻片上涂抹并用光学显微分析系统进行分析，不能分析出颗粒的数目，这里的"颗粒数目"是指在不同部位采样个数，亦即不同部位粉尘的分析点数。表格中的数值为每个分析点的粉尘的参数的平均值，表中的"平均值"即为在此平均数值的基础上再求的平均值。

图7-16分别为$a_左$点测得的平均直径、平均等效直径、平均表面积、圆球度、轮廓复杂度的正态分布图和直方图。

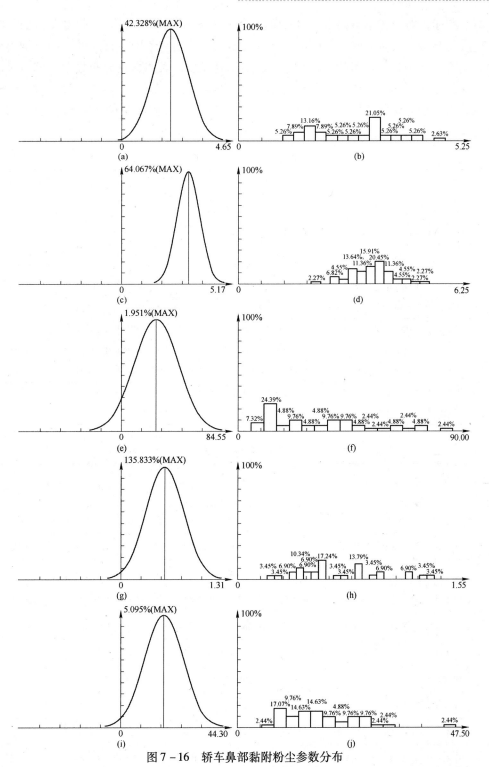

图 7-16 轿车鼻部黏附粉尘参数分布

（a）$a_{左}$ 平均直径正态分布图；（b）以 0.25 为步长 $a_{左}$ 平均直径直方图；（c）$a_{左}$ 平均等效直径正态分布图；

（d）以 0.25 为步长 $a_{左}$ 平均等效直径直方图；（e）$a_{左}$ 平均表面积正态分布图；（f）以 5 为步长 $a_{左}$ 平均表面积直方图；

（g）$a_{左}$ 圆球度正态分布图；（h）以 0.05 为步长 $a_{左}$ 圆球度直方图；

（i）$a_{左}$ 轮廓复杂度正态分布图；（j）以 2.5 为步长 $a_{左}$ 轮廓复杂度直方图

综上所述，对于轿车不同部位粉尘的平均直径、平均等效直径、平均表面积、圆球度、轮廓复杂度，从直方图上分析可知，其分布都有一定的范围，且在各自的范围内分布均匀、紧凑。从正态分布图形可以看出，图形又高又瘦，表明数据分布集中，偏差小。图形的表达与之前所测的数值相吻合。

显著性水平为 0.05 时，不同压力下粒子在轿车表面黏附粉尘的平均直径和平均等效直径的单因素方差分析如表 7-12 和表 7-13 所示。

表 7-12 不同位置粉尘平均直径单因素方差分析

样本组合	参数	均　值		平方和		均方差		统计量 F	各水平差异显著性
样本 1	样本 2	2.56766	3.00892	3.89427	61.9789	3.89427	0.7946	4.90091	显著
	样本 3	2.56766	2.67688	0.24997	74.28926	0.24997	0.90597	0.27591	不大
	样本 4	2.56766	2.96398	3.21805	61.00089	3.21805	0.76251	4.22033	显著
	样本 5	2.56766	3.05071	4.88898	90.12687	4.88898	1.09911	4.44813	显著
样本 2	样本 3	3.00892	2.67688	2.30998	66.0537	2.30998	0.80553	2.86765	不大
	样本 4	3.00892	2.96398	0.04138	52.76533	0.04138	0.65957	0.06274	不大
	样本 5	3.00892	3.05071	0.03659	81.8913	0.03659	0.99867	0.03663	不大
样本 3	样本 4	2.67688	2.96398	1.77117	65.07569	1.77117	0.77471	2.28623	不大
	样本 5	2.67688	3.05071	3.07439	94.20166	3.07439	1.09537	2.80672	不大
样本 4	样本 5	2.96398	3.05071	0.16163	80.913299	0.16163	0.96325	0.1678	不大

表 7-13 不同位置粉尘平均等效直径单因素方差分析

样本组合	参数	均　值		平方和		均方差		统计量 F	各水平差异显著性
样本 1	样本 2	3.65616	3.84297	0.7312	38.52447	0.7312	0.46981	1.55637	不大
	样本 3	3.65616	3.80957	0.5178	30.48668	0.5178	0.3545	1.46067	不大
	样本 4	3.65616	3.87106	0.99245	25.04408	0.99245	0.29814	3.32875	不大
	样本 5	3.65616	3.99336	2.41319	49.56247	2.41319	0.59714	4.04125	显著
样本 2	样本 3	3.84297	3.80957	0.02337	34.88622	0.02337	0.42544	0.05492	不大
	样本 4	3.84297	3.87106	0.01617	29.44362	0.01617	0.36805	0.04394	不大
	样本 5	3.84297	3.99336	0.45792	53.962	0.45792	0.68306	0.67039	不大
样本 3	样本 4	3.80957	3.87106	0.08125	21.40583	0.08125	0.25483	0.31885	不大
	样本 5	3.80957	3.99336	0.71685	45.92421	0.71685	0.5533	1.29559	不大
样本 4	样本 5	3.87106	3.99336	0.31028	40.48161	0.31028	0.49977	0.62084	不大

经过单因素方差分析结果比较可知，样本 1 与样本 2、4、5 的差异性显著，与样本 3 的差异性并不大，而样本 2 与样本 3、4、5 比较各水平无显著性差异，样本 3 与样本 4、5

比较以及样本 4 与样本 5 比较其各水平也无显著性差异。这说明，压力在样本 1 与其他样本的比较中影响最显著，即在轿车"鼻部"黏附的粉尘的平均直径与其他部位（风窗与发动机罩某点空气脱体流动处、轿车顶棚处、车尾处）黏附的粉尘的平均直径差别显著，而与轿车顶棚前端处黏附的粉尘的平均直径无显著性差异。亦即，气流在轿车"鼻部"形成的压力对于粉尘的黏附粒径等参数的影响最明显，而轿车"鼻部"与轿车顶棚前端处的流体压力差异不大，风窗与发动机罩某点空气脱体流动处、轿车顶棚处、车尾处流体压力差异不大。虽然，经比较样本 1 与样本 3 各水平显著性差异不大，但样本 3 与其他水平比较的结果与样本 1 比较，其统计量 F 并不相同。

而对于轿车表面不同位置黏附粉尘的平均等效直径的单因素方差分析却与粉尘的平均直径有所差异，只有样本 1 与样本 5 的差异性显著，其他各水平差异性并不大，这也说明表征轿车表面各位置不同压力对黏附的粉尘性质参数的影响，平均直径更能详细地说明问题。

7.2.3 轿车漆面黏附粉尘与大气粉尘特性比较

空气中存在大量粉尘，粒径大小各异，对于微米量级及以下的微粒子，虽然在体积比上占总体比例不大，然而，它们对附着表面特性有重大影响，所以了解和研究粉尘微颗粒在物质表面黏附情况对于进一步采取措施是很重要的。大气中粉尘颗粒粒径分布情况如表 7-14 所示。

表 7-14 大气粉尘颗粒的粒径分布[231]

粒径范围/μm	相对粒数	占总数量比例/%	体积比/%（等密度下质量比）
30~10	1000	0.01	28
10~5	35000	0.19	52
5~3	50000	0.27	11
3~1	214000	0.14	6
1~0.5	135200	0.72	2
0.5~0	18280000	97.67	1

由表 7-14 所示，在此粒径范围内的粉尘在大气中所占数量比为 0.41%，体积比为 17%。而实验测得轿车表面黏附的粉尘粒径在 2.5~4μm 之间，这与粉尘的生长有关，吸附在表面的粉尘粒子还可以继续吸附粉尘。

设物体表面为水平、无风，粉尘粒子在大气中的运动是完全随机的。在表面附近随机地产生一个粉尘粒子，粒子作类似于布朗运动的随机行走，也就是说粉尘一定可以随机地沿上下左右等方向行走。随机行走最终会产生两种结果：一是粒子碰到表面而吸附；二是粒子碰到底边或已黏附到底边上的粒子而黏附于其上，示意图如图 7-17 所示。

由图 7-17 还可以观察出，无论粒子大小，其周边形状却很相似，这也就是分形理论最基本的性质，即自相似性。

图 7 – 17   粉尘集团生长过程

7.3   表面活性剂对轿车表面粉尘黏附的影响

为了降低物体表面粉尘的黏附，从而使物体表面达到保洁的功效，首先要从物体表面能的角度入手，因此降低物体的表面能就成了改变物体表面性质的关键。

7.3.1   表面性质及其功能[226]

材料性质不同，其表面性质也不同。对于材料内部和表面而言，随着其形成物质原子或分子聚集态或电子状态的不同，它们就会具有各自不同的内部和表面性质。表面性质还可以由外部给予，使之在量或者质上发生转变，从而使得材料表面性质呈现新的功能。所以材料表面性质不仅对提高材料的价值至关重要，而且在材料表面上只要形成一层不同物质的薄层，即可使材料性质发生本质上的改变。

为了将一些性质赋予材料表面，表面层的形成方法和各种表面改性的加工技术竞相发展起来。表面改性加工技术如表 7 – 15 所示。

表 7 – 15   表面改性加工技术

表面层类型	加工方式	加工技术					
		分子	离子	电子	光子	放射线	等离子体
涂布层	干式				紫外光抗蚀保护膜		
	湿式	高分子涂层，电镀陶瓷镀层					
沉积层	干式	CVD，PVD	离子喷镀沉积	电子束线喷镀沉积	光化学气相沉积	放射线处理	等离子体聚合
	湿式	吸附膜，累积膜					
功能层形成	干式	接枝化		电子射线处理	UV 处理	接枝化	等离子体处理
	湿式	接枝化			UV 处理	接枝化	
腐蚀层	干式	腐蚀	溅射				等离子体处理
	湿式		化学腐蚀				
注入	干式		离子注入				
	湿式						

注：CVD：化学气相沉积；PVD：物理气相沉积。

7.3.2 表面活性剂对轿车表面粘尘实验研究

实验根据表面活性剂的分类，选择阴离子表面活性剂 SDBS，非离子表面活性剂吐温 80 以及氟表面活性剂 Lso – 100、Le – 180、Le – 430，添加的无机盐有 NaCl、NH_4Cl、偏硅酸钠、氟硅酸钠，另外，还添加了乙醇作为对比。无机盐对于离子型表面活性剂来说，不仅能降低该表面活性剂临界胶束的浓度，同时也显著降低其临界浓度时的表面张力[232]，且湿度越高，离子型表面活性剂的增溶作用就越强。选择乙醇，是因乙醇挥发性好，使得湿润剂可在表面平滑铺展，并且缩短蒸发时间。而含氟以及常规表面活性剂的主要差别表现在疏水性上。其独特性能很大程度上取决于疏水的碳氟链。氟碳链除对水表现活性外，对所有溶剂都显示表面活性。有实验测出，碳氟化合物分子间的范德华引力比同结构的碳氢化合物分子间的小，将含氟表面活性剂从水溶液内部迁移到表面所做的功也小，因此表面张力必然较小，更易吸附于水表面，表现出较强的憎水性。碳氟化合物与碳氢化合物之间的作用力也较小，所以同时表现为憎油性。

根据已有实验结果，在轿车表面不同部位分别将轿车鼻部记为 $a_左$；风窗与发动机罩某点的气流脱体流动处（估计）记为 b；轿车顶棚前记为 $c_前$；轿车顶棚中部记为 $c_中$；车尾记为 d。在轿车表面的对应位置选取 4 块面积为 6cm × 6cm 的区域，涂有不同浓度的各种湿润剂，观察轿车表面黏附粉尘的情况。

7.3.2.1 湿度和时间对表面活性剂保洁效果的影响

（1）湿度的影响：按照上述方法，在轿车表面不同位置涂膜不同浓度的 SDBS 表面活性剂，分别在雨前雨后均时隔两天对轿车表面涂抹不同位置所黏附粉尘的平均直径进行比较，结果如表 7 – 16 和图 7 – 18 所示。

表 7 – 16　轿车表面不同位置黏附粉尘平均直径　　　　　μm

编　号		SDBS 浓度/%		
		0.10	0.20	0.30
$a_左$	①	1.701555	2.107011	2.355564
	②	1.67332	1.850686	1.513409
b	①	2.522928	2.373708	1.689236
	②	1.526819	1.92115	2.042484
$c_前$	①	1.746375	1.44809	2.861762
	②	2.024698	2.549657	2.02421
$c_中$	①	1.712427	2.420562	2.598743
	②	1.607201	2.002245	1.700488
d	①	1.516813	2.607845	2.643582
	②	2.458555	1.899699	1.770847

注：编号中①代表雨前，②代表雨后。

对图 7 – 18 进行分析，由于雨前雨后观测时间较短（仅 2 天），空气质量变化较明显，

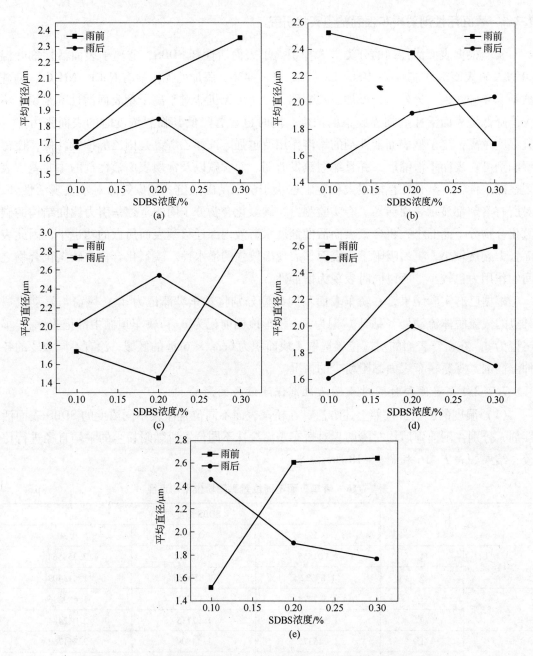

图 7-18　雨前雨后不同浓度 SDBS 轿车表面不同位置粉尘平均直径

(a) $a_{左}$；(b) b；(c) $c_{前}$；(d) $c_{中}$；(e) d

对各图中各点进行统计分析可知，除 $c_{前}$ 点雨后黏附粉尘的平均直径大于雨前之外，其他各点雨后黏附粉尘的平均直径均小于雨前。这主要是因为雨过天晴后，空气变得清新，空气中粉尘的数量相对较少，这自然使得轿车表面黏附的粉尘较少。

（2）观测时间的影响：对于时隔不同天数在轿车表面涂抹不同浓度的 SDBS 表面活性剂所黏附粉尘平均直径比较如表 7-17 和图 7-19 所示。

表 7-17 经过不同天数后轿车表面不同位置黏附粉尘平均直径 μm

编 号		SDBS 浓度/%		
		0.10	0.20	0.30
a左	①	1.67332	1.850686	1.513409
	②	2.234974	2.754908	1.466021
b	①	1.526819	1.92115	2.042484
	②	2.465956	2.59962	2.724966
c前	①	2.024698	2.549657	2.02421
	②	2.021209	2.739802	2.434703
c中	①	1.607201	2.002245	1.700488
	②	2.592561	2.981806	2.539751
d	①	2.458555	1.899699	1.770847
	②	2.034919	2.663093	2.635876

注：编号中①代表晴天 2 天，②代表晴天 3 天。

对图 7-19 进行分析可知，观测时间的长短对轿车表面黏附粉尘的影响较显著。对各点进行统计分析，由各图的总趋势可知，观测时间越长，轿车表面黏附的粉尘越多，粒径越大，这与图 7-17 介绍的粉尘"生长"过程是一致的。

（3）湿度和时间影响程度比较：雨前，间隔两天，依次涂抹SDBS浓度分别为 0、0.1%、0.2%、0.3%。雨后，时隔 3 天。面朝车头，车头左侧，按之前顺序依次涂 SDBS，浓度依次为0.1%、0.2%、0.3%、0.4%。面朝车头，车头右侧，从左往右依次涂蒸馏水及浓度为 0.05% 的氟表面活性剂 Lso-100、Le-180、Le-430。

上述前后两次在轿车表面涂抹不同浓度的 SDBS 表面活性剂黏附粉尘平均直径比较如表 7-18，图 7-20 所示。

表 7-18 轿车表面不同位置黏附粉尘平均直径 μm

编 号		SDBS 浓度/%		
		0.10	0.20	0.30
a左	①	1.701555	2.107011	2.355564
	②	2.234974	2.754908	1.466021
b	①	2.522928	2.373708	1.689236
	②	2.465956	2.59962	2.724966
c前	①	1.746375	1.44809	2.861762
	②	2.021209	2.739802	2.434703
c中	①	1.712427	2.420562	2.598743
	②	2.592561	2.981806	2.539751
d	①	1.516813	2.607845	2.643582
	②	2.034919	2.663093	2.635876

注：编号中①代表雨前，②代表雨后。

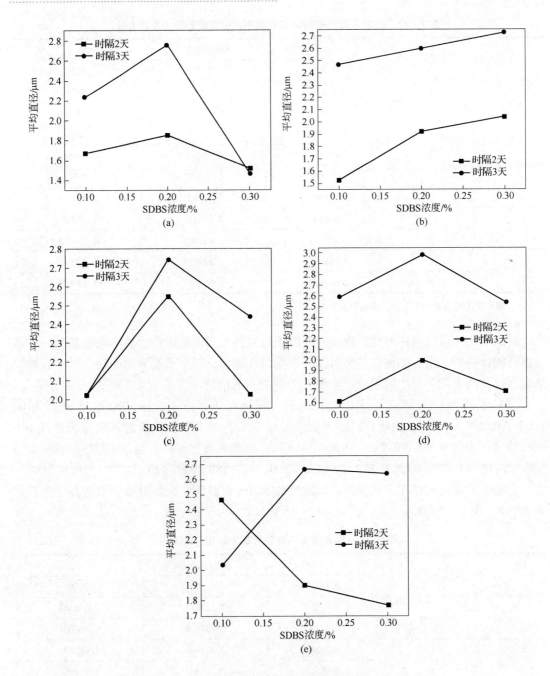

图 7 - 19　不同天数轿车表面不同位置黏附粉尘平均直径

(a) a左；(b) b；(c) c前；(d) c中；(e) d

　　图 7 - 20 是对观测湿度和观测时间两个因素进行的综合评价。经过统计各点的总趋势后可知，雨后相隔 3 天观察的各点黏附粉尘的平均直径均大于雨前相隔 2 天所观测的轿车表面各点黏附的粉尘的平均直径。对图 7 - 20 与图 7 - 19 和图 7 - 18 进行综合对比分析可知，在观测期间（4、5 月份的长沙岳麓区），空气湿度变化的影响比观测时间的长短对轿车表面黏附粉尘的影响较小。同时温度升高对粉尘黏附也有一定的影响。

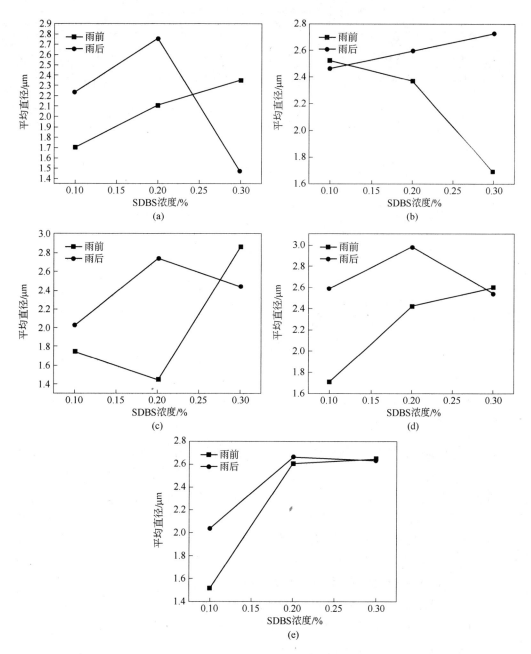

图7-20 雨前与雨后轿车表面不同位置粉尘平均直径

（a）a左；（b）b；（c）c前；（d）c中；（e）d

（4）SDBS对漆面保洁效果比较：由于轿车漆面粘尘情况受到天气、行驶环境以及轿车使用情况等各种主观和客观因素的影响，所以不能将所有因素都一一考虑并进行比较。

涂有不同浓度的SDBS表面活性剂的轿车表面不同位置黏附的粉尘的平均直径如表7-19和图7-21所示。

表7-19　轿车漆面不同位置黏附的粉尘的平均直径　　　　　　　　μm

编号	SDBS 浓度/%	平均直径/μm	编号	SDBS 浓度/%	平均直径/μm	编号	SDBS 浓度/%	平均直径/μm
a左	0.1	1.8699497	c前	0.1	1.930761	d	0.1	2.003429
	0.2	2.237535		0.2	2.24585		0.2	2.390212
	0.3	1.7783313		0.3	2.440225		0.3	2.350102
	0.4	2.6884475		0.4	2.447647		0.4	2.476449
b	0.1	2.171901	c中	0.1	1.9707297			
	0.2	2.298159		0.2	2.4682043			
	0.3	2.152229		0.3	2.2796607			
	0.4	1.89152		0.4	2.189396			

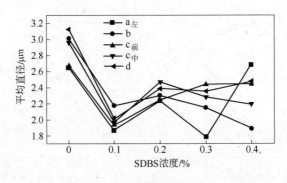

图7-21　轿车漆面不同位置粉尘平均直径

对图7-21进行分析，首先将其与测得的轿车表面不同位置黏附粉尘的粒径进行比较可知，涂抹不同浓度的SDBS与未涂有表面活性剂的各点所测得的粒径的趋势是一致的。不同点在于，表面涂抹SDBS后各位置测得的粉尘粒径均比原来测得的粒径小，且涂抹浓度为0.1% SDBS的轿车表面各位置黏附的粉尘粒径最小，浓度为0.2%、0.3%、0.4%的SDBS对表面耐沾污性能效果相差不大。这也说明，浓度为0.1%的SDBS的表面保洁效果最佳，当随着浓度不断增大时，保洁效果的显著性就会降低。

7.3.2.2　轿车漆面的氟表面活性剂黏附粉尘研究

面朝车头，车头右侧，从左往右依次涂抹蒸馏水、浓度为0.1%的氟表面活性剂Lso-100、Le-180、Le-430，轿车表面不同位置表面黏附粉尘情况如表7-20所示。

表7-20　涂抹蒸馏水及浓度0.1%不同型号氟表面活性剂的轿车表面粘尘情况

编号	蒸馏水、0.1%不同型号氟表面活性剂黏附粉尘平均直径/μm			
	Lso-100	Le-180	Le-430	蒸馏水
a左	2.161538	1.666707	1.706741	2.670707
b	1.417888	2.389695	2.014119	2.511826
c前	2.370001	1.953003	1.714398	2.187272
c中	2.316651	1.955547	1.813283	1.771864
d	1.561256	2.017397	1.972339	2.530371

表 7 - 20 所示为汽车表面不同位置涂抹蒸馏水及浓度为 0.1% 不同种类的氟表面活性剂后，各部位黏附粉尘的情况。轿车表面涂蒸馏水及浓度为 0.1% 不同型号氟表面活性剂时，不同位置黏附粉尘平均直径如图 7 - 22 所示，其中横坐标轴 1 ~ 5 分别代表 $a_左$、b、$c_前$、$c_中$、d。

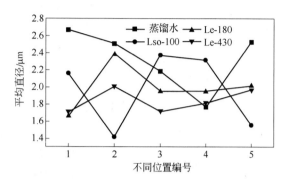

图 7 - 22 涂蒸馏水及浓度 0.1% 不同型号氟表面活性剂的各位置粘尘情况

经比较可知，轿车表面涂浓度为 0.1% 不同型号氟表面活性剂所测得的不同位置粉尘的平均直径除 $c_中$ 位置均高于未涂任何表面活性剂的表面所黏附粉尘的粒径外，其他部位黏附的粉尘平均直径均小于未涂任何表面活性剂的表面的粉尘粒径，这可能与 $c_中$ 位置处空气动力及表面压力的影响有关。其中 Lso - 100 氟表面活性剂的波动性最大，但其在 b、d 位置黏附的粉尘的粒径最小，说明该活性剂对于表面空气动力及表面压力造成的影响较敏感，而 Le - 180 和 Le - 430 氟表面活性剂的趋势相对稳定，且 Le - 430 的耐沾污性能优于 Le - 180 型氟表面活性剂。

在轿车表面涂抹蒸馏水及浓度为 0.05% 的不同型号的氟表面活性剂后，各部位黏附粉尘的平均直径情况如表 7 - 21 所示，其直观图如图 7 - 23 所示。

表 7 - 21　涂蒸馏水及浓度 0.05% 不同型号氟表面活性剂的轿车表面粘尘情况

编号	蒸馏水、0.05% 不同型号氟表面活性剂黏附粉尘平均直径/μm			
	Lso - 100	Le - 180	Le - 430	蒸馏水
$a_左$	1.735494	2.865095	1.762386	1.818584
b	2.619411	2.389695	2.086512	2.330271
$c_前$	2.560043	2.482102	2.362797	2.007413
$c_中$	2.506122	2.556261	2.697511	1.430277
d	3.084179	1.951615	2.991659	2.343348

由图 7 - 23 分析可知，在轿车表面涂有浓度为 0.05% 不同型号的氟表面活性剂后，对 Lso - 100、Le - 180、Le - 430 这三种型号的氟表面活性剂在轿车表面黏附粉尘的平均直径的总趋势分析，发现涂抹这三种型号的氟表面活性剂的表面各部位黏附的粉尘平均粒径几

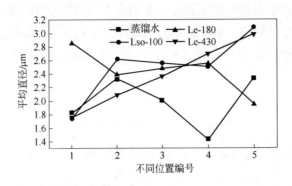

图 7−23 涂蒸馏水及浓度 0.05% 不同型号氟表面活性剂的各位置粘尘情况

（编号 1~5 分别代表 a$_左$、b、c$_前$、c$_中$、d）

乎都大于未涂任何物质的表面。所以得出，浓度为 0.05% 的三种氟表面活性剂并未达到保洁的功效。由此可知，涂有氟表面活性剂的表面所测得的表面保洁效果按浓度来比较，浓度为 0.1% 的氟表面活性剂的保洁效果普遍优于浓度为 0.05% 的氟表面活性剂的保洁效果。

7.3.2.3 SDBS 添加无机盐后对漆面粘尘影响研究

面朝车尾，轿车右侧从左往右按 15∶1 的体积比依次涂抹 0.3% SDBS 与 2mmol/L NH$_4$Cl、0.3% SDBS 与 2mmol/L NaCl、0.1% SDBS 与 2mmol/L NH$_4$Cl、0.1% SDBS 与 2mmol/L NaCl，时隔 5d 分析轿车表面粘尘情况，结果如表 7−22 和图 7−24 所示。

表 7−22 轿车表面不同位置黏附粉尘相关参数　　　　　　μm

编号	浓度	参数	①	②	③
a$_左$	0.1% SDBS + NH$_4$Cl	平均直径	2.171152	2.2618	1.546797
		平均等效直径	3.4531	3.2185	3.4531
	0.1% SDBS + NaCl	平均直径	1.715101	2.050658	2.204905
		平均等效直径	3.3058	3.3874	3.2177
	0.3% SDBS + NH$_4$Cl	平均直径	2.2323	2.000193	2.185337
		平均等效直径	3.0474	3.1046	3.3886
	0.3% SDBS + NaCl	平均直径	1.823541	1.714787	2.480264
		平均等效直径	3.1305	3.209	3.0356
b	0.1% SDBS + NH$_4$Cl	平均直径	2.272417	1.883908	1.817858
		平均等效直径	3.3549	3.176	3.1797
	0.1% SDBS + NaCl	平均直径	2.264651	2.444081	2.068213
		平均等效直径	2.8916	3.2659	3.1451
	0.3% SDBS + NH$_4$Cl	平均直径	2.275072	2.269295	2.204395
		平均等效直径	2.9732	2.9783	3.1321
	0.3% SDBS + NaCl	平均直径	2.417597	2.254913	3.0504
		平均等效直径	3.218	2.9887	3.439

续表 7 - 22

编号	浓 度	参 数	①	②	③
c前	0.1% SDBS + NH₄Cl	平均直径	2.492872	1.989586	1.449385
		平均等效直径	3.3711	2.9922	3.0761
	0.1% SDBS + NaCl	平均直径	2.258429	2.717485	2.487957
		平均等效直径	3.3299	3.3818	3.35585
	0.3% SDBS + NH₄Cl	平均直径	2.232593	2.723678	3.247126
		平均等效直径	3.2045	3.6177	3.2918
	0.3% SDBS + NaCl	平均直径	2.020367	2.181291	3.158047
		平均等效直径	3.3374	3.588	3.2812
c中	0.1% SDBS + NH₄Cl	平均直径	1.81622	2.249174	2.267382
		平均等效直径	2.7914	3.0738	3.2593
	0.1% SDBS + NaCl	平均直径	1.885157	2.013019	1.670173
		平均等效直径	3.2379	2.9497	3.0673
	0.3% SDBS + NH₄Cl	平均直径	2.756825	2.545099	2.187318
		平均等效直径	3.0146	3.3854	3.4903
	0.3% SDBS + NaCl	平均直径	2.204971	2.439544	2.038619
		平均等效直径	3.2967	3.2477	3.0598
d	0.1% SDBS + NH₄Cl	平均直径	2.292124	2.262007	1.692678
		平均等效直径	3.5037	3.5207	3.3923
	0.1% SDBS + NaCl	平均直径	1.559874	2.05245	1.845005
		平均等效直径	3.2731	4.1905	3.362
	0.3% SDBS + NH₄Cl	平均直径	2.519238	2.764117	2.491493
		平均等效直径	3.1508	3.4929	2.9714
	0.3% SDBS + NaCl	平均直径	2.17698	2.456834	1.883459
		平均等效直径	3.0443	3.3414	3.1448

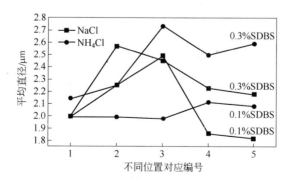

图 7 - 24 SDBS 添加 NaCl 和 NH₄Cl 后粉尘平均直径

（编号 1~5 分别代表 a左、b、c前、c中、d）

由数据分析可知，加入 NH_4Cl、NaCl 的 SDBS 浓度越小，黏附的粉尘越少，粉尘粒径越小，浓度为 0.1% 的 SDBS 保洁效果最佳。对各点趋势进行统计分析可知，加入 NH_4Cl 或 NaCl 后轿车漆面黏附粉尘的差别不大。但对浓度为 0.3% 的 SDBS 加入 NH_4Cl、NaCl 后各点黏附粉尘的趋势分析可知，轿车表面所测得的粒径要比 0.1% SDBS 的大。

7.3.3 不同湿润剂对清漆表面粘尘影响实验

在清漆玻片上按照 10∶1 的体积比混合后涂抹湿润剂，配方及编号如表 7 - 23 所示。

表 7 - 23 普通清漆上涂抹不同试剂的编号及配方

编 号	配 方	编 号	配 方
e0	清漆	e7	0.1% SDBS + 0.1% 氟硅酸钾
e1	0.1% SDBS + 0.2% 硅酸钠	e8	1% 吐温 80
e2	0.1% SDBS + 0.2% NaCl	e9	5% 吐温 80
e3	0.1% SDBS + 1mmol/L Na_2SO_4	e10	0.05% 吐温 80
e4	0.1% Lso - 100 + 乙醇	e11	0.1% SDBS
e5	0.1% SDBS + 乙醇	e12	10% 吐温 80
e6	乙醇		

其中 0.05% 吐温 80（e10）涂敷时会在清漆表面收缩，但连续涂抹几次就能够均匀涂敷，可能是浓度小的原因。酒精使轿车表面容易老化、损伤乃至失去光泽，所以仅限于实验操作。自然通风条件下，温度平均为 26℃，平均湿度为 75%，经过一段时间（时隔 4d）观察表面粘尘情况，如表 7 - 24 所示。

表 7 - 24 清漆表面涂抹不同混合试剂后表面粘尘情况

编 号	参 数	①	②	③	④	⑤
e0	粉尘数目/颗	39	38	40	37	40
	颗粒面积/μm^2	1692	1043	1380	1090	1576
	面积百分比/%	0.391	0.241	0.319	0.252	0.364
e1	粉尘数目/颗	41	38	45	39	38
	颗粒面积/μm^2	1554	1279	1300	1175	1581
	面积百分比/%	0.359	0.295	0.3	0.271	0.365
e2	粉尘数目/颗	65	73	59	77	76
	颗粒面积/μm^2	1506	1719	1942	1658	1255
	面积百分比/%	0.348	0.397	0.448	0.383	0.29
e3	粉尘数目/颗	44	48	67	45	39
	颗粒面积/μm^2	1241	1418	1674	1176	1187
	面积百分比/%	0.286	0.327	0.386	0.271	0.274
e4	粉尘数目/颗	33	41	34	37	47
	颗粒面积/μm^2	1024	1082	1874	1960	1239
	面积百分比/%	0.236	0.25	0.271	0.452	0.286

编 号	参 数	①	②	③ ·	④	⑤
e5	粉尘数目/颗	32	33	41	69	49
	颗粒面积/μm²	1163	1357	1049	1598	1341
	面积百分比/%	0.268	0.313	0.242	0.369	0.31
e6	粉尘数目/颗	44	38	41	38	47
	颗粒面积/μm²	1514	1076	1175	1306	1546
	面积百分比/%	0.349	0.248	0.271	0.301	0.357
e7	粉尘数目/颗	46	32	53	39	49
	颗粒面积/μm²	1420	1297	1816	1311	1552
	面积百分比/%	0.328	0.299	0.419	0.303	0.358
e8	粉尘数目/颗	47	60	31	39	55
	颗粒面积/μm²	1155	1313	1257	1511	1348
	面积百分比/%	0.267	0.303	0.29	0.349	0.311
e9	粉尘数目/颗	35	47	39	35	34
	颗粒面积/μm²	1275	2152	1328	1263	1149
	面积百分比/%	0.294	0.497	0.307	0.292	0.265
e10	粉尘数目/颗	36	46	47	50	47
	颗粒面积/μm²	1361	1426	1453	1676	1340
	面积百分比/%	0.332	0.282	0.265	0.331	0.34
e11	粉尘数目/颗	46	56	41	44	49
	颗粒面积/μm²	1437	1223	1146	1436	1474
	面积百分比/%	0.332	0.282	0.265	0.331	0.34
e12	粉尘数目/颗	48	48	36	38	40
	颗粒面积/μm²	1784	1450	1764	1269	1405
	面积百分比/%	0.412	0.335	0.407	0.293	0.324

由表 7 - 24 数据按照粉尘所占面积百分比大小分析可知，耐沾污性由强到弱依次为 e4 > e5 > e8 > e6 > e3 > e10 = e11 > e0 > e1 > e9 > e7 > e12 > e2，即 0.1% Lso - 100 + 乙醇 > 0.1% SDBS + 乙醇 > 1% 吐温 80 > 乙醇 > 0.1% SDBS + 1mmol/L Na$_2$SO$_4$ > 0.05% 吐温 80 = 0.1% SDBS > 清漆 > 0.1% SDBS + 0.2% 硅酸钠 > 5% 吐温 80 > 0.1% SDBS + 0.1% 氟硅酸钠 > 10% 吐温 80 > 0.1% SDBS + 0.2% NaCl。

由上述结果说明，醇的加入会使得表面活性剂的长链疏水基和醇的碳链最紧密靠拢，从而形成的胶束得以稳定存在，表面活性剂浓度较低时就有可能形成胶束，从而使耐沾污性更好[232]，且氟表面活性剂的性能优于 SDBS。在 SDBS 中加入无机盐后表面耐沾污性能并不突出，因为无机盐本身能够吸收空气中的水分，使得表面湿润更容易黏附粉尘。通过比较可知，疏水性表面活性剂耐沾污性要优于亲水性表面活性剂，且亲水性表面活性剂吐温 80 浓度为 1% 时效果最佳，浓度增大到一定值后，吐温 80 的耐沾污性下降。当吐温 80 浓度为 0.05% 时的耐沾污性与浓度为 0.1% 的 SDBS 耐沾污效果相差不大。

将编号 e4、e5、e8、e6、e3、e10、e11、e0 试样在一定流速的水流下冲洗相同的时间后分析，数据见表 7-25。清洗前后各试样黏附粉尘所占面积百分比如图 7-25 所示。

表 7-25　粘尘清漆表面经水流冲洗后表面粉尘情况

编 号	参　数	①	②	③	④	⑤
e4	颗粒总数/颗	37	23	45	39	43
	颗粒面积/μm²	1027	972	1286	1265	966
	面积百分比/%	0.237	0.224	0.297	0.292	0.223
e5	颗粒总数/颗	24	34	55	67	56
	颗粒面积/μm²	1039	1419	1492	1306	1261
	面积百分比/%	0.24	0.311	0.344	0.301	0.291
e8	颗粒总数/颗	64	72	63	39	67
	颗粒面积/μm²	1260	1238	1198	1122	1109
	面积百分比/%	0.291	0.286	0.276	0.259	0.256
e6	颗粒总数/颗	35	48	58	43	47
	颗粒面积/μm²	882	909	1156	921	1245
	面积百分比/%	0.204	0.21	0.267	0.213	0.287
e3	颗粒总数/颗	35	44	43	40	43
	颗粒面积/μm²	1549	990	1001	1270	1004
	面积百分比/%	0.358	0.229	0.301	0.293	0.232
e10	颗粒总数/颗	33	39	42	36	46
	颗粒面积/μm²	1155	1019	1000	905	1244
	面积百分比/%	0.267	0.235	0.231	0.209	0.287
e11	颗粒总数/颗	36	53	37	34	43
	颗粒面积/μm²	1191	1152	874	878	1151
	面积百分比/%	0.275	0.266	0.202	0.203	0.266
e0	颗粒总数/颗	27	35	30	41	42
	颗粒面积/μm²	1253	835	961	1064	1096
	面积百分比/%	0.289	0.193	0.222	0.246	0.253

对数据进行处理和分析。取每个玻璃载片上所测点粉尘颗粒数目的平均值作为基准值，以粉尘颗粒清除率作为衡量水流的清除效果的标准。清除率计算式为：

$$清除率 = \frac{原颗粒数目平均值 - 现颗粒数目平均值}{原颗粒数目平均值} \times 100\%$$

以颗粒面积占测量点面积百分比平均变化率表示其清洁程度。清洁程度变化率计算方法：

$$清洁程度变化率 = \frac{原颗粒面积百分比平均值 - 现颗粒面积百分比平均值}{原颗粒面积百分比平均值} \times 100\%$$

粉尘颗粒面积百分比越高，清洁程度越低；粉尘颗粒面积百分比越低，清洁程度越高。

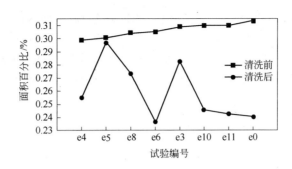

图 7 - 25　清洗前后粉尘所占面积百分比

由上述表 7 - 24 与表 7 - 25 分析对比，经冲洗后的试样表面粉尘颗粒有增多的现象，但是颗粒所占面积百分比是降低的，这可能是由于水的冲力将团聚的大颗粒变成了小颗粒的原因，所以只从清洁程度变化率角度进行对比分析。清洁程度变化率由大到小依次为 e0 > e6 > e11 > e10 > e4 > e8 > e3 > e5，如图 7 - 26 所示。

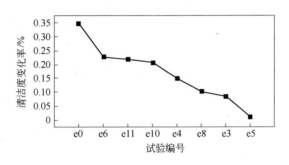

图 7 - 26　试验清洁程度变化率

由图 7 - 25 和图 7 - 26 对比可知，清洗前后试样排序变动很大，具有亲水性的 e8 清洁程度变化率超过 e4、e5 等疏水性表面活性剂，且变化明显，进而可以推出在水流冲刷的条件下，亲水性物质更有助于表面保洁。因为吐温等试剂在漆面形成一层保护膜，在保护膜形成、干燥过程中粉尘有可能落在涂层上，而且在涂层干燥过程中有助于吸附粉尘，所以涂层干燥后，那些之前黏附的粉尘不易被冲走。由于漆面本身疏水性，加之水流一定的冲力使得清漆 e0 表面清洁程度变化率最大。

7.4　本章小结

本章针对漆面材料表面保洁开展研究。根据表面物理化学和涂层等理论，使用光学显微镜系统对漆面材料表面粉尘进行分析和实验。涂有纳米材料的表面耐沾污性强，且涂有纳米 SiO_2 的漆表面比涂有纳米 TiO_2 的漆表面耐沾污性好，但耐沾污性要在一定的时间后才能表现出来。物体表面黏附的粉尘因物体表面受到的气流压力、表面倾角以及表面清洁程度的不同而不同。低压区黏附的粉尘粒径较小，高压区黏附粉尘粒径较大。表面倾角越大，洁净度越高，反之越低，且表面越清洁黏附的粉尘越少，粉尘粒度越小，并用单因素方差分析法分析验证。用各种表面活性剂进行实验，不同浓度的同种表面活性剂对漆面黏附粉尘的影响不同，亲水性、疏水性以及氟表面活性剂三者相比，疏水性表面活性剂黏附粉尘相对较少，但经流水冲刷后涂有亲水性表面活性剂的表面清洁程度变化率较大。由于粉尘的特有性质，粉尘会在物体表面凝并，粉尘颗粒会随时间的推移不断增大，但受到一定强度的外力作用时，大颗粒又会分解成多个小颗粒。在同一种表面活性剂中加入无机物时，浓度低的表面活性剂保洁效果好。在同一浓度的 SDBS 中加入 NaCl 和 NH_4Cl，表面黏附粉尘粒径变化不大。空气湿度较大时粉尘不易飞扬，表面黏附粉尘粒径较小；当气候干燥时，由于静电力等作用，粉尘易黏附。观测时间的长短对表面黏附粉尘粒径的影响比湿度的影响大。

8 纤维质表面微颗粒黏附的形态实验

微颗粒粉尘常常会黏附于各种物体表面,除了黏附于玻璃、建筑外墙等表面外,还会黏附于生物体和日常用品表面,如植物的叶片、纸币、办公桌椅、电器家具等物体表面。其实,细菌也可视为微颗粒物,也有黏附的现象,本章分别对细菌黏附于纸币、图书和粉尘黏附于叶片开展实验研究。

8.1 纸币表面细菌黏附分析及力学建模研究

纸币是世界各国普遍使用的货币形式,在日常生活中,纸币作为货币的使用载体在发行之后,经过无数双手的抚摸,携带大量各类细菌,严重影响了人们的身体健康。据研究发现,平均每张1元纸币带菌数达有 $0.26 \sim 180$ 万个[233],如此多的细菌和病毒对人们的健康是极大的隐患,而且细菌的黏附减少了纸币的使用寿命。

8.1.1 纸币表面细菌的黏附

绝大多数细菌的直径大小在 $0.5 \sim 5\mu m$ 之间,可根据形状分为三类,即球菌、杆菌和螺形菌。细菌是单细胞微生物,有不同的形状及大小,多数细菌具有一定的基本细胞形态并保持恒定[234]。细菌作为一种生物,它的生存是需要一定的条件才能够正常地繁殖。一是要有合适的环境,比如说温度、湿度,是否需要氧气;二是要有足够的养料,包括氮元素、氢元素及氧元素,由于这些元素在有机物中含量较高,因此,有大量有机物的地方才可能适合细菌的生存;三是要有足够的空间。当营养的消耗使营养物比例失调、有害代谢产物积累、pH 值等理化条件不适宜时,外界环境对继续生长越来越不利,细菌死亡速度大于新生成的速度、整个群体出现负增长、细胞开始畸形、细胞死亡出现自溶现象,导致细菌的大量死亡。

为研究细菌在纸币表面的黏附情况,对100张纸币样本进行电镜分析。样本来源于银行提取的10张崭新的1元纸币和中南大学附近超市、商店里收集的90张非常破旧的1元纸币,分别标记为样1和样2。样1是崭新的1元人民币,未经过流通;样2是经过多次流通后,磨损严重、表面已非常毛糙的1元人民币。

利用电子分析天平,对样1和样2分别测重。测得样1纸币的平均质量为:0.7636g,范围在 0.7490 ~ 0.7710g 之间,样2纸币的平均质量为:0.7945g,范围在 0.7891 ~ 0.8032g 之间,两者相差0.0309g。样2纸币由于磨损不仅没有减重,反而有所增长。由此可知,纸币经过无数双手的抚摸后,粗糙的表面更容易携带、附着一些汗渍、皮屑、水油物质、微颗粒物质和细菌病毒等。在室温情况下,与样1相比,由于这些附着物的存在,纸币的湿度有所增加。

通过对样本喷金处理后,得到纸币电镜扫描的照片。当纸币放大到1000倍时,如图

8-1所示。

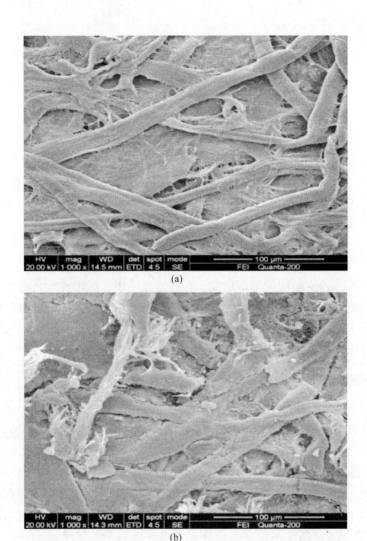

(a)

(b)

图8-1 电镜下放大1000倍下的纸币样1 (a) 和样2 (b)

(a) 纤维无断裂的新纸币；(b) 纤维有磨损、断裂和附有细菌

从图中可以看出，新旧两张纸币的磨损情况。在样1中，可以很明显地看出纸币表面的纤维情况，比较有规律，纤维分布也比较平整；而在样2中，表面纤维已经磨损、断裂，甚至已经突起。纸币沟凹处沉落了许多灰尘、皮屑等，为细菌的着落、黏附提供了有利条件。

当纸币放大到5000倍时，得到图8-2。

从图8-2中，可以更清晰地看出纸币表面的纤维情况。在看出磨损的纸币的沟壑处更易堆积、积累灰尘、皮屑和微生物。堆积的这些有机物为细菌的生长提供了生存的条件。

当纸币放大到10000倍时，可以很清楚地看到细菌在纸币的黏附情况，如图8-3所示。

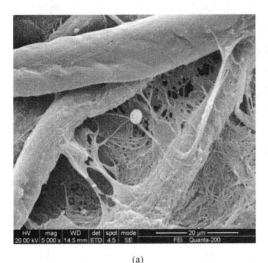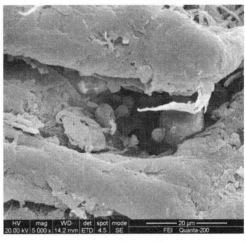

(a)　　　　　　　　　　　　　(b)

图 8-2　电镜下放大 5000 倍下的纸币样 1（a）和样 2（b）

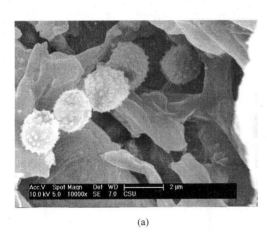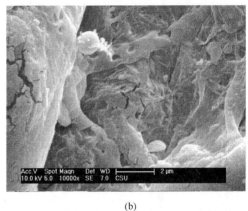

(a)　　　　　　　　　　　　　(b)

图 8-3　电镜下放大 10000 倍下的纸币样 2

通过电镜观察，可以发现：（1）磨损严重的纸币比崭新的纸币带菌量要多很多；（2）细菌在纸币上的分布相当集中；（3）在纸币上的细菌分布多数集中于纸币的沟壑处；（4）磨损的纸币与崭新纸币相比，其表面结构和理化性能均有一定程度的改变。

纸币材料表面粗糙度与细菌黏附量呈正相关，粗糙面可供细菌黏附的表面积相对增大。纸币表面不规则的窝沟和叠瓦状沟内都是细菌容易定植的部位，由此可以看出，纸币磨损越严重，细菌越容易黏附。表面的刻痕、沟纹等部位是细菌黏附的优势部位，由于沟壑的存在，还可以避开对纸币的简单杀菌。

另外，纸币湿度的增加，促进了细菌与纸币之间的毛细作用力的形成，为细菌体上特殊结构如菌毛、鞭毛等的游动，提供了客观的条件，进一步增加了细菌的黏附作用。在细菌细胞膜中含有蛋白质和磷脂，既有疏水性的非极性基团，又有亲水性的极性基团。因此，纸币表面亲水性/疏水性的改变，也会影响细菌黏附初期阶段的选择。

纸币在流通过程中，与不同的物质摩擦，易产生静电，附着电荷，与带电细菌存在静电力，表现出吸引黏附或排斥现象。

再者，在磨损的纸币上面附着了许多有机物质，如皮屑、汗渍、油渍等，为细菌的生存也提供了基本的物质条件。

纸币磨损，表面理化性能有一定的改变，由此可推断，在细菌的黏附过程中，同时也会受纸币表面的理化性能的影响，如：表面化学组成、表面自由能（包括纸币的表面自由能、细菌的表面自由能及悬浮介质的表面张力）、表面亲水性/疏水性、表面粗糙度等。Quirynen 等人[235]的研究证明，材料表面粗糙度、比表面自由能对细菌黏附的影响更大。

8.1.2 细菌的黏附作用

细菌与纸币的黏附过程涉及复杂的细胞生物化学、力学过程，这一附着过程，关于其确切的黏附机制尚不完全清楚。细菌与纸币表面黏附性质，可分为特异性黏附和非特异性黏附，如果黏附涉及材料与细菌表面分子间特异性相互作用则称为特异性黏附；如果由材料和细菌表面的物理性质所决定则称为非特异性黏附[236]。

Van Loosdrecht 等人[237]将细菌黏附过程分作 4 个过程：第 1 阶段细菌借助布朗运动，沉积或液体流动到达纸币表面；第 2 阶段为范德华力、表面自由能、表面电荷、静电力的相互作用，也包含疏水键的作用使细菌附着纸币表面[238,239]，第 1、2 阶段都是可逆的黏附；第 3 阶段是借助细菌本身产生物质和纸币表面结合，即多糖蛋白醇复合物的产生，形成不可逆的黏附；第 4 阶段则是黏附细菌定植后的生长、繁殖直到形成菌斑。

通过前面的电镜分析，细菌与细菌间、细菌与周边环境间存在各种各样的外在相互作用。在细菌与纸币表面接触的过程中，特别是在 5nm 或者以上的时候，会产生范德华力，也会产生静电力、氢键力。而当周围的环境潮湿时，就会产生毛细作用力。当然，在细菌与纸币的黏附过程中，有些细菌的特殊结构如菌毛、鞭毛等也会产生一些力的作用。这些非特异性作用产生的力，在细菌与纸币表面的黏附初期起到重要的作用。在细菌与纸币的接触过程中，非特异性作用力促进了细菌的黏附，在细菌黏附进行到一定的阶段后，才发生特异性的黏附。特异性黏附一般为不可逆的，也是比较牢靠的。

8.1.2.1 范德华力

范德华力（F_{vdw}）[240,241]是分子间的作用力，是普遍存在于各种分子间的作用力。在细菌与纸币接触的微观世界，范德华力有很大的作用。范德华力的作用距离短，一般为一个或者是几个分子的直径，由色散力、静电力、诱导力三部分组成。对于通常大部分细菌，其黏附初期主要是靠范德华力的作用[242]。

（1）通常的表达方法。范德华力的一般表达式为：

$$F_{vdw} = \frac{hr}{8\pi z^2} \tag{8-1}$$

式中，r 为颗粒直径，m；h 为利夫茨范德华常数，范围为 $h = 0.6 \sim 9.0eV$；z 为细菌与表面的直线距离，m。

对于黏附发生变形的情况，还要加一部分的附加范德华力，表达式如下[243]：

$$F_{vdw} = \frac{hr}{8\pi r^2} + \frac{h\delta}{8\pi z^2} \tag{8-2}$$

通过公式（8-1），可以看出范德华力的大小与细菌直径 r、利夫茨范德华常数 h、细菌与纸币之间的距离 z 有关。根据研究的需要，对各个因素进行控制和赋值，可以研究力的变化情况。

在利夫茨范德华常数不变情况下，范德华力随细菌直径的增加和细菌与表面距离的减小变大，这一结论已经得到理论和实验的证明和支持，尤其在 $z < 0.2 \times 10^{-6}$ m 时力急剧增加。

（2）粗糙度对范德华力的影响[244]。通过原子显微镜和隧道电子显微镜的观察，细菌与纸币的接触表面都是粗糙的，如图 8-4 所示。

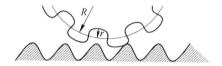

图 8-4　细菌和纸币表面的接触示意图

如果细菌外表面相对纸币比较光滑，那么可以认为细菌接触到了纸币突出的部分。针对这种情况，Rumpf's 理论的范德华力表达式为：

$$F_{\text{Rumpf}} = \frac{A}{6}\left[\frac{rR}{z_0^2(R+r)} + \frac{R}{(z_0+r)^2}\right] \tag{8-3}$$

式中，A 为 Hamaker 常数，不同物质的取值也不同；R 为细菌细胞的半径，m；r 为纸币突出部分的半径，m；z_0 为细菌与纸币之间的最短黏附距离。

通常情况下，对于细菌和纸币的接触情况，A 的取值为 10^{-20} J，r 取值范围在 10^{-9} m 左右。

当接触的纸币表面相对光滑时，可以认为接触是发生在细菌突出的部分，这种情况下，则

$$F_{\text{Rumpf}} = \frac{A}{6}\left[\frac{r}{z_0^2} + \frac{R}{(z_0+r)^2}\right] \tag{8-4}$$

运用原子力显微镜对单个革兰氏阳性菌细胞和革兰氏阴性菌细胞进行扫描，超微结构显示出革兰氏阳性菌细胞表面颗粒直径为 8nm 左右，平均高度为 3.53nm；革兰氏阴性菌细胞表面颗粒直径为 12nm 左右，颗粒平均高度为 4.25nm[163]。由此，取突出部分的半径 $r = 1.5 \times 10^{-9} \sim 3 \times 10^{-9}$ m。为了简化研究，取细菌半径 $R = 0.25 \times 10^{-6} \sim 1 \times 10^{-6}$ m；通常情况下 Hamaker 常数数量级为 10^{-20} J，取 $A = 2 \times 10^{-20}$ J，$z_0 = 0.3$ nm。计算结果看出，F_{Rumpf} 随着突出部分的半径 r 的增大而减小，当 $r \geq 2 \times 10^{-9}$ m 时，F_{Rumpf} 变化逐渐趋于平缓。F_{Rumpf} 随着细菌半径 R 的增大而增大，变化平缓。

由此可知，在细菌与纸币的黏附过程中，当细菌与纸币的距离减小到 2×10^{-7} m 时，范德华力作用急剧增大，当接触的突起部分半径 $r < 2 \times 10^{-9}$ m 时，粗糙度增加，范德华力增大的速度变大。细菌微观力学的研究可为研究纸币的杀菌方法提供理论基础。

8.1.2.2　静电力

静电力有两种作用形式[164]。一种是由于纸币表面或者细菌上带多余的电荷，从而产生库仑吸引力，表达式为：

$$F_e = \frac{1}{4\pi\varepsilon_0} \frac{q_p q_s}{d^2} \tag{8-5}$$

式中，q_p 为细菌上的电量，C；q_s 为纸币表面上的电量，C；ε_0 为真空介质常量，$\varepsilon_0 = 8.85 \times 10^{-12} C^2/(N \cdot m^2)$；$d$ 为细菌与表面各自带电中心的距离，m。

从式（8-5）可以看出，静电力的大小与材料和细菌所带电量 q_p 和 q_s、细菌与材料的带电中心的距离有关系。为了便于观察，取材料上的带电量为定值 $q_s = 1.6 \times 10^{-16} C$；细菌上的带电量 $q_p = 0 \sim 1.6 \times 10^{-16} C$；细菌与表面各自带电中心的距离 $z = 5 \times 10^{-9} \sim 10^{-7} m$，可以看出，在纸币带电量一定的情况下，静电力随着细菌的带电量的增加而成正比增加，在细菌与纸币带电中心的距离 $z < 0.25 \times 10^{-6} m$ 时，发生急剧变化，在之前的变化趋势一直比较平和。和前面范德华力对比，细菌细胞产生的静电力比范德华力要大 3 个数量级左右。

理论上，在一个电场中，带有电荷的细菌细胞所受到的电场力是由三个部分表达[245~247]（图 8-5）。

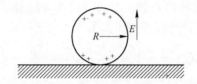

图 8-5　带电细菌受力作用示意图

$$F_e = -\frac{\alpha Q^2}{16\pi\varepsilon_0 R^2} + \beta QE - \gamma\pi\varepsilon_0 R^2 E^2 \tag{8-6}$$

式中，ε_0 为细菌环境的介电常数；Q 为细菌的带电量，C；E 为外部电场的电场强度，V/m；α，β，γ 为多种变量，受到电极的几何形状、介电常数等的影响。

另一种是由镜像力产生的静电力[248]，实际上是一种电荷感应力。带有电量 q 的细菌和具有介电常数 ε 的平面镜像力，可引起细菌黏附在表面上。黏附力公式：

$$F_e = \frac{1}{4\pi\varepsilon_0} \frac{\varepsilon - \varepsilon_0}{\varepsilon + \varepsilon_0} \frac{q^2}{(2\gamma + h)^2} \tag{8-7}$$

以球菌为研究对象，半径 $r = 0.25 \sim 0.5 \times 10^{-6} m$；通过介电常数表查出纸的介电常数为 2，即 $\varepsilon = 2 \times \varepsilon_0 = 17.7 \times 10^{-12} C^2/(N \cdot m^2)$；细菌和纸币表面的距离 $z = 5 \times 10^{-9} \sim 10^{-7} m$；细菌上的带电量 $q = 0 \sim 1.6 \times 10^{-16} C$。

在此，为方便计算和观察，设细菌半径为一定值，即 $r = 0.35 \times 10^{-6} m$，细菌和纸币表面的距离 $z = 5 \times 10^{-9} \sim 10^{-7} m$；细菌上的带电量 $q = 0 \sim 1.6 \times 10^{-16} C$，可得出电荷感应力 F_e 随着细菌所带电量 q 的变化比较大，特别是在 $q = 0.2 \times 10^{-15} C$ 时，电荷感应力 F_e 急剧增加。与前面静电力的比较还可以看出，电荷感应力比静电力要小得多，因此在纸币表面的黏附过程中，电荷感应力的作用非常小。

范德华力与静电力在近距离和长距离时都是吸引力，只是在中等的距离时，经典斥力才有可能比较明显。图 8-6 所示为范德华力与静电力随距离的变化。

范德华力与细菌直径、利夫茨范德华常数 h、细菌与纸币之间的距离有关系，而静电力除与细菌和纸币的带电量有关之外，也和细菌与纸币的距离有关系。根据研究需要，取 $h=7\text{eV}$，细菌直径 $r=1\mu\text{m}$，细菌与纸币的距离 $d=0\sim10^{-7}\text{m}$，取细菌和纸币的带电量 $q=1e=1.6\times10^{-19}\text{C}$，4.6 节已经利用 MATLAB 软件进行模拟。如图 8-6 所示，实线表示范德华力，虚线表示静电力，$F_{\text{vdw}}<F_{\text{e}}$，而且距离越小，静电力比范德华力越大，和 Rumpf 理论相符[249]。

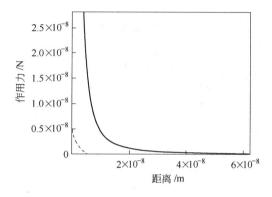

图 8-6　F_{vdw} 和 F_{e} 的模拟图（实线为 F_{vdw}，虚线为 F_{e}）

8.1.2.3　毛细作用力

如果在细菌与纸币的接触过程中，周围环境的空气是潮湿的，那么在细菌与纸币之间会产生水蒸气的凝结，由此形成水状的弯月面，这种水蒸气的凝结会将细菌拉向纸币表面，促进细菌的黏附作用，如图 8-7 所示。这种拉力即是毛细作用力，是细菌黏附力的一部分，由两部分组成，其表达式为：

$$F_1 = F_{\text{iv}} + F_{\text{p}} \tag{8-8}$$

式中，F_1 为由于水的存在产生的总拉力；F_{iv} 为表面张力；F_{p} 为毛细现象产生的毛细压力。

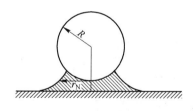

图 8-7　毛细作用力示意图

$$F_1 = 2\pi\gamma r_{\text{N}} - \pi r_{\text{N}}^2 \Delta p \tag{8-9}$$

式中，γ 是填隙液体的表面张力，在细菌与纸币的接触过程中，填隙液体为水，水的表面张力系数 $\gamma=72.75\times10^{-3}\text{N/m}$；$\Delta p$ 是气液界面压强差，气液界面内外的压强差 Δp 为负值；r_{N} 是液桥颈部曲率半径。由图 8-7 可以得知 $0<r_{\text{N}}<R$。

取压强差 $\Delta p=-101.325\times10^3\text{Pa}$，$r_{\text{N}}=0.25\times10^{-6}\sim0.5\times10^{-6}$ 并代入上式，可以看出，毛细作用力 F_1 随 r_{N} 和 Δp 的变化都比较平缓，随着 r_{N} 的增大而增大，随着 Δp 的增加而减小。从 4.6 节模拟图可以看出，毛细作用力比范德华力和静电力都要大，而且要大 2 个数量级左右。所以，在细菌与纸币接触的过程中，如果在有利于产生毛细作用力的情况下，毛细作用力起着主导作用。

毛细作用力是比较重要的。空气中的油雾也会在细菌和纸币之间有类似于凝结作用，由此而形成的弯月面也将对细菌的附着增加作用。实验研究证明，毛细作用力对比范德华力要大得多，在空气潮湿的情况下，即在毛细力存在的时候，对细菌的黏附作用起着主导作用，这一结果也与目前许多实验和研究成果相一致[250]。

只要周围的环境潮湿或者存在水蒸气，就很容易发生毛细作用力，而且力还很大，因此，在细菌的黏附中，只要存在这个力的作用，细菌就会很容易黏附于纸币表面。而且细菌在潮湿的环境中容易生存，毛细作用力不仅促进了细菌的黏附，而且为细菌的繁衍提供了良好的环境。

8.1.2.4 鞭毛、菌毛产生的辅助作用

鞭毛的标准长度为 $10\mu m$，这约为细菌主体的几倍长。鞭毛绕其轴转动时能够产生力矩和推进力，在转动时形成一螺旋运动，使之像一螺旋桨推进器，如图 8-8 所示。鞭毛的旋转速度为每秒 100 转（即 100Hz），实验研究表明，鞭毛产生的力矩在 $(2 \sim 6) \times 10^{-18} N \cdot m$ 范围内，利用此力矩可以对细菌的主体产生向前的推进力，使细菌运动[251,252]。

图 8-8 细菌鞭毛和细菌菌毛

目前已发现的细菌菌毛直径一般为 $2 \sim 7nm$，长度为 $0.2 \sim 20\mu m$ 不等，形态上可分为直丝状、弯曲状和束状三种，大多数菌毛均匀分布于菌体四周[253,254]。菌毛的主要功能是黏附作用，能使细菌紧密黏附到各种固体物质表面，形成致密的生物膜。

根据 2005 年德国科学家 Spolenak 等人[255]的研究，半径为 R 球体末端形状的菌毛与纸币表面的接触模型见图 8-9。

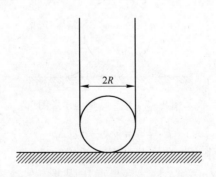

图 8-9 菌毛与纸币表面接触

拉脱力表示为：

$$F_e = -\frac{3}{2}\pi\gamma R \tag{8-10}$$

式中，γ 为黏附能，可以表示为 $\gamma = \gamma_1 + \gamma_2 - \gamma_{12}$，$\gamma_1$、$\gamma_2$、$\gamma_{12}$ 分别为上下两个弹性体的表面能及它们之间的界面能，式（8-10）中的负号表示拉力。

8.1.2.5 氢键力

氢键也属于一种分子间作用力，它的发生是以 H^+ 为桥梁的偶极与偶极之间的静电吸引作用，通常用键能和键长来表示。在细菌与纸币黏附的过程中，也存在氢键的作用，但是相对于其他几种力而言，相当微弱。氢键的本质是离子性的静电吸引，因而键力较弱，而且氢键力仅存在于电负性很强的原子间，故不是普遍存在的。黏附的细菌与纸币的表面自由能有关，而氢键作为一种表面自由能起着一定的作用。

获得性膜内的糖蛋白含有磺酰集团（SO^{2-}）和羧基（CO^{2-}），细菌细胞壁上的脂磷壁酸带有磷酸基团（PO^{3-}）和羟基（OH^-），细菌开始吸附于纸币表面，可由这些基团之间形成分子间氢键介导。

8.1.2.6 细菌黏附力学复合模型

纸币表面与细菌的吸引作用越大，则细菌越易黏附。但是一般情况下，对于细菌的黏附情况，上面所说的各种力不能够同时发生，只可能是其中一种或者几种力，如图 8-10 所示。

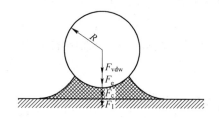

图 8-10 细菌受四种作用力的示意图

所以，对于一个细菌，在空气湿润度比较大时，与纸币的黏附涉及 4 种力，范德华力（F_{vdw}）、静电力（F_e）、菌毛产生的黏附力（F_c）和毛细作用力（F_1），即总的黏附力可表示为：

$$F = F_{vdw} + F_e + F_c + F_1 \tag{8-11}$$

以上的情况只是一种特殊环境中的分析，在现实生活中，细菌和纸币黏附发生的环境是复杂和多变的，不同的环境产生的黏附力就可能不同，因此，针对不同的环境要考虑不同的受力分析，才能够得到正确的计算结果。当然，也应弄清细菌与纸币的黏附机理，才能够以此为基础，更好地分析不同环境下，细菌黏附存在的力学作用。

8.1.3 研究结果讨论

随着细菌黏附机理研究的不断深入，模型及技术的应用和发展，对细菌黏附过程的认识不断提高，特别是对生物材料的黏附研究，取得了很大的进展。但是对于人们生活中纸币上的细菌黏附过程，还有许多工作要做：

（1）对细菌在纸币表面的黏附机理需要进一步研究，并且对应不同条件下，做出相应的力学模型，对于多力场作用下的黏附力学模型需要进一步探讨。

（2）在分子水平上，运用物理和数学方程已经在描述黏附分子的力学特性方面迈出重要一步。但是，在微观领域，许多问题还是未知的，一些基本方程和变量仍有不确定的地方。

（3）细菌在纸币表面的黏附是很复杂的过程。细菌与细菌间、细菌与周边环境间存在各种各样的相互作用，包括范德华力、静电力、毛细作用力、细菌的特殊结构产生的作用力等。这些力在细菌与纸币的接触过程中产生作用，促进细菌与纸币表面的初期黏附；黏附后期主要是特异性黏附，是不可逆的，也是比较牢靠的。

（4）力学模拟图中表明了在细菌黏附力学中，各个参数、变量的变化情况，以及对黏附的影响。在图中还可以看出各个变量在某一值时的突变情况，对研究细菌黏附和控制细菌黏附都有很大的作用。在细菌与纸币的黏附过程中，当细菌与纸币的距离减小到 2×10^{-7} m 时，范德华力作用急剧增大；当接触的突起部分半径 $r < 2 \times 10^{-9}$ m 时，粗糙度增加，范德华力增大的速度变大。通过图形分析可知，在纳米量级，静电力要比范德华力大2个数量级到3个数量级，毛细作用力比静电力也大2个数量级左右。

（5）从查阅文献及资料过程中发现，关于细菌的黏附及机理的研究绝大部分是关于生物材料细菌感染方面的，对于纸币表面的细菌黏附研究几乎没有，特别是对细菌黏附力学方面的研究更是没有。

（6）研究纸币表面的细菌黏附，对于防范一些传染病、感染病毒有重要的意义，对揭示细菌的行为与调控规律有着十分重要的意义，同时，也为纸质类物品（图书、包装袋等）的杀菌问题提供了理论基础，因此，对于细菌的纸币表面的黏附研究需要进一步加强。

8.2   图书表面细菌黏附分析与清除

从实践中观察到图书上有很多细菌，危害图书资料的微生物主要是真菌和细菌。真菌和细菌又是两个十分庞杂的类群，不同群的微生物生长条件差别很大。据文献介绍，对图书资料有严重危害的主要真菌有 11 个属（组、种）。主要真菌有：根霉属、毛霉属、霉属、灰缘曲霉组、黑曲组、常现青霉组、黑青霉、扩张青霉组、卷顶毛菌、球毛壳菌、曲卷毛菌；主要细菌有：纤维单孢菌属、纤弧菌属、镰状纤维菌属、单孢菌属、噬胞菌属、囊黏菌属、黏球菌属、多菌属、变形菌属、芽孢杆菌[256,257]。

8.2.1   实验方法

文献［258］介绍了一些图书检测细菌的结果。通过挑选三类图书：利用率高的医学书、文学书，利用率低的参考工具书（如字典、大型画册），利用过的国外赠送的图书及没有利用过的入库不久的新书。以上图书各选5本，采用无菌的生理盐水面棒，在书皮、书内页涂抹 4～5 次，然后无菌操作画线，接种到普通营养培养基表面上。于37℃培养箱培养24h，观察结果，首先计数菌落个数，然后进行各种鉴定，包括革兰氏染色、镜检形态、色素菌落特点观察、血浆凝固酶试验、基质试验等，并计算出检出率。

8.2.2   实验结果

不同图书的细菌分布如下：医学书、文学书检出的细菌种类主要为：表皮葡萄球菌、大肠杆菌、卡他球菌、白色念球菌、枯草杆菌、假白喉棒状杆菌、金黄色葡萄球菌、变性杆菌、四联球菌等；参考工具书（字典、大型画册）检出的细菌种类主要为：四联球菌、金黄色葡萄球菌、灵杆菌、大肠杆菌、变性杆菌、卡他球菌等。以上图书的细菌检查结果表明[258]，除个别细菌不同外基本一致。分布在图书上的细菌，如利用率较高的图书以及外国赠送的图书细菌最多。其他次之，入库不久的新书（没利用过）也带有少量的细菌，常见有金黄葡萄球菌、表皮葡萄球菌（白色葡萄球菌、柠檬色葡萄菌）、枯草杆菌、假白喉菌、变形杆菌、绿脓杆菌、白色球菌、大肠杆菌、卡他球菌、四链球菌等，以上细菌主要来自空气和人的体表、鼻咽部，对于流行疾病、传染病有一定影响。

8.2.3 清除图书表面黏附细菌的措施

上述的检出结果可以用于有的放矢地采取有效的防治措施，使图书资料不受微生物侵害。例如[259]：

（1）环境中温度影响生物化学反应率，因此也影响微生物的生命活动，温度高于最高生长温度将起杀菌作用，低于最低生长温度将起抑菌作用。一般真菌的最适温度为 20 ~ 30℃，细菌的最适温度为 20 ~ 37℃，保护图书的温度控制在 14 ~ 18℃ 之间为宜。

（2）微生物在图书资料中赖以生存的营养物质主要是胶粘剂，它们分解胶粘剂中的淀粉、蛋白质、纸张中的纤维素时，必须在高湿度情况下才能进行，可见，高湿度也是图书资料受微生物危害的主要因素。许多真菌在相对湿度 95% ~ 100% 条件下生长良好，相对湿度降至 80% ~ 85% 真菌生长缓慢甚至停滞。因此，书库的相对湿度控制在 50% ~ 65% 为宜。如果湿度过大，可采用空气去湿机去湿，或采取氯化钙去湿的方法，达到控制湿度的目的。

（3）档案室杀菌消毒机是用于杀菌、消毒及空气净化的一种专用设备。通过档案室空气净化消毒机，可以对于档案室、图书馆、文化馆、书画展馆等进行消毒杀菌、防霉驱虫、防蛀灭虫卵、驱赶老鼠蟑螂（臭氧气体分解费洛蒙之后会返回至氧气，不会留下有毒性残留物。）、清除异味和空气净化。挂式臭氧消毒机系列产品具有造型美观、体积小巧、消毒效率高、臭氧（O_3）产量大、能耗低、消毒和灭菌速度快、不产生残留物和二次污染、消毒机价格及消毒运行费用低，且臭氧消毒能快速渗透扩散、消毒灭菌无死角等诸多优点，可以推广使用。

（4）用杀菌洗涤剂擦拭书架及门窗。这种方法是将有机氯类杀菌剂与碱性洗涤剂混合，作为杀菌洗涤剂，用布沾杀菌洗涤剂擦拭门窗、书架、桌椅等。杀菌剂加入洗涤剂后可通过涂膜表面慢慢扩散，随着涂膜徐徐消失，杀菌剂也在表面移动，作为多层膜缓慢释放，起到防菌的效果。

（5）对书库要进行定期消毒，常用方法：如紫外线照射、消毒液喷洒等。对国外赠送的图书及归还后的图书要检查有无污损，如有污损，要用紫外线消毒后再入库流通。提醒读者看书时，不要用舌头舔手指翻页以防相互交叉污染。提醒读者看完书后要及时洗手，养成良好的读书卫生习惯。

8.3 典型绿化植物滞尘的微观研究

大气污染一直都是许多国家和地区面临的重要环境问题[260,261]。大气污染物包括总悬浮颗粒物（TSP）、二氧化硫（SO_2）、一氧化氮（NO）、一氧化碳（CO）等。而 TSP 是城市空气中的主要污染物，我国60%的城市 TSP 浓度年均值超过国家二级标准[262]。在各种大气悬浮颗粒物中，粒径小于 10μm 的颗粒物（PM10）被证实是危害人类健康的最主要物质；粒径小于 2.5μm 的颗粒物（PM2.5）因为能够进入人体肺部导致肺泡发炎而被认为具有更大的危害性[263]。目前，防止大气颗粒物污染主要靠环境工程技术措施，而植物叶片以其特有的结构，通过停着、吸附或黏附三种方式进行滞尘，能有效地减少空气中颗粒物和空气中细菌含量[264,265]，所以植物滞尘的研究对大气污染的治理有着重要意义。

近年来长沙市工业生产、建筑施工较多，大气中颗粒物污染严重，而颗粒物中 PM2.5 所占比例大，酸性强，对人体危害大[266]。大多数植物滞尘方面研究的采样地在北方城市，且从研究中不难发现不同的植物由于树冠形状、叶片大小、叶片表面粗糙程度等不同而滞尘能力不同[265,267,268]。南北差异在植物形态结构上表现明显，为了有效利用植物防治颗粒物污染，对南方植物滞尘研究很有必要，因此选择长沙市 7 种典型绿化植物为研究对象，运用显微图像分析系统对其植物叶片滞尘能力，滞留粉尘粒径大小进行研究，并利用电镜从叶片结构上对 7 种植物叶片进行观察研究，以便从微观角度探究影响植物滞尘的因素。

8.3.1　研究地区与研究方法

8.3.1.1　研究地区概况
长沙市（111°53′E—114°15′E，27°51′N—28°41′N）位于湖南省东部偏北，湘江下游和长浏盆地西缘，是我国中部大气颗粒物污染严重的代表型城市。全市土地面积 11819.5km²，其中城区面积 556.33km²。该地区属亚热带季风性湿润气候，气候温和，降雨充沛，雨热同期，夏冬季长，春秋季短。长沙市区年平均气温 17.2℃，市区平均降雨量 1361.6mm。长沙市建筑施工产生粉尘较多，采样地点选在周边有施工建设的长沙市潇湘中路和麓山南路路边及周边绿化带。

8.3.1.2　供试树种
从长沙市主要的常见绿化植物中选取 7 种典型绿化植物作为研究对象：小乔木紫叶李（prunus cerasifera f. atropurpurea）、灌木或小乔木杜鹃花（rhododendron moulmainense）、常绿乔木樟树（cinnamomum philippinense）、常绿灌木或小乔木桂花树（osmanthus fordii）、灌木女贞树（ligustrum quihoui）、常绿灌木或小乔木红桎木（lorpetalum chindensevar. rubrum）、常绿乔木玉兰树（magnolia denudata）。

8.3.1.3　研究方法
（1）植物叶片微观滞尘测定：样品采集从 4 月初持续到 6 月初，期间长沙市无异常天气变化，有少量的降雨和刮风天气。一般认为，降雨 15mm 以上可以冲掉植物叶片上的降尘[267,269]，所以样品采集从雨后持续晴天一周后（4 月 18 日）开始，每周一、四进行样品采集，总共采集样品 9 次。样品采集时，在同一采样地，每种植物选 3 株，采集过程中考虑树冠四周及上、中、下各个部位[270]。

用刀片分别从叶片不同部位随机切取边长约 1cm 正方形样品，用镊子将其固定在载玻片上，然后对角线选取观测点，每个样品上选取五个观测点。用光学显微镜观测叶片，并对选区内图像进行采集，经过图像二值化，再做进一步处理后，计算每张图片中粉尘数量，选区内所有粉尘颗粒面积与选区内叶片面积比值、粉尘颗粒粒径分布等各项参数。选区是指被选中作为图像处理及物体标示的局部区域。采用 XSJ – HS 型生物显微图像电脑分析系统（北京泰克仪器有限公司生产）。

（2）植物叶片叶表结构观测：1）摘取适量叶片，立即封存于塑料纸内以防挤压或叶毛被破坏；2）在叶脉两侧的中部将新鲜叶片切成边长约 5mm 的小立方块，立即用 2.5% 戊二醛溶液进行固定；3）用磷酸缓冲溶液冲洗 3 次；4）用梯度乙醇脱水，分为 70%、80%、90%、95% 和 100% 5 个梯度；5）样品经过喷金处理后，采用 FEI Quanta – 200 环境扫描电子显微镜（荷兰 FEI 公司生产）观察叶片的表面，选择适合的比例进行拍摄[271]。

8.3.2 实验结果与分析

8.3.2.1 植物叶片滞尘能力显微测定

滞尘能力是指单位叶面积在单位时间内滞留的粉尘量[272]。现根据显微分析系统工作原理，规定单位叶表面积滞尘量的大小用显微图像选区内所有粉尘颗粒面积与选区内叶表面积比来表示，滞尘量用显微图像选区内粉尘颗粒面积表示。表 8 – 1 为 7 种植物叶片 9 次测得的滞尘能力及每种植物滞尘能力的平均值。根据 9 次测量平均值大小可以得出，7 种植物叶片滞尘能力排序为：桂花树 > 女贞树 > 杜鹃花 > 樟树 > 玉兰树 > 红桎木 > 紫叶李。桂花树滞尘能力最强为 1.367615%，紫叶李滞尘能力最弱为 0.515189%。

表 8 – 1 绿化植物滞尘能力 %

树 种	滞 尘 能 力									平均值
	第一周 周一	第一周 周四	第二周 周一	第二周 周四	第三周 周一	第三周 周四	第四周 周一	第四周 周四	第五周 周一	
杜鹃花	1.361127	1.43044	1.044091	1.894506	1.334488	1.50337	0.584503	0.774931	1.103078	1.225615
桂花树	0.890505	1.933164	0.920976	2.074815	2.200344	1.783287	0.316297	0.777408	1.411742	1.367615
红桎木	0.8738	0.900677	0.819729	0.500539	1.44586	0.55848	0.274377	0.464127	0.702816	0.726712
女贞树	1.425254	1.583256	1.184626	1.169975	1.190443	1.504217	0.560526	1.094167	1.351631	1.229344
玉兰树	0.469067	0.88655	0.938812	0.905848	0.937288	0.685288	0.35731	0.705848	0.811958	0.744219
樟 树	1.397076	1.438335	0.374962	1.165851	0.988673	0.710342	0.250277	0.530225	0.912481	0.863136
紫叶李	0.690966	0.688258	0.641182	0.65891	0.324177	0.584503	0.256556	0.321222	0.47093	0.515189

8.3.2.2 不同植物叶片表面结构分析

图 8 – 11 是 7 种植物叶片上表面的电镜扫描图。

从图像中可以清晰地看到植物叶表纤毛、沟状组织、气孔、各种形状的突起等，其中白色颗粒状物质即为粉尘颗粒。植物叶片滞尘能力受较多因素影响，叶表结构是主要因素之一，如表 8 – 2 所示。

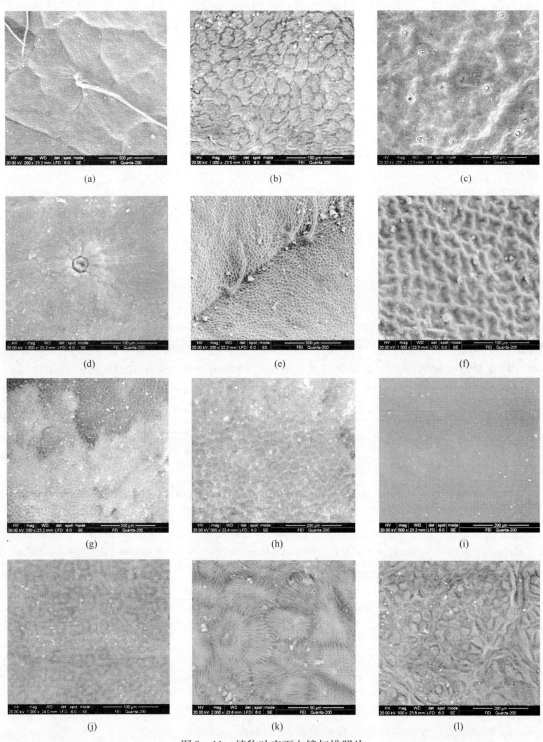

图 8 – 11　植物叶表面电镜扫描照片

(a) 杜鹃花（200×）；(b) 杜鹃花（1000×）；(c) 桂花树（200×）；(d) 桂花树（1000×）；

(e) 红桎木（200×）；(f) 红桎木（1000×）；(g) 女贞树（200×）；(h) 女贞树（500×）；

(i) 玉兰树（500×）；(j) 樟树（1000×）；(k) 紫叶李（2000×）；(l) 紫叶李（500×）

表 8 - 2　不同植物叶表结构特征

滞尘效果	植物名称	叶表结构特征
较强	桂花树	叶表面较光滑，但密布无规则排列的气孔，气孔周围有脊状突起
	女贞树	叶表面具有蜡质表层，电镜下放大到 500 倍可以观察到叶表面成鱼鳞状突起，布满沟状组织
中等	杜鹃花	有纤毛，叶表面粗糙，布满瘤状突起和沟状组织
	樟树	叶表面光滑，无特别结构
	玉兰树	叶表面光滑，无纤毛
较弱	红桎木	有纤毛，放大 1000 倍，可以观察到叶表面错乱密布极细的浅沟状组织
	紫叶李	叶表无毛，放大 2000 倍，观察到叶片表面密布着辐射状的极细的丝状浅沟组织

　　滞尘能力较强的桂花树、杜鹃花、女贞树叶表面布满气孔或沟状组织。樟树、玉兰树叶片表面光滑，没有其他特殊结构，滞尘能力较弱。通过研究植物叶表结构可知，叶表面的各种沟状组织、突起、气孔等增加了叶表粗糙度，增大了叶片表面与粉尘接触的面积，增强了叶片滞尘能力，降低了粉尘再次回到空气的几率。但并非叶表结构粗糙有沟壑等结构的叶片滞尘能力都强，红桎木与紫叶李叶表面密布着极细的浅沟状结构，滞尘能力却很弱，原因是浅沟太细，在滞留粉尘时，部分粉尘与叶片表面接触面积减小从而降低了滞尘能力。

8.3.2.3　不同植物叶片滞尘效果分析

　　根据实验测试所获数据，得到图 8 - 12。

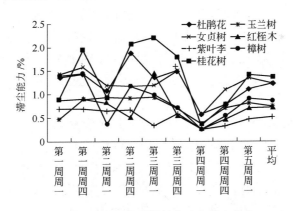

图 8 - 12　7 种绿化植物单位叶表滞尘能力

　　可以发现 7 种植物 9 次的滞尘能力有不同程度的波动，除了每天采集叶片不同导致测量误差外还有个重要原因，植物叶片上虽然滞留了粉尘但在外界环境条件作用下，如风、雨等，粉尘会再次回到空气中。从叶表结构分析，有分泌物或叶表粗糙有沟壑、突起和气孔的叶片，滞尘能力较好且黏附在叶表面上或附着在沟壑中的粉尘受环境影响小，而叶表光滑的叶片，停着在表面的粉尘受环境影响较大，容易再次回到空气中。7 种植物叶表都没有发现分泌物，所以叶片主要以叶片表面、纤毛停着和叶表面的沟壑、气孔等吸附两种方式滞尘。大多数植物在滞留粉尘时由于叶表结构复杂，会以多种方式联合滞尘。通过显微观察可知，桂花树叶片表面粉尘大多分布在气孔、脊状突起处，有少部分停着在叶片表面上。杜鹃花叶表面粉尘部分附着在沟壑中，部分停着在纤毛和叶片表面。对叶表结构的分析可知，停着在叶表面和纤毛上的粉尘很容易再次回到空气中，所以桂花树、杜鹃花滞尘能力虽然强但滞尘能力波动较大。女贞树叶片表面成鱼鳞状，滞尘的方式较单一，粉尘大都滞留在沟壑中，所以单位叶表滞尘量在外界环境中随时间的变化较小。红桎木叶表结构和杜鹃花相似，有纤毛和浅沟组织，波动较大。紫叶李则与女贞树相类似波动较小。樟树与玉兰树叶片滞尘能力相近，但樟树滞尘能力随时间波动明显较玉兰树大，两者叶表结构都比较简单，影响樟树滞尘量波动的主要原因不是其叶表结构，观察植物及其叶片发现樟树叶片叶柄较其他植物叶片长很多，且叶片之间间隔较其他植物宽，因此，在刮风下雨等环境中，叶片抖动幅度较其他植物叶片大很多，粉尘极易从叶片上抖落。

由图中可以看到滞尘能力有两次突然降低，第二周周一和第四周周一，在第一周周四到第二周周一这段时间内有较小的刮风下雨天气，在第三周周四到第四周周一这段时间内有较大的降雨过程，雨量超过 15mm。在降雨过程中，雨水将滞留在叶片上的粉尘冲洗掉，大雨过后，叶片重新开始滞尘，叶片上的粉尘随着时间延长越积越多，滞尘能力开始趋向一定范围内，再次回到相对稳定的波动状态。从图上看到第二周周一，除玉兰树外其他植物叶片滞尘能力都有不同程度降低，第四周周一 7 种植物叶片滞尘能力都降低，第四周周四 7 种植物只有玉兰树滞尘能力恢复到其平均值附近。分析可知，玉兰树滞尘能力受环境影响较小，在较短的时间内积累滞留粉尘量就几乎达到饱和。不同植物滞尘能力不同，叶片滞尘能力达到饱和所需时间也不相同。

观察第四周周一及以后植物叶片滞尘能力的变化，叶片滞尘是一个随时间积累的过程，雨后 7 种植物经过一周时间的滞尘，滞尘能力都恢复到各种植物的平均值附近，在此之后叶片上由于已经布满粉尘，滞尘效果受到影响，只有将叶片上的粉尘冲洗掉后，才能恢复其原有较好的滞尘能力。因此，对于实验中的 7 种植物，为了保持其较好的滞尘作用，一般情况下，每隔一周左右的时间都应对植物叶片进行清洗，可以是自然降雨，也可以是人工冲洗。

8.3.2.4 不同植物滞留粉尘颗粒粒径分布情况及分析

对于粉尘的研究可知粉尘有粒径大小之分，且粒径大小不同，对人体危害也不相同。PM10 已被证实是危害人类健康的最主要物质；PM2.5 因为能够进入人体肺部导致肺泡发炎而被认为具有更大的危害性。因此，考虑到粉尘对人体危害性的大小，只用单位面积滞尘量的多少不足以衡量植物在降低粉尘对人体伤害方面的贡献，由于 PM2.5 对人体危害更大，所以对 PM2.5 滞留效果好的植物在人群聚集处对保护人体健康有着相对更好的效果。

由表 8-3 可以看出，7 种植物滞留的粉尘主要是粒径在 0~10μm 范围的粉尘，其中粒径在 0~2.5μm 范围的粉尘约占 50%，与 Tomasevic 等利用扫描电镜-能谱分析仪（SEM-EDX）观测到的植物滞留的粉尘有 50% 是属于人类活动产生的细微颗粒（$D <$ 2μm）[273] 的结论相接近。7 种植物滞留 PM2.5 最多的是红桎木，约占其叶表面粉尘的 72%，最少的女贞树约占 42%。植物滞留粉尘粒径分布与叶表面结构有着重要关系，由电镜观测发现，红桎木和紫叶李叶表面都有沟状组织，且相比其他植物沟壑要细很多，在滞留粉尘过程中，这些沟状组织起到了筛选的作用，选出 PM2.5 并吸附在沟壑中。

表8-3 7种绿化植物滞留粉尘粒径分布情况 %

树　种	粒径0~2.5μm	粒径2.5~10μm	粒径10~100μm
杜鹃花	48.5270946	43.53890481	7.934000597
桂花树	44.6653642	47.85865056	7.475985243
红桎木	72.19812429	23.21458921	4.587286503
女贞树	42.17433082	51.14229951	6.683369673
玉兰树	45.22307149	46.32958651	8.447341997
樟　树	50.25672931	42.31351467	7.429756021
紫叶李	67.33713764	28.28525489	4.377607466

注：粒径2.5μm、10μm的粉尘颗粒分别归入粒径范围0~2.5μm和2.5~10μm内。

图8-13可看到7种植物对粒径分别在0~2.5μm、2.5~10μm、10~100μm范围的三种粉尘颗粒滞尘能力大小，对粒径在0~2.5μm范围内的粉尘滞尘能力大于0.5%的植物有桂花树、杜鹃花、红桎木、女贞树；对粒径在2.5~100μm范围内的粉尘滞尘能力大于0.5%的植物有桂花树、杜鹃花、女贞树。红桎木滞尘能力只有桂花树的一半，但滞留PM2.5能力与其相似，所以叶表滞尘能力强弱的标定应有一定外界条件作前提，如果在以PM2.5为主的环境中，红桎木滞尘能力与桂花树之间的差距减小很多。同样，紫叶李叶片没有玉兰树叶片滞尘能力强，但对于PM2.5的滞留能力较玉兰树稍强一些。

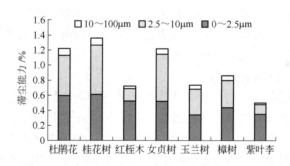

图8-13 7种绿化植物对不同粒径粉尘的滞尘能力

8.3.3　实验结果及讨论

植物滞尘能力受不同个体叶片表面特性、树冠结构、枝叶密集程度、叶面倾向等影响[274]。植物叶表机构特征作为影响植物叶片滞尘能力的主要因素，近年来，进行了大量相关研究，柴一新等人[267]以哈尔滨市为例，陈玮等人[265]对东北地区城市针叶树冬季滞尘效应进行研究，通过电镜观察研究得出叶表面具有沟状组织、密集纤毛的树种滞尘能力强；叶表面平滑，细胞与气孔排列整齐的树种滞尘能力差。植物叶片滞尘能力受叶表纤毛、表皮结构、叶表分泌物等影响较大。叶片表皮结构粗糙，多沟壑、突起、气孔等结构的植物叶片滞尘能力较强，但沟状结构、突起等宽度细到等于或小于粉尘颗粒直径时，将不会增强植物叶片滞尘能力，甚至降低滞尘能力。

植物叶表滞尘量随时间周期变化，也有其饱和量[275]。附着在叶片表皮的沟壑或气孔中的粉尘和黏附在有分泌物的叶表面上的粉尘不易被风或雨水吹落或冲洗掉，需要较大的降雨才能冲刷掉，停着在叶表面或纤毛上的粉尘较易掉落，所以植物叶片滞留粉尘的方式将影响其叶片滞尘能力的波动情况。对于一般植物，叶表面经过一周滞尘，滞尘量基本达到饱和，只有大雨冲刷后才能再次恢复其原有的滞尘能力。

植物叶片滞留粉尘以 PM10 为主，PM10 是粉尘颗粒中危害人类最主要的物质，而 PM2.5 对人体危害更为严重。研究可知植物滞留粉尘约有 50% 为 PM2.5，但由于植物叶表结构不同，对于 PM2.5 的滞尘能力也表现强弱差异。起主要作用的是叶表皮沟状组织的宽窄，沟状组织对粉尘起到筛选作用，叶表皮沟状组织较细的植物叶片对 PM2.5 表现出更强的滞尘能力，因此植物叶片滞尘能力的强弱是在一定的外界环境条件下的结果，当环境中粉尘粒径改变，原有植物滞尘能力也将改变，环境中粉尘粒径的大小对植物叶片滞尘能力有着重要影响。

对植物滞尘能力的研究有助于我们更好地了解植物应对人类活动造成的粉尘污染的能力，有助于我们更好地利用植物治理粉尘污染，改善空气状况。根据城市空气中粉尘状况，选择滞尘能力较强的植物作为绿化植物栽植，并进行合理的结构设计，将对减轻城市粉尘污染起到重要作用。

8.4 本章小结

纸币和图书是人们生活中接触最频繁的东西之一，携带了大量的细菌，成为疾病传播的重要工具。通过对纸币的电镜分析，表明细菌黏附量和纸币材料表面粗糙度呈正相关性，还与纸币表面结构和表面理化性质有关。在细菌的黏附过程中，除了自身产生的力学作用外，还有与环境的相互作用力，主要有范德华力、静电力、毛细作用力和鞭毛、菌毛产生的辅助作用，毛细作用力对细菌的黏附贡献最大。同样也为纸质类物品（图书、包装袋等）的杀菌问题提供了理论基础。

采用显微图像分析系统，对 7 种绿化植物叶片进行滞尘能力测定及叶表粉尘粒径分布统计，并采用电镜拍摄叶表电镜扫描图像。结果表明，叶表具沟状组织、排列无序的气孔的桂花树、杜鹃花、女贞树叶片滞尘能力强，叶表皮具极细沟状组织的红桎木、紫叶李虽然滞尘能力较差，但对 PM2.5 表现出相对较强的滞尘能力，PM2.5 在叶表粉尘中占很高的比例，粉尘粒径的大小对植物叶片滞尘能力的强弱有一定的影响。植物叶片滞尘量的变化是随时间积累的过程，结合滞尘测定和植物叶表微观结构对滞尘效果进行讨论，植物叶片滞尘方式决定单位叶片滞尘量的波动情况，7 种绿化植物一周的时间滞尘量基本达到饱和。

9 微颗粒物理特性及其分形参数

微颗粒的形状和粒度是描述颗粒几何特征的主要参数，粉尘颗粒物的密度、光学性质、电学性质、力学性质、运动行为和分布特征都与其有关。分形理论为人们处理复杂对象提供了一个强有力的工具，是非线性科学中的一个重要分支，分形维数能表征具有某种自相似的几何形状，这实质上是一个描述几何形状复杂性的参数。由于很多环境系统具有自相似性，所以分形理论自建立后，立即在环境科学领域得到应用。要深入了解微颗粒与表面黏附的微观力学，对颗粒物的分形分维研究是十分必要的。

9.1 微米级固体颗粒物分形分维研究

9.1.1 微颗粒大小及其测定方法的比较研究

9.1.1.1 微颗粒大小（粒度）

在习惯上，为了用一维参数表示颗粒的大小，通常微颗粒的粒度测量方法都引入了等效球径的概念，即将所测的模型建立在被测的微颗粒与理想球形微颗粒等效的基础上。微颗粒的粒度值，可以用来描述微颗粒的粉碎程度。所指的微颗粒，其物理意义是：在通常的操作和分散条件下，微颗粒不可再分的最基本单元是团聚颗粒，可以进一步分散的微颗粒则不能作为最基本单元。

在实际应用中，不可能所有的微颗粒都是同一粒度的单分散颗粒系统（monodisperse），而大部分存在的微颗粒体系，是由很多不同粒度的微颗粒所组成的多分散颗粒系统（polydisperse）。习惯上常采用分布函数描述微颗粒分散系统的特性：如 R – R 分布函数（式 9 – 1），正态分布函数（式 9 – 2），对数正态分布函数（式 9 – 3）等[276]。

$$f(D) = n_r \left(\frac{D^{n_r-1}}{\overline{D}^{n_r}} \right) \exp\left(\frac{D}{\overline{D}} \right)^{n_r} \tag{9-1}$$

$$f(D) = \frac{1}{\sqrt{2\pi}\sigma} \exp\left(\frac{D - \overline{D}}{\sigma} \right)^2 \tag{9-2}$$

$$f(D) = \frac{i}{\ln\sigma\sqrt{2\pi}} \exp\left[-\frac{1}{2}\left(\frac{\ln D - \ln\overline{D}}{\ln\sigma^2} \right) \right] \tag{9-3}$$

对于多分散颗粒系的测量，其测量结果一般是得到粒度分布，这种粒度分布的结果一般有两种类型：微分型和积分型。微分型的粒度分布结果称为频率分布，而积分型的粒度分布结果称为累积分布[277]。

按其粒度分布的种类，根据其基准不同又有几种分法：比如微颗粒个数粒度分布、微颗粒的质量粒度分布、微颗粒的体积粒度分布等。由上述式（9 – 1）～式（9 – 3）推导可知，微颗粒粒度频率分布函数 $f(D)$ 的量纲为 μm^{-1}。

9.1.1.2 微颗粒大小测定方法

测定微颗粒粒度的方法有很多，在 1963 年英国分析化学学会分析方法委员会上，曾发表了一篇很详尽的关于测定微颗粒粒度方法的综述[278]，该综述对微颗粒的粒度与微颗粒的比表面积的测量方法做了详细分类，达 73 种之多。在第四次国际粒度分析会议上，Scarlett[279] 做了一篇关于测量粒度的方法的报告，指出已经使用和正在研究的粒度方法细分起来在当时约有 400 种。近年来，随着科学技术的进步，有些传统的测量微颗粒粒度的方法在原有的基础上得到了不断更新和完善。在此基础上，新型的微颗粒粒度的测量方法也不断被发明出来。目前应用较多的微颗粒粒度测量的仪器，按照工作原理分为以下几大类。

A 机械法

(1) 筛分法[280]：筛分法是一项应用比较早的传统测量微颗粒粒径的方法。它本质上就是一种微颗粒分级的方法。筛分法即是使固体微颗粒通过一定大小孔径或者筛面，从而分为筛上料和筛下料。若使微颗粒通过一系列不同孔径的标准筛，则这些微颗粒自然就会被分离成若干个粒度级别。对筛上和筛下的微颗粒分别称量其质量，则可以通过微颗粒的质量百分数来表示微颗粒的粒度分布。

优缺点：这种筛分法操作起来非常简单，设备费用较低，一般可以测定粒径约 20～1000μm 之间的微颗粒的粒度分布，而且筛分法特别适合测定大颗粒的粒度分布。但是这种方法也存在自身缺点，对于细小的颗粒物，颗粒与颗粒之间存在较大的黏附力，使得其团聚性较强，当筛孔太小时这些颗粒物将不能够通过细小的筛孔，也就是说筛分法不能对细小的颗粒物进行筛分。而且，所使用的标准筛都有严格的尺寸限制，我们不可能从筛分数据中直接获得某一特定粒度区间的微颗粒的含量，同时在使用标准筛筛分的过程中，筛孔可能会由于磨损或者变形而导致筛分的数据准确性降低，这些都是筛分法的弊端。

(2) 沉降法：应用沉降法测定微颗粒的粒度，是根据不同大小的微颗粒在力场中所受到的力不同，从而使得这些微颗粒的沉降速度也不同。沉降法测定微颗粒的粒度有两种方法：有重力沉降法和离心沉降法。根据 Stokes 定律可知，微颗粒在力场中的沉降速度与微颗粒的粒径的平方成正比。当被测试的微颗粒群被分散在沉降槽后，可以观察并记录不同粒径的微颗粒沉降到一定刻度所用的时间，沉降天平也由此而被发明出来。除了沉降天平外，还有光透视沉降粒度仪也可以测试微颗粒的粒度分布。与沉降天平不同的是，光透视沉降粒度仪是通过测量微颗粒悬浊液的透光量随时间变化的情况，计算微颗粒的粒度分布的。除了上述两种沉降粒度测试仪外，还有离心沉降仪。其中以下几种离心沉降式粒度仪应用比较多：日本制造的 SKC-3000；美国 Micromesitics 公司制造的 SEDIGRAPH5100；南京工业大学工程测试研究所研发的 NSKC-2 型沉降式粒度仪[281]等。

优缺点：重力沉降法的测量范围为 1～3000μm。对于微米级甚至亚微米细颗粒，因为颗粒的重力沉降速度很小，且受重力沉降过程中微颗粒本身布朗运动的干扰，所以很难实现重力沉降的目的，而且微颗粒沉降的时间较长。离心式沉降测量粒径下限可达 0.03μm，要求离心力大。

B 波动特性法

（1）直观成像法：该方法非常形象直观，而且能进行形貌分析。如光学显微镜法，首先把样品分散在一定的分散液中制取制片，测颗粒影像。把颗粒按大小分级，便可求出以颗粒个数为基准的粒度分布曲线，它的测量范围为 $1\sim1000\mu m$。根据阿贝（Abbe）公式，决定显微镜的分辨率的因素是波长 λ[282]，为了提高分辨率，用电子束代替光源，用磁铁代替玻璃透镜，这便是电子显微镜法。微颗粒可以通过显微照片，将其形状及其粒度分布全部显示出来。直观成像法中，应用扫描式电镜（SEM）测量，其测量微颗粒粒度的范围可达 $0.1\sim10\mu m$；应用透射式电镜（TEM）对微颗粒进行测量，其测量范围可达 $0.001\sim1\mu m$。直观成像法是测量亚微米颗粒的粒度分布以及测量细小微颗粒的形状的最基本的测量方法，这些测量方法，现在被广泛用于各项科研工作中。

优缺点：光学显微镜测量范围为 $1\sim1000\mu m$，形象直观进行形貌分析，但是分析的准确性受到操作人员的主观因素影响大；电子显微镜测量范围下限更小，更精密，但是电子显微镜同样存在缺点，譬如电子显微镜的取样率比较低，用电子显微镜测量并且作出粒度分布十分困难，而且其仪器的造价比较昂贵，测试微颗粒的效率比较低。

（2）光全息法[283]：光全息法是一种照相过程，是通过全息技术将投射到记录平面的完整波场记录下来，在记录的过程中，既要记录光波的振幅，又要记录光波的位相。我们都知道，光是一种电磁波，光的波动特性受到两个参数的影响：振幅和位相。Gabor 正是借助于把位相转换成强度差的背景波解决了全息技术发明中的基本问题，从而把位相编码成照相胶片能够识别的量。这种记录称为全息图。

优缺点：光全息法适用于测量气溶胶中的微颗粒，其测量范围为亚微米至几个毫米。

（3）散射法：散射法是利用电磁波的偏离而开发的一种测试微颗粒粒度的方法。20世纪70年代末，出现了基于夫朗和费衍射理论的激光测试仪，这种测试仪器的测试精度很高，而且测试速度较快，操作过程中自动化程度很高，所以很快能够占领国际市场[284]。20世纪80年代后，我国的学者利用经典的米氏散射理论代替夫朗和费理论，发明了激光测试仪器测量小颗粒的物质，使得测量精度更高，测定的范围可达 $0.5\sim1000\mu m$[285]。20世纪90年代，有学者利用全散射多波长消光法的原理研发了另一种细微颗粒的测量仪器，这种测量仪器可测的粒度范围更低，达到 $0.03\sim8\mu m$[286]。目前，国外有学者利用超声波的多波场特性来测量微颗粒的粒度分布，并且开发了成熟的仪器，这种测量仪器的测试范围非常广，而且可以用于高浓度的介质的测量，测量微颗粒的粒径范围为 $0.01\sim1000\mu m$[287]。同时，也有相关专家研究利用 X 射线来开发测试微颗粒粒度的设备，其中研发的 X 射线小角散射法测量微颗粒的粒度，可测的微颗粒粒径更小，范围在 $5\sim100nm$[288,289]。此外，还发明了应用多普勒频移测量微颗粒的尺寸[290~292]。可见，随着科技的发展，能够测试的微颗粒的粒径范围越来越广泛。

优缺点：散射法测量微颗粒的粒径分布，测试速度快，精度高，自动化程度高，但是测试仪器造价昂贵。

C 电传感法

电传感法一般是通过微颗粒计数来测定微颗粒的仪器。最早的计数器是由美国的库尔特（Coulter）公司开始进行生产的，所以一般称为库尔特计数器[293]。电传感法的工作原理是：将被测的微颗粒分散在导电的电解质中，然后将电极插入该导电液体内。同时要求，该系统电路的外电阻要足够大，从而可以保持电流恒定。微颗粒将在压差作用下，随着导电液体进入计数孔中。当微颗粒通过计数孔时，同体积的电解液被微颗粒取代，将会使得插入的电极之间的电阻发生变化。这样，由于整个系统的电流是恒定的，所以电阻变化将引起暂时性的脉冲信号，由此脉冲信号可以测量和表示微颗粒的绝对数目。该计数器的脉冲信号有挡位的大小之分，所以可以根据该系统的计数，给出所测试微颗粒的粒度或体积的个数分布情况。MULTISIZER Ⅱ型的微颗粒粒度分析仪是由美国 Coulter 公司生产的，微颗粒的测量范围可达 $0.4 \sim 1200 \mu m$，且该仪器的微颗粒取样速度可达 5000 个/s。

D　其他测试方法

微颗粒的测试技术的研究，近年来是非常活跃的。除了以上的几种测试仪器外，还有一些学者将几种测试原理结合起来发明的测试方法，主要有以下几种：

（1）光子相关法[294,295]（PCS）：光子相关法是利用介质中散射体的布朗运动原理所引起的散射光强涨落现象而发明的方法，也可称为动态光散射法。这种方法应用之初是用于高分子材料、生物大分子材料的动态特性和分子量测量，现在也已经应用到了超细微颗粒的粒度测量方面。该方法微颗粒的粒度测量范围可达 $0.002 \mu m$ 到几个微米。

（2）颗粒色谱法[296]：这一方法的构想是使管道中悬浮液的颗粒，沿管壁按粒径大小分离，形成一条所谓的颗粒色谱。场流动分级（field flow fractionation）是获得颗粒色谱的有效方法。它是借助于一个薄带状的流动通道（通常为 $50cm \times 2cm \times 0.02mm$），于管道横向外加力场（重力场、离心场、流动场、磁场、电场等）实现的。流动的悬浮液中不同大小的颗粒，在场作用下向管的一个方向移动，不同大小的颗粒的漂移速度不同，从而使颗粒分离。离心场流动分级的测量下限可达 $0.005 \mu m$。电泳法可归为颗粒色谱法，它是利用颗粒在电场中运动，通过测量其迁移率的大小来计算粒度的分布。国外电泳式粒度仪的产品有：美国库尔特公司的 DEL SA440 SXZETA 电势分析仪；英国马尔文公司的 ZETASIZER3 微电子电泳系统等。

9.1.1.3　微颗粒测定方法比较

经过以上各种测定方法的描述及优缺点的比较可知，对于机械法测定微颗粒的粒度发明较早，适合测量微颗粒粒度较大的颗粒物，而且机械法测定的微颗粒的速度较之波动特性法和电传感法要慢得多，测量的精度也没有波动特性法和电传感法高。波动特性法和电传感法的发明比机械法晚，但是测定速度快、精度高、自动化程度高且发展迅速。这两种方法所测试的微颗粒的粒径也越来越小，如波动特性法中的散射法测量范围可达 $5 \sim 100nm$。但是这两种测试方法，相对于机械法来说，所用的仪器要昂贵得多。本书中实验选择激光粒度分析仪和光学显微成像系统来分析微颗粒的粒径和形状。

9.1.2　微颗粒形状及其测定方法的比较研究

9.1.2.1　微颗粒形状

微颗粒的形状是多种多样、千差万别的，表 9-1 列出了人们在工业生产中描述颗粒形状的常用术语。

表 9 – 1　微颗粒形状的定义[280]

形　状	形　体	形　状	形　体
针　状	针形体	片　状	板状体
多角状	具有清晰边缘或有粗糙的多面体	粒　状	具有大致相同量纲的不规则形状
结晶状	在流体介质中自由发展的几何体	不规则状	无任何对称性的形体
枝　状	树枝状结晶	膜　状	具有完整的,不规则形状
纤维状	规则的或不规则的线状体	球　状	圆形球体

　　表中的术语可形象地描述微颗粒的形状,但这些术语却无法在表示微颗粒的几何特征和粉体的力学性能等公式中进行计算,因此,还需要定量地描述颗粒的形状。目前对于颗粒的形状表征尚无统一的定量方法。定量评定颗粒的形状有两种观点:一种认为应该从测定数据中有可能恢复原来的颗粒形状;另一种是颗粒的实际形状并不重要,而所需要的是用于以比较为目的的数字。

　　上述两种观点比较有代表性的方法分别是由 Schwarez 等人提出的颗粒轮廓的 Fourier展开法和工程中常采用的形状因子法[293]。

　　Fourier 展开法[297~300]包括找出颗粒的轮廓和重心,从而建立极坐标系统,式 (9 – 4)为颗粒轮廓的方程式:

$$R(\varphi) = a_0 + \sum_{n=1}^{\infty}(a_n\cos n\varphi + b_n\sin n\varphi) \qquad (9-4)$$

令

$$\begin{cases} A_n = \sqrt{a_n^2 + b_n^2} \\ \beta_n = \arctan\dfrac{b_n}{a_n} \end{cases} \qquad (9-5)$$

则

$$R(\varphi) = A_0 + \sum_{n=1}^{\infty}A_n\cos(n\varphi - \beta_n) \qquad (9-6)$$

其中,$R(\varphi)$ 表示颗粒轮廓在极角 φ 处的半径,n 表示 Fourier 系数的阶数。

　　各阶 Fourier 系数 A_n 有一定的几何意义,特别是低阶系数表示出颗粒外形轮廓的主要特征。如:A_0 表示一个圆的平均半径,A_1 表示偏心度,A_2 表示椭圆度,A_3 表示三角度,A_4 表示正方度。更高阶系数反映了颗粒轮廓的更精细的图像特征,如表面粗糙度、活性等。

　　形状因子法是用某个量的数值来表征颗粒的形状。各种不同意义和名称的形状因子,都是一种无量纲量,其数值与颗粒形状有关,故能在一定程度上表征颗粒形状对于标准形状 (大多取球形) 的偏离。在工程中最常用的是[301]:

$$\psi_c = \frac{L_s}{L} \qquad (9-7)$$

式中,ψ_c 为颗粒的圆形度;L_s 为与颗粒投影面积相等的圆的周长,L 为颗粒投影轮廓的长度。

$$\psi_0 = \frac{A_s}{A} \qquad (9-8)$$

式中,ψ_0 为颗粒的球形度,A_s 为与颗粒投影面积相等的圆的面积;A 为颗粒投影轮廓的面积。

由于不规则颗粒的表面积和体积不易测量，故球形度 ψ_0 常以实用球形度（Wadell 球形度）ψ_w 来代替。

$$\psi_w = \frac{d_s}{d} \tag{9-9}$$

式中，ψ_w 为颗粒的实用球形度；d_s 为与颗粒投影面积相等的圆的直径；d 为颗粒投影的最小外接圆直径。

圆形度 ψ_c 和实用球形度 ψ_w 都表示颗粒的投影接近于圆的程度，显然有 $\psi_c \leq 1$，$\psi_w \leq 1$，而且 ψ_c、ψ_w 越接近于 1，说明颗粒的投影越接近于圆。这二者的区别在于，ψ_w 侧重于从整体形状上进行评价，而 ψ_c 则侧重于评价颗粒投影轮廓"弯曲"的程度。

本章实验所使用的测量参数中，有微颗粒的投影面积、微颗粒的投影周长及微颗粒的当量直径等。

9.1.2.2 测定颗粒物形状的方法

目前市场上未见被人们一致认可的表征颗粒形状的成型仪器问世，对于颗粒的形状测量尚停留在不断的探索阶段。比较经典的有利用光的波动特性的直观成像法、比较法以及光散射法等。

（1）直观成像法：图像分析仪系统通常由光学显微镜（或电子显微镜）、CCD 摄像机、图像卡、微型计算机等构成[302]。摄像机得到的图像是具有一定灰度值的图像，需按一定的阈值转变为二值图像。颗粒的二值图像经补洞运算、去噪声运算和自动分割等处理，将相互连接的颗粒分割为单颗粒。通过上述处理后，再将每个颗粒单独提取出来，逐个测量其面积、周长及形状参数。

优缺点：直观成像法可将颗粒的形状直接呈现在观测者的面前，比较直观，但由于测量的颗粒数目有限，特别是在粒度分布很宽的场合，其应用受到一定的限制。加之由于取样率的限制而很难显示颗粒的群体效应，限制了该法的推广。

（2）比较法：比较法通过利用不同原理的粒度仪的测量粒径的差异来间接表征颗粒的形状。有人用沉降法和激光法测的颗粒粒径的比值表征颗粒的形状[303,304]。

优缺点：受到使用的不同原理粒度仪的影响，所测得的形状不直观。

（3）光散射法：光散射法用来研究颗粒的形状起源于人们对于光散射法粒度仪普遍采用均匀球形颗粒模型的质疑。不同形状的颗粒有着不同的光散射谱，那么颗粒的光散射谱应该包含颗粒的形状信息。近来世界上有关光散射法表征颗粒形状的研究论文已发表多篇[304~308]。

优缺点：测试的颗粒物粒度更小，但仪器价格昂贵。

经过以上各种测定方法的描述及优缺点的比较可知，测量微颗粒形状没有一致成型的仪器，只能通过测试粒度中的一些仪器间接来反映颗粒物的形状。本章实验根据本实验室的试验条件，选择光学显微成像系统来分析微颗粒的形状。

9.1.3 微颗粒形状分形的实验设备的选择

进行颗粒物的形状分形研究的设备有很多，本章实验过程中所用到的设备主要有显微图像分析系统（北京泰克、SS3300），配有成像设备及图像存储器；可程式高温试验箱（重庆汉巴、HT302E）；欧美克 LS-800 型激光粒度分析仪；KQ-250B 超声波清洗器。

9.1.3.1　图像分析系统的基本原理[309]

显微镜分辨的显微像，除了普通的光学显微镜的功能外，还可以由显微图像适配镜通过高清晰彩色 CCD 即时显微图像送到计算机图像分析系统，对显微图像进行灵活的调整。

图像采集：将 CCD 摄像头通过光路转换接口直接连接到显微镜上，CCD 摄像头获得的图像信息通过图像采集卡输入到计算机中。采集到的图像可以在显示器上实时显示。

图像处理：采集图像冻结后，需要对原始图像进行先期处理，以改善图像质量，为后续的图像分析做准备。主要的图像处理包括：图像复原，消除不属于原图像的杂点，复原模糊的图像；图像增强，对图像进行对比度调整、平滑处理以及尖锐化处理；分割图像，确定阈值，有利于更清晰地查看出阈值的合理与否。

9.1.3.2　激光粒度分析仪基本原理

在光学中的夫朗禾费衍射理论和米氏散射理论指出，光照射粒子时，衍射和散射的方向能力与光的波长和粒子尺度有关。当用单色性很强的固定波长的激光作光源时，波长的影响即可消除，从而完全由粒子尺度确定光的衍射、散射方向能力。按此原理建立由偏振光源（激光光源）、粒子通路和检测系统构成的激光粒度分析仪光路系统构成的激光粒度分析仪，如图 9-1 所示。其工作过程为：激光器发出的单色光，经光路变换为平面波的平行光，射向光路中间的透光样品池，分散在液体分散介质中的大小不同的颗粒遇光发生不同角度的衍射、散射，衍射、散射后产生的光投向布置在不同方向的分立的光信息接收与电转换器，然后光电转换器将衍射、散射转换的信息传给计算机进行处理，转换成粒子分布信息，透光样品池外接以液体水为分散介质的循环供样系统。

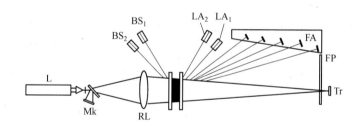

图 9-1　激光粒度分析仪原理图

L—激光器；Mk—参考监测器；RL—反傅里叶透镜；Tr—红光透射检测器；
FP—前向检测器；FA—侧向检测器；LA—大角度检测器；BS—背散射检测器

9.1.4　微颗粒分形分维理论的表征原理

微颗粒作为原料、介质、产物出现在工业生产、环境保护、生物医学、农业生产等领域中。在研究和工业生产过程中，人们往往运用一些特定的术语来定性地表达颗粒的形状，比如球状、多角状、针状、片状、纤维状等，但却无法将其代入表示颗粒的几何特征和粉体的物理性能的公式中进行计算，因此，还需定量地描述颗粒形状的方法。近些年，随着分形理论在粉体工程领域应用的不断发展，不少工作者将分维作为表征颗粒物形状的参数，并做了定量研究[310~314]。在微颗粒中引进分维的概念有利于研究颗粒物的一些参数，对指导生产具有一定的现实意义。

9.1.4.1 分形维数的定义

分形[310]提出了用尺度敏感的参数表征工程表面的可能性，只用一个分形维数就能表征具有某种自相似的几何形状，这实质上是一个描述几何形状复杂性的参数。对颗粒的边界进行定量表征是颗粒微观形貌研究的基础，针对目前一些研究所呈现的不方便性和不实用性[315~317]，从分子的尺度来说，无论怎样光滑的表面，实际上都是粗糙的。从众多颗粒的扫描电子显微镜照片（SEM）可以看出，颗粒的边界复杂、表面粗糙、具有相当精细的结构，各种颗粒形状具有明显的自相似性[318]。传统的欧氏空间的拓扑维已无法对其进行描述，于是人们提出了用分形维数（fractal dimension，简称分维，记作 FD）来描述复杂的自然物体表面形貌的方法[319]。

分形维数的定义[314]：设 A 是一个紧集，$A \subset R^n$，R 是非负实数，若存在

$$D = \lim_{n \to \infty} \frac{\ln N_n(A)}{\ln 2^n} \qquad (9-10)$$

则称 D 是集合 A 的分形维数，记为 $D = D(A)$。

9.1.4.2 分形维数的计算方法

分形理论自诞生以来，已在岩土力学的诸多方面取得了重大进展[320~322]。在颗粒形状分析方面，分形几何学亦被证实是一种切实可行的用来度量不规则颗粒形状的方法。由于分形维数可以定量描述图形的复杂程度，因此可以用于描述颗粒的投影轮廓线的凹凸程度，从而可以表示颗粒的形状。已有的研究表明[323~325]，形状分维与表示颗粒的圆形度具有良好的相关性。颗粒的表面越光滑，其投影轮廓线的凹凸越少，此时，分形维数 D 越来越小，而圆形度 ψ_c 则越来越大，并趋近于 1。分形理论分析颗粒的几何形状是对颗粒的投影图像进行分析。不规则的颗粒投影到平面上，形成不规则的平面几何图形。测定颗粒形状分维 D_p 从原理上可分为变尺码法和固定尺码法。其中固定尺码法包括周长 - 面积法、周长 - 最大直径法[326,327]、计盒法[328]等。

A 周长 - 直径关系方法（$P-D$ 法）

分形曲线的长度为：

$$L(\varepsilon) = L_0 \varepsilon^{(1-D)}$$

式中，L_0 是初始图形的长度，ε 为相对测量码尺，即 $\varepsilon = \eta/L_0$，其中 η 为绝对测量码尺，即：

$$L(\eta) = L_0^D \eta^{(1-D)} \qquad (9-11)$$

在双对数坐标上，$\ln L$ 和 $\ln \eta$ 直线的斜率就是 $\alpha = 1 - D$。L_0 和图形的最大直径 d 成正比，即可认为：$L_0 = \alpha d$，式中，α 是常数，将此式代入式（9-11）并两边取对数得：

$$\ln L = D\ln\alpha + (1-D)\ln\eta + D\ln d = C + D\ln d \qquad (9-12)$$

式中，C 是常数，且 $C = D\ln\alpha + (1-D)\ln\eta$。

由式（9-12）可知，如果用一个像素为网格去测量不同面积的图形的直径 d_i 和周长 L_i，这一组数据（L_i，d_i）在 $\ln L$ 和 $\ln d$ 的坐标中就成为直线，此直线的斜率就是所求的分维值 D。

B 周长 - 面积关系方法（$P-A$ 法）

Mandelbrot 分析了规整几何图形中的 $C-A$ 关系之后，在分形中给出了 $C-A$ 关

系为[310]:

$$P^{\frac{1}{D}} \propto A^{\frac{1}{2}} \tag{9-13}$$

其中 P 为周界曲线的真实长度，A 为平面图形的欧氏面积，采用量纲分析法，式 (9-13) 可改写成:

$$P^{\frac{1}{D}} = a(\delta) A^{\frac{1}{2}} \tag{9-14}$$

式 (9-14) 中 $a(\delta)$ 依据量纲分析，给出它的具体结构。将 P 视为分形曲线的 Hausdorff 长度，则 $[P] = D$，由量纲分析可知:

$$1 = \left[P^{\frac{1}{D}} \right] = [a(\delta)] + \left[A^{\frac{1}{2}} \right] = [a(\delta)] + 1$$

故 $[a(\delta)] = 0$，即 $[a(\delta)]$ 是标量，则式 (9-13) 可以写成:

$$P^{\frac{1}{D}} = a_0 A^{\frac{1}{2}} \tag{9-15}$$

从实验上测量 Hausdorff 长度比测量欧氏长度要困难得多，为此，将 P 看做是分形曲线的欧氏长度，则 $[P] = 1$，由量纲分析可知:

$$\frac{1}{D} = \left[P^{\frac{1}{D}} \right] = \left[a(\delta) A^{\frac{1}{2}} \right] = [a(\delta)] + \frac{1}{2}[A] = a(\delta) + 1$$

解出:

$$[a(\delta)] = \frac{1-D}{D} \tag{9-16}$$

于是，在这种情况下，$a(\delta)$ 已经不再是通常意义下的比例常数，为了保证在 $D=1$ 时回到规整几何中的 $C-A$ 关系，$a(\delta)$ 的构造应该是:

$$a(\delta) = a_0 \delta^{\frac{1-D}{D}} \tag{9-17}$$

从而式 (9-13) 可以写成:

$$P_E^{\frac{1}{D}} = a_0 \delta^{\frac{1-D}{D}} A^{\frac{1}{2}} \tag{9-18}$$

其中，P_E 为欧氏长度，这就是分形中不使用 Hausdorff 长度而使用欧氏长度时的比例关系。

9.1.4.3　微颗粒表面分维测算模型构建

半径为 R 的圆，其周长 L 为 $2\pi R$，面积 A 为 πR^2。二者之间的关系为:

$$(L)^{1/1} = 2\pi^{1/2} (A)^{1/2} \tag{9-19}$$

又边长为 a 的正方形，其周长 L 为 $4a$，面积 A 为 a^2。二者的关系为:

$$(L)^{1/1} = 4(A)^{1/2} \tag{9-20}$$

从式 (9-19)、式 (9-20) 可以看出，标准图形的周长 L 和面积 A 的关系为:

$$(L)^{1/1} \propto (A)^{1/2} \tag{9-21}$$

由规则图形的面积和周长关系，推导出不规则图形的面积和周长关系:

$$(L)^{D_L/1} \propto (A)^{1/2} \tag{9-22}$$

对于一个不规则的微颗粒，当其重心处于最稳定状态时，随着测量显微镜或扫描电镜分辨率的提高，其精细结构不断被发现，测定该颗粒不同放大倍数条件下，投影轮廓的周长和由该投影轮廓所封闭的面积，二者的关系为:

$$(1/D_L) \lg L = k_0 + (1/2) \lg A \quad (k_0 \text{ 为正常数}) \tag{9-23}$$

$$\lg L = (D_L/2) \lg A + k_0 \quad (k_0 \text{ 为正常数}) \tag{9-24}$$

取投影轮廓周长 L、投影面积 A 的双对数值，绘图并拟合直线，直线斜率为 $D_L/2$，设

直线斜率为 k，则有：

$$\frac{D_L}{2} = k \qquad\qquad (9-25)$$

通过以上方式得出颗粒物投影轮廓分维 D_L 后，可以由以下公式推导出单个颗粒的表面分维[322,323]：

$$D_S = D_L + 1 \quad (2 \leqslant D_S \leqslant 3) \qquad\qquad (9-26)$$

本章所设计的测定微颗粒分形的试验中，通过显微分析系统，可以测量出单个颗粒物的投影面积 A 和投影轮廓周长 L，利用以上的计算公式可以得出单个微颗粒的投影轮廓分维和表面分维，并为试验测定微颗粒与载玻片界面间的黏附力大小关系提供可靠数据。

9.2 硫化矿微颗粒分形与界面黏附力关系研究

随着采矿业的发展，尤其是采矿机械化程度的提高，粉尘越来越成为危害极其严重的污染物，对环境和人体健康都产生了极大的影响。在金属和非金属矿山防尘中，硫化矿矿尘非常具有代表性，主要特点是成分复杂、憎水、危害大和普遍存在。为了解硫化矿微颗粒的形状分形特点，设计一个实验，对硫化矿尘进行形状分析，进而对硫化矿微颗粒与界面黏附力的大小进行定性研究。

9.2.1 硫化矿微颗粒形状分析实验

9.2.1.1 实验样品取材

进行测试的硫化矿微颗粒原样取自某硫铁矿，采样分析矿样的矿物成分和结构构造。矿样的矿物成分和结构构造通过物相显微分析系统确定。

该硫铁矿是一以硫为主的多金属矿床。矿石自然类型有黄铁矿矿石、黄铁矿型铜矿石、浸染型铜矿石、铅锌矿石、磁铁矿矿石，均为原生矿石。矿石构造主要有致密块状、角砾状、脉状等。矿石结构主要有自形半自形晶体结构、交代熔蚀结构和胶状结构等。矿石矿物成分的主要金属矿物有黄铁矿、胶状黄铁矿、磁铁矿、闪锌矿、方铅矿等；次要金属矿物有赤铁矿、磁黄铁矿、斑铜矿、辉铜矿等。

试验前，取适量硫化矿微颗粒烘干备用。为便于控制试验条件及试验结果，通常要对原始试样进行初筛，除掉粒径大于 0.246mm（60 目）的颗粒，本次试验只对粒径小于 0.246mm（60 目）的硫化矿颗粒进行分析。试验选用的颗粒为 0.246 ~ 0.147mm（60 ~ 100 目），0.147 ~ 0.113mm（100 ~ 140 目）和大于 0.074mm（200 目）三个粒径级别。

9.2.1.2 实验样品的描述

硫化矿矿尘的取样和制备在矿尘的制备和分析中，必须保证所取试样具有代表性，即所取用于分析试样的能够代表整批矿样的平均组成。将研磨好的硫化矿微颗粒过筛，并置于可程式干燥箱内烘干，烘干时间为 10h，温度设定为 80℃。将硫化矿微颗粒过筛的目的是将微颗粒中的大颗粒剔除，以便用高精度的激光粒度分析仪来测定。对硫化矿微颗粒试样进行等离子体发射光谱分析，其化学成分分析结果见图 9 - 2 和表 9 - 2。

表 9 - 2　粉尘主要化学成分分析结果　　　　　　　　　　　%

Fe	S	Mn	Zn	Cu	Ca	Na	Si	Mg	Al
40.22	26.02	4.11	1.42	1.23	1.14	1.04	1.03	0.54	0.43

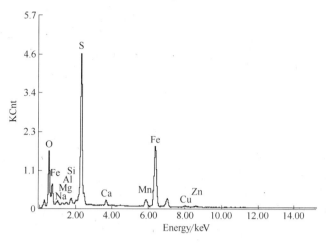

图 9 - 2 矿尘等离子体发射光谱图

由表 9 - 2 可知，硫化矿微颗粒的成分非常复杂，其中 Fe 的含量最大，S、Mn 和 Zn 也较丰富。

典型的矿相测试如图 9 - 3 所示。从图中可以看出，实际的硫化矿石含有多种矿物，其晶体颗粒大小与形状、矿物之间结构构造等都有很大的差异。

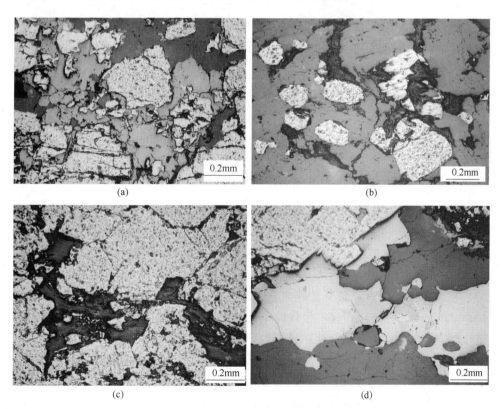

图 9 - 3 典型的矿相分析光片

（a）黄铁矿呈破碎粒状并被闪锌矿熔蚀；（b）黄铁矿呈自形颗粒分布在脉石石英中；
（c）黄铁矿裂隙中的细粒黄铜矿；（d）黄铁矿与方铅矿连生

所使用硫化矿颗粒的样品照片如图 9 - 4 所示,由电镜扫描照片可以看出,硫化矿颗粒表面呈松散破碎状,黏附有很多微小的颗粒物,据分析是氧化使硫化矿石的表面结构发生改变。

(a)   (b)

(c)   (d)

图 9 - 4 部分样品照片

(a) 60 ~ 100 目矿样;(b) 100 ~ 140 目矿样;(c) 大于 200 目矿样;(d) 矿样的 SEM 照片

9.2.1.3 测试仪器和方法

(1) 测试仪器:试验所用仪器为显微图像分析系统(北京泰克、SS3300),配有成像设备及图像存储器;欧美克 LS - 800 型激光粒度分析仪;可程式高温试验箱(重庆汉巴、HT302E)。

(2) 测试方法:取少量硫化矿粉末,用玻璃棒将其轻轻抖到载玻片(载玻片规格为76.2mm × 25.4mm × 1mm)表面。将载玻片标号,其中 60 ~ 100 目的硫化矿微颗粒所黏附的载玻片标为 a,100 ~ 140 目硫化矿微颗粒所黏附的载玻片标为 b,大于 200 目的硫化矿微颗粒标为 c。用镊子夹住载玻片侧面,放置到工作台上,分别用显微分析系统进行观测。为了提高试验精度,用同样的操作方式分别取样三次进行观察。

将完成取样后的载玻片置于显微镜下,选取载玻片中心线上中心区域作为观测对象分析,放大倍数为 400,观测所选区。试验分析可测出每个微颗粒投影的粒径、面积、周长等参数。

9.2.1.4 测定结果及分析

综合分析不同载玻片上的颗粒物情况，统计各观测区域内颗粒投影的周长及面积。三个不同粒径样品在显微镜下观察到二值化图片如图 9-5 所示。

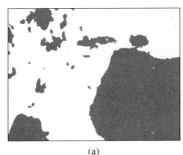 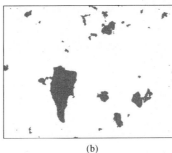 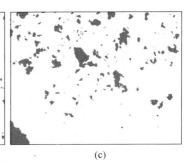

(a)   (b)   (c)

图 9-5 显微镜下观测区域内硫化矿微颗粒图

(a) 60~100 目硫化矿微颗粒；(b) 100~140 目硫化矿微颗粒；(c) 大于 200 目硫化矿微颗粒

试验结果分两方面进行讨论，首先统计 3 片载玻片表面黏附微颗粒的数量、粒径等一些参数，然后讨论不同载玻片表面微颗粒形状分形的特性。

A 载玻片表面微颗粒分析

取三次试验中各自数据统计比较明显的样品作为研究对象，分别统计 3 片载玻片上颗粒物的数量等参数，分析结果如表 9-3 和表 9-4 所示。

表 9-3 载玻片表面微颗粒分析结果

编号	观测点颗粒数	最大粒径值/μm	平均粒径值/μm	颗粒总面积/μm^2	颗粒总周长/μm
a	177	594.138	22.829	47129.00	11397.830
b	307	313.274	19.235	99896.00	17046.280
c	159	126.940	15.787	30943.00	7300.86

对某次实验数据进行整理记录，见表 9-4。介于数据量庞大，现只列出载玻片 c 上硫化矿微颗粒的部分分析结果。

表 9-4 载玻片 c 表面微颗粒分析结果

微颗粒编号	微颗粒粒径/μm	微颗粒面积/μm^2	微颗粒周长/μm
1	8.176575	43	21.728
2	2.0896	5	4.414
3	2.036957	6	5.828
4	25.47983	214	68.113
5	8.541321	39	21.899
6	17.70239	144	52.87
7	4.088043	16	11.828
8	6.677429	23	17.485
9	37.11047	360	108.74
10	33.01355	576	104.498

微颗粒编号	微颗粒粒径/μm	微颗粒面积/μm²	微颗粒周长/μm
11	16.07098	103	43.213
12	7.203316	15	19.485
13	20.0879	210	62.598
14	2.1828	5	4.414
15	4.100586	12	11.243
16	27.16879	456	95.669
17	17.69797	145	48.698
18	37.3291	402	122.255
19	14.8465	131	49.042
20	3.011444	9	8.657
21	19.00906	103	43.728
22	2.080139	6	5
23	104.9354	2591	449.659
24	11.83371	64	30.314
25	14.00583	108	38.385
26	14.14243	98	39.142
27	8.380676	41	22.314
28	2.103149	7	5.828
29	15.35965	118	43.142
30	18.99753	152	51.213
31	6.999298	35	20.899
32	4.0784	10	9.071
33	13.08173	78	38.799
34	17.32614	114	43.385
35	4.470978	12	10.657
36	2	5	4.243
37	20.24872	204	59.284
38	7.922577	31	19.485
39	12.90027	97	35.971
40	37.39207	813	133.225
41	25.81995	218	68.113
42	17.39459	156	51.627
43	44.22014	1061	189.51
44	126.9406	4104	471.145
45	7.556976	17	16.657
46	60.0181	1226	199.752

微颗粒编号	微颗粒粒径/μm	微颗粒面积/μm^2	微颗粒周长/μm
47	19.87578	131	60.941
48	28.6275	379	122.882
49	11.32966	85	33.385
50	11.66058	75	33.142
51	1.264893	3	2.414
52	3.137856	9	7.828
53	3.084625	8	7.243
54	4.166901	16	11.243
55	3.279739	16	11
56	10.25812	71	29.971
57	3.152954	9	7.657
58	4.352356	13	10.657
59	4.952606	13	10.657
60	46.10324	611	149.953
61	13.74606	126	41.971
62	11.04536	47	27.142
63	7.06543	21	19.485
64	20.19656	167	53.284
65	8.097786	53	24.314
66	58.58549	794	185.167
67	3.452332	9	7.828
68	19.27591	117	47.627
69	3.189026	10	8.414
70	15.22893	162	46.284
71	11.60507	86	31.971
72	52.29938	885	187.652
73	13.3139	75	38.042
74	35.99913	370	87.598
75	14.00989	133	43.213
76	11.91335	71	31.385
77	1.341644	3	2.414
78	1	2	1
79	6.986694	30	18.485
80	10.52725	74	30.799
81	25.63116	367	92.598
82	2	3	3

续表 9 - 4

微颗粒编号	微颗粒粒径/μm	微颗粒面积/μm²	微颗粒周长/μm
83	2. 143349	5	4. 414
84	3. 031647	8	6. 828
85	8. 809288	42	22. 899
86	3. 9664	11	9. 657
87	75. 89369	2263	286. 493
88	2. 028534	6	5. 828
89	1	2	1
90	2. 157272	6	5. 243
91	12. 03395	84	38. 799
92	20. 38097	206	56. 456
93	8. 196686	39	23. 142
94	27. 32006	295	75. 527
95	24. 94545	236	70. 355
96	13. 61893	89	34. 556
97	4. 969086	23	13. 828
98	22. 32588	293	66. 698
99	7. 250319	33	18. 314
100	3. 385529	12	9. 243

为验证显微镜测试的准确性，用激光粒度分析仪检测 c 样品，即大于 200 目的硫化矿微颗粒，分析如图 9 - 6 所示，该分析结果与显微镜分析结果吻合。

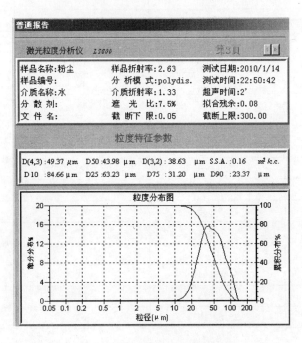

图 9 - 6　激光粒度分析仪测试结果

B 硫化矿微颗粒形状分形分析

从实验的三组数据中,选择颗粒数比较明显且具有代表性的一组3片黏附有硫化矿微颗粒的载玻片作为研究对象,依据前面所建立的分形计算模型,分别作3片载玻片所观测区域微颗粒的 $\lg L - \lg A$ 试验曲线,如图9-7所示。

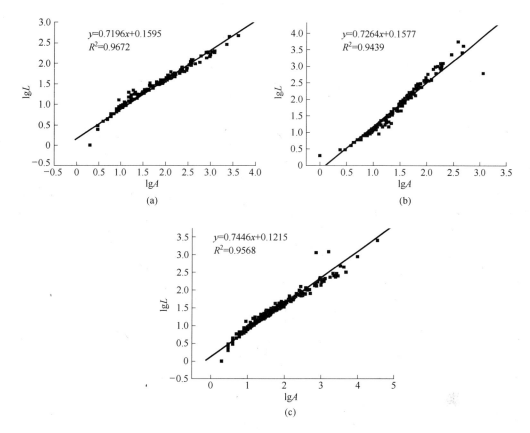

图9-7 三种硫化矿微颗粒的 $\lg L - \lg A$ 曲线
(a) 60~100目硫化矿微颗粒分形曲线;(b) 100~140目硫化矿微颗粒分形曲线;
(c) 大于200目硫化矿微颗粒分形曲线

对三种硫化矿颗粒物分形试验的试验结果进行比较,根据分形维数的计算公式求得硫化矿微颗粒的投影轮廓分形维数和硫化矿微颗粒表面分形维数,如表9-5所示。

表9-5 硫化矿微颗粒分形统计

编 号	斜率 K	分维数 D_L	分形维数 D_S	相关系数 R^2
a	0.7196	1.4392	2.4392	0.9672
b	0.7264	1.4528	2.4528	0.9439
c	0.7746	1.5492	2.5492	0.9568

根据分形统计结果,得出硫化矿微颗粒的表面分形维数与粒径之间的关系,如图9-8所示。

由图9-8可以看出,本次试验所测试的三种粒径范围的硫化矿微颗粒具有较好的形

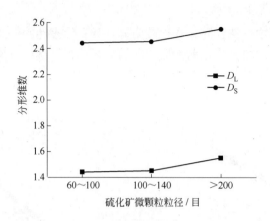

图 9-8 硫化矿微颗粒粒径与分形维数关系

状分形特性，其投影轮廓分维在 1.4392～1.5492 之间，颗粒物表面分维数在分形维数 2.4392～2.5492 之间。由计算可知，三种硫化矿微颗粒的形状分形曲线上，相关系数均在 0.94 以上，即相关度较高，这说明三种微颗粒分形特性明显。

颗粒物投影轮廓分形维数的不同表征了硫化矿微颗粒的投影轮廓曲折变化的复杂程度。分维数越大表示周边越曲折多变，微颗粒的形状越不规则，由图 9-8 知，大于 200 目的微颗粒投影轮廓分形维数最大，其值达到 1.5492，这说明该组颗粒的投影轮廓曲线偏离圆的程度最大，图 9-9 记录了大于 200 目硫化矿微颗粒某次的测试结果。

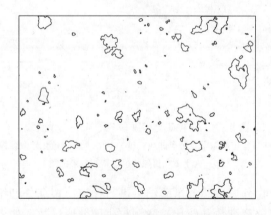

图 9-9 大于 200 目硫化矿微颗粒显微轮廓图

图 9-9 说明大于 200 目颗粒的表面分形维数达到 2.5492，也是这三组硫化矿颗粒物中分维数最大的一组，这表明该组颗粒物表面精细结构层次多，自相似程度大，同时，该组颗粒物表面凹凸最多。

9.2.2 硫化矿微颗粒形状分形特征与界面黏附力关系研究

9.2.2.1 实验方案设计

取以上实验中完成取样后的载玻片置于显微镜下，选取载玻片中心线上中心区域（433200μm²）作为观测对象。采用显微图像分析系统对中心区域进行分析，记录数据。

将分析完毕的载玻片放置在150mL烧杯上，烧杯内有部分水。将烧杯放置在超声波清洗机中振荡几分钟后，取下载玻片置于显微镜下分析，观测中心区域内微颗粒各个参数变化情况。

9.2.2.2 测定仪器和方法

（1）测试仪器：试验所用仪器为：显微图像分析系统（北京泰克、SS3300），配有成像设备及图像存储器；超声振荡器；可程式高温试验箱（重庆汉巴、HT302E）。

（2）测试方法：用镊子将待测的载玻片放置烧杯杯口中心位置上，并将载玻片用双面胶固定于烧杯顶部。烧杯内的水深要大于超声波清洗机中水深的1/2。每片待测载玻片分别振荡2、3、5min，振荡完毕后将载玻片取下，放置在显微镜下观察分析中心区域内微颗粒数量及剩余微颗粒各个参数。

9.2.2.3 测定结果及分析

将振荡结束后的载玻片置于显微镜下，综合分析相同振荡时间内的不同载玻片上观测区域中的颗粒物情况，统计各观测区域内各个微颗粒投影的周长及面积。试验结果分三方面进行分析讨论，首先比较不同载玻片表面微颗粒的差异，然后讨论不同载玻片表面微颗粒表面分形的特性，最后分析硫化矿微颗粒分形与载玻片黏附力的关系。

载玻片表面颗粒比较分析，见表9-6。

表9-6 振荡后载玻片表面微颗粒分析结果

振荡时间/min	载玻片编号	颗粒数	最大粒径值/μm	平均粒径值/μm	颗粒总面积/μm²	颗粒总周长/μm
2	a	93	128.254	20.344	27962	6378.24
	b	264	117.178	18.990	39000	9739.421
	c	107	75.893	14.130	23960	5559.845
3	a	67	104.935	19.491	17156	3389.016
	b	178	73.272	17.187	25069	6874.538
	c	84	38.069	13.734	19454	4516.285
5	a	32	62.723	17.382	6396	1701.820
	b	123	40.836	16.436	19296	5053.761
	c	71	22.325	12.569	15328	3843.714

（1）相同振荡时间内载玻片表面颗粒黏附情况：当振荡时间相同时，不同载玻片表面微颗粒黏附情况如图9-10~图9-14所示。

由图9-10可以看出振荡时间相同时各个载玻片表面黏附的硫化矿颗粒数量。总体来说，振荡后各个粒径范围内硫化矿微颗粒在载玻片表面的数量均有所减少。振荡前100~140目的硫化矿微颗粒数量最大，大于200目的硫化矿微颗粒数量最小，振荡后仍然是这种排布情况。

图9-11可以看出，振荡时间相同时，各载玻片上观测到的硫化矿微颗粒粒径的最大值情况。柱状图上明显看出，振荡前60~100目的硫化矿微颗粒最大粒径值是最大的，振荡后有明显的减小。100~140目和大于200目的微颗粒振荡前最大粒径值均比较小，经过超声波振荡后，最大粒径值也随之降低，但是减小速率没有60~100目的硫化矿微颗粒快。

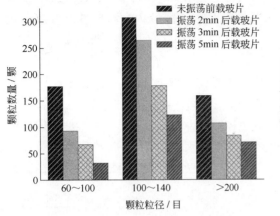

图9-10 振荡后观测点颗粒数与
硫化矿颗粒粒径的关系

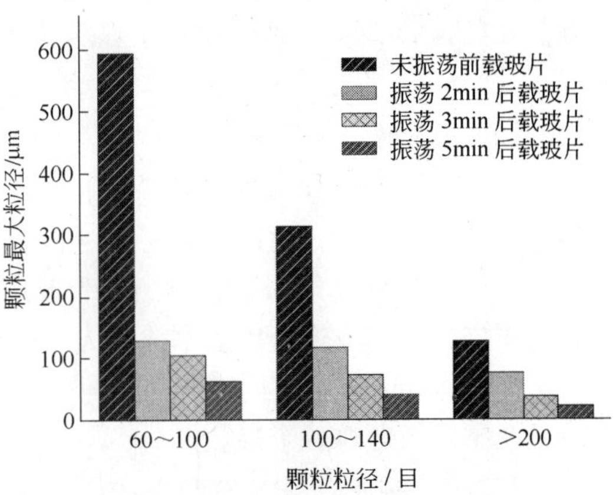

图9-11 振荡后观测点微颗粒最大粒径与
硫化矿颗粒粒径关系

图9-12列出了振荡前后各载玻片上硫化矿微颗粒的平均粒径的变化情况。由柱状图可以看出,振荡前后各载玻片上微颗粒的平均粒径差距不大。振荡时间相同时,各个粒径段的平均粒径均有减小,但是减小的幅度不大。理论上讲60~100目、100~140目和大于200目的硫化矿微颗粒的平均粒径应该有很大差异,但试验过程中要考虑两个影响因素:一是采用人工过筛对硫化矿微颗粒分级,由于细小颗粒与大颗粒之间的黏附力作用,粒径小的硫化矿微颗粒容易黏附在大颗粒之上,不会漏到筛下;二是与硫化矿本身的性质有关,硫化矿微颗粒易被空气中的氧气氧化,使之在表面形成微小的氧化物,影响显微镜对颗粒物的粒径测量。试验过程中,将各级硫化矿颗粒轻轻散落在载玻片上,就致使一些不在粒径范围内的颗粒物也落在载玻片之上,使得各级硫化矿微颗粒的平均粒径值相差不大。

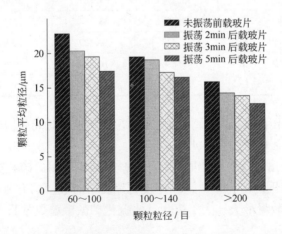

图9-12 振荡后观测点微颗粒平均粒径与颗粒粒径的关系

由图9-13和图9-14可以得知,振荡前后载玻片上黏附的硫化矿微颗粒总面积和总周长的变化情况。由图可以看出,各个粒径范围内的硫化矿微颗粒周长、面积振荡后均有减小。振荡前100~140目的硫化矿微颗粒总表面积和总周长最大,振荡后减小得也较快,其中 60～100 目的硫化矿微颗粒总表面积和总周长下降得最快，大于 200 目的硫化矿微颗粒总面积和总周长变化不明显。

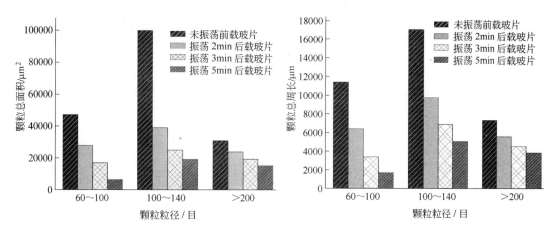

图 9 - 13　振荡后观测点微颗粒
总面积与颗粒粒径的关系

图 9 - 14　振荡后观测点微颗粒
总周长与颗粒粒径的关系

（2）相同载玻片在不同振荡时间内表面颗粒黏附情况。当振荡时间为 2、3、5min 时，3 种粒径范围内的硫化矿微颗粒的载玻片表面情况如图 9 - 15～图 9 - 19 所示。

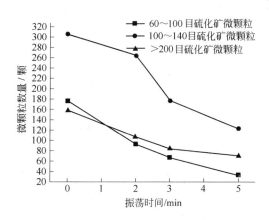

图 9 - 15　观测点颗粒数与振荡时间的关系

由图 9 - 15 分析可知，各载玻片表面观测点的硫化矿颗粒数量与振荡时间成反比。随着振荡时间的增加，载玻片表面的硫化矿颗粒逐渐减少。其中 60～100 目的硫化矿微颗粒数目减少得最快，大于 200 目的硫化矿微颗粒数量减少得最慢。当振荡时间超过 3min 后，大于 200 目的硫化矿微颗粒数量达到固定值，变化趋于平缓。

图 9 - 16 列出了各个载玻片表面观测点内硫化矿微颗粒的最大粒径的变化情况。由图可以看出，随着振荡时间的增加，各个粒径级别的硫化矿微颗粒的最大粒径逐渐减小。其中，60～100 目的微颗粒最大粒径下降得最快，大于 200 目的最大粒径减少得最慢。振荡时间为 2min 时，各个粒径级别的硫化矿微颗粒最大粒径减小得最多，振荡时间为 3min 后，各个粒径级别的硫化矿微颗粒最大粒径减少速度趋于缓慢，当振荡时间达到 5min 后，各个粒径级别的硫化矿微颗粒最大粒径相差不大。

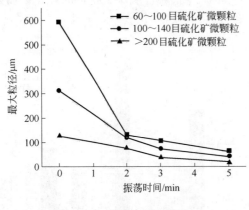

图 9-16 观测点最大粒径与
振荡时间的关系

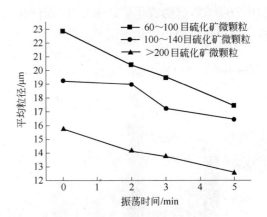

图 9-17 观测点微颗粒平均粒径与
振荡时间的关系

由图 9-17 分析知，载玻片表面黏附的各种粒径级别硫化矿微颗粒的平均粒径随着振荡时间的增加而逐渐减小。振荡时间为 3min 时，各组硫化矿颗粒的平均粒径下降较快，但当振荡时间超过 3min 后平均粒径下降缓慢。

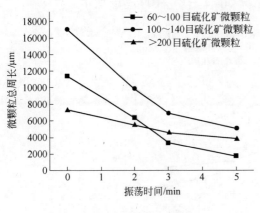

图 9-18 观测点微颗粒总周长与
振荡时间的关系

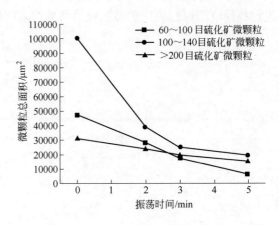

图 9-19 观测点微颗粒总面积与
振荡时间的关系

分析图 9-18 和图 9-19 发现，随振荡时间的增加，各个载玻片上黏附的硫化矿微颗粒的总面积和总周长都有所下降。其中，60~100 目和 100~140 目的硫化矿微颗粒总面积和总周长值减小得较快，而大于 200 目的硫化矿微颗粒总面积和总周长变化比较小。从图中可看出，60~100 目和大于 200 目的微颗粒总面积和总周长的两条趋势线有交叉的情况发生，这是由于初始时载玻片表面硫化矿微颗粒数量的不同导致的，开始散落到载玻片表面的这两种粒径级别的微颗粒数目不同，使得振荡后测试得出两种粒径范围内的硫化矿微颗粒的总面积和总周长出现相等的情况。总体来说，振荡 2min 后载玻片表面的硫化矿微颗粒的总面积和总周长下降得最快，振荡超过 3min 后微颗粒的总面积和总周长变化趋于平缓。

9.3　本章小结

　　本章对固体微颗粒分形与黏附力学的关系等展开了研究，介绍了微颗粒大小及其测定方法的比较、微颗粒形状及其测定方法的比较、微颗粒形状分形的实验设备的选择、微颗粒分形分维理论的表征原理。通过实验对硫化矿微颗粒形状进行了分析，并设计实验研究了三种粒径的硫化矿微颗粒与载玻片表面黏附力学大小的关系。研究发现了硫化矿微颗粒具有较好的分形特性，粒径大的微颗粒，分形维数小。采样结果发现，在振荡时间相同的情况下，黏附于载玻片的 60~100 目的硫化矿微颗粒清除率高，大于 200 目的微颗粒分形维数大，较难从载玻片上清除。

10 矿物微颗粒湿润性及耦合性实验

矿物粉尘是矿山的重要污染源之一，粉尘不仅直接危害人们的身体健康，还会带来一系列的链式污染问题。矿山防尘的重要方法之一是湿式防尘，但很多粉尘是憎水性的，为了解决这一问题，人们在防尘用水中添加湿润剂，因此，湿润剂与矿物粉尘的耦合研究成为重要的防尘课题。

10.1 矿物微颗粒的取样与制备

在试样的采集和制备中，必须保证所取试样具有代表性，即分析试样的组成能代表整批物料的平均组成，否则，无论分析工作如何认真、准确，所得到的结果也是毫无意义的。因为这种情况下，分析结果并不能代表被分析物料整体的平均组成，因而测试出的结果也就不具备科学性、代表性。因此，慎重地审查试样的来源，采用正确的取样方法和科学的测量技术是非常重要的。

为了使所采集的试样能够代表分析对象的平均组成，应根据试样堆放的情况和物理状态，从不同的角度和深度选取多个取样点。对于固体粉状试样，试样的采集量可按照经验公式计算[329,330]：

$$Q \geqslant Kd^a \tag{10-1}$$

式中，Q 为应采集试样的最低质量，kg；d 为试样中最大颗粒的直径，mm；K 为经验常数，一般 K 值在 0.02 ~ 1 之间；a 在 1.8 ~ 2.5 之间。

依据此理论，可以算出在该实验中试样采集量至少为 100g。除了要考虑应采集试样的质量外，对不均匀试样，更重要的是要选取多少个采样单元才具有代表性。如果整批物料由 N 个单元组成，则采样单元数 n 为：

$$n = (t\sigma/E)^2 \tag{10-2}$$

式中，E 为试样中组成含量与物料整体中组分平均含量间所允许的误差；σ 为各个试样间标准偏差的估计值；t 为在一定置信度下的 $t_{表}$ 值（统计学 t 分布表查询值）。

依据此原理，从现场采集粉尘时注意[330]，对于固体粉状试样，试样采集的最佳采样单元数为 5 个。不同形态的不同物料，应采取不同的取样方法。如果物料已包装成桶、袋等时，则首先应从一批包装中选取若干件物料，然后用适当的取样器从每件中取出若干份。

对于不均匀的固体物料，其组成也是不均匀的，所以在送去分析前必须经过适当处理，使之质量减小、组成均匀，以便在分析时称取一小份（0.1 ~ 1.0g）就能代表整个大批物料。处理试样的过程就是制备试样，步骤包括过筛、混合、缩分及烘干。

在试样制备之前，应经常过筛。由于湿润过程中粉尘粒径对湿润能力的影响很大，所以掌握准确的筛分方法是很必要的。在筛粉尘的过程中应按照从小到大的原则，即先用孔径最小的筛子筛，筛出粒度最小的粉尘，再用孔径次小的筛子筛分出粒径稍大的粉尘，最后用最大的筛子筛分。如果按照相反的过程筛分，就得不到理想的效果，因为粗粒子被筛分出去后，小粒子为了减少表面自由能都聚集在一起而使筛分难以进行下去。

粉尘本身就是由众多尺寸不同、形状各异的颗粒组成的，虽然按不同孔径筛分成不同粒级，但是几乎没有正规的球体或正方体颗粒。大部分颗粒是在不同方向有不同的尺寸。有些颗粒会是明显的"不规则颗粒"，例如长条形、柱状体形等。对于这种不规则颗粒应当按照 GB/T 477—1998 "筛分操作"进行筛分，按规定筛分完毕时，该颗粒进入哪个产品中，就属于哪个粒级的颗粒。如果停留在筛面上，即使它在某些方向上的尺寸均小于筛孔，但只要有一个方向上的尺寸是大于筛孔的（如柱状体），它就是"筛上产品"，反之，此种颗粒也可能进入筛下，也就是说虽然它在某一方向的尺寸比筛孔尺寸大，但只要有一个方向上的尺寸小于筛孔尺寸，它就属于"筛下产品"。

当然，此时要注意筛分操作的"公正性"，即严格按照 GB/T 477—1998 的条文执行，不允许人为地调转颗粒方向，使其强行进入筛下。在筛分过程完毕后，有些颗粒可能卡在筛孔中，"不上不下"，此种颗粒称为"难粒"，它进入筛上或筛下的概率各为 50%，粒径尺寸为孔径左右，是"难以筛分的颗粒"。其处理方法是将"难粒"取下称量，将其质量平均分配到筛上和筛下两产品中。经过筛后的试样，应加以混合，使其组成均匀。混合可用人工进行。对于量较大的试样，可用锹将试样堆成一个圆锥，堆时每一锹都应倒在圆锥顶上。当全部堆好后，仍用锹将试样铲下，堆成一个圆锥。如此反复进行，直至混合均匀。对于量较少的试样，可将试样放在光滑的纸上，依次提起纸张的一角，使试样不断在纸上来回滚动，以达混合。从待测的粉体材料中有代表性地取出适当的数量作测量样品的过程称作"取样"。取样的要点有二：一是代表性；二是适量。现在也有自动取样器等设备。在破碎、混合过程中，随着试样颗粒愈来愈细，组成愈来愈均匀，可将试样不断缩分，以减少试样的处理量。对于采集回的粉尘用标准筛筛分后，进行粉尘取样，可参考的取样方法有"二分法"、"四分法"等，常用的是四分法（图 10 - 1）。本章采用四分法取样，在粉尘取样过程中注意保持温度、湿度和气压不变。

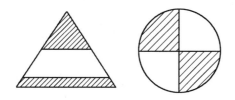

图 10 - 1　粉尘采样的四分法

10.2　矿物微颗粒物化特性

粉尘本身固有的各种物理、化学性质称为粉尘特性，主要有化学成分、粒径、分散度和含湿量。

10.2.1 矿尘化学成分

为了掌握所采矿尘的性质，首先需要了解矿尘的化学成分及其含量。通过对试样作光谱半定量分析，可以定量掌握矿尘的化学组成及其特征。下面研究分析铅锌矿尘的化学元素锌（Zn）、硫（S）、铅（Pb）、铁（Fe）、钙（Ca）、镉（Cd）、锰（Mn）、铝（Al）和铜（Cu）。经过测试分析，采用离子光谱等设备分析结果如表 10 - 1 所示。由表可知，此样品的成分非常复杂，铅锌矿尘样含 Zn 的量最大，含 S、Pb、Fe 也较丰富，均超过 10%。

表 10 - 1　矿尘的化学成分分析结果（质量分数）　　　　　　　%

元素	Zn	S	Pb	Fe	Ca	Cd	Mn	Al	Cu	其他
含量	29.9	25.2	19.2	10.1	0.72	0.15	0.44	0.43	0.27	13.59

10.2.2 矿尘的分散度

粉尘分散度即粉尘的粒径分布。粉尘的粒径分布可用按粉尘粒径大小分组的质量分数或数量分数来表示，前者称为质量分散度，后者称为计数分散度。粉尘的分散度不同，对人体的危害以及除尘机理和采取的除尘方式也不同。因此，掌握粉尘的分散度是评价粉尘危害程度，评价除尘器性能和选择除尘器的基本条件。由于质量分散度更能反映粉尘的粒径分布对人体和除尘器性能的影响，所以在防尘技术中多采用质量分散度。本实验采用筛分粉尘质量百分比表示法，其计算方法如下：

$$P_t = \frac{\mu}{W} \times 100\% \qquad (10-3)$$

式中，P_t 为质量分散度，%；μ 为某粒级粉尘的质量，mg；W 为粉尘的总质量，mg。

实验采用一组标准筛对粉尘进行筛分，然后再采用精度为 0.1mg 的数字化天平对筛分后的粉尘进行称重，然后据式（10 - 3）计算粉尘的分散度，其结果见表 10 - 2。实验所用的标准筛组为 ϕ0.28mm（ - 60 目）、ϕ0.18mm（ - 80 目）、ϕ0.16mm（ - 100 目）、ϕ0.14mm（ - 120 目）、ϕ0.09mm（ - 160 目）。

表 10 - 2　铅锌矿尘样品的分散度

直径/mm	<0.09	0.09 ~ 0.14	0.14 ~ 0.16	0.16 ~ 0.18	0.18 ~ 0.28	>0.28
粒径/目	>180	180 ~ 120	120 ~ 100	100 ~ 80	80 ~ 60	<60
质量/g	300.30	63.36	49.38	299.27	55.95	13.36
质量分数/%	38.14	8.11	6.32	38.29	7.16	1.71

由表 10 - 2 可知，粉尘的粒径主要集中在小于 0.09mm 和 0.16 ~ 0.18mm 的范围，对于 0.09 ~ 0.28mm 的粉尘采用正向渗透法和滴液法研究，对于小于 0.09mm 的粉尘采用粒度测试反映其湿润性，这是因为对于小于 0.09mm 的粉尘，由于粒径太小，松散度太大，正向渗透法和滴液法易产生气泡和断层，影响了测试的准确性。

10.2.3 矿尘堆积密度

堆积密度包括粉尘颗粒之间及其内部的空隙，指松散状态下单位体积粉尘所具有的质量。对不同标准筛粒径区间的粉尘进行粉尘堆积密度的测定，结果见表 10 - 3。由表可知，粉尘越细，堆积密度越小。

表 10 - 3　粉尘的堆积密度

粉尘粒径区间/目	60 ~ 80	80 ~ 100	100 ~ 120	120 ~ 180
堆积密度/g·cm^{-3}	1.73	1.58	1.49	1.40

10.2.4　粉尘含水率

粉尘粒子被水或其他液体湿润的难易程度称为粉尘湿润性。粉尘的湿润性是选择湿润剂的主要依据之一。例如，用湿式除尘器处理憎水性粉尘，除尘效率不高。如果在水中加入某些湿润剂如表面活性剂，可减小固液之间的表面张力，提高粉尘的湿润性，从而达到提高除尘效率的目的。

材料中所含水的质量与材料绝对干燥质量的百分比称为含水率。材料吸湿或干燥至与空气湿度相平衡时的含水率称为平衡含水率。吸湿性主要与材料的组成、微细孔隙的含量及材料的微观结构有关。材料吸水或吸湿后，可削弱内部质点间的结合力，引起强度下降。同时也使材料的表观密度、导热性增加，几何尺寸略有增加。

由此可见，粉尘含水率是影响粉尘湿润性的重要因素。粉尘中水分的存在对湿润剂的效果有一定的影响，因此测定粉尘的干湿度对粉尘和抑尘剂的耦合具有一定的现实意义。

含水率的测试实验：

（1）先称取 60 ~ 80 目、80 ~ 100 目、100 ~ 120 目、120 ~ 180 目的矿尘各 25g 放入干燥洁净、ϕ950mm、H180mm 的蒸发皿中，然后加入适量的溶液和其混合搅拌均匀。

（2）把所得的粉尘样称重后，将其放入预先调节好温度（90℃）的 S.C.101 型鼓风电热恒温干燥箱中进行测试，隔 10h 和 40h 拿出来称重一次，再放入干燥箱中，每次称重时间不得超过 5min。

（3）含水率的表示方法：

含水率 = [（干燥前的质量 - 干燥后的质量）/ 绝对干燥的质量] × 100%

实验所得失水数据如图 10 - 2 所示，实验条件：干燥温度 90℃，环境湿度为 78%。

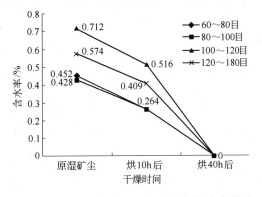

图 10 - 2　相同粒径粉尘干燥时间与含水率关系

10.2.5　粉尘的酸碱性测定

粉尘的酸碱性采用上海试剂三厂生产的广域试纸进行测定。测定时从粉尘样中取 10g 粉尘倒入 200mL 蒸馏水中，用玻璃棒充分搅拌，然后将其静置澄清后，用 pH 值试纸分别进行测定。试验得到的结果如表 10-4 所示。本实验中的粉尘基本上呈中性，偏弱碱性。

表 10-4　粉尘样的酸碱性

尘样/目	>180	180~120	120~100	100~80	80~60	<60
pH 值	8~9	8	7	7	8	7

10.3　矿物微颗粒正向渗透性实验

10.3.1　实验仪器及试剂

（1）仪器：电子分析天平，S. C. 101 型鼓风电热恒温干燥箱，标准筛：不同目数（60、80、100、120、180 目）。

（2）试剂：水玻璃；十二烷基硫酸钠；十二烷基苯磺酸钠；重铬酸钾；浓硫酸。

对于四种粒径的同一粉尘，由于试验研究包括湿润剂的正向渗透实验、滴液试验和粒度测试实验，且参照已有研究成果和数据[202]，取其溶液三个浓度值分别为：十二烷基硫酸钠溶液（SDS）：0.4%、0.6%、0.8%；水玻璃溶液：3%、6%、9%；十二烷基苯磺酸钠溶液（SDBS）：0.2%、0.4%、0.8%。

溶液配制步骤：

（1）在配制前，先确定一次要制备的溶液用量，再据各组分的百分比，计算出溶液各组分的质量。为提高实际的精度，每次配液量大于实验用的数据。

（2）称量各组分的质量。称量时，若所称物质具有吸湿性，应将其放在称量瓶中称量，倒出一份，其前后两次质量之差即为该份的质量；若所称物质具有腐蚀性，则应将其放在蒸发皿或烧杯中称量。当所称质量大于 2g 时则用精度为 0.1g 的托盘天平称量；小于 2g 时，则用分度值为 0.1mg 的光学读数分析天平称量，以保证称量的相对误差小于 5%。

（3）用干燥洁净的烧杯量取配溶液所需水量，然后据制备溶液所要求的先后顺序将称好的试剂倒入干燥干净的烧杯中加水用玻璃棒充分搅拌，配制到所需的浓度。

10.3.2　实验准备工作

10.3.2.1　实验原理

毛细管体系的润湿结果和其他润湿的结果一样，都是消失固-气界面而产生固-液界面，其实质也是浸润过程，但这类体系的润湿条件较复杂，在孔径均匀的毛细管体系的情况下，液体对孔内壁的润湿就是毛细管上升。因而只要接触角小于 90°，液体即可在曲面压差的驱动下渗入毛细孔。

其实验主要研究工作包括：准备几种有代表性的粉尘试样；测试出粉尘的化学成分、分散度、堆积密度、湿度等物理化学性质；筛选出湿润性好的几种湿润剂并对其性能进行研究，同时配制成不同浓度的溶液；做湿润剂的湿润性能测试实验；观察各种实验现象并记录有关数据；对所测结果形成图表进行不同方面的分析比较，然后得出结论。

10.3.2.2 研究内容

主要实验包括：粉尘化学成分、分散度、堆积密度、湿度测定等实验、动态正向渗透实验、滴液实验和湿润沉降实验。其目的是测定经优化配比后的湿润剂与粉尘的粒径、干湿度的耦合性，通过对各种实验结果的综合分析比较，选出湿润剂配方和类型，并创造性地运用激光粒度仪测试湿润沉降悬浮粉尘粒径实验反映出小于180目的细粉尘的湿润性。

（1）不同粒径的粉尘与同一浓度同一湿润剂的耦合性试验，分析出粉尘粒径对湿润剂的选择性和影响力；

（2）不同湿度的同一粒径同一类粉尘对湿润剂的耦合性试验，分析出湿度与湿润剂及其浓度的匹配性；

（3）分析在不同的稀释比及不同的配方情况下，抑尘效率和抑尘性能指标的有关数据，通过大量统计性的试验测出对于某种粒径的某湿度的粉尘湿润效果和能力最佳的湿润剂；

（4）通过滴液试验和正向渗透试验的试验效果的基本一致性表明，正向渗透试验可以在一定程度上用来检验和测试湿润剂的湿润渗透性能。

10.3.2.3 试验方案

迄今，有数种常用的方法用于测定湿润剂的性能，如湿润角测定法、沉降法、滴液法、上下向毛细管渗透法、动力试验法和 Zete 电位测定法[331]。在研制一种新型抑尘剂时要选择一种合适的实验方法，必须综合考虑粉尘的物理化学性质、成本、时间、精度及现场实际情况等其他相关因素。

实验主要采用两种方案：正向渗透法和滴液法。

由于确定的实验注重于研究矿尘粒径、干湿度与湿润剂类型配比的耦合，故湿润剂的渗透性能测试便成了解决问题的突破口。因此把研究的重点放在不同浓度的湿润剂及其配比优化上，在综合分析实验室现有仪器、设备等条件基础上，设计出一系列测试渗透性能的实验方法，通过比较实验结果，筛选出成本低、原料来源广、具有优良渗透性能的湿润剂类型和配方方案。

比180目更细的粉尘采用湿润悬浮沉降实验，先通过180目的标准筛筛取 10 ~ 20g 粉尘，再用数字天平称取等质量约 0.025g 的粉尘样。

研究粉尘的湿润效果有多种装置。从简单易行和实际需要出发，采用毛细管正向渗透湿润试验装置对三种试剂与铅锌矿尘的耦合性和湿润效果进行研究[332~342]。在具体做溶液的动态正向渗透性试验时，为了能成批量地进行，采用了自己制作的装置。正向渗透法装置如图 10 – 3 所示。

10.3.2.4 试验步骤

（1）图 10 – 3 所示是一个 60cm × 40cm 的木板框架，框架的一面钉有一块厚约 5mm 的压缩板或厚纸板，在板上距框架下端 8cm 处打一排小孔，然后在纸板的一面贴上标有刻度的坐标纸。

（2）先用具有一定强度和稳定性的细铁丝做成一个铁丝固定架，然后在铁丝固定架的横梁上每隔一定距离做一些小铁丝环，以便试验时使插入其内的细玻璃管粉尘保持垂直稳定。

（3）给内径为 5.5mm，长约 10cm 的玻璃管画刻度，再用铬酸洗剂和吸耳球清洗干净

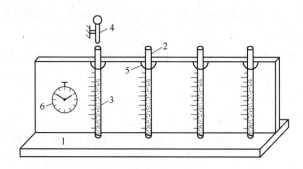

图 10-3 毛细管正向渗透湿润实验装置示意图

1—实验托板；2—玻璃管；3—矿尘；4—滴定管；5—玻璃管固定圈；6—秒表

并在恒温干燥箱内烤干，然后将其下端用医用胶布封住。

（4）通过内径为 4.5mm 的玻璃漏斗用药匙将一定量的粉尘装入玻璃管中，填满粉尘的玻璃管长度大于 5cm，为提高精度，每次初填至 6.5cm 处，然后振实到 5.5cm 处。

（5）把装好粉尘的玻璃管轻轻地垂直插入木框中的细铁丝环内，将待测玻璃管固定在滴定架上，然后用滴管吸取 0.5mL 的试剂溶液且在玻璃管入口处缓慢滴入玻璃管中，每次滴两滴，约 0.2mL；用秒表记录液面渗透到 2cm、3cm、4cm、5cm 处所需要的时间，记录最先达到液面的时间。

10.3.2.5 实验注意事项

（1）称重：将电子天平的平衡球调到正对着天平后面的中央圆孔，以保证称重的精度和正确性；

（2）清洗：将重铬酸钾和浓硫酸按 1:4 的比例配制一定量的铬酸洗液，通过吸耳球让铬酸洗液浸润内壁来清除内径为 5.5mm 玻璃管的污垢；

（3）保存试剂：用锥形瓶盛装溶液并用保鲜膜封住以减少与空气中水分和气体等的反应；

（4）干燥：连续干燥，尽量保证不中间断电，同时将硅胶放入烘箱以保证断电也不吸收空气中的水分；

（5）水玻璃溶液：添加 10% 浓度的氢氧化钠以防止水解（$Na_2SiO_3 + 2H_2O \Longrightarrow 2NaOH + H_2SiO_3\downarrow$，其中 H_2SiO_3 为白色沉淀）；

（6）装尘：尽量让锥形漏斗和玻璃管均在铅垂方向，以保证装尘的均匀性；

（7）试验过程注意保持温度、湿度和气压不变。

10.4 铅锌矿微颗粒正向渗透性实验研究

将铅锌矿山采样的微颗粒粉尘经标准筛筛过后，其粒径分为六个区间：<60 目、60~80 目、80~100 目、100~120 目、120~180 目和 >180 目的。对于 <60 目的颗粒粉尘，由于粒径较大，一般不会引起扬尘；对于 >180 目的颗粒，由于粒径过细，如果用湿润渗透试验粉尘易发生起泡、裂纹和断层而影响精度。本节主要分析 60~80 目、80~100 目、100~120 目、120~180 目四个区间的铅锌矿尘与湿润剂溶液的湿润渗透实验和耦合实验。

为保证实验的准确性须做大量统计性实验，综合考虑实验时间、成本和精度，记录的每一实验数据都为做三次实验后所取的平均值。数据都是在室内无风的条件下测得，在实验过程中尽可能保证实验室内温度、湿度一致。

本节主要是针对以上四个区间的湿粉尘、干燥10h的粉尘和干燥40h的粉尘进行正向渗透实验和滴液实验。用正向渗透湿润粉尘的实验方法研究湿润的配方不仅直观、可靠，且更接近于实际应用的条件。为了节省篇幅，主要介绍一些有代表性的实验结果，实验数据均是通过五次实验取得的平均值。

10.4.1 矿尘粒径对湿润性能的影响

由于我国大多数露天矿的温度一年四季都在变化，而且变化幅度很大。对于南方炎热夏天，扬尘更严重，夏天统计温度在30℃左右。因此，本项研究的溶液的温度也控制在30℃左右，湿度随实验的气候变化而变化。由一般常识知，矿山路面温度较高，需要应用的湿润溶液较多。为了研究温度对湿润效果的影响，有意识地使实验的环境温度和湿润液的温度保持较高。

记录液面渗透到2cm、3cm、4cm、5cm处所需的时间，每次实验记录4个数据，将数据整理后做成图形分析。一般地说，渗透速度越快，湿润效果越好。做完以上所述的四个实验，得出大量的实验数据，为了直观和便于分析，根据原始数据做出相应图形，各种湿润剂水溶液湿润粉尘所用时间随粉尘粒径变化曲线很多，其中有代表性的是十二烷基硫酸钠（SDS）湿润干燥10h后的矿尘试验，见图10-4~图10-7，实验条件：半干矿尘，环境温度31℃；湿度77%，图中粒径是指粉尘粒径，是通过不同目数的标准筛筛后得到的，时间是指湿润剂渗透到相应长度时所需时间。

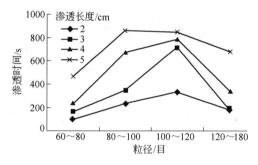

图10-4 矿尘粒径与渗透时间关系（水）

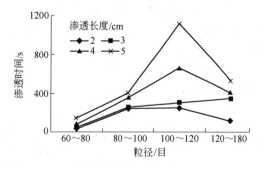

图10-5 矿尘粒径与渗透时间关系（0.4%SDS）

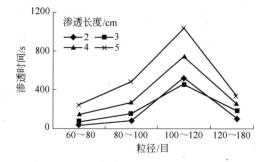

图10-6 矿尘粒径与渗透时间关系（0.6%SDS）

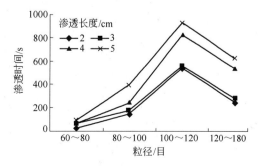

图10-7 矿尘粒径与渗透时间关系（0.8%SDS）

在实验过程中发现，从湿润程度来说，粗粉尘比细粉尘湿润得更完全。对于粗的粉尘，湿润剂能够更好、更全面地湿润，对于粒径细的粉尘有些湿润得不完全。在实际使用表面活性剂作湿润剂时，不仅应考虑平衡时的湿润程度，更重要的是应考虑湿润效率、湿润剂的有效性和湿润速度等。

湿润效率是指在一定温度下，一定的时间内表面活性剂产生的一定量的湿润能力所需要的最低浓度；湿润剂的有效性是指在一定体系中，不考虑作用浓度的条件下，湿润剂完成湿润作用所需要的最少时间；湿润速度是在一定温度下，在某一固定浓度时湿润所需要的时间。这三种评定方法，彼此是相关的，只要在一定浓度的条件下一定温度下做一次测定就可以了。

对于湿润速度，由图 10 – 4 ~ 图 10 – 7 可以直观地得到随着湿润粉尘长度的增加，单位长度内湿润渗透粉尘的时间也增加，即各类湿润剂溶液湿润渗透能力减弱，同时粉尘粒径不同减慢的速度也不同，一般地说粉尘粒径越细，减慢的速度越大，这是因为细粉尘的分散度大、孔隙率小，湿润剂不容易渗透下去。

由曲线的斜率可知，矿尘的粒径与湿润时间关系很大，随着粒径的增大，湿润相同长度所需的时间急剧增大，尤其是 60 ~ 80 目与 100 ~ 120 目相同湿度的粉尘用相同浓度的同类湿润剂，其湿润时间从几十秒上升到几百秒，相差几十倍甚至上百倍，曲线上升的斜率很形象地说明了在湿润过程中粉尘粒径对湿润速率的影响；不同粒径的粉尘湿润效果最佳的浓度也不一致，因此在选择湿润剂浓度时必须综合考虑粉尘的粒径范围。整体来说，粉尘粒径越细，分散度越大、孔隙率越小，越难湿润。

同时粉尘湿润时间还和粉尘的粒径级配有关，例如在图 10 – 4 ~ 图 10 – 7 中 120 ~ 180 目的粉尘湿润时间下降很快，甚至渗透时间比 100 ~ 120 目相对较粗粉尘还要短，这很有可能与粒径变化幅度大有关。

10.4.2 矿尘含湿率对湿润性能的影响

浓度为 0.6% SDS 溶液分别与湿粉尘、干燥 10h 及干燥 40h 粉尘的关系，见图 10 – 8 ~ 图 10 – 11，其中环境温度：30℃；湿度：78%。

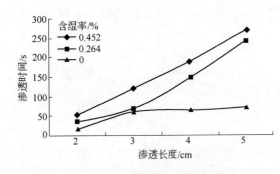

图 10 – 8　60 ~ 80 目不同初始含湿率粉尘的
渗透湿润性能

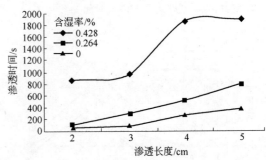

图 10 – 9　80 ~ 100 目不同初始含湿率粉尘的
渗透湿润性能

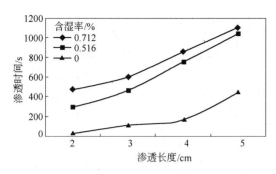

图 10 - 10　100 ~ 120 目不同初始含湿率粉尘的
渗透湿润性能

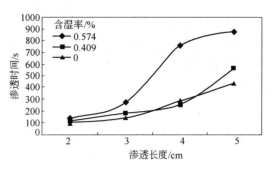

图 10 - 11　120 ~ 180 目不同初始含湿率粉尘的
渗透湿润性能

从图 10 - 8 ~ 图 10 - 11 曲线斜率可以看出，矿尘越干越容易湿润，同时从四个图做横向比较可以知道对于越细的粉尘，这种干湿度的影响将更为明显，特别是从较湿到稍微干燥的粉尘，粉尘湿润时间大幅度地下降了。当然，个别还存在反常现象如 100 ~ 120 目矿尘。

湿润时间随矿尘含水率变化而变化的情况，综合对比图 10 - 2 的含水率曲线来考虑，失水斜率和湿润时间下降的趋势几乎一样，它们的斜率几乎完全相同，整体上是失水越多，粉尘湿润渗透效率越高。特别是对 120 ~ 180 目粉尘，烘干 10h 的含水率为 0.409%，烘干 40h 为 0.574%，所以湿润时间的缩短也很明显。

综合来看，很显然，粉尘越干，湿润速率越大，这对粗粉尘十分明显，由于细粉尘影响因素很多，故不如粗粉尘明显。

10.4.3　湿润剂浓度对矿尘湿润性能的影响

南方夏天地面温度在 30℃ 左右，因此，本项研究的溶液的温度也控制在 30℃ 左右，环境湿度为 78%。由一般常识知，温度较低，湿润效果较差。为了研究温度对湿润效果的影响，有意识地使实验的环境温度和湿润液的温度保持较低。各种湿润剂溶液无论是复合型还是单一型的，其对粉尘的湿润渗透能力基本上都比水好。粉尘的分散度越小（即粉尘越粗），这种效果就越明显，如干燥 40h 的干矿尘。

10.4.3.1　不同浓度 SDS 在铅锌矿尘中的渗透性

图 10 - 12 ~ 图 10 - 15 是不同浓度 SDS 湿润溶液对矿尘渗透实验结果，实验条件：毛细正向下渗法；干粉尘；环境温度：30℃；湿度：78%。

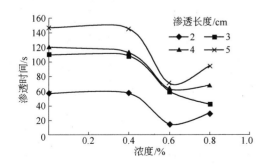

图 10 - 12　不同浓度 SDS 在 60 ~ 80 目
矿尘中的渗透性

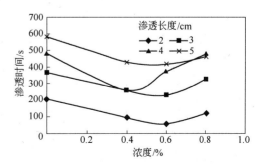

图 10 - 13　不同浓度 SDS 在 80 ~ 100 目
矿尘中的渗透性

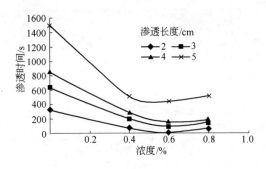

图 10 - 14　不同浓度 SDS 在 100 ~ 120 目　　　图 10 - 15　不同浓度 SDS 在 120 ~ 180 目
　　　　　矿尘中的渗透性　　　　　　　　　　　　　　矿尘中的渗透性

从图 10 - 12 ~ 图 10 - 15 可以看出：

（1）随着湿润剂浓度变化，其对各种粒径粉尘的动态湿润渗透能力的大小也发生变化，就实测的有代表性的 SDS 溶液来说，不同浓度对不同粒径粉尘的湿润能力大小排序为：对 60 ~ 80 目粉尘，0.6% → 0.8% → 0.4% → 0；80 ~ 100 目粉尘，0.6% → 0.4% → 0.8% → 0；100 ~ 120 目粉尘，0.6% → 0.8% → 0.4% → 0；120 ~ 180 目粉尘，0.4% → 0.6% → 0.8% → 0。

（2）从图 10 - 12 可以看出，对于 60 ~ 80 目粉尘 SDS 从浓度为 0 到 0.4%，湿润时间基本持平，基本上没有很大的湿润能力的改善，可 0.6% 的却可以提高 3 ~ 5 倍的湿润效果。而从图 10 - 15 可以知道，对于 120 ~ 180 目的矿尘 0.4% 就可以很好地湿润粉尘，进一步提高浓度不仅成本提高了，而且湿润能力下降。这就说明不同的粒径粉尘适合的湿润剂的浓度是不同的。

（3）从曲线图可以看出对于干燥了 40h 后的矿尘，各湿润剂溶液基本上存在一个具有较佳湿润渗透性能的浓度范围。对于 SDS 溶液：对 60 ~ 80 目、80 ~ 100 目、100 ~ 120 目矿尘的最佳浓度是 0.6%，对 120 ~ 180 目的最佳浓度是 0.4%，因此在现场应用时，必须综合考虑粉尘粒径范围来选用湿润剂的配比浓度。

（4）代表性的实验结果如图 10 - 14 所示，在温度为 30℃ 左右，浓度为 0.6% 的 SDS 溶液对提高 100 ~ 120 目矿尘的湿润效果具有很好的改善作用，湿润时间分别缩短几倍甚至几十倍。

（5）整体上从图 10 - 12 ~ 图 10 - 15 可以看出在温度为 30℃ 左右，SDS 浓度超过 0.6% 时对大多数矿尘并没有进一步改善湿润效果，反而比 0.6% 的效果更差，因此进一步提高湿润剂浓度无论是经济上还是湿润效果上都是不可取的。

10.4.3.2　不同浓度水玻璃溶液在矿尘中的渗透性

不同浓度水玻璃溶液在矿尘中的渗透性测定结果如图 10 - 16 ~ 图 10 - 19 所示，实验条件：毛细正向下渗法；干粉尘；环境温度：30℃；湿度：78%。

从图 10 - 16 ~ 图 10 - 19 四个曲线图的斜率变化可以看出，干燥了 40h 后的矿尘水玻璃溶液对矿尘湿润能力的改善作用不如 SDS 溶液明显，同时也可以看出：

（1）随着湿润剂浓度的变化，其对各类粉尘的动态湿润渗透能力的大小也发生变化，就实测的有代表性的水玻璃溶液来说，其湿润速率情形如下：对 60～80 目粉尘：3%→9%→6%→0；80～100 目粉尘：6%→9%→3%→0；100～120 目粉尘：9%→6%→3%→0；120～180 目粉尘：9%→6%→3%→0。

（2）从曲线图可以看出对于干燥了 40h 后的矿尘，各水玻璃溶液基本上存在一个具有最佳湿润渗透性能的浓度值。对 60～80 目粉尘的最佳浓度为 6%；80～100 目粉尘的最佳浓度为 3%；100～120 目和 120～180 目粉尘的最佳浓度均为 9%。因此不同的粒径粉尘最适合的湿润剂的浓度是不同的，在现场应用时，必须综合考虑粉尘粒径来选用湿润剂的配比浓度。

（3）代表性的实验结果如图 10-16 所示，在温度为 30℃ 左右，浓度为 3% 的水玻璃溶液对提高 60～80 目矿尘的湿润效果具有很好的改善作用，湿润时间分别缩短几倍甚至几十倍。

（4）曲线的斜率可以反映溶液不同浓度的湿润效果，从图 10-18、图 10-19 可以看出，在温度为 30℃ 左右，水玻璃溶液对四种粒径的矿尘的湿润效果基本上都有一定的改善作用，但效果不太明显，特别是对越细的 100～120 目和 120～180 目的改善作用只有 30%～50% 左右，远远不如 SDS 明显；从整体上可以看出水玻璃溶液浓度越高，湿润效果越好。

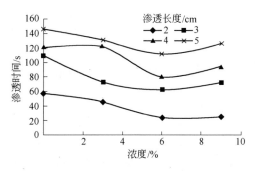

图 10-16 不同浓度水玻璃溶液
在 60～80 目矿尘中的渗透性

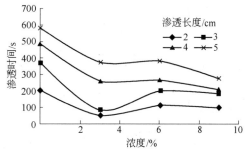

图 10-17 不同浓度水玻璃溶液
在 80～100 目矿尘中的渗透性

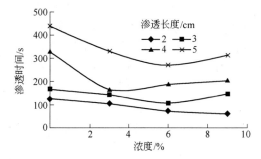

图 10-18 不同浓度水玻璃溶液
在 100～120 目矿尘中的渗透性

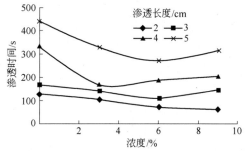

图 10-19 不同浓度水玻璃溶液
在 120～180 目矿尘中的渗透性

10.4.3.3 不同浓度 SDBS 溶液在干矿尘中的渗透性

不同浓度 SDBS 在矿尘中的渗透性测定结果如图 10 – 20 ~ 图 10 – 23 所示，实验条件：毛细正向下渗法；干粉尘；环境温度：30℃；湿度：78%。

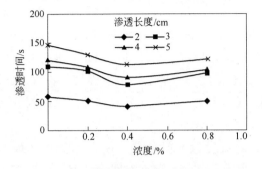

图 10 – 20　不同浓度 SDBS 在 60 ~ 80 目
矿尘中的渗透性

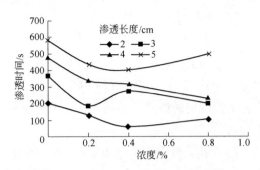

图 10 – 21　不同浓度 SDBS 在 80 ~ 100 目
矿尘中的渗透性

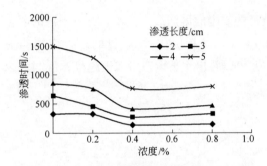

图 10 – 22　不同浓度 SDBS 在 100 ~ 120 目
矿尘中的渗透性

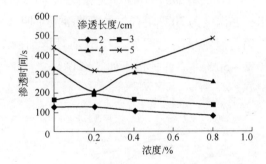

图 10 – 23　不同浓度 SDBS 在 120 ~ 180 目
矿尘中的渗透性

从曲线图可以看出对干燥 40h 后的矿尘试样：

（1）随着湿润剂浓度的变化，其对各类粉尘的动态湿润渗透能力的大小也发生变化，就实测的有代表性的 SDBS 溶液来说，其湿润效率情形如下：对 60 ~ 80 目粉尘，0.4%→0.2%→0.8%→0；80 ~ 100 目粉尘，0.4%→0.2%→0.8%→0；100 ~ 120 目粉尘，0.4%→0.8%→0.2%→0；120 ~ 180 目粉尘，0.8%→0.4%→0.2%→0。

（2）从曲线图可以看出，对于干燥了 40h 后的矿尘，各 SDBS 溶液基本上存在一个具有较佳湿润渗透性能的浓度范围：对 60 ~ 80 目、80 ~ 100 目和 100 ~ 120 目粉尘的最佳浓度为 0.4%；对 120 ~ 180 目粉尘各种浓度的 SDBS 溶液的改善效果均不很明显。因此同种粉尘不同的粒径最适合的湿润剂浓度是不同的，在现场应用时，必须综合考虑粉尘粒径来选用湿润剂的配比浓度。

（3）代表性的实验结果如图 10 – 22 所示，在温度为 30℃左右，浓度为 0.4% 的 SDBS 溶液对提高 100 ~ 120 目矿尘的湿润效果具有很好的改善作用，湿润时间分别缩短几倍甚至几十倍。

（4）曲线的斜率可以反映溶液不同浓度的湿润效果，从图中可以看出，在温度为 30℃左右，SDBS 溶液对提高 60 ~ 80 目矿尘的湿润效果基本上都有一定的改善作用；对 80

~100 目和 120 ~ 180 目矿尘效果不太明显，甚至个别存在反常现象；从整体来看 SDBS 溶液浓度从 0.4% 提高到 0.8% 基本上湿润能力没有很大的提高，因此使用 SDBS 溶液抑尘的最佳浓度为 0.4%。

10.4.4 不同湿润剂湿润性能的比较

为找出湿润效果最佳的湿润剂种类和浓度，故将水及 SDS、水玻璃溶液和 SDBS 湿润效果的最佳浓度作对比曲线图，如图 10 - 24 ~ 图 10 - 27 所示，实验条件：毛细正向下渗法；干粉尘；环境温度：30℃；湿度：78%。

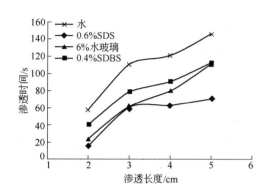

图 10 - 24　不同湿润剂溶液在 60 ~ 80 目矿尘中渗透时间与渗透长度的关系

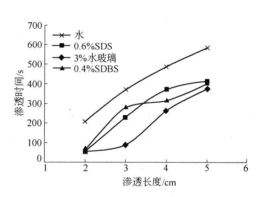

图 10 - 25　不同湿润剂溶液在 80 ~ 100 目矿尘中渗透时间与渗透长度的关系

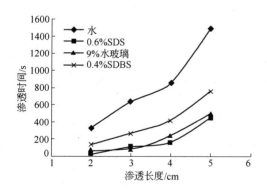

图 10 - 26　不同湿润剂溶液在 100 ~ 120 目矿尘中渗透时间与渗透长度的关系

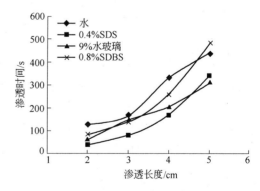

图 10 - 27　不同湿润剂溶液在 120 ~ 180 目矿尘中渗透时间与渗透长度的关系

图中横坐标代表渗透长度，从图 10 - 24 ~ 图 10 - 27 可以看出，对于同一湿润长度湿润时间越短湿润效率就越高，从图上显示就是处于图中下方靠近横坐标的湿润剂的湿润效果是最好。很显然水的湿润效果远远不如任何一种湿润剂的湿润效果，整体而言 0.6% 的 SDS 的湿润效果是最佳的，其次是水玻璃，最差的是 SDBS。

当然对于干燥 40h 的干粉尘，不同种类和浓度的湿润剂溶液需与不同粒径、不同湿度的矿尘搭配好才能得到最佳的湿润效果，对一种粒径矿尘湿润效果好的试剂对其他粒径的矿尘不一定好，例如对 60～80 目、100～120 目和 120～180 目矿尘 0.6% 的 SDS 湿润效果是最佳的，但对于 80～100 目矿尘 3% 水玻璃的湿润效果最佳。如果不加选择地应用就难以保证湿润性能的改善。

针对不同浓度、不同种类湿润剂和不同粒径、不同湿度的矿尘做了大量的正向渗透耦合实验，本章中图表仅为代表性数据。从大量实验中总结出不同湿度、不同粒径湿润效果最佳的湿润剂和浓度统计如表 10-5 所示。

表 10-5   毛细管正向渗透实验中不同粒径矿尘的最佳湿润剂及其浓度

矿尘粒径/目	含湿率/%	湿润剂	最佳浓度/%	相对水提高倍数
60～80	0.452	SDS	0.6	提高 0.6 倍
80～100	0.428	SDS	0.6	提高 1 倍
100～120	0.712	SDS	0.6	提高 0.7 倍
120～180	0.574	水玻璃溶液	9%	提高 2 倍
60～80	0.264	SDS	0.8	提高 3 倍
80～100	0.264	SDS	0.6	提高 1.5 倍
100～120	0.516	水玻璃溶液	6%	提高 1 倍
120～180	0.409	水玻璃溶液	6%	提高 1.5 倍
60～80	0	SDS	0.6	提高 1 倍
80～100	0	水玻璃溶液	3	提高 1.5 倍
100～120	0	SDS	0.6	提高 3 倍
120～180	0	SDS	0.6	提高 0.6 倍

从表可以看出相对于水来说，一般湿润剂的湿润效率可以提高一倍，高的可达三倍，最少也可以提高 60%。特别是 SDS 溶液只需要很低的浓度约 0.6% 就可以很好很快地湿润粉尘，特别是对细的憎水性强的干粉尘效果尤其明显。

从实验数据的可靠性来分析：从粉尘粒径来看，同一浓度溶液对粒径粗的粉尘的数据远比细的要更接近，可靠性最差的是 100～120 目和 120～180 目的粉尘；从溶液来看，在对同一种矿尘所做的 3 组数据中 SDS 溶液得到的两组或三组数据最接近，因此在此实验中粗粉尘对 SDS 溶液做的实验数据最为可靠，精度也最高。

10.4.5   湿润剂溶液的复合效果

文献［202］对固体卤化物以及它们与碱性氧化物复合后的抑尘性能做了比较详细的研究，由于表面活性剂具有很强的吸水湿润作用，而且没有腐蚀性，而水玻璃溶液有较强的粘尘和稳定土作用，它们复合后可以生成一定量的偏硅酸胶状物等从而使其稳定土作用得到进一步增强，因此在已有的研究基础上将表面活性剂和水玻璃溶液复合并测定其湿润性能。

选取干燥 40h 的矿尘，根据前面可知对于 60～80 目矿尘用 0.6% 的 SDS 湿润效果是最好的，故选取它跟不同浓度的水玻璃溶液复合，具体如图 10-28～图 10-31 所示，实验条件：毛细正向下渗法；环境温度：30℃；湿度：78%。

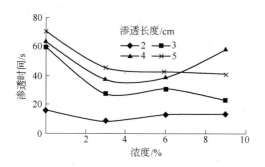

图 10 - 28　SDS 与水玻璃复合在 60 ~ 80 目
干矿尘中的渗透性

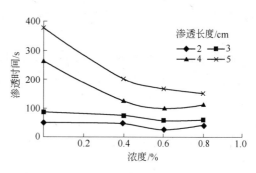

图 10 - 29　SDS 与水玻璃复合在 80 ~ 100 目
干矿尘中的渗透性

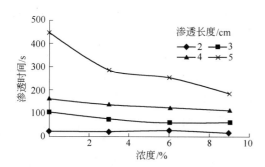

图 10 - 30　SDS 与水玻璃复合在 100 ~ 120 目
干矿尘中的渗透性

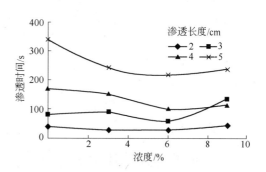

图 10 - 31　SDS 与水玻璃复合在 120 ~ 180 目
干矿尘中的渗透性

由于 SDS 的湿润渗透能力较好，而水玻璃溶液黏结能力和抗蒸发性能较好，因而复合不仅可以提高湿润渗透速率而且可以从整体上增强抑尘效果。

从图上曲线斜率来看，对于 60 ~ 80 目粉尘和 80 ~ 100 目粉尘，相对于单一湿润剂，复合湿润剂有明显改善作用，在现场实践中可以考虑复合效果；但对于 100 ~ 120 目和 120 ~ 180 目粉尘来说，下降的幅度不是很大，这就意味着对于此范围粒径粉尘就本试验选择的两种湿润剂来说，它们复合后的水溶液的湿润渗透性能有一定的提高，但提高幅度不大，若要利用，必须综合考虑成本问题。现总结图 10 - 28 ~ 图 10 - 31 湿润效果最佳的复合湿润剂配比，见表 10 - 6。

表 10 - 6　正向渗透实验中干矿尘与复合湿润剂的最佳配比

矿尘粒径/目	湿润效果最佳的复合湿润剂配比	相对单一湿润剂提高倍数
60 ~ 80	0.6% SDS + 6% 水玻璃	提高 1 倍
80 ~ 100	3% 水玻璃 + 0.6% SDS	提高 0.6 倍
100 ~ 120	0.6% SDS + 6% 水玻璃	提高 0.4 倍
120 ~ 180	0.6% SDS + 6% 水玻璃	提高 0.3 倍

从表中可以看出对 60 ~ 80 目、100 ~ 120 目和 120 ~ 180 目矿尘，对于单一湿润剂用 0.6% 的 SDS 湿润效果也不错，而在正常情况下 0.6% 的 SDS 中加入 6% 的水玻璃溶液，表面活性剂的烃基吸附于矿尘的表面，而亲水基向液相扩散，因此，铅锌矿尘的疏水性减

弱；然而，如果表面活性剂的极端变成与铅锌矿尘的表面接触，而尾端向液相延伸，铅锌矿尘的疏水性就会增强。

剔除实验的误差和偶然性情况，同样的实验条件和使用同样的试剂，其对不同矿尘的湿润效果是不同的，因此，即使仅对同一类矿尘——铅锌矿尘，要使湿润剂能满足实际的需要，也是一项非常复杂的课题。如果从现场应用考虑，应该从总的湿润效果上考虑和选用湿润剂。同时，实验结果也说明实验室开发的湿润剂配方要与现场的条件相结合，否则会出现无效湿润的现象。从实验结果看，矿尘的酸碱性强弱对其湿润性没有明显的影响。从总的实验精度看，用正向渗透试验研究湿润剂溶液浓度对湿润效果的影响规律时，由于矿尘的密度、装尘过程、毛细管尺度等都会对湿润剂的渗透过程造成影响，单个实验有时存在反常现象，为了研究其规律性，需要做大量的统计性实验。

文献［202］实验得出湿润剂溶液复合后的湿润效果有一定的改善，对于铅锌矿尘，将湿润剂两两复合，由于水玻璃溶液在粉尘中易生成硅胶，具有黏结粉尘的功效，因此，研究湿润剂溶液添加水玻璃溶液后对湿润能力和黏结强度的影响都有现实意义。

本项研究的湿润剂基剂主要为 SDS、辅剂为水玻璃溶液。从代表性的实验结果如图 10-28~图 10-31 可以看出，SDS 溶液添加浓度为 3% 的水玻璃溶液时，对大多数矿尘的湿润效果提高具有一定的作用，从图可以看出复合湿润剂综合抑尘性能更好。

10.5　微颗粒正向渗透性研究结果拓展

10.5.1　Washburn 方程的论证

本实验选取的是干燥前的矿尘，图 10-32~图 10-35 中，横坐标 2、3、4、5 分别表示溶液渗透到粉尘 2cm、3cm、4cm、5cm 长度处。实验条件：毛细正向下渗法；环境温度：30℃；湿度：78%。

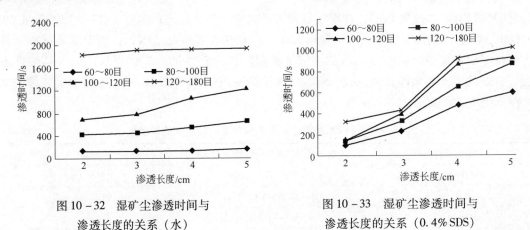

图 10-32　湿矿尘渗透时间与　　　　　图 10-33　湿矿尘渗透时间与
　　　渗透长度的关系（水）　　　　　　　渗透长度的关系（0.4% SDS）

本实验中矿尘为干燥前的矿尘，从图 10-32~图 10-35 可以看出：

（1）在渗透湿润长度 3cm 内，对于自来水，其渗透长度与渗透时间几乎成线性的关系；根据曲线的趋势，如果渗透时间不断延长时，渗透长度的增加速度将会不断减缓。

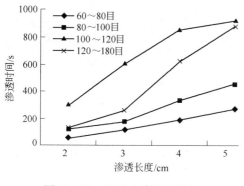

图 10-34 湿矿尘渗透时间与
渗透长度的关系 （0.6% SDS）

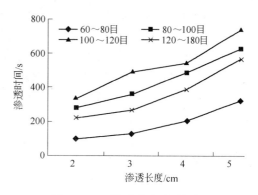

图 10-35 湿矿尘渗透时间与
渗透长度的关系 （0.8% SDS）

（2）Washburn 方程提供了动态法测定湿润接触角的原理，在渗透湿润 3cm 内，对于不同浓度的 SDS，其渗透长度与渗透时间近乎成抛物线的关系，当渗透长度不断延长时，需要的渗透时间越来越长。这些实验结论基本与 Washburn 建立的毛细管液体反向湿润数学模型 $h^2 = tr\gamma cos\theta/2\eta$ 相符[343]（式中 r 为毛细管平均半径，γ 是液体的表面张力，t 是时间，θ 是湿润角，η 是液体黏度），即渗透时间与渗透高度的平方成正比。

（3）渗透长度在 1cm 内，浓度为 0.4%、0.6% 和 0.8% SDS 溶液所用的渗透时间都比自来水明显短，并且浓度为 0.6% 和 0.8% 均比 0.4% 的溶液所用的时间稍短。这些都说明在该条件下，浓度为 0.6% 和 0.8% 的湿润效果较好，浓度为 0.4% 的效果次之，纯水则最差。而在渗透长度 2cm 内，0.4% 和 0.6% 的 SDS 溶液对于不同粒径粉尘所用的渗透时间则差不多，实际上，毛细管中的矿尘会吸附部分湿润剂，在渗透的溶液中产生一个浓度梯度，溶液越往上渗，湿润剂的浓度越低，最后接近于水。

（4）矿尘的粒径对湿润液渗透的速率也有一定的影响，所选的两种湿润剂对铅锌矿尘具有一定的改善湿润效果作用，即使环境和溶液的温度不高，为 30℃ 左右，在该实验条件和该种湿润剂下，浓度 0.6% 比其他浓度稍好。用毛细管渗透湿润法研究湿润剂对铅锌矿尘的湿润行为时，实验显示渗透时间与渗透长度的关系某些可用 Washburn 方程描述，但除了方程中所含的参数外，还存在着诸多的影响因素，如几何条件、矿尘的物理化学性质、湿润剂的种类和浓度梯度等，所以渗透长度指数与时间的关系系数在 1~2 之间。

毛细管正向渗透实验显示，Washburn 建立的模型可以说明本实验的毛细管上升测定结果，作为一个模型有其一定的代表性。

10.5.2 正向渗透湿润实验问题分析

铅锌矿尘的成分非常复杂，是多种矿物组成的混合物，湿润剂的研发必须考虑综合抑尘效果。如果实验室研发的湿润剂配方与现场的条件不符，现场应用无效也是正常的。

当湿润剂溶液温度较低时（低于 30℃），有些湿润剂对某些铅锌矿尘不仅没有改善湿润效果，而且起到了反作用，某些试剂如水玻璃溶液等的浓度越高，湿润效果反而越差；或者浓度增大，湿润效果没明显改善。对于 SDS，一般来说 0.6% 的浓度就能够收到较好的湿润效果，对于表面活性剂当浓度为 0.4%~0.6% 和 30℃ 时，对提高大多数粒径的铅锌矿尘的湿润效果有一定的作用，但效果不很明显。

在实验的 3 种湿润剂中，SDS 溶液的湿润效果优于试剂水玻璃，SDBS 溶液相对差些。从实验结果分析，矿尘的干湿度对湿润剂的效果有一定的影响，矿尘的粒径和堆积密度对湿润剂的种类和浓度的影响更大。所以在选择使用何种和什么浓度湿润剂时必须综合考虑粉尘的物理化学性质。

湿润剂溶液复合后对于提高湿润铅锌矿尘具有一定效果，使湿润剂成本有所降低。浓度为 6% 水玻璃溶液添加 0.8% 的 SDS 时，对提高湿润效果具有一定的作用。

用正向渗透试验研究湿润剂时，由于矿尘的密度、装尘过程、毛细管尺度等都会对湿润液的渗透过程造成影响，单个实验有时存在反常现象，为了研究其规律性，需要做大量的统计性实验。在实验中发现断层、裂纹和气泡现象，每种矿尘的出现次数如表 10 - 7 所示。

表 10 - 7　正向渗透实验中矿尘出现断层、裂纹和气泡次数统计

现象 矿尘	断层	裂纹	气泡	备 注
60 ~ 80 目	0	0	0	完全没有
80 ~ 100 目	0	1	0	基本没有，仅有小裂纹
100 ~ 120 目	1	1	1	出现过小断层，但稍后消失
120 ~ 180 目	1	2	1	气泡、断层、裂纹都出现了

矿尘越细越容易发生气泡和断裂等现象，越不适合用正向渗透实验来测其湿润效果，误差最大。每次出现断层，则湿润时间大大延长，一般延长几分钟到十几分钟，而且断层一般出现在上部 0.5 ~ 1cm 处，此时就需重做。出现裂纹则湿润时间延长 20 ~ 50s，未重做。气泡常与裂纹同时出现，此时对湿润有消极影响，但若只有气泡则对湿润时间影响不大。

(1) 断层、裂纹和气泡出现的原因：矿尘粒径细微，接触面大，间隙大，而且装尘不均匀，湿润后，间隙中的空气被排出，且试剂有一定黏性，所以矿尘紧密地附着在一起，体积减小，加之上部矿尘比下部矿尘松散，于是上部已湿润的矿尘收缩，与下部矿尘分离，小则产生裂纹，大则出现断层，而气泡则在矿尘间隙中的空气被排出时产生。裂纹和断层产生后，其隔离区内的空气压强，阻碍了试剂溶液的继续下渗，因而下渗时间变长。

(2) 在用纯水和湿润剂溶液对粒径小于 120 目的铅锌矿尘特别是干燥 40h 的矿尘做实验时，自来水滴被截在矿尘之上的半空中而流不下去，后用铁丝疏导后方才流下，在其他矿尘的实验中也出现过这种空气截留的现象。

(3) 实验时试剂溶液下渗多不均匀，致密的地方下渗快，松散的地方下渗慢，原因在于致密的地方矿尘间间隙小，矿尘间接触紧密，溶液易于扩散，而松散的地方则恰恰相反。

该实验的影响因素有：玻璃管不垂直于桌面；玻璃管的刻度不精确；玻璃管管壁湿润或没擦干净；装尘不均匀，有的致密有的松散；矿尘装入量有差别；试剂加入量不均匀；试剂的滴入速度不均匀，时快时慢；试剂的滴入方向不同；计时误差；读数误差；试剂的

放置期限；实验室的温度和湿度的影响。其中影响最大的因素是装尘不均匀和滴液的速度。

10.6　正向渗透实验与滴液实验的比较

滴液实验粉尘的取样和物理化学性质与正向渗透实验相同。通过滴液实验的渗透时间和渗透直径等来验证正向渗透实验的可靠性和精度。

10.6.1　实验方法和装置

10.6.1.1　实验步骤

用滴液法湿润实验方法，测定上述铅锌矿尘样在各种湿润溶液中的湿润程度，试验方法同前面相关内容所描述。在实验中，将等质量的粉尘（20g）装在玻璃培养皿中并抹平，矿尘的厚度 8mm，上面抹平并保持水平。一滴 0.05mL 的湿润溶液从滴定管中滴到一盘矿尘的表面上，通过一个 20 倍的显微镜进行观察，并用秒表记录下液滴完全渗入矿尘的时间，并用刻度尺量出被液滴湿润部分的尺寸。

由于一些湿润液在接近渗入时形成液膜，在液滴看似渗入矿尘中后还保持较长时间，从而使液滴完全渗入矿尘的时间较难确定。因此，当液滴渗到仅有少量的液体被观察到时，就认为液滴已经渗入，即完全渗入点定义为当液体在矿尘中不再有继续渗入时的状态。

一般来说，一个矿尘样用同一种溶液重复做 10 次滴液渗透试验，计算液滴渗入的平均时间，其标准偏差一般就在 10% ~ 15%。为了实验方便和使液滴不发生蒸发，湿润剂溶液的渗透时间超过 12min 就不做了。

10.6.1.2　滴液实验装置

研究粉尘的湿润效果有多种装置[344~352]。从简单易行和实际需要出发，采用滴液湿润试验装置对三种试剂与铅锌矿尘的耦合性和湿润效果进行研究，该实验方法的条件比较接近路面洒水抑尘的作用条件。试验装置示意图和粉尘样品如图 10-36 所示。

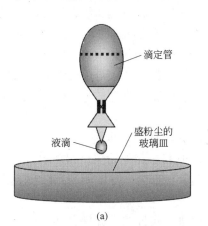

（a）　　　　　　　　　　　　　　（b）

图 10-36　实验装置及粉尘样品

（a）滴液实验装置示意图；（b）装在培养皿的粉尘样品

10.6.2 实验结果及分析

本实验采用的是湿铅锌矿尘，由于我国南方夏天地面温度在30℃左右，因此，本项研究溶液的温度也控制在30℃左右。由一般常识知，温度较低，湿润效果较差。代表性的实验结果如图10-37~图10-40所示，实验条件：环境温度：30℃；湿度：78%。

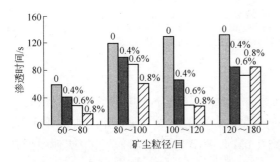

图10-37　SDS浓度与渗透时间的关系

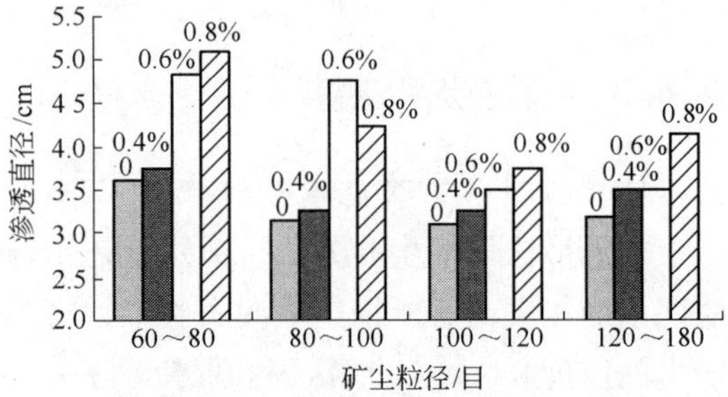

图10-38　SDS浓度与渗透直径的关系

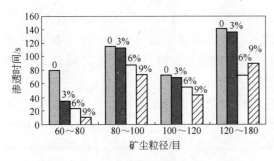

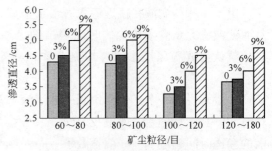

图10-39　水玻璃浓度与渗透时间的关系

图10-40　水玻璃浓度与渗透直径的关系

从上述图可以看出，在环境温度为30℃左右，SDS溶液对大多数粒径范围的矿尘都有改善湿润效果作用，特别是对60~80目矿尘，湿润效果改善的幅度达3倍，它的适合浓度约为0.6%。

从图10-37可以看出，SDS溶液的浓度约为0.6%时，对提高绝大多数矿尘的湿润效果有较好的作用，特别是对100~120目的铅锌矿尘，湿润效果改善的幅度达4倍多，但效果不完全一样，对60~100目矿尘，浓度为0.8%的湿润效果要比0.6%的强很多。从图10-38的渗透直径来看，渗透直径与湿润溶液浓度成正比，具有很强的相关度。同时也可以对比正向渗透实验和滴液实验，对同一粒径和湿度的粉尘，它们所用湿润剂的最佳浓度也呈现出很好的一致性。

对于水玻璃溶液从图10-39可以看出，水玻璃溶液的浓度为3%时，对提高120~180目细矿尘的湿润效果没有明显作用，但对60~80目稍粗的粉尘，湿润效果还是有较大改善，对不同粒径的粉尘效果不一致。从粉尘渗透直径来说，基本呈现出浓度越高效果越好的趋势，但提高的效率不是特别高。

从正向渗透实验和滴液实验很好的相关性可以进一步证明，此两种实验对于180目以内的粉尘是合适的，但也可以看出来，粉尘粒径越细，此实验的精度逐渐下降。

从实验结果看出，剔除实验的误差和偶然性情况，同样的实验条件和使用同样的试剂, 其对不同矿尘的湿润效果是不同的, 因此, 即使仅对同一类粉尘如铅锌矿尘, 要使湿润剂能满足实际的需要, 也是一项非常复杂的课题。对于憎水性强的粉尘, 湿润剂的作用更大。如果从现场应用考虑, 应该从总的湿润效果上考虑和选用湿润剂。同时, 实验结果也说明实验室开发的湿润剂配方要与现场的条件相结合, 否则会出现无效湿润的现象。

10.6.3 实验研究结果讨论

(1) 铅锌矿尘的成分非常复杂, 是多种矿物组成的混合物, 湿润剂的研发必须考虑综合抑尘效果。如果实验室研发的湿润剂配方与现场的条件不符, 现场应用无效也是正常的。本项研究采用的正向渗透实验法比较适合路面抑尘的条件。

(2) 当湿润剂溶液温度为30℃左右时, 所有试剂对提高大多数矿尘的湿润效果有良好的作用, 但效果不一致。对于粒径较细、湿度小的粉尘, 湿润剂的作用更大。

(3) 湿润剂溶液复合后对于提高湿润铅锌矿尘具有一定效果, 使湿润剂成本有所降低。对于浓度 0.6% SDS 溶液添加浓度为 6% 的水玻璃溶液时, 对提高湿润效果具有一定的作用。

(4) 滴液法实验还显示, 从不同角度看, 各湿润剂的湿润能力大小稍微不一, 这说明, 不同的角度反映了矿尘与湿润剂在不同方面的湿润现象。从毛细管反向渗透实验所得湿润剂与矿尘的最佳搭配与滴液法实验所得的有些相同, 但也有些不同, 这说明不同的测定方法具有一定的相关性, 但同时也存在差异。这就是说, 每种实验方法只能测定矿尘与溶液在某方面的湿润现象, 因此, 在应用时最好根据应用的目的选择湿润实验方法。

10.7 多金属矿物微颗粒湿润性实验研究

10.7.1 矿样微颗粒物化特性

在某含多金属矿物的矿山选用了 10 种粉尘样品, 测出其主要化学成分及其粒径分布情况, 各种粉尘的粒度分布接近正态分布, 20μm 左右含量最多。

1 号矿尘: 金属矿物主要为黄铁矿、黄铜矿、闪锌矿、含少量方铅矿, 脉石矿物为石英等。粒度分布情况: 5.32μm 以上占 88.6%, 12.44 ~ 29.1μm 之间占 58.29%, 0.12μm 以下、84μm 以上为 0。

2 号矿尘: 金属矿物主要为黄铁矿、闪锌矿及少量方铅矿、黄铜矿和辉铅铋矿, 脉石矿物为石英等。粒度分布情况: 5.32μm 以上占 89.79%, 15.38 ~ 35.9μm 之间占 53.26%, 0.09μm 以下、128.4μm 以上为 0。

3 号矿尘: 金属矿物主要为黄铁矿, 少量的黄铜矿、闪锌矿、方铅矿, 偶见硫碲铋矿, 脉石矿物为石英。粒度分布情况: 5.32μm 以上占 93.95%, 15.38 ~ 35.9μm 之间占 58.05%, 0.14μm 以下、103.8μm 以上为 0。

4 号矿尘: 金属矿物主要为黄铁矿及微量闪锌矿, 脉石矿物为石英、方解石、绢云母及绿泥石等。粒度分布情况: 5.32μm 以上占 89.79%, 12.44 ~ 29.1μm 之间占 56.15%, 0.09μm 以下、84μm 以上为 0。

5 号矿尘: 金属矿物主要为黄铁矿、黄铜矿, 少量方铅矿、闪锌矿, 脉石矿物主要为石英。粒度分布情况: 5.32μm 以上占 90.63%, 12.44 ~ 29.1μm 之间占 50.09%,

0.09μm 以下、84μm 以上为 0。

6 号矿尘：金属矿物主要为黄铁矿、黄铜矿，少量闪锌矿及微量方铅矿、辉铋铅矿，脉石矿物为石英、方铅矿、绢云母等。粒度分布情况：5.32μm 以上占 85.65%，8.14 ~ 19.0μm 之间占 57.54%，0.08μm 以下、128.4μm 以上为 0。

7 号矿尘：金属矿物主要为黄铁矿、黄铜矿，其次为闪锌矿、方铅矿、微量的辉铅铋矿，脉石矿物为石英等。粒度分布情况：5.32μm 以上占 95.43%，19.0 ~ 44.4μm 之间占 57.6%，0.18μm 以下、128.4μm 以上为 0。

8 号矿尘：金属矿物主要为黄铁矿、闪锌矿、黄铜矿，少量辉铅铋矿及方铅矿，脉石矿物为石英等。粒度分布情况：5.32μm 以上占 87.07%，8.14 ~ 19.0μm 之间占 60.67%，0.12μm 以下、54.9μm 以上为 0。

9 号矿尘：金属矿物主要为黄铁矿、黄铜矿，其次为闪锌矿及方铅矿，脉石矿物为石英等。粒度分布情况：5.32μm 以上占 92.06%，12.44 ~ 29.1μm 之间占 59.99%，0.14μm 以下、67.9μm 以上为 0。

10 号矿尘：金属矿物主要为黄铁矿、黄铜矿、闪锌矿，其次为方铅矿，脉石矿物为石英、方解石等。粒度分布情况：5.32μm 以上占 95.22%，15.38 ~ 35.9μm 之间占 61.6%，0.22μm 以下、84μm 以上为 0。

10.7.2 试剂选择及溶液配制

从原料来源广、价格低、制备工艺简单、危害性小、湿润性能良好等方面考虑，选用十二烷基苯磺酸钠、十二烷基苯磺酸钠添加硫酸钠、雕牌洗洁精、立白洗洁精。

溶液配制前，先确定一次需用的溶液量，再根据设计的各组分的百分比，计算各组分的质量。为提高实际的精度，每次配液量大于实验用的数据，并用分度值为 0.1mg 的光学读数分析天平称量化学试剂，根据制备溶液所要求的顺序，将称好的试剂倒入干燥干净的烧杯中，然后加水搅拌，配制到所需的浓度。

10.7.3 主要实验方法与装置

实验采用毛细管正向渗透湿润实验、滴液法实验、毛细管反向渗透湿润实验和热能影响实验的方法。其中毛细管正向渗透和滴液法实验方法同前。

10.7.3.1 毛细管反向渗透湿润实验

采用的实验装置如图 10 - 41 所示，测试样品选用其中的 4 号和 8 号粉尘。实验试剂选用自来水、浓度为 0.4% 的十二烷基苯磺酸钠溶液、2/100 的雕牌洗洁精溶液三种试剂。

实验步骤：（1）给每个玻璃管画刻度，并将其下端用医用胶布封住；（2）将一定量的粉尘装入内径为 5.5mm 的玻璃管中，填满粉尘的玻璃管长度大于 3cm，为提高精度，每次初填至 4.5cm 处，然后振实至 3.5cm 处；（3）把装好粉尘的玻璃管插在试剂溶液中；（4）用秒表记录液面渗透到不同位置所需的时间。

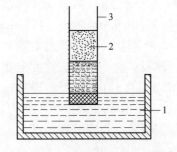

图 10 - 41　毛细管反向渗透湿润
实验装置示意图
1—待测液体；2—测试粉尘；3—玻璃管

10.7.3.2 热能影响实验

本实验目的在于研究湿润剂的抑尘性能同温度的关系。这个实验与正向渗透性实验方法相同，主要控制不同实验温度，选用 0.4% 的十二烷基苯磺酸钠溶液和 4 号粉尘进行实验。

10.7.4 主要实验数据及分析讨论

按照实验要求，通过毛细管正向、反向渗透湿润实验，以及滴液法实验和热能影响实验，获得大量实验数据，主要实验数据见表 10-8 ~ 表 10-17。

表 10-8 1 号粉尘毛细管正向渗透湿润时间实验数据表 s

试 剂		2cm			3cm			4cm			5cm		
		1次	2次	平均	1次	2次	平均	1次	2次	平均	1次	2次	平均
自来水		18	18	18	46	40	43	66	69	68	91	90	90
十二烷基苯磺酸钠溶液浓度	0.2%	18	52	35	50	87	68	65	124	94	91	214	152
	0.4%	39	40	40	62	71	66	135	124	130	193	191	192
	0.8%	35	47	41	81	79	80	150	144	147	232	230	231
	0.2/5	42	21	32	78	45	62	101	68	84	132	85	108
	0.2/15	15	30	22	41	75	58	64	110	87	84	118	101
	0.2/25	70	44	57	96	62	78	125	114	120	147	113	130
洗洁精浓度	雕牌 1/200	23	23	23	56	54	55	85	83	84	125	125	125
	雕牌 1/100	17	15	16	40	37	38	70	65	68	107	102	104
	雕牌 2/100	65	40	52	147	73	110	238	118	178	257	158	208
	立白 1/200	33	59	46	50	91	70	78	124	101	100	166	133
	立白 1/100	36	28	32	77	46	62	127	58	92	180	97	138
	立白 2/100	19	26	22	43	58	50	65	83	74	92	122	107

注：1. 0.2/5、0.2/15、0.2/25 分别表示在 100mL 0.2% 的十二烷基苯磺酸钠溶液中，添加硫酸钠溶液的浓度为 5mmol/L、15mmol/L、25mmol/L；2. 1/200 表示在 200mL 水中添加 1 滴洗洁精，1/100、2/100 依次类推；3. 此处用的水均为自来水。

表 10-9 2 号粉尘毛细管正向渗透湿润时间实验数据表 s

试 剂		2cm			3cm			4cm			5cm		
		1次	2次	平均	1次	2次	平均	1次	2次	平均	1次	2次	平均
自来水		26	19	22	36	33	34	58	50	54	73	72	72
十二烷基苯磺酸钠溶液浓度	0.2%	22	23	22	51	51	51	90	77	84	129	115	122
	0.4%	40	67	54	53	87	70	95	105	100	139	139	139
	0.8%	55	42	48	113	54	84	187	95	141	217	163	190
	0.2/5	16	49	32	31	79	55	47	104	76	66	171	118
	0.2/15	30	33	32	57	47	52	111	91	101	144	116	130
	0.2/25	30	31	30	55	59	57	95	105	100	126	132	129

续表 10 – 9

试　剂		2cm			3cm			4cm			5cm		
		1次	2次	平均	1次	2次	平均	1次	2次	平均	1次	2次	平均
洗洁精浓度	雕牌 1/200	22	16	19	42	32	37	70	47	58	89	70	80
	雕牌 1/100	26	15	20	44	31	38	65	47	56	89	59	74
	雕牌 2/100	30	22	26	60	51	56	90	81	86	136	127	132
	立白 1/200	31	34	32	52	56	54	90	92	91	108	128	118
	立白 1/100	26	33	30	53	58	56	78	94	86	103	125	114
	立白 2/100	25	30	28	71	60	66	95	101	98	126	138	132

注：1. 0.2/5、0.2/15、0.2/25 分别表示在 100mL 0.2% 的十二烷基苯磺酸钠溶液中，添加硫酸钠溶液的浓度为 5mmol/L、15mmol/L、25mmol/L；2. 1/200 表示在 200mL 水中添加 1 滴洗洁精，1/100、2/100 依次类推；3. 此处用的水均为自来水。

表 10 – 10　3 号粉尘毛细管正向渗透湿润时间实验数据表　　　s

试　剂		2cm			3cm			4cm			5cm		
		1次	2次	平均	1次	2次	平均	1次	2次	平均	1次	2次	平均
自来水		41	50	46	46	47	46	57	66	62	70	74	72
十二烷基苯磺酸钠溶液浓度	0.2%	17	19	18	34	36	35	45	64	54	69	81	75
	0.4%	19	30	24	40	37	38	59	67	63	93	90	92
	0.8%	14	16	15	44	44	44	63	72	68	92	126	109
	0.2/5	35	12	24	49	25	37	90	44	67	120	56	88
	0.2/15	53	11	32	44	22	33	55	40	48	50	50	50
	0.2/25	17	13	15	26	31	28	53	46	50	65	57	61
洗洁精浓度	雕牌 1/200	28	21	24	50	35	42	45	50	48	55	67	61
	雕牌 1/100	28	16	22	48	27	38	68	40	54	98	45	72
	雕牌 2/100	33	17	25	47	25	36	45	31	38	67	53	60
	立白 1/200	39	15	27	51	26	38	86	42	64	131	51	91
	立白 1/100	20	37	28	33	61	47	52	77	64	66	120	93
	立白 2/100	16	13	14	32	26	29	44	40	42	52	81	66

注：1. 0.2/5、0.2/15、0.2/25 分别表示在 100mL 0.2% 的十二烷基苯磺酸钠溶液中，添加硫酸钠溶液的浓度为 5mmol/L、15mmol/L、25mmol/L；2. 1/200 表示在 200mL 水中添加 1 滴洗洁精，1/100、2/100 依次类推；3. 此处用的水均为自来水。

表 10 – 11　4 号粉尘毛细管正向渗透湿润时间实验数据表　　　s

试　剂		2cm			3cm			4cm			5cm		
		1次	2次	平均	1次	2次	平均	1次	2次	平均	1次	2次	平均
自来水		17	28	22	35	48	42	57	60	58	73	72	72
十二烷基苯磺酸钠溶液浓度	0.2%	25	33	29	50	51	50	80	79	80	132	116	124
	0.4%	33	53	43	47	90	68	54	146	100	95	173	134
	0.8%	25	29	27	60	55	58	90	95	92	133	167	150
	0.2/5	19	39	29	40	85	62	69	108	88	91	130	110
	0.2/15	25	31	28	45	52	48	68	74	71	100	114	107
	0.2/25	43	26	34	60	52	56	68	83	76	114	124	119

试 剂			2cm			3cm			4cm			5cm		
			1次	2次	平均	1次	2次	平均	1次	2次	平均	1次	2次	平均
洗洁精浓度	雕牌	1/200	19	22	20	38	39	38	68	58	63	103	89	96
		1/100	17	24	20	31	39	35	62	65	64	79	86	82
		2/100	13	24	18	32	70	51	63	94	78	91	131	111
	立白	1/200	13	13	13	31	28	30	45	44	44	72	55	64
		1/100	20	10	15	41	21	31	63	55	47	91	65	78
		2/100	15	12	14	37	32	34	65	54	60	112	86	99

注：1. 0.2/5、0.2/15、0.2/25 分别表示在 100mL 0.2% 的十二烷基苯磺酸钠溶液中，添加硫酸钠溶液的浓度为 5mmol/L、15mmol/L、25mmol/L；2. 1/200 表示在 200mL 水中添加 1 滴洗洁精，1/100、2/100 依次类推；3. 此处用的水均为自来水。

表 10 - 12　5 号粉尘毛细管正向渗透湿润时间实验数据表　　　　　s

试 剂			2cm			3cm			4cm			5cm		
			1次	2次	平均	1次	2次	平均	1次	2次	平均	1次	2次	平均
自来水			28	22	25	42	54	48	72	70	71	145	96	120
十二烷基苯磺酸钠溶液浓度		0.2%	21	15	18	42	38	40	80	62	71	105	73	89
		0.4%	20	10	15	49	53	51	87	107	97	112	161	136
		0.8%	23	28	26	50	63	56	71	125	98	139	160	150
		0.2/5	19	12	16	51	37	44	77	77	77	103	77	90
		0.2/15	17	17	17	32	40	36	60	70	65	86	94	90
		0.2/25	22	15	18	51	44	48	69	70	70	96	97	96
洗洁精浓度	雕牌	1/200	29	16	22	45	32	38	63	68	66	73	96	84
		1/100	23	20	22	46	40	43	72	66	69	79	101	90
		2/100	26	15	20	53	38	46	78	66	72	102	83	92
	立白	1/200	25	29	27	44	51	48	60	71	66	90	88	89
		1/100	35	32	34	68	53	60	93	80	86	91	98	94
		2/100	17	21	19	39	47	43	80	69	74	88	96	92

注：1. 0.2/5、0.2/15、0.2/25 分别表示在 100mL 0.2% 的十二烷基苯磺酸钠溶液中，添加硫酸钠溶液的浓度为 5mmol/L、15mmol/L、25mmol/L；2. 1/200 表示在 200mL 水中添加 1 滴洗洁精，1/100、2/100 依次类推；3. 此处用的水均为自来水。

表 10 - 13　6 号粉尘毛细管正向渗透湿润时间实验数据表　　　　　s

试 剂			2cm			3cm			4cm			5cm		
			1次	2次	平均	1次	2次	平均	1次	2次	平均	1次	2次	平均
自来水			23	39	31	48	62	55	94	84	89	120	104	112
十二烷基苯磺酸钠溶液浓度		0.2%	9	15	12	19	28	24	42	55	48	62	95	78
		0.4%	30	23	26	41	24	32	73	43	58	120	66	93
		0.8%	18	20	19	49	53	51	80	92	86	134	156	145
		0.2/5	20	14	17	38	32	35	64	57	60	92	86	89
		0.2/15	14	53	34	29	42	36	56	44	50	89	83	86
		0.2/25	28	21	24	40	26	33	71	46	58	104	71	88

续表 10 - 13

试 剂			2cm			3cm			4cm			5cm		
			1次	2次	平均	1次	2次	平均	1次	2次	平均	1次	2次	平均
洗洁精浓度	雕牌	1/200	25	10	18	47	22	34	71	43	57	82	70	76
		1/100	15	51	33	26	50	38	49	45	47	66	65	66
		2/100	13	16	14	28	39	34	56	67	62	85	96	90
	立白	1/200	14	11	12	25	23	24	40	44	42	64	67	66
		1/100	22	21	22	31	32	32	45	50	48	66	63	64
		2/100	15	19	17	29	37	33	56	60	58	86	83	84

注：1. 0.2/5、0.2/15、0.2/25 分别表示在 100mL 0.2% 的十二烷基苯磺酸钠溶液中，添加硫酸钠溶液的浓度为 5mmol/L、15mmol/L、25mmol/L；2. 1/200 表示在 200mL 水中添加 1 滴洗洁精，1/100、2/100 依次类推；3. 此处用的水均为自来水。

表 10 - 14　7 号粉尘毛细管正向渗透湿润时间实验数据表　　　　　s

试 剂			2cm			3cm			4cm			5cm		
			1次	2次	平均	1次	2次	平均	1次	2次	平均	1次	2次	平均
自来水			26	18	22	50	34	42	73	61	67	80	80	80
十二烷基苯磺酸钠溶液浓度		0.2%	9	16	12	35	44	40	67	53	60	77	81	79
		0.4%	16	23	20	60	46	53	77	74	76	100	113	106
		0.8%	36	24	30	52	51	52	79	64	72	121	115	118
		0.2/5	19	15	17	37	42	40	59	66	62	81	84	82
		0.2/15	24	13	18	40	29	34	65	56	60	81	89	85
		0.2/25	51	24	38	64	40	52	77	68	72	108	93	103
洗洁精浓度	雕牌	1/200	28	22	25	49	43	46	74	63	68	94	86	90
		1/100	14	18	16	32	39	36	55	65	60	80	96	88
		2/100	27	18	22	55	44	50	84	56	70	97	85	91
	立白	1/200	29	21	25	48	49	48	85	69	77	113	94	104
		1/100	32	19	26	46	46	46	70	75	72	86	84	84
		2/100	20	26	23	46	56	51	70	85	78	95	120	108

注：1. 0.2/5、0.2/15、0.2/25 分别表示在 100mL 0.2% 的十二烷基苯磺酸钠溶液中，添加硫酸钠溶液的浓度为 5mmol/L、15mmol/L、25mmol/L；2. 1/200 表示在 200mL 水中添加 1 滴洗洁精，1/100、2/100 依次类推；3. 此处用的水均为自来水。

表 10 - 15　8 号粉尘毛细管正向渗透湿润时间实验数据表　　　　　s

试 剂			2cm			3cm			4cm			5cm		
			1次	2次	平均	1次	2次	平均	1次	2次	平均	1次	2次	平均
自来水			10	24	17	20	55	38	55	88	72	118	158	138
十二烷基苯磺酸钠溶液浓度		0.2%	16	19	18	55	53	54	118	115	116	185	167	176
		0.4%	15	5	10	48	26	37	95	82	88	165	138	152
		0.8%	14	15	14	62	85	74	102	139	120	165	220	192
		0.2/5	12	8	10	50	15	32	86	54	70	150	105	128
		0.2/15	6	23	14	24	54	39	70	104	87	130	147	138
		0.2/25	15	19	17	33	53	43	75	100	88	127	154	140

续表 10 – 15

试　剂		2cm			3cm			4cm			5cm		
		1次	2次	平均	1次	2次	平均	1次	2次	平均	1次	2次	平均
洗洁精浓度	雕牌 1/200	54	17	36	92	47	70	161	94	128	174	134	154
	雕牌 1/100	19	26	22	51	56	54	85	93	89	147	153	150
	雕牌 2/100	13	17	15	37	42	40	80	93	86	133	149	141
	立白 1/200	15	10	12	24	36	30	52	76	64	102	141	122
	立白 1/100	17	10	14	47	38	42	92	75	84	143	124	134
	立白 2/100	40	11	26	71	44	58	107	93	100	150	154	152

注：1. 0.2/5、0.2/15、0.2/25 分别表示在 100mL 0.2% 的十二烷基苯磺酸钠溶液中，添加硫酸钠溶液的浓度为 5mmol/L、15mmol/L、25mmol/L；2. 1/200 表示在 200mL 水中添加 1 滴洗洁精，1/100、2/100 依次类推；3. 此处用的水均为自来水。

表 10 – 16　9 号粉尘毛细管正向渗透湿润时间实验数据表　　　　s

试　剂		2cm			3cm			4cm			5cm		
		1次	2次	平均	1次	2次	平均	1次	2次	平均	1次	2次	平均
自来水		15	36	26	45	78	62	106	152	129	133	183	158
十二烷基苯磺酸钠溶液浓度	0.2%	18	13	16	57	54	56	116	128	122	144	181	162
	0.4%	30	20	25	76	90	83	116	130	123	169	182	176
	0.8%	13	12	12	52	70	61	141	144	142	184	215	200
	0.2/5	21	10	16	56	53	54	104	120	112	256	202	229
	0.2/15	36	14	25	66	54	60	116	127	122	180	182	181
	0.2/25	21	38	30	66	91	78	119	136	128	158	163	160
洗洁精浓度	雕牌 1/200	9	8	8	32	45	38	66	74	70	112	149	130
	雕牌 1/100	15	11	13	48	36	42	104	90	97	129	144	136
	雕牌 2/100	14	26	20	45	55	50	94	120	107	157	159	158
	立白 1/200	12	14	13	26	45	36	73	103	88	129	158	144
	立白 1/100	17	12	14	48	45	46	105	106	106	149	157	153
	立白 2/100	8	16	12	50	51	50	84	114	99	188	165	176

注：1. 0.2/5、0.2/15、0.2/25 分别表示在 100mL 0.2% 的十二烷基苯磺酸钠溶液中，添加硫酸钠溶液的浓度为 5mmol/L、15mmol/L、25mmol/L；2. 1/200 表示在 200mL 水中添加 1 滴洗洁精，1/100、2/100 依次类推；3. 此处用的水均为自来水。

表 10 – 17　10 号粉尘毛细管正向渗透湿润时间实验数据表　　　　s

试　剂		2cm			3cm			4cm			5cm		
		1次	2次	平均	1次	2次	平均	1次	2次	平均	1次	2次	平均
自来水		14	15	14	31	24	28	38	44	41	54	54	54
十二烷基苯磺酸钠溶液浓度	0.2%	14	18	16	31	28	30	46	40	43	59	54	56
	0.4%	10	12	11	24	28	26	38	43	40	57	59	58
	0.8%	14	13	14	28	28	28	40	44	42	60	64	62
	0.2/5	10	18	14	22	27	24	42	37	40	57	51	54
	0.2/15	13	17	15	24	27	26	35	38	36	50	51	50
	0.2/25	14	10	12	29	23	26	44	39	40	54	56	55

续表 10-17

试 剂			2cm			3cm			4cm			5cm		
			1次	2次	平均	1次	2次	平均	1次	2次	平均	1次	2次	平均
洗洁精浓度	雕牌	1/200	13	12	12	29	25	27	40	42	41	54	53	54
		1/100	25	10	18	35	22	28	39	35	37	50	54	52
		2/100	10	10	10	24	20	22	38	33	36	55	45	50
	立白	1/200	13	14	14	22	22	22	32	35	34	41	47	44
		1/100	13	11	12	21	23	22	31	37	34	55	47	51
		2/100	10	23	16	22	48	35	36	58	47	50	74	62

注：1. 0.2/5、0.2/15、0.2/25 分别表示在 100mL 0.2% 的十二烷基苯磺酸钠溶液中，添加硫酸钠溶液的浓度为 5mmol/L、15mmol/L、25mmol/L；2. 1/200 表示在 200mL 水中添加 1 滴洗洁精，1/100、2/100 依次类推；3. 此处用的水均为自来水。

表 10-8 ~ 表 10-17 从湿润时间、相同试剂对同一种粉尘前后两次实验的湿润时间之差、湿润时间随湿润剂浓度增大的关系及添加硫酸钠的浓度这四个方面对实验数据进行分析，得到表 10-18 所示结论。

表 10-18　毛细管正向渗透实验数据分析表

角度 粉尘	湿润时间		两次湿润 时间之差	湿润时间随湿润剂 浓度增大的关系	添加硫酸钠的浓度
	最短	最长	较小	—	—
1号 粉尘	自来水和雕牌 1/100 溶液	浓度为 0.8% 的十二烷基苯磺酸钠溶液	自来水和雕牌 1/200 溶液	十二烷基苯磺酸钠溶液的湿润时间随浓度增大而增大，立白洗洁精则相反，雕牌洗洁精则是先小后大	当添加浓度为 1mmol/L 时，湿润时间与不添加时相差不多，当添加浓度再增大时，湿润时间反而增大
2号 粉尘	自来水和雕牌 1/200、1/100 溶液	浓度为 0.8% 的十二烷基苯磺酸钠溶液	自来水、0.2/5 和立白 1/200 溶液	十二烷基苯磺酸钠溶液的湿润时间随浓度增大而增大，而两种洗洁精则差不多，1/200 和 1/100 很接近，而当浓度增大到 2/100 时湿润时间上升	当添加浓度为 1mmol/L 时，湿润时间比不添加时稍减小，当添加浓度再增大时，湿润时间反而增大
3号 粉尘	0.2/5 和立白 2/100 溶液	浓度为 0.8% 的十二烷基苯磺酸钠溶液	自来水、三种浓度的十二烷基苯磺酸钠溶液及立白 2/100 溶液	十二烷基苯磺酸钠溶液的湿润时间随浓度增大而增大，而两种洗洁精则没有规律	当添加浓度为 1mmol/L 时，湿润时间比不添加时反而有所增大，到 3mmol/L、5mmol/L 时则稍有减小
4号 粉尘	立白 1/200 溶液	浓度为 0.4% 和 0.8% 的十二烷基苯磺酸钠溶液	自来水、浓度为 0.2% 的十二烷基苯磺酸钠溶液、雕牌 1/200、立白 1/200 溶液	十二烷基苯磺酸钠溶液的湿润时间随浓度增大而增大，而两种洗洁精则差不多，1/200 和 1/100 很接近，而当浓度增大到 2/100 时湿润时间上升	当添加浓度为 1mmol/L 时，湿润时间与不添加时相差不多，当添加浓度增大到 3mmol/L 时，湿润时间稍有减小，增大到 5mmol/L 则时间增大
5号 粉尘	0.2/3 溶液	浓度为 0.8% 的十二烷基苯磺酸钠溶液	0.2/3、0.2/5 溶液、立白 2/100	十二烷基苯磺酸钠和雕牌洗洁精溶液的湿润时间随浓度增大而增大，而立白洗洁精则是先小后大	当添加浓度为 1mmol/L 时，湿润时间与不添加时相差不多，当添加浓度增大时，湿润时间稍有减小，再增大时则湿润时间也增大

续表 10 - 18

角度 粉尘	湿润时间		两次湿润 时间之差	湿润时间随湿润剂 浓度增大的关系	添加硫酸钠的浓度
	最短	最长	较小	—	—
6 号 粉尘	浓度为 0.2%的十二 烷基苯磺酸 钠和立白 1/200 溶液	自来水和 0.8%的十二 烷基苯磺酸 钠溶液	立白 1/100 和 1/200 溶液	十二烷基苯磺酸钠和立白洗 洁精溶液的湿润时间随浓度增 大而增大，而雕牌洗洁精溶液 在渗透的前半部分，湿润时间 先大后小，后半部分则先小 后大	当添加浓度为 1mmol/L 时，湿润时间比不添加时稍 大，当添加浓度增大时，湿 润时间稍有减小，再增大时 则时间增大
7 号 粉尘	浓度为 0.2%的十二 烷基苯磺酸 钠溶液	浓度为 0.8%的十二 烷基苯磺酸钠溶 液和 0.2/5 溶液	0.2/1 溶液 和 立白 1/100 溶液	十二烷基苯磺酸钠溶液的湿 润时间随浓度增大而增大，而 两种洗洁精则一样，渗透时间 最初（1/200 ～1/100）随着浓 度增大而减小，当浓度增大到 2/100时，湿润时间反而增大	当添加浓度为 1mmol/L 时，湿润时间比不添加时稍 大，当添加浓度增大时，湿 润时间变化很小，再增大时 则湿润时间也增大
8 号 粉尘	立白 1/ 200 溶液	浓度为 0.8%的十二 烷基苯磺酸 钠 和 雕 牌 1/200 溶液	浓度为 0.2% 的十二烷基苯磺 酸钠溶液	十二烷基苯磺酸钠溶液的湿 润时间随浓度增大先是减小后 增大，雕牌洗洁精的湿润时间 随浓度的增大而减小，立白洗 洁精的湿润时间则随浓度的增 大而增大	当添加浓度为 1mmol/L 时，湿润时间比不添加时稍 有减小，当添加浓度增大 时，湿润时间稍有增大，但 仍然比不添加时小
9 号 粉尘	雕牌 1/ 200 溶液	浓度为 0.4%、0.8% 的十二烷基苯 磺酸钠溶液	立白 1/200 溶液	十二烷基苯磺酸钠溶液在渗 透的前半部分，湿润时间先大 后小，后半部分则先随浓度增 大而增大，雕牌洗洁精的湿润 时间随浓度的增大而增大，立 白洗洁精的湿润时间则随浓度 的增大先增大后减小	当添加浓度为 1mmol/L 时，湿润时间与不添加时相 差不多，当添加浓度增大 时，湿润时间反而增大
10 号 粉尘	总体都比 较小，其中 立白 1/200 溶液所用时 间最短	浓度为 0.8%的十二 烷基苯磺酸 钠溶液	同一种试剂对 同一种粉尘前后 两次实验的湿润 时间之差都很小	十二烷基苯磺酸钠溶液的湿 润时间随浓度增大先是减小后 增大，而两种洗洁精则类似， 湿润时间随溶液浓度的变化 不大	湿润时间随添加浓度的变 化不大

从上述分析中可以发现：不同的湿润剂试剂需与不同的粉尘搭配好才能得到最佳的湿润效果，对一种粉尘湿润效果好的试剂对其他粉尘不一定好，如果不加选择地应用就难以保证湿润性能的改善，上述分析统计如表 10 - 19 所示。

表 10 - 19 毛细管正向渗透实验中湿润剂与粉尘的最佳搭配表

粉尘样品	湿润效果最好试剂
1 号粉尘	自来水溶液
2 号粉尘	自来水溶液
3 号粉尘	浓度为 2/100 的立白洗洁精溶液
4 号粉尘	浓度为 1/200 的立白洗洁精溶液
5 号粉尘	硫酸钠添加浓度为 3mmol/L 的 0.2%的十二烷基苯磺酸钠溶液
6 号粉尘	浓度为 1/200 的立白洗洁精溶液

粉尘样品	湿润效果最好试剂
7 号粉尘	浓度为 0.2% 的十二烷基苯磺酸钠溶液
8 号粉尘	浓度为 1/200 的立白洗洁精溶液
9 号粉尘	浓度为 1/200 的雕牌洗洁精溶液
10 号粉尘	浓度为 1/200 的立白洗洁精溶液

从表中可以看出，对 1 号和 2 号粉尘，用自来水湿润效果最好，而在水中加入某些表面活性剂反而可能使粉尘的疏水性增强。在正常情况下，表面活性剂的烃基吸附于粉尘的表面，而亲水极向液相扩散，因此，硫化矿尘的疏水性减弱；然而，如果表面活性剂的极端变成与硫化矿尘的表面接触，而尾端向液相延伸，硫化矿尘的疏水性就会增强。

另外，实验过程中发现如下渗透异常现象：

（1）断层、裂纹和气泡，每种粉尘的出现次数如表 10 - 20 所示。

表 10 - 20 毛细管正向渗透实验中每种粉尘出现断层、裂纹和气泡的次数统计表

现象\ 粉尘	断层次数	裂纹次数	气泡次数	备 注
1 号粉尘	3 次	—	—	未曾注意裂纹和气泡次数
2 号粉尘	4 次	1 次	2 次	—
3 号粉尘	2 次	0 次	3 次	—
4 号粉尘	2 次	4 次	7 次	—
5 号粉尘	1 次	10 次	0 次	—
6 号粉尘	—	3 次	4 次	出现小断层，但稍后消失
7 号粉尘	0 次	1 次	—	前一天装的粉尘第二天用
8 号粉尘	1 次	5 次	3 次	—
9 号粉尘	0 次	2 次	0 次	裂纹都在后半部分出现
10 号粉尘	0 次	1 次	1 次	—

每次出现断层，则湿润时间大大延长，一般延长几分钟到十几分钟，而且断层一般出现在上部 0.5 ~ 1cm 处，此时就需重做。出现裂纹则湿润时间延长 20 ~ 50s，未重做。气泡常与裂纹同时出现，此时对湿润有消极影响，但若只有气泡则对湿润时间影响不大。断层、裂纹和气泡出现的原因为：粉尘粒径细微，接触面大，间隙大，而且装尘不均匀，湿润后，间隙中的空气被排出，且试剂有一定黏性，所以粉尘紧密地附着在一起，体积减小，加之上部粉尘比下部粉尘松散，于是上部已湿润的粉尘收缩，与下部粉尘分离，小则产生裂纹，大则出现断层，而气泡则在粉尘间隙中的空气被排出时产生。裂纹和断层产生后，其隔离区内的空气压强，阻碍了试剂溶液的继续下渗，因而下渗时间变长。

（2）在用自来水对 9 号和 10 号粉尘做实验时，自来水滴被截在粉尘之上的半空中而

流不下去，后用铁丝疏导后方才流下。在其他粉尘的实验中也出现过这种空气截留的现象。

（3）实验时试剂溶液下渗多不均匀，致密的地方下渗快，松散的地方下渗慢，原因在于致密的地方粉尘间间隙小，粉尘间接触紧密，溶液易于扩散，而松散的地方则恰恰相反。

（4）5、7、9号粉尘在实验中难以观察，它们颜色都较深；而4、6、8、10号粉尘则易于观察，而且它们渗透都较均匀、较充分，颜色都较浅；其他粉尘则居于二者之间。

从表10-21中可以看出：在13种试剂中湿润时间最短的，也即湿润效果最好的为浓度为1/200的立白洗洁精溶液，其次依次为：0.2%的十二烷基苯磺酸钠溶液、1/100、1/200的雕牌洗洁精溶液、自来水；湿润时间最长的也即湿润效果最差的为0.8%的十二烷基苯磺酸钠溶液。另外0.4%的十二烷基苯磺酸钠溶液和2/100的雕牌洗洁精溶液湿润效果也较差。

表10-21　毛细管正向渗透实验中各试剂渗透时间最长与最短的次数统计表

试剂	自来水	十二烷基苯磺酸钠溶液/%			添加硫酸钠溶液/mmol·L^{-1}			雕牌洗洁精溶液			立白洗洁精溶液		
		0.2	0.4	0.8	1	2	3	1/200	1/100	2/100	1/200	1/100	2/100
渗透时间最长	1	0	2	10	0	0	1	1	0	1	0	0	1
渗透时间最短	2	2	0	0	0	1	1	2	2	0	4	0	1

注：表中数字表示次数，其中每种粉尘算1次。如：浓度为0.8%的十二烷基苯磺酸钠溶液最长的次数为10，表示在对10种粉尘做实验时，它所用的时间比其他试剂所用时间都长。

从表10-22中可以看出：自来水和1/200的立白洗洁精溶液的次数都为5，最多，说明13种试剂中，它们的实验可靠性最好，因为在对同一种粉尘所做的2次实验中，它们各自得到的2种数据接近。其次为0.2%的十二烷基苯磺酸钠溶液；可靠性最差的为1/100和2/100的雕牌洗洁精溶液。

表10-22　毛细管正向渗透实验同一试剂对同一粉尘的2个渗透时间接近时的次数统计表

试剂	自来水	十二烷基苯磺酸钠溶液/%			添加硫酸钠溶液/mmol·L^{-1}			雕牌洗洁精溶液			立白洗洁精溶液		
		0.2	0.4	0.8	1	3	5	1/200	1/100	2/100	1/200	1/100	2/100
次数	5	4	4	2	2	2	3	3	3	1	5	3	3

注：如1/100的雕牌洗洁精溶液的次数为1，表示它对10种粉尘所做的20次实验中（每种粉尘2次），只有对10号粉尘所做的2次实验的渗透时间接近。

从表10-23中可以看出，在反向渗透的1cm内，0.4%的十二烷基苯磺酸钠溶液和2/100的雕牌洗洁精溶液所用时间比自来水明显要少，并且0.4%的十二烷基苯磺酸钠溶液比2/100的雕牌洗洁精溶液所用时间稍短，而在2cm和3cm内三种试剂所用时间则差不多。另外，在实验中还发现，在从粉尘开始接触试剂溶液到粉尘被湿润所用时间上，自来水5~8min，0.4%的十二烷基苯磺酸钠溶液为1~3s，2/100的雕牌洗洁精溶液为20~80s。这些都说明0.4%的十二烷基苯磺酸钠溶液的湿润效果最好，2/100的雕牌洗洁精溶液次之，自来水则最差。

表 10 –23 毛细管反向渗透实验数据表

试剂 时间/s		自来水				十二烷基苯磺酸钠溶液0.4%				雕牌洗洁精2/100			
		1次	2次	3次	平均	1次	2次	3次	平均	1次	2次	3次	平均
4 号粉尘	1cm	110	107	67	95	24	17	24	22	34	22	28	28
	2cm	101	61	63	75	86	62	78	75	69	72	57	66
	3cm	124	99	107	110	167	125	161	151	109	130	110	116
8 号粉尘	1cm	58	52	174	95	25	22	29	25	37	28	33	33
	2cm	94	100	85	93	90	85	90	88	83	90	88	87
	3cm	148	160	125	144	137	137	154	143	136	138	146	140

注：2/100 表示在 100mL 水中添加 2 滴洗洁精。

从表 10 – 24 中可以看出，对 1 号粉尘，湿润效果最好的为 0.2% 和 0.8% 的十二烷基苯磺酸钠溶液；对 3 号粉尘，湿润效果最好的是 0.4% 的十二烷基苯磺酸钠溶液；对 8 号和 9 号粉尘则是 0.2% 的十二烷基苯磺酸钠溶液。这与表 10 – 18 中所得结论完全不同。这两个实验所得数据缺乏相关性，说明每种实验方法只能测定粉尘与溶液在某方面的湿润现象。因此，必须根据应用的目的选择湿润实验方法。

表 10 –24 滴液法实验数据表

试剂 粉尘		自来水	十二烷基苯磺酸钠溶液			添加硫酸钠溶液			雕牌洗洁精溶液			立白洗洁精溶液		
		—	0.2%	0.4%	0.8%	0.2/1	0.2/3	0.2/5	1/100	2/100	3/100	1/100	2/100	3/100
1	t/s	0.9	0.5	0.3	0.1	0.1	0.1	0.2	0.4	0.5	0.4	0.2	0.3	0.2
	d/mm	6.0	4.8	5.9	6.0	5.5	6.0	4.0	4.9	5.0	5.5	4.5	5.0	4.0
2	t/s	1.1	0.5	0.7	0.3	0.3	0.3	0.6	1.6	2.0	1.3	1.1	0.9	0.8
	d/mm	4.0	4.4	4.4	4.5	4.6	4.5	4.8	5.4	3.9	4.7	5.0	5.0	5.2
3	t/s	0.8	0.3	0.1	0.1	0.1	0.2	0.1	0.3	0.2	0.2	0.5	0.2	0.2
	d/mm	5.6	4.9	8.8	5.7	4.8	5.0	5.5	4.6	4.9	4.6	5.0	4.9	6.0
4	t/s	0.5	0.3	0.6	0.3	0.3	0.4	0.2	0.3	0.3	0.3	0.4	0.1	0.3
	d/mm	4.8	5.0	4.5	4.5	4.7	5.0	5.0	5.0	5.0	5.0	4.5	4.8	5.0
5	t/s	1.0	1.7	1.3	0.7	1.0	1.5	1.5	3.5	2.8	2.0	2.9	1.6	3.3
	d/mm	4.2	7.6	4.5	5.1	5.2	5.0	5.0	7.0	5.8	4.9	4.6	4.9	4.5
6	t/s	1.0	0.5	1.0	0.6	0.5	0.2	0.2	0.5	0.6	0.2	0.4	0.5	0.4
	d/mm	4.8	5.5	6.0	4.5	5.0	5.0	5.0	5.0	5.0	5.0	4.0	4.5	5.8
7	t/s	8.5	1.3	1.0	1.0	0.9	1.1	1.0	1.8	3.0	2.0	2.3	1.5	1.6
	d/mm	4.0	5.0	4.8	4.9	4.8	4.6	4.6	5.0	4.9	4.9	4.4	4.5	5.3
8	t/s	2.4	0.8	1.0	1.2	1.2	1.7	0.8	1.9	2.0	1.2	1.4	1.0	0.7
	d/mm	5.0	5.0	5.0	4.8	5.0	4.8	5.0	5.0	5.0	4.0	4.0	4.8	4.1
9	t/s	3.2	0.9	1.0	1.0	0.9	1.2	0.7	1.1	2.2	1.5	1.4	1.2	1.7
	d/mm	4.8	5.0	4.6	4.8	4.6	4.4	4.5	4.6	4.8	5.0	4.0	5.0	4.3
10	t/s	1.1	0.2	0.2	0.2	0.3	0.2	0.2	0.4	0.9	0.3	0.6	0.2	0.3
	d/mm	4.2	4.0	4.5	4.5	4.5	4.8	4.8	4.5	4.0	3.9	4.6	4.5	4.7

为了直观分析和比较，将实验数据进行了图形化处理，如图 10 - 42 ~ 图 10 - 52 所示。

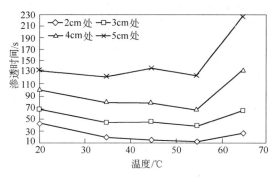

图 10 - 42　正向渗透温度图

从图 10 - 42 中可以看出：用同一种试剂对同一种粉尘做正向渗透实验，一开始其湿润时间随试剂温度的升高而迅速降低，当温度升高到一定程度后（图中所示为 34.5 ~ 44.5℃），渗透时间趋于平稳，当温度再升高时，湿润时间又大幅下降（图中所示为 44.5 ~ 54.5℃），当温度继续升高时，湿润时间反而迅速上升（图中所示为 54.5 ~ 64.5℃）。

其原因在于：该试剂是浓度为 0.4% 的十二烷基苯磺酸钠溶液，它属于阴离子表面活性剂，而阴离子表面活性剂在低温下（图中所示为 20℃）较难溶解，溶液的表面张力较大，湿润时间也就较长；随温度升高（图中温度升高到 34.5℃）溶解度增大，溶液的表面张力减小，相应的湿润时间也减小；溶解度达到极限时（图中所示为 34.5 ~ 45.5℃）会析出表面活性剂的水合物，此时溶液的表面张力变化很小，因而湿润时间也就变化甚微。但是，水溶液加热到一定温度时（图中所示为 54.5℃），表面活性剂分子发生缔合，溶解度会急剧增大，溶液的表面张力急剧下降，相应的湿润时间也就急剧下降；按理当温度继续升至 64.5℃ 时，液体的表面张力应随温度的上升而继续下降，但事实却完全相反，这说明 64.5℃ 距离浓度为 0.4% 的十二烷基苯磺酸钠溶液的临界温度已不到 30℃，因为有研究表明许多纯液体的表面张力在直到临界温度约 30℃ 以下都是随温度上升而线性下降的，也就是说，在接近临界温度时这个线性规律就不成立了。

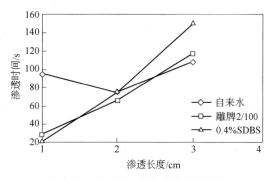

图 10 - 43　4 号粉尘反向渗透图

从图 10 - 43 和图 10 - 44 可以看出：开始 0.4% 的十二烷基苯磺酸钠溶液的湿润时间最短，对粉尘的反向渗透速度最快，2/100 的雕牌洗洁精溶液则紧跟其后，对粉尘的反向渗透速度仅次于它，而自来水对粉尘的反向渗透速度则要大大慢于前二者；但是当反向渗

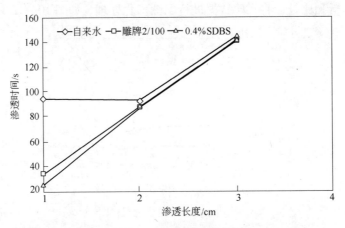

图 10 - 44 8 号粉尘反向渗透图

透到一定深度后（图中所示为 2cm 处）三种试剂的湿润速度则差不多，总的来说 0.4% 的十二烷基苯磺酸钠溶液与雕牌洗洁精溶液的反向渗透效果接近，二者的反向渗透图接近直线，而自来水的渗透图则近似 "V" 形。

此结论与 Washburn 建立的模型不符，他假定粉尘装在一根毛细管中，平均半径为 r，从而推导出以下关系：$h^2 = tr\gamma\cos\theta/2\eta$（式中 γ 是液体的表面张力，t 是时间，θ 是湿润角，η 是液体黏度）。也就是说上升高度的平方与时间的关系是线性的，而这里 0.4% 的十二烷基苯磺酸钠溶液与雕牌洗洁精溶液反向渗透的高度的平方与时间不是线性关系。从这个结果可以看出 Washburn 建立的模型不能说明本实验的毛细管上升测定结果，作为一个模型有其局限性。显然，该方程过于简化和没有涉及其他湿润现象，如空气截留、液体蒸发和毛细管凝聚等，这些因素可以造成液体渗透特性很大的差异。而且，这个模型假设液体为纯的和均匀的，实际上，粉尘会吸附表面活性剂，在上升液体中产生一个浓度梯度，于是，上升的液体的表面活性剂扩散速率也将限制其上升速率。

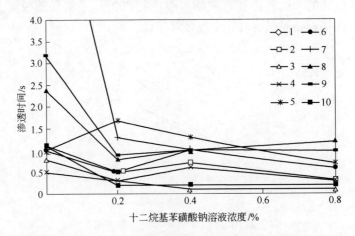

图 10 - 45 十二烷基苯磺酸钠溶液浓度与渗透时间的关系

从图 10 - 45 中可以看出：在一开始（图中所示十二烷基苯磺酸钠溶液浓度为 0 ~ 0.2% 时）渗透时间随浓度的升高而迅速下降，5 号粉尘例外；而在浓度为 0.2% ~ 0.4%

时，随着浓度的升高，5 种粉尘的渗透时间上升，有 4 种则下降，1 种不变；当浓度再升高至 0.8% 时，渗透时间则缓慢下降，此时，8 号粉尘的渗透时间稍有上升，10 号粉尘则不变。

从对 10 种粉尘湿润的总时间看，浓度为 0.8% 的十二烷基苯磺酸钠溶液的湿润效果最好，所用的总湿润时间比水少 73.2%，其次为浓度为 0.2% 的十二烷基苯磺酸钠溶液，它所用的总湿润时间比水少 65.8%。浓度为 0.4% 的十二烷基苯磺酸钠溶液也比水好很多。

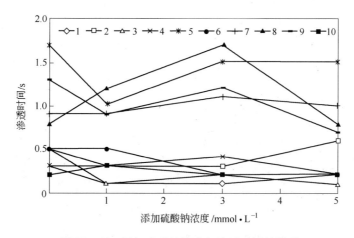

图 10-46 添加硫酸钠浓度与渗透时间的关系

从图 10-46 中可以看出：在十二烷基苯磺酸钠溶液添加硫酸钠溶液后，当添加浓度小于 1mmol/L 时，有 5 种粉尘的渗透时间下降了，有 2 种上升，还有 3 种则不变，当添加浓度升至 3mmol/L 时，有 6 种粉尘的渗透时间反而上升了，而只有 2 种下降，另有 2 种不变；当添加浓度继续升至 5mmol/L 时，有 4 种粉尘的渗透时间下降了，有 2 种上升，另有 4 种则不变。

从对 10 种粉尘湿润的总时间看，添加浓度为 5mmol/L 时最好，所用的总湿润时间比水少 72.2%，比不添加时少 18.6%；其次为 1mmol/L 时，它所用的总湿润时间比水少 71.7%，比不添加时少 17.1%；添加浓度为 3mmol/L 时也比水好很多，比不添加时稍好。

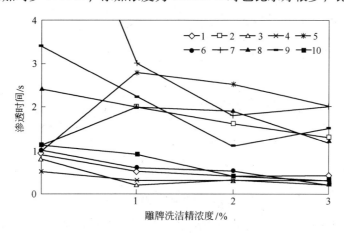

图 10-47 雕牌洗洁精浓度与渗透时间的关系

从图 10 - 47 中可以看出：随着雕牌洗洁精浓度的上升，渗透时间总体是一直下降的，当浓度为 0~1/100 时，只有 2 号和 5 号粉尘的渗透时间上升了，当浓度升至 2/100 时，只有 3 号和 4 号粉尘的渗透时间上升了，当浓度升至 3/100 时，则只有 7 号和 9 号粉尘的渗透时间上升了。

从对 10 种粉尘湿润的总时间看，浓度为 3/100 时最好，所用的总湿润时间比水少 54.1%，浓度为 2/100 和 1/100 时也比水好很多。

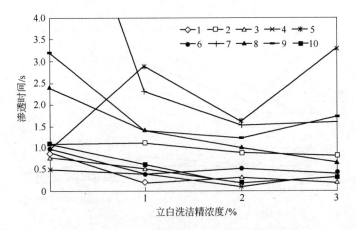

图 10 - 48　立白洗洁精浓度与渗透时间的关系

从图 10 - 48 中可以看出：随着立白洗洁精浓度的上升，渗透时间总体是先下降，之后则有升有降，且升降的幅度一般较小，在浓度上升的第一阶段，只有 5 号粉尘的渗透时间上升了，第二阶段，上升的为 1 号和 6 号粉尘。

从对 10 种粉尘湿润的总时间看，浓度为 2/100 时最好，所用的总湿润时间比水少 63.4%，浓度为 3/100 和 1/100 时也比水好很多。

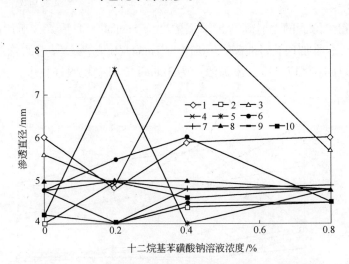

图 10 - 49　十二烷基苯磺酸钠溶液浓度与渗透直径的关系

从图 10 - 49 中可以看出：随着十二烷基苯磺酸钠溶液浓度的上升，渗透直径的变化规律性不大，在浓度上升的第一阶段，粉尘渗透直径下降的有 4 种，上升的也有 4 种，而不变的有2种；在第二阶段，下降的有3种，上升的有6种，不变的有1种；在第三阶段，下降的有3种，上升的有5种，不变的有2种。

从对10种粉尘渗透直径的总和看，浓度为0.4%的十二烷基苯磺酸钠溶液的湿润效果最好，渗透直径的总和比水大11.4%；其次为浓度为0.2%的十二烷基苯磺酸钠溶液，渗透直径的总和比水大5.1%。浓度为0.8%的十二烷基苯磺酸钠溶液也比水好一些。渗透直径大的湿润效果好，这是因为渗透直径大，接触角小，而接触角越小，粉尘就越容易湿润。

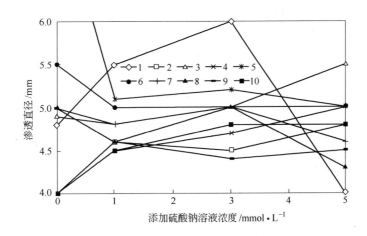

图10-50　添加硫酸钠溶液浓度与渗透直径的关系

在图10-50中，随着添加硫酸钠溶液浓度的上升，渗透直径的变化规律性不大，在浓度上升的第一阶段，粉尘的渗透直径下降的有6种，上升的有4种；在第二阶段，下降的有2种，上升的有7种，不变的有1种；在第三阶段，下降的有4种，上升的也有4种，不变的有2种。

从对10种粉尘渗透直径的总和看，硫酸钠添加浓度为3mmol/L时最好，渗透直径的总和比水稍大，和不添加时差不多；其余两种都比水稍好，但比不添加时差。

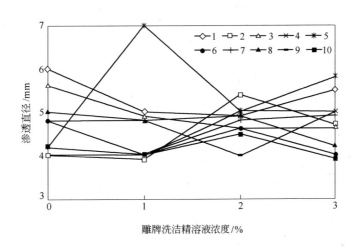

图10-51　雕牌洗洁精溶液浓度与渗透直径的关系

在图 10-51 中，雕牌洗洁精浓度上升的第一阶段，粉尘的渗透直径总体是下降的（只有 1 号粉尘上升）；在第二阶段，有 6 种粉尘的渗透直径上升，4 种下降；而在第三阶段，上升和下降都是 4 种，不变的有 2 种。

从对 10 种粉尘渗透直径的总和看，浓度为 2/100 的雕牌洗洁精溶液最好，渗透直径的总和比水稍大，其余两种都比水差。

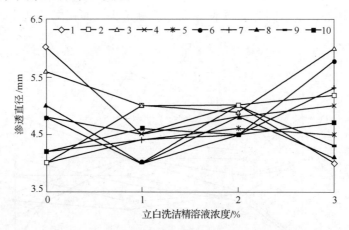

图 10-52　立白洗洁精溶液浓度与渗透直径的关系
（洗洁精浓度 1、2、3 分别表示在 100mL 水中加入 1 滴、2 滴、3 滴洗洁精）

在图 10-52 中，在立白洗洁精浓度上升的第一阶段，粉尘的渗透直径有 6 种下降，4 种上升；在第二阶段，渗透直径的总体趋势是上升的（有 7 种粉尘的渗透直径上升，2 种下降，1 种不变）；而在第三阶段，上升的是 6 种，下降的有 4 种。

从对 10 种粉尘渗透直径的总和看，浓度为 3/100 的立白洗洁精溶液最好，渗透直径的总和比水稍大，其余两种都比水差。

从图 10-42~图 10-52 的分析可得表 10-25 所示的规律。

表 10-25　在滴液法实验中从不同角度看各试剂的湿润能力大小排序

按湿润的总时间看，各试剂的湿润能力由大到小的顺序（上面的大，下面的小）	按渗透直径的总和看，各试剂的湿润能力由大到小的顺序（上面的大，下面的小）
浓度为 0.8% 的十二烷基苯磺酸钠溶液	浓度为 0.4% 的十二烷基苯磺酸钠溶液
硫酸钠添加浓度为 5mmol/L 的溶液	浓度为 0.2% 的十二烷基苯磺酸钠溶液
硫酸钠添加浓度为 1mmol/L 的溶液	硫酸钠添加浓度为 3mmol/L 的溶液
硫酸钠添加浓度为 3mmol/L 的溶液	浓度为 0.8% 的十二烷基苯磺酸钠溶液
浓度为 0.2% 的十二烷基苯磺酸钠溶液	浓度为 3/100 的立白洗洁精溶液
浓度为 0.4% 的十二烷基苯磺酸钠溶液	硫酸钠添加浓度为 1mmol/L 的溶液

从表 10-25 中可以看出，从不同角度看，各湿润剂的湿润能力大小不一，这说明，不同的角度反映了粉尘与湿润剂在不同方面的湿润现象。

图 10-53~图 10-56 为不同浓度的十二烷基苯磺酸钠溶液对粉尘的正向渗透图。从这 4 个图总体上看，试剂溶液下渗时间随其浓度增大的趋势如表 10-26 所示。

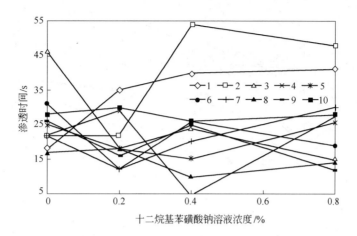

图 10-53　渗透深度为 2cm 时十二烷基苯磺酸钠溶液浓度与渗透时间的关系

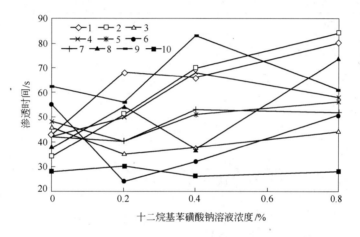

图 10-54　渗透深度为 3cm 时十二烷基苯磺酸钠溶液浓度与渗透时间的关系

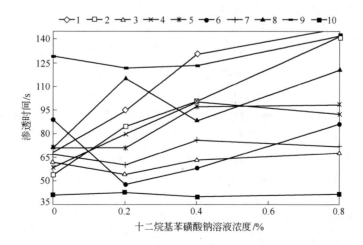

图 10-55　渗透深度为 4cm 时十二烷基苯磺酸钠溶液浓度与渗透时间的关系

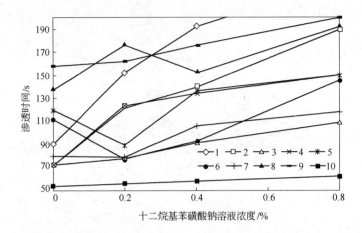

图 10 - 56 渗透深度为 5cm 时十二烷基苯磺酸钠溶液浓度与渗透时间的关系

表 10 - 26 正向渗透实验中十二烷基苯磺酸钠溶液在不同浓度阶段渗透时间的升降情况

浓度\距离	0 ~ 0.2%			0.2% ~ 0.4%			0.4% ~ 0.8%		
	升	平	降	升	平	降	升	平	降
2cm	4	1	5	7	0	3	5	0	5
3cm	5	0	5	7	0	3	7	0	3
4cm	5	1	4	8	0	2	8	0	2
5cm	7	0	3	9	0	1	10	0	0
总计	21	2	17	31	0	9	30	0	10
百分比	52.5%	5%	42.5%	77.5%	0	22.5%	75%	0	25%

注：表中数据为次数，如在 0 ~ 0.2% 内，升的次数为 21 次，占总数 40 次的 52.5%。

从表 10 - 26 中可以看出：十二烷基苯磺酸钠溶液的渗透时间随着浓度的上升而上升，说明它的使用相对水来说反而延长了渗透时间，湿润效果还没有水好。当十二烷基苯磺酸钠溶液的浓度小于 0.2% 时，湿润效果最好，当浓度再增大时，渗透时间反而延长。

从渗透距离上看，随着渗透距离的增大，其规律性也越强，在图 10 - 53 中，渗透距离为 2cm，在试剂浓度上升的过程中，其渗透时间上升的数量和下降的数量几乎各占一半；而在图 10 - 54 中，渗透距离为 3cm，在试剂浓度上升的过程中，其渗透时间上升的数量比下降的数量要多；在图 10 - 55 中，随着试剂浓度的上升，其渗透时间上升的数量明显比下降的数量多；而在图 10 - 56 中，随着试剂浓度的上升，其渗透时间几乎都是上升的。其原因在于：在正向渗透实验中试剂是从 1cm 处从上到下渗透到 5cm 处的，在最上端，粉尘较松散，粉尘粒子间的空隙很大，远远大于液体分子间的距离，所以只要试剂溶液的黏性不是太大，即使是湿润性能很差的溶液也很容易下渗；而越往下，粉尘就挤得越紧，接近甚至小于液体分子间的距离，这时就只有那些湿润性能好的溶液才能较快地下渗。

另外，从图 10 - 53 ~ 图 10 - 56 中还可以看出，1 号粉尘所用的湿润时间最长，5 号粉尘居中，10 号粉尘所用时间最短。

图 10 - 57 ~ 图 10 - 60 为在 0.2% 的十二烷基苯磺酸钠溶液添加不同浓度的硫酸钠溶

液对粉尘的正向渗透图。从这4个图总体上看，试剂溶液下渗时间随其浓度增大的趋势如表10-27所示。

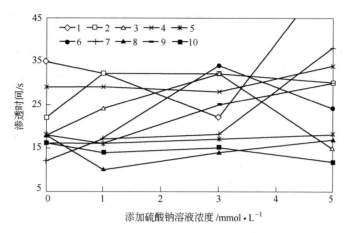

图 10-57　渗透深度为 2cm 时添加硫酸钠溶液浓度与渗透时间的关系

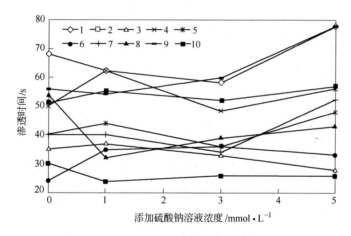

图 10-58　渗透深度为 3cm 时添加硫酸钠溶液浓度与渗透时间的关系

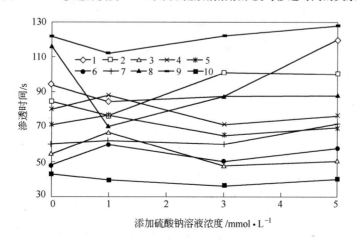

图 10-59　渗透深度为 4cm 时添加硫酸钠溶液浓度与渗透时间的关系

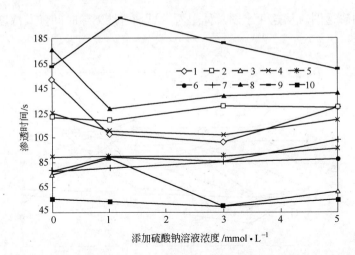

图 10-60   渗透深度为 5cm 时添加硫酸钠溶液浓度与渗透时间的关系

表 10-27   正向渗透实验中添加硫酸钠溶液在不同浓度阶段渗透时间的升降情况

距离 \ 浓度	0~1mmol/L			1~3mmol/L			3~5mmol/L		
	升	平	降	升	平	降	升	平	降
2cm	4	2	4	7	1	2	6	0	4
3cm	5	1	4	4	0	6	7	1	2
4cm	5	0	5	4	0	6	9	0	1
5cm	5	0	5	3	1	6	8	0	2
总计	19	3	18	18	2	20	30	1	9
百分比	47.5%	7.5%	45%	45%	5%	50%	75%	2.5%	22.5%

从表 10-27 中可以看出：添加硫酸钠溶液的湿润时间一开始随着浓度的上升而上升，浓度上升到一定阶段（3mmol/L），渗透时间开始下降，当浓度再上升到 5mmol/L 时，渗透时间又上升。硫酸钠溶液的添加浓度在 3mmol/L 时湿润效果最佳。

从渗透距离上看随着渗透距离的增大，其规律性也越强。

从上述图 10-57～图 10-60 中还可以看出，1、2、9 号粉尘所用的渗透时间较长，4、5、7 号粉尘居中，3、10 号粉尘所用时间较短。

图 10-61～图 10-64 为不同浓度的雕牌洗洁精溶液对粉尘的正向渗透图。从这 4 个图总体上看，试剂溶液下渗时间随其浓度增大的趋势如表 10-28 所示。

表 10-28   正向渗透实验中雕牌洗洁精溶液在不同浓度阶段渗透时间的升降情况

距离 \ 浓度	0~1/200			1/200~1/100			1/100~2/100		
	升	平	降	升	平	降	升	平	降
2cm	3	0	7	4	2	4	5	0	5
3cm	4	0	6	5	0	5	6	0	4
4cm	5	1	4	4	0	6	7	0	3
5cm	5	1	4	3	0	7	7	0	3
总计	17	2	21	16	2	22	25	0	15
百分比	42.5%	5%	52.5%	40%	5%	55%	62.5%	0	37.5%

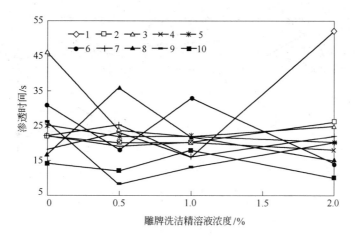

图 10-61　渗透深度为 2cm 时雕牌洗洁精溶液浓度与渗透时间的关系

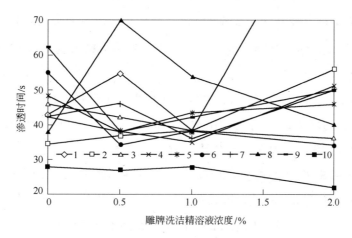

图 10-62　渗透深度为 3cm 时雕牌洗洁精溶液浓度与渗透时间的关系

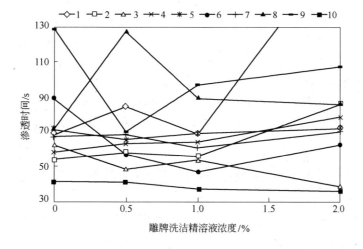

图 10-63　渗透深度为 4cm 时雕牌洗洁精溶液浓度与渗透时间的关系

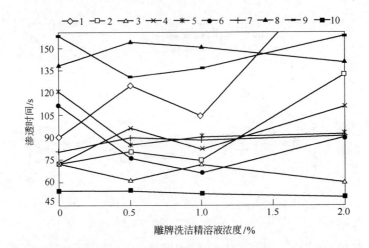

图 10-64   渗透深度为 5cm 时雕牌洗洁精溶液浓度与渗透时间的关系

从表 10-28 中可以看出：在前两个阶段雕牌洗洁精溶液的渗透时间随着浓度的上升而下降，当浓度再上升时，渗透时间又上升。当雕牌洗洁精浓度为 1/200～1/100 时，湿润效果最好。

从渗透距离上看，随着渗透距离的增大，其规律性也越强，在图 10-61 和图 10-62 中，随着试剂浓度的增大，10 种粉尘中渗透时间上升的数量和下降的数量几乎一样多；而在图 10-63 和图 10-64 中就表现出不一致性。

从图 10-61～图 10-64 中还可以看出，1、8 号粉尘所用的渗透时间较长，2、4、5、6、7 号粉尘居中，10 号粉尘所用时间较短。

图 10-65～图 10-68 为不同浓度的立白洗洁精溶液对粉尘的正向渗透图。从这 4 个图整体上来看，试剂溶液下渗时间随其浓度增大的趋势如表 10-29 所示。

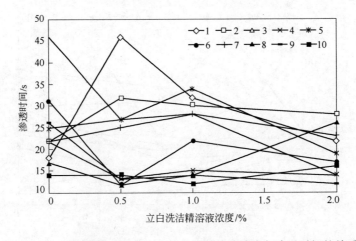

图 10-65   渗透深度为 2cm 时立白洗洁精溶液浓度与渗透时间的关系

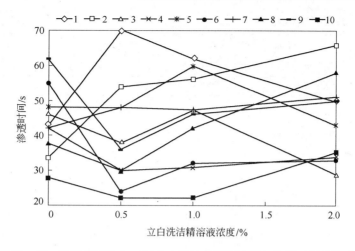

图 10-66　渗透深度为 3cm 时立白洗洁精溶液浓度与渗透时间的关系

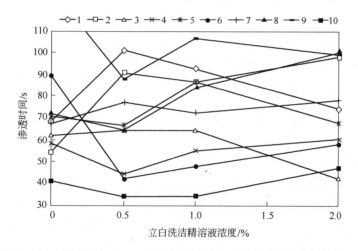

图 10-67　渗透深度为 4cm 时立白洗洁精溶液浓度与渗透时间的关系

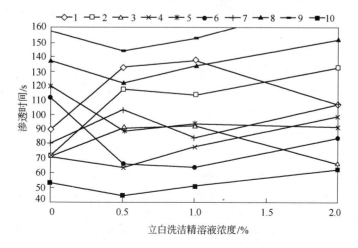

图 10-68　渗透深度为 5cm 时立白洗洁精溶液浓度与渗透时间的关系
（洗洁精溶液浓度 1、2 是指在 100mL 水溶液中添加 1 滴、2 滴洗洁精）

表 10-29　正向渗透实验中立白洗洁精溶液在不同浓度阶段渗透时间的升降情况

浓度 距离	0~1/200			1/200~1/100			1/100~2/100		
	升	平	降	升	平	降	升	平	降
2cm	4	1	5	7	0	3	2	0	8
3cm	3	1	6	7	1	2	7	0	3
4cm	4	0	6	5	2	3	6	0	4
5cm	4	0	6	7	0	3	7	0	3
总计	15	2	23	26	3	11	22	0	18
百分比	37.5%	5%	57.5%	65%	7.5%	27.55	55%	0	45%

从表 10-29 中可以看出：在浓度较小时立白洗洁精溶液的渗透时间随着浓度的上升而下降，当浓度再上升时，渗透时间就上升了。当立白洗洁精浓度为 1/200 时，湿润效果最好，当浓度增大时，渗透时间反而上升。

从渗透距离上看，随着渗透距离的增大，其规律性也越强，这一点和前面三组的情况一样。

从图 10-65~图 10-68 中还可以看出，1 号粉尘所用的渗透时间较长，3、7、8 号粉尘居中，10 号粉尘所用时间最短。在 10 种粉尘中 9 号粉尘所用的渗透时间在 2cm 处处于最小之列，随着渗透距离的变大，所用的渗透时间也增长，到 5cm 处时，其所用的渗透时间最长。

综上所述，1 号粉尘所需的渗透时间总是处于最长之列，而 10 号粉尘所需的渗透时间总是处于最短之列。

从毛细管正向渗透实验这 4 组 16 个图来看：图 10-53、图 10-57、图 10-61、图 10-65 这组图（渗透深度为 2cm 时）所显示的渗透时间都在 10~60s 之间，图 10-54、图 10-58、图 10-62、图 10-66 这组图（渗透深度为 3cm 时）所显示的渗透时间都在 20~80s 之间，图 10-55、图 10-59、图 10-63、图 10-67 这组图（渗透深度为 4cm 时）所显示的渗透时间都在 30~130s 之间，图 10-56、图 10-60、图 10-64、图 10-68 这组图（渗透深度为 5cm 时）所显示的渗透时间都在 50~190s 之间，只有极少数除外。

10.8　本章小结

本章选用了硫化矿物（如铅锌矿、硫铁矿、闪锌矿、黄铜矿等）粉尘，选取了多种高分子表面活性剂和水玻璃作为湿润剂，针对粉尘粒径、含湿量和湿润剂的种类、浓度等因素，设计了相关的实验装置和实验步骤，对湿润剂与硫化矿物微颗粒的湿润性和耦合性进行了大量的实验研究。根据矿物粉尘的特性，将粉尘粒径分区，运用毛细管正向渗透实验、反向渗透实验、滴液法实验及热力学实验，获得了大量实验数据，测试了粉尘粒径、湿度和湿润剂的种类、浓度的耦合性，得到了对于不同湿度、粒径的粉尘湿润效果最佳的湿润剂配方，从试验数据可以看出使用湿润剂抑尘比洒水抑尘一般可以提高几倍的湿润效果。同时通过与滴液法实验比较得知，此实验数据具有较大的可靠性，而且滴液法可以从渗透直径和渗透时间两个角度来分析其湿润能力，并得到了一些具有应用价值的实验结论和湿润剂新配方。指出了过去建立的一些湿润模型不能说明毛细管反向渗透实验的测定结果，具有一定的局限性。

大气微颗粒沉降规律与黏附的颗粒分析

本章主要讨论空气中微颗粒的受力情况和沉降规律的实验研究，通过实验研究了解表面沉降黏附微颗粒的各种物理性质，为开展表面清洗技术和防尘保洁研究提供依据。

11.1 微颗粒沉降力学模型及沉降规律研究

11.1.1 微颗粒在空气中受力分析

微颗粒在气流场中受到重力、浮力、Stokes 阻力、压力梯度力、附加质量力、Basset 力、Suffman 力、Magnus 力、热泳力和静电力等[353]的作用，在湍流状态下微颗粒还会受到脉动力的作用。假设微颗粒为球体。

11.1.1.1 重力和浮力

微颗粒受到重力为：

$$F_p = \pi d_p^2 \rho_p g \tag{11-1}$$

微颗粒受到浮力为：

$$F_d = \pi d_p^2 \rho_g g \tag{11-2}$$

式中，ρ_p 为微颗粒密度；ρ_g 为流体的密度，d_p 为粒子的直径。

11.1.1.2 压力梯度力

设微颗粒所在范围内流场压力梯度 $\partial p / \partial x$ 为常数，则微颗粒受到的压力梯度力为：

$$F_p = - V_p \partial p / \partial x = - (4\pi r_p^3 \partial p / \partial x)/3 \tag{11-3}$$

式中，V_p 为粒子体积；r_p 为粒子半径；负号表示压力梯度力与压力梯度方向相反。

11.1.1.3 附加质量力

微颗粒在流场中作变速运动时，微颗粒表面上受到的压力将不对称，其合力即为附加质量力 F_m：

$$F_m = K_m \rho_g V_p \ (dv_R/dt - dv_p/dt) \tag{11-4}$$

式中，K_m 为经验常数，根据 Odar 实验；v_R 为流体速度；v_p 为微颗粒速度。

$$K_m = 1.05 - 0.066/(A_c^2 - 0.12) \tag{11-5}$$

$$A_c = |v_R - v_p|/(a_p d_p) \tag{11-6}$$

式中，a_p 为微颗粒加速度。

11.1.1.4 Basset 力

Basset 力反映了微颗粒在变速运动过程中受瞬时流动阻力的影响，其理论公式为：

$$F_B = 1.5d_p^2(\pi\rho_g u)^{1/2} \int_\infty^t \left[(dv_g/d\tau - dv_p/d\tau)/(t - \tau)^{1/2} \right] d\tau \tag{11-7}$$

式中，u 为流体运动速度；v_g 为流体速度；τ 为初始时刻。

经验公式为：

$$F_B = K_B d_p^2 (\pi \rho_g u)^{1/2} \int_\infty^t \left[(dv_g/d\tau - dv_p/d\tau)/(t - \tau)^{1/2} \right] d\tau/4 \qquad (11-8)$$

$$K_B = 2.88 + 3.12/(A_c + 1)^2$$

11.1.1.5　Stokes 阻力

由两相流场中微颗粒与气流的速度差异所引起的阻力称 Stokes 阻力，其理论计算公式为：

$$F_{st} = 3\pi\mu d_p (v_p - v_g) \qquad (11-9)$$

式中，μ 为流体动力黏性系数。

11.1.1.6　Magnus 升力

微颗粒在气流中高速旋转时，会出现侧面力，使微颗粒偏离主流场，这个侧面力称为 Magnus 升力。Rubinow 和 Keller 通过大量假设和简化得到其理论公式为：

$$F_M = -(\pi/8) d_p^3 \rho_g w \times (v_p - v_g) \qquad (11-10)$$

式中，w 为粒子旋转速度，此式只适用微颗粒相对雷诺数很小情况。引入升力系数概念，其定义为：

$$C_M = F_M/\left[0.5\rho_g A_p (v_g - v_p)^2 \right] \qquad (11-11)$$

式中，A_p 为微颗粒迎风面积，$A_p = \pi r_p^2$，于是有：

$$C_M = 2k = d_p w/(v_g - v_p) \qquad (11-12)$$

Yutaka Tsuji 等人对 5mm 圆球实验表明：在 $R_{ep} = 500 \sim 1600$，$k \leqslant 0.7$ 时，$C_M = (0.4 \pm 0.1) k$，此时：

$$F_M = -k\pi d_p^3 \rho_g w (v_p - v_g) ; \; k = 0.075 \sim 0.125 \qquad (11-13)$$

11.1.1.7　Saffman 升力

微颗粒在有速度梯度的流场中运动时，由于微颗粒上下部的速度差而产生的力称为 Saffman 升力。在低雷诺数情况下，对平面剪切流绕圆球的流动运用奇异摄动法求得微颗粒所受的升力为：

$$F_S = 1.61 (\mu\rho_g)^{1/2} d_p^2 (v_p - v_g) \left| dv_A/dy \right|^{1/2} \qquad (11-14)$$

式中，dv_A/dy 为气流场中的速度梯度。此公式只对 $Re_p < 1$ 有效。

11.1.1.8　脉动力

在湍流状态下，微颗粒除了沿气流平均速度方向运动外，还经常在一定频率的脉动速度作用下迂回前进。这种脉动扩散机理十分复杂，在微颗粒浓度很小时，脉动阻力可近似表达成：

$$F_R = 0.5 A \rho_g (\pi d_p^2/4)(d_p v/v^*)^{-n} v v^* \qquad (11-15)$$

式中，A，n 为常数；v 为湍流的平均速度；v^* 为湍流脉动速度。

11.1.1.9　热泳力

在不等温流动中，由于温度梯度的存在，微颗粒将由高温区向低温区迁移，产生这种迁移的力称为热泳力。Brock 提出的计算公式为：

$$F_{eh} = \left[\frac{(-12\pi)(\mu r_p^2)(k_g/k_p + C_t l/r_p)(C_m l/r_p)}{(1 + 2k_R/k_p + C_t l/r_p)(1 + 3C_m l/r_p)} \right] dT/dx \qquad (11-16)$$

式中，dT/dx 为温度梯度；C_m 为动量系数；l 为流体分子自由程；C_t 为温度系数；k_g 为流体传热系数；k_p 为粒子传热系数；$l/r_p = k_n$ 为 Knudsem 数，k_R 为系统的传热系数；r_p 为系统的长度尺度。

11.1.1.10　静电力

带有电荷的微颗粒在运动中受到静电力作用，其大小由库仑定律决定。微颗粒间静电力为：

$$F_e = (1/4\pi\varepsilon_0)(q_1 q_2/S^2) \tag{11-17}$$

式中，ε_0 为真空介电常数，$\varepsilon_0 = 8.8 \times 10^{12} C^2/(J \cdot m)$；$q_1$，$q_2$ 为微颗粒所带电荷；S 为微颗粒间距。

11.1.2　微颗粒重力沉降速度分析

微颗粒沉降速度是指微颗粒在流体中的下降速度，即为微颗粒在静止流体中的下降速度，以 u_0 表示。运动流体中微颗粒的沉降速度，是指微颗粒与流体在垂直方向的表观速度差（滑动速度），即 $u_0 = u_f - u_p$。当微颗粒的表观速度 $u_p = 0$ 时，u_0 在数量上等于 u_f，微颗粒处于悬浮状态。

11.1.2.1　重力沉降速度[354]

固体微颗粒在空气中沉降时，除受重力作用，还受到空气阻力和浮力等的作用，空气阻力和浮力与微颗粒下降的重力方向相反而阻止颗粒的下降。当颗粒一定时，其重力和浮力是一定的，而空气对颗粒的阻力随着颗粒本身重力作用的下降速度增加而增大。当重力、阻力和浮力三者处于平衡时，颗粒就做等速运动，此时颗粒下降速度称为沉降速度。

假设一球形颗粒在空气中沉降，其阻力 S 可按牛顿阻力定律计算：

$$S = \xi A \frac{\rho u_0^2}{2} \tag{11-18}$$

式中，S 为流体对颗粒的阻力；u_0 为颗粒沉降速度；A 为颗粒在沉降方向上的投影面积，对于球形颗粒 $A = \pi d^2/4$，m^2；ρ 为流体密度，kg/m^3；ξ 为阻力系数，无因次。

球形颗粒的重力和浮力分别按下式进行计算：

$$f_g = \frac{\pi d^3}{6}\rho_k g \tag{11-19}$$

$$f_b = \frac{\pi d^3}{6}\rho g \tag{11-20}$$

式中，d 为颗粒直径，m；ρ_k 为颗粒密度，kg/m^3；ρ 为流体密度，kg/m^3。

当阻力、重力和浮力达到平衡时，有：

$$\frac{\pi d^3}{6}(\rho_g - \rho)g = \frac{\xi \pi d^2 u_0^2}{8} \tag{11-21}$$

整理后沉降速度一般表达式为：

$$u_0 = \sqrt{\frac{4gd(\rho_g - \rho)}{3\rho\xi}} \tag{11-22}$$

11.1.2.2　阻力系数

微颗粒在流体中自由沉降时，总阻力与流体密度 ρ、黏度 μ、颗粒直径 d 和沉降速度

u_0 有关，即 $\xi = f(\rho, \mu, d, u_0)$。通过因次分析可知，阻力系数 ξ 为颗粒与流体相对运动时雷诺数的函数，即 $\xi = f(Re_0)$。可通过实验方法确定阻力系数 ξ 的数值，图 11 – 1 为 $Re_0 = du_0\rho/\mu$ 的实验结果。

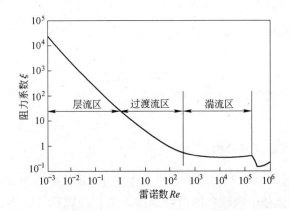

图 11 – 1　球形颗粒阻力系数与雷诺数关系

根据图中分析可将球形颗粒的沉降区分为三个区域，每个区域可分别用相应的关系式来表达。

（1）层流区。

$$Re_0 \leqslant 1, \ \xi = 24/Re_0 \tag{11-23}$$

一般可以认为，微颗粒在这一区域内仅受到黏性阻力的影响，从而得到阻力 $f_d = 3\pi\mu d\rho u_0$。实际上，不论雷诺数为多少，其惯性阻力还是有的，因此实际上的 ξ 值比 $24/Re$ 要大。不同雷诺数误差对比见表 11 – 1。

表 11 –1　不同雷诺数误差对比[354]

雷诺数	误差值/%	雷诺数	误差值/%
$Re = 0.1$	– 1.06	$Re = 0.5$	– 6.1
$Re = 0.2$	– 3.3	$Re = 1.0$	– 12.2

（2）过渡流区。

$$1 < Re_0 \leqslant 500, \ \xi = 18.5/Re_0^{0.6} \tag{11-24}$$

（3）湍流区。

$$500 < Re_0 \leqslant 2 \times 10^5, \ \xi = 0.04 \tag{11-25}$$

（4）高度湍流区。

$$Re_0 > 2 \times 10^5, \ \xi \approx 0.1$$

在此区域阻力系数变小，一般颗粒沉降过程中是不会遇到的。

将式（11 – 23）~式（11 – 25）分别代入式（11 – 22），得到单一光滑球形颗粒在不同区域的沉降速度计算式。

（1）层流区。

$$u_0 = \frac{d^2(\rho_s - \rho)g}{18\mu} \tag{11-26}$$

此式称为斯托克斯（Stokes）定律。

（2）过渡流区。

$$u_0 = 0.27 \sqrt{\frac{d(\rho_s - \rho)gRe_0^{0.6}}{\rho}} \qquad (11-27)$$

此式称为阿伦（Allen）定律。

（3）湍流区。

$$u_0 = 1.74 \sqrt{\frac{d(\rho_s - \rho)g}{\rho}} \qquad (11-28)$$

此式称为牛顿定律。

球形颗粒在流体中自由沉降时，其沉降速度可根据不同流型，分别选用上述公式进行计算。通常由于沉降过程中颗粒直径都较小，常处于层流区，故斯托克斯定律应用较多。对于粗糙的球形体及非球形体都要从实验加以校正。

计算沉降速度各式中阻力系数 ξ 与雷诺数 Re_0 有关，而 Re_0 又与沉降速度 u_0 有关，即 $\xi = f(Re_0) = \phi(u_0)$，在计算时通常按试差法来进行，即先估计颗粒在某个沉降区域，求出 u_0 后再计算 Re_0 的数值进行复验。

对于一定大小颗粒，如果能直接判别其沉降所属区域，则计算较为方便。但通常情况下先求出层流区域与过渡流区域间颗粒沉降时的临界直径 d_0 和过渡流区域与湍流区域间颗粒沉降的临界直径 d_0'。

设 $Re_0 = d_0 u_0 \rho / \mu$，将其代入式（11-27）整理得到：

$$d_0 = 43.5 \sqrt[3]{\frac{\mu^2}{(\rho_s - \rho)\rho g}} \qquad (11-29)$$

当 $d < d_0$ 时属于层流区域；$d_0 < d < d_0'$ 属于过渡流区域；$d \geq d_0'$ 属于湍流区域。

根据图 11-1 中 $\xi - Re$ 的连续曲线，可将球形颗粒的沉降过程大致划分为四个区域，也可采用图形表示球形颗粒在流体中产生相对运动（沉降）时几种流动状态，如图 11-2 所示。

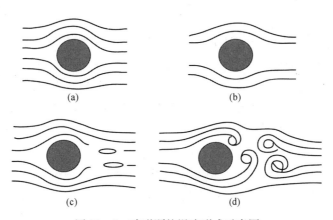

(a)　　　　　　(b)

(c)　　　　　　(d)

图 11-2　球形颗粒涡流形成示意图

（1）雷诺数较小时（$Re \leq 0.1$），颗粒主要受黏性阻力作用，阻力产生于颗粒表面，也称表面阻力。此时，沉降颗粒的流线是光滑而连续的，且前后对称，这种情况相当于层流，如图 11 - 2 (a) 所示。

(2) 雷诺数增大时 ($0.1 < Re \leqslant 1.0$)，惯性作用逐渐增强，颗粒周围流线不再前后对称，即颗粒后端出现边界层分离现象，如图 11 - 2 (b) 所示。

(3) 雷诺数继续增大时 ($1.0 < Re \leqslant 500$)，颗粒后端形成旋涡环。随流速增加，漩涡环也增大，该区域称为过渡区域或 Allen 区。此时，颗粒表面除受流体流动产生的黏性阻力外，还受到前后速度改变以及形成涡流等产生的阻力（体形阻力），如图 11 - 2 (c) 所示。

(4) 雷诺数增至足够大时 ($500 < Re \leqslant 2 \times 10^5$)，颗粒后部产生的涡流迅速破裂并形成新的涡流，以至达到完全湍流，如图 11 - 2 (d) 所示。此时阻力主要决定于体形阻力，相当于流体流动中的湍流区。

当雷诺数很大时，此时流体流速也很大。颗粒后部产生的涡流迅速被卷走，仅在颗粒后部表面有一层微小的不规则的小涡流，总阻力随之减小，这一区域在小颗粒沉降过程中一般很少遇到。

11.1.3 沉降速度影响因素分析

颗粒在流体中的沉降速度计算是有条件的：颗粒不能太小；颗粒为光滑球形；不考虑外来干扰，也就是说仅限对 $d_p > 1\mu m$ 的光滑球形颗粒的自由沉降进行计算。实际上，固体颗粒都是不规则的，沉降中颗粒相互间以及颗粒与空间之间有干扰存在，因此需要对所求得沉降速度进行修正。

11.1.3.1 颗粒形状的影响

多数情况下，颗粒既不光滑也非球形，而呈不规则形状。阻力系数不但受颗粒形状影响，而且同一种形状颗粒，由于相对流体的流动方向上位置不同，迎流面积不同，其阻力系数也不同。此外，在沉降过程中颗粒往往不是固定在某一位置上，而是不断翻动，甚至旋转，使情况复杂化，给计算带来困难。一般通过大量试验研究得出经验系数，对其沉降速度加以修正。

根据 Wadell 对颗粒形状问题的研究分析，用球形度 Ψ 作参数，整理出 Re-ξ 的关系，如图 11 - 3 所示。其中球形度 Ψ 定义如下：

$$\Psi = \text{与颗粒等体积球的表面积／颗粒的实际表面积} \tag{11-30}$$

由图可知：不规则形状的颗粒 ($\Psi < 1.0$) 比球形颗粒具有较大的阻力系数，而且 Ψ 越小，阻力系数越大，则沉降速度越小。但是，Ψ 值对阻力系数 ξ 的影响在层流区时并不显著，但随着 Re 增大，这种影响逐渐变大。

Pettyjohn 提出了适用于立方体、正方体、正八面体等均整颗粒的沉降速度计算公式。若以 u_{ms} 表示 Stokes 沉降速度，u_{mc} 为修正后的沉降速度，令 $K = u_{mc}/u_{ms}$ 为修正系数，则在层流区时有：

$$K = 0.843 \lg\left(\frac{\Psi}{0.065}\right) \tag{11-31}$$

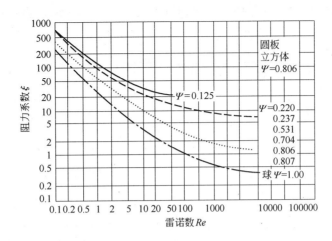

图 11 - 3   以球形度 Ψ 为参数的 Re - ξ 的关系

对于湍流区，ξ 值可采用 $\xi = 5.31\Psi \sim 4.88\Psi$ 来修正。

11.1.3.2   空间大小影响

若沉降过程中空间大小与颗粒相比并非无限大，则沉降过程还应当考虑空间界面对沉降速度的影响。如粗颗粒在小直径的容器空间中沉降时，沉降速度可乘以壁效应因子 f_w 加以修正。壁效应因子是实际沉降速度与自由沉降速度之比，f_w 的经验关系式如下：

层流状态：
$$f_w = 1 - (d_p/D)^{2.25} \tag{11-32}$$

湍流状态：
$$f_w = 1 - (d_p/D)^{1.5} \tag{11-33}$$

式中，D 为容器直径。

当颗粒较小时，如小于容器直径 1/5，则误差不大于 10%，可不予修正。

11.1.3.3   浓度的影响

沉降过程中，若颗粒浓度过大（如体积浓度超过 2% ~ 3%），则颗粒间彼此会相互影响，称为干扰沉降。此时颗粒的沉降过程除受颗粒流体力学支配外，还与颗粒流体的物理化学现象（如颗粒的凝聚、碰撞等）有关，情况比较复杂。

一般认为干扰沉降速度与颗粒的体积浓度有关，换言之，可称作与孔隙率有关。因此，有些经验公式把干扰沉降速度写成：

$$u_0'' = u_0 \sqrt{\varepsilon^n} \tag{11-34}$$

式中，u_0 为干扰沉降末速度；ε 为孔隙率；n 为指数。

11.2   微颗粒沉降黏附实验研究

为了解空气中微颗粒沉降及黏附规律，作者设计一个考虑材料、时间和放置夹角的微颗粒沉降黏附实验[355]。微颗粒采样对象为洗净的瓷砖片和载玻片，放置时间分别为 1d、3d、10d 和 30d，放置夹角分别为与水平面呈 0°、45° 和 90°。

实验以校园内某教学楼一楼实验室作为实验地点，将实验室两侧的两个铝合金窗打开 1/3，把洁净瓷砖片水平放置在实验室中间 1.1m 高的实验台上，如图 11 - 4 所示。在自然通风状态下采样 30d，让空气中微颗粒自然沉降到瓷砖片表面，通过收集这些沉降物进行分析，了解微颗粒室内沉降的一些基本物理特性，为进一步的研究提供数据。

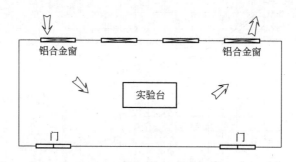

图 11 - 4　实验室布局平面图

与此同时，在同一实验台选用一组洁净载玻片（76.2mm×25.4mm×1.0mm）进行对比实验，采样时考虑了不同采样时间（1d、3d、10d、30d）和与水平面呈不同夹角（0°、45°、90°）两个方面。

实验主要仪器：可程式高温试验箱（重庆汉巴、HT302E），激光粒度分析仪（珠海欧美克、LS-800）、显微图像分析系统（北京泰克、SA3300）等。

11.2.1　瓷砖片表面微颗粒分析

按照实验要求对室内微颗粒进行采样，采样期间的室外环境详见表 11 - 2。

表 11 - 2　实验期间室外天气状况

时　　间	温度/℃	相对湿度/%	天气状况
第 1 天	4~6	50~60	阴转小雨
第 3 天	7~8	64	小雨
第 10 天	7~8	78	中雪转阴
第 30 天	13~14	67	阴转晴

采样完成后采用激光粒度分析仪对表面微颗粒进行粒径分析，测试时以水作为介质，并用超声波清洗机振荡 2min，分析粒径范围为 0.05~300μm。图 11 - 5 为某次测量结果。

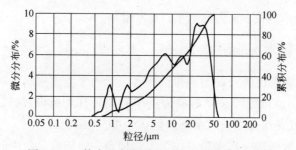

图 11 - 5　某次室内微颗粒沉降测量粒度分布图

表 11 - 3 为实验分析结果。

表 11-3 室内空气微颗粒沉降粒径分布数据表

粒径/μm	含量/%	累积/%	粒径/μm	含量/%	累积/%	粒径/μm	含量/%	累积/%
0.42	0.04	0.04	3.48	1.64	9.26	29.1	6.32	41.20
0.52	0.21	0.25	4.31	2.12	11.38	35.9	7.78	48.98
0.64	0.38	0.64	5.32	2.30	13.68	44.4	10.99	59.97
0.79	0.87	1.51	6.58	2.48	16.16	54.9	13.91	73.89
0.98	1.21	2.72	8.14	2.65	18.81	67.9	13.65	87.54
1.21	0.52	3.24	10.06	2.83	21.64	84.0	7.96	95.50
1.49	0.58	3.82	12.44	2.76	24.40	103.8	3.42	98.92
1.84	1.46	5.28	15.38	2.63	27.30	158.7	0.06	100.00
2.28	1.20	6.48	19.0	3.11	30.14			
2.82	1.14	7.62	23.5	4.74	34.88			

表 11-3 中分析含量百分数可知：微颗粒粒径主要集中在 20~80μm 之间，小于 0.5μm 或大于 100μm 的微颗粒含量很少。从累积百分数可知：0~0.5μm 之间变化较小，0.5~20μm 开始有较明显的变化，20~100μm 之间变化明显，100μm 以后几乎没有变化。文献 [356] 认为：室内微颗粒浓度很大程度取决于室外微颗粒浓度，微颗粒主要来源于户外。通风对室内微颗粒影响较大，室内、外空气交换率将影响室内微颗粒粒径大小与分布。据此认为：实验期间室内没有产尘点，实验室空气中微颗粒主要来源于室外大气，沉降规律受到室外大气微颗粒及气象条件的影响。

11.2.2 载玻片表面微颗粒分析

按照实验要求对载玻片进行编号，完成采样后选取载玻片中心线上等距离三个区域（740μm×530μm）作为研究对象，采用显微图像分析系统进行了分析。图 11-6 为某次分析结果，实验分析可测出每个微颗粒的粒径、面积、周长等参数以及微颗粒的分布参数与曲线。

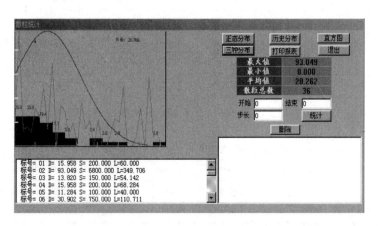

图 11-6 某次载玻片表面微颗粒显微图像分析结果

鉴于实验所得数据庞大,只对部分有代表性的数据进行记录,参见表 11 - 4 ~ 表 11 - 6,对于单个微颗粒数据不再罗列(注:表中遮光比指光线通过观测面积的百分数,可以反应微颗粒面积占总观测面积的百分数)。

表 11 - 4 载玻片 0° 放置时表面微颗粒沉降分析结果

编号	时间/d	观测点	颗粒总数	最大粒径值/μm	最小粒径值/μm	粒径平均值/μm	颗粒总面积/μm²	颗粒总周长/μm	遮光比/%
I	1	1	30	110. 558	0. 000	24. 551	33600. 000	3431. 493	0. 09
		2	28	44. 424	0. 000	17. 668	10100. 000	1941. 959	0. 03
		3	36	93. 049	0. 000	20. 262	23800. 000	2886. 224	0. 06
II	3	1	55	132. 314	0. 000	18. 373	39150. 000	4113. 208	0. 10
		2	34	56. 419	0. 000	17. 935	16250. 000	2346. 102	0. 04
		3	46	66. 277	0. 000	14. 748	16050. 000	2695. 513	0. 04
III	10	1	88	74. 422	0. 000	15. 597	34800. 000	5593. 329	0. 09
		2	88	110. 846	0. 000	18. 736	52500. 000	6486. 466	0. 13
		3	64	75. 272	0. 000	24. 782	49750. 000	5950. 436	0. 13
IV	30	1	648	215. 133	0. 000	24. 098	618100. 000	61907. 950	1. 58
		2	618	206. 527	0. 000	21. 938	528700. 000	54906. 910	1. 35
		3	722	408. 872	0. 000	23. 132	755050. 000	69561. 560	1. 93

表 11 - 5 载玻片 45° 放置时表面微颗粒沉降分析结果

编号	时间/d	观测点	颗粒总数	最大粒径值/μm	最小粒径值/μm	粒径平均值/μm	颗粒总面积/μm²	颗粒总周长/μm	遮光比/%
V	1	1	23	183. 687	0. 000	36. 315	43650. 000	2577. 228	0. 11
		2	17	62. 317	0. 000	20. 127	10950. 000	1296. 396	0. 03
		3	19	60. 239	0. 000	15. 398	7050. 000	1144. 264	0. 02
VI	3	1	34	45. 835	0. 000	13. 471	9500. 000	1962. 254	0. 02
		2	43	164. 682	0. 000	21. 363	47150. 000	3578. 355	0. 12
		3	43	58. 087	0. 000	15. 000	13600. 000	2686. 518	0. 03
VII	10	1	59	143. 397	0. 000	17. 646	37900. 000	4149. 066	0. 10
		2	59	73. 127	0. 000	12. 994	20300. 000	3186. 518	0. 05
		3	75	75. 583	0. 000	18. 013	37000. 000	5485. 045	0. 09
VIII	30	1	507	110. 558	0. 000	20. 911	310800. 000	41613. 500	0. 80
		2	489	171. 870	0. 000	23. 058	431550. 000	44851. 940	1. 10
		3	466	176. 078	0. 000	22. 047	363750. 000	41173. 790	0. 93

表 11-6 载玻片 90°放置时表面微颗粒沉降分析结果

编号	时间/d	观测点	颗粒总数	最大粒径值/μm	最小粒径值/μm	粒径平均值/μm	颗粒总面积/μm²	颗粒总周长/μm	遮光比/%
IX	1	1	45	77.768	0.000	15.752	19150.000	3246.934	0.05
		2	18	62.825	0.000	10.499	4950.000	790.416	0.01
		3	5	54.115	0.000	18.374	2900.000	381.421	0.01
X	3	1	13	79.389	0.000	17.116	6800.000	866.985	0.02
		2	15	38.265	0.000	12.327	3350.000	886.985	0.01
		3	17	117.265	0.000	21.452	19300.000	1617.818	0.05
XI	10	1	49	68.171	0.000	13.183	15150.000	2697.523	0.04
		2	49	78.583	0.000	14.739	18450.000	2871.665	0.05
		3	44	71.810	0.000	17.492	20950.000	3163.797	0.05
XII	30	1	50	125.651	0.000	11.708	21450.000	2576.102	0.05
		2	40	79.788	0.000	15.397	16100.000	2446.812	0.04
		3	11	161.953	0.000	25.163	22750.000	1013.553	0.06

11.3 实验结果及讨论

实验结果分两个方面来讨论，首先比较瓷砖片与载玻片表面微颗粒的差异，接着讨论不同载玻片之间微颗粒的沉降特性。

11.3.1 不同表面间微颗粒比较

由图 11-7 可知：表面微颗粒总数在水平放置时相对最多，粒径主要集中在 10~40μm，而瓷砖片的粒径分布为 20~80μm，说明微颗粒的粒径分布受到载玻片夹角影响，粒径随着夹角增大有增大的趋势。放置 3d 的变化情况类似。

图 11-8 反映出微颗粒粒径变化整体趋势比较接近，但随着夹角的增加粒径却在变小，最大粒径范围变化为：140μm→100μm→80μm，夹角为 0°和 45°时粒径主要集中在 10~40μm，夹角为 90°时粒径集中在 10~30μm。

图 11-9 说明采样时间较长时，部分微颗粒形成较大的微颗粒团，粒径发生较大变化，夹角为 90°时粒径主要集中在 10~40μm 之间，与瓷砖片的分析结果比较接近，0°和 45°时变化不太明显，但与瓷砖分析结果相比明显向 50~100μm 范围变化。

11.3.2 载玻片表面微颗粒比较

根据载玻片表面微颗粒实验分析数据求出算术平均值，通过这些平均值绘制出一组曲线来表征不同载玻片的情况，并对其进行了讨论。

文献 [357] 通过实验模拟研究发现：相同材质的情况下沉积常数随角度增加不断减小。图 11-10 曲线反映出表面黏附的微颗粒数量与放置夹角成反比，与采样时间成正比，与沉积常数变化趋势一致，只是夹角为 90°时曲线斜率变化不太明显。

图 11-11 说明粒径最大值随采样时间不断变大，前 10d 变化不太明显，10d 之后变化

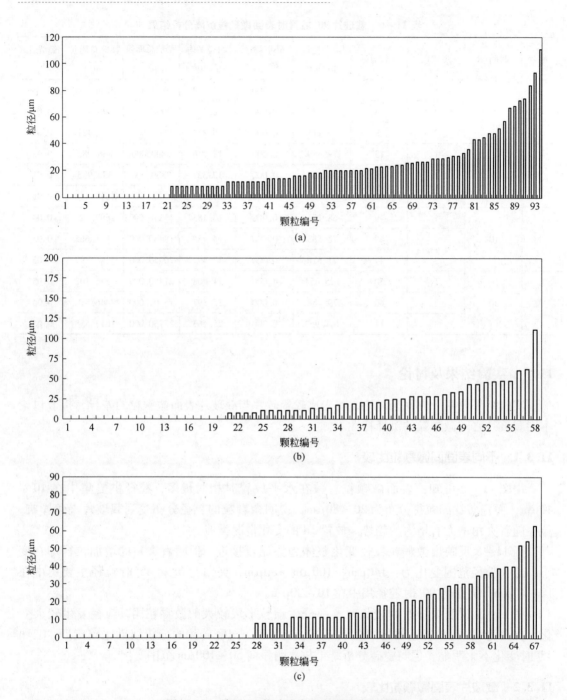

图 11-7 放置 1d 载玻片表面微颗粒分析结果

（a）载玻片夹角为 0° 时的情况；（b）载玻片夹角为 45° 时的情况；（c）载玻片夹角为 90° 时的情况

较大。结合文献［358］提及的内容：大气扩散运动会减小微颗粒数量浓度，不会改变微颗粒的粒径分布；凝结致使粉尘数量浓度减小，微颗粒粒径增加；聚合作用不会改变数量浓度，但会导致微颗粒成长，使得粒径分布增大。据此可以说明随着采样时间的增加，微颗粒开始出现由单个向微颗粒团变化，出现物理、化学结团现象。

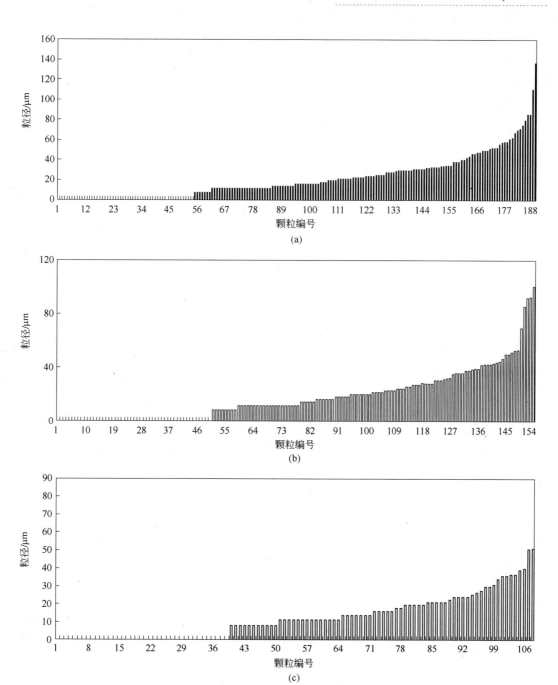

图 11-8 放置 10d 载玻片表面微颗粒分析结果

（a）载玻片夹角为 0°时的情况；（b）载玻片夹角为 45°时的情况；（c）载玻片夹角为 90°时的情况

图 11-12 曲线相互交叉，变化没有规律，说明微颗粒平均粒径与放置夹角、采样时间没有明显关系，与瓷砖片表面微颗粒情况类似。

文献［359］从理论上探讨了沉降机理，并建立了半经验式模型，评价了颗粒物在光滑表面和粗糙表面沉积速度，结果表明时间越长，在相同表面沉降的累计越多，数量浓度

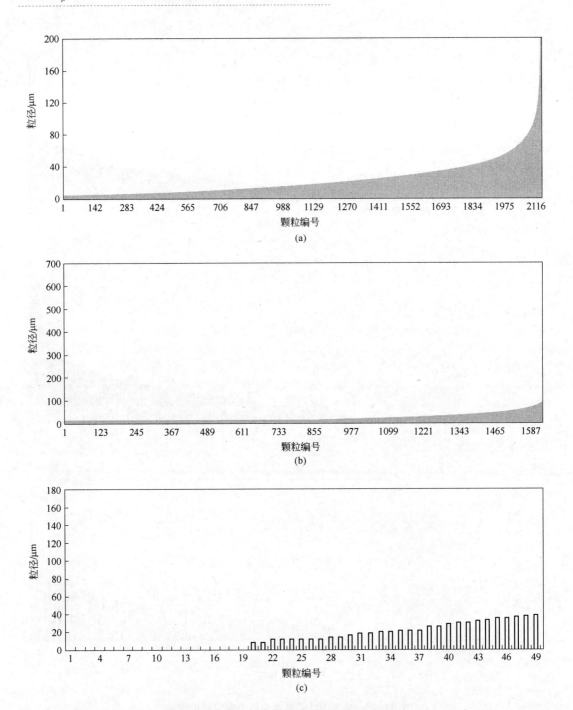

图 11-9 放置 30d 载玻片表面微颗粒分析结果

（a）载玻片夹角为 0°时的情况；（b）载玻片夹角为 45°时的情况；（c）载玻片夹角为 90°时的情况

就较大。图 11-13 所得实验曲线表明：微颗粒总面积、总周长和遮光比与采样时间成正比关系，同时反映出 10d 内的数据变化不明显，在 10~30d 期间有较大变化，并与夹角成反比关系。

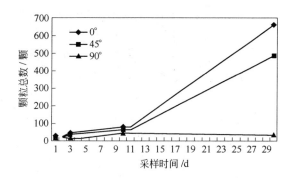

图 11-10 微颗粒沉降总数与时间关系曲线

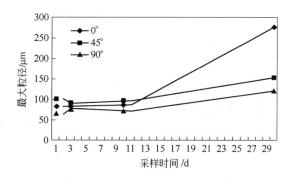

图 11-11 微颗粒粒径最大值与时间关系曲线

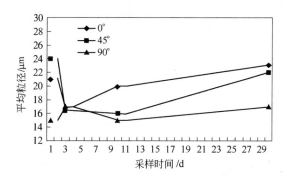

图 11-12 微颗粒平均粒径与时间关系曲线

11.3.3 实验结果讨论

（1）水平放置的洁净瓷砖片在放置 30d 之后，其表面微颗粒粒径主要集中在 20～80μm，小于 0.5μm 或大于 100μm 的微颗粒含量很少。

（2）比较放置夹角为 0°的瓷砖片和载玻片情况发现：采样时间 1d 的载玻片表面的微颗粒粒径主要集中在 10～40μm，而采样时间 30d 的瓷砖片表面微颗粒的粒径主要集中在 20～80μm，说明微颗粒的粒径分布受到采样时间的影响，并随采样时间增加有增大的趋势。

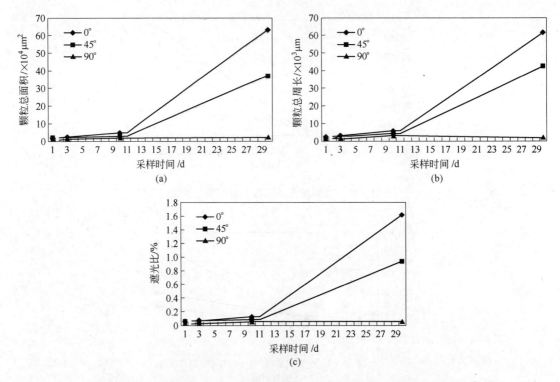

图 11 - 13 微颗粒总面积、粒径总周长、遮光比与采样时间关系曲线

（a）微颗粒总面积与时间关系曲线；（b）微颗粒粒径总周长与时间关系曲线；（c）微颗粒遮光比与时间关系曲线

（3）当采样时间相同、夹角不同时，随着夹角的增加粒径变小，如采样时间 10d 时，最大粒径变化趋势为 $140\mu m \rightarrow 100\mu m \rightarrow 80\mu m$，夹角为 0° 和 45° 时粒径主要集中在 10 ~ 40 μm，夹角为 90° 时粒径集中在 10 ~ 30 μm。

（4）微颗粒平均粒径与放置夹角、采样时间没有明显关系，但是粒径最大值、微颗粒总面积、总周长与遮光比随采样时间不断增大，在 10d 内变化不太明显，10 ~ 30d 时有较大变化，并严格与采样时间成正比、与夹角成反比关系，说明随着采样时间的延长，微颗粒开始由单个个体向微颗粒团变化，出现物理、化学结团现象。

11.4 大气中自由沉降颗粒物形状分析实验

11.4.1 实验微颗粒试样采集

本试验的采样地点为岳麓山某大学教学楼一楼实验室，由于大气降尘受到环境与天气状况的影响，故在采样期间记录大气及室内环境参数。

采样前，将载玻片（76.2mm×25.4mm×1mm）在浓度为 1% ~ 2% 的盐酸中浸泡，除去表面杂物后用蒸馏水洗净烘干。为保证所采样品的准确性，在相同日期均采样 3 片载玻片。将洗净的载玻片编号，平放于实验室中间 1.1m 的试验台上，在自然通风状态下采样一段时间（1d，3d，10d，30d）。

通过对收集的大气中自由沉降颗粒物进行分析，可以了解室内沉降颗粒物的基本物理性质，并可以通过观测和计算了解这些微颗粒的形状分形特征。

11.4.2   测定仪器和方法

试验仪器：显微图像分析系统（北京泰克、SS3300），配有成像设备及图像存储器；欧美克 LS - 800 型激光粒度分析仪；可程式高温试验箱（重庆汉巴、HT302E）。

测试方法：对于相同日期采样的 3 片载玻片，分别用显微分析系统进行观测。为了清晰统计对比各个取样时间内降尘数量，在三次采样时间内，分别取降尘比较明显且具有代表性的 1 片载玻片作为研究对象。

将完成取样后的载玻片置于显微镜下，选取载玻片中心线上中心区域作为观测对象分析。试验分析可测出每个微颗粒的粒径、面积、周长等参数。

11.4.3   测定结果及讨论

将完成采样后的载玻片置于显微镜下，调整显微镜放大倍数为 120 倍。综合分析相同采样时间内的不同载玻片上的颗粒物情况，统计各观测区域内颗粒投影的周长及面积。试验结果分两方面进行讨论，首先比较不同采样时间内载玻片表面微颗粒的差异，然后讨论不同载玻片表面微颗粒形状分形的特性。

11.4.3.1   载玻片表面微颗粒比较分析

统计载玻片上颗粒物的数量等参数，分析结果如表 11 - 7、图 11 - 14 ~ 图 11 - 18 所示。

表 11 - 7   载玻片表面微颗粒分析结果

采样时间/d	观测点颗粒数	最大粒径值/μm	平均粒径值/μm	颗粒总面积/μm²	颗粒总周长/μm
1	28	40.327	16.663	7500.00	1709.037
3	34	52.468	17.635	14250.00	2241.163
10	68	93.049	20.782	42450.00	5486.376
30	576	184.172	24.173	517400.00	52714.920

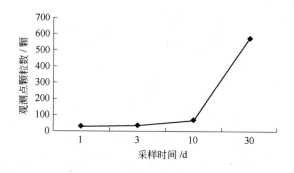

图 11 - 14   观测区域内微颗粒沉降数量与时间关系曲线

　　图 11－14 反映了表面黏附的微颗粒数量与采样时间的关系。由图可以看出载玻片表面黏附的微颗粒数量与采样时间成正比。随着采样时间增加，观测点的颗粒数也不断增加。

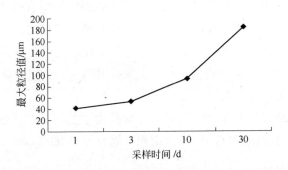

图 11－15　观测区域内微颗粒最大粒径与时间关系曲线

　　图 11－15 说明粒径的最大值随采样时间的增加而增大。这是由于颗粒物的聚合作用使微颗粒不断增长，粒径逐渐增大，微颗粒开始由单个颗粒凝聚为颗粒团。

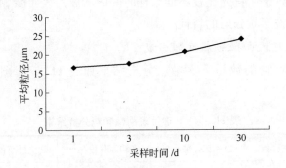

图 11－16　观测区域内微颗粒平均粒径与时间关系曲线

　　图 11－16 中曲线斜率较小，说明随采样时间的增加，观测区域内颗粒物的平均粒径变化不明显。

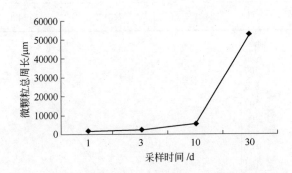

图 11－17　观测区域内微颗粒总周长与时间关系曲线

　　由图 11－17 和图 11－18 可知，载玻片表面沉积的微颗粒的总周长、总面积随采样时间增加呈上升趋势。

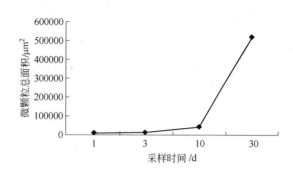

图 11 - 18 观测区域内微颗粒总面积与时间关系曲线

图 11 - 19 可以直观看出不同沉降时间内载玻片表面黏附粉尘的粒度分布状况。

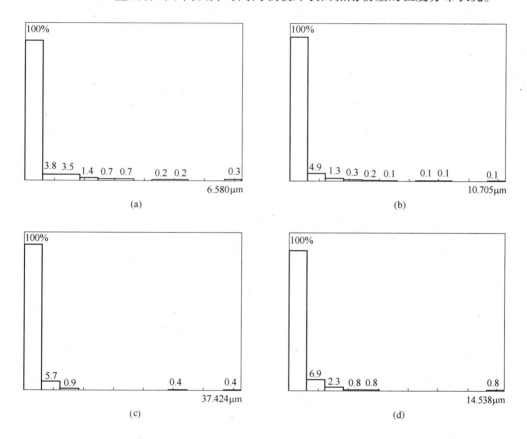

图 11 - 19 放置不同时间载玻片黏附粉尘直观图

(a) 1d; (b) 3d; (c) 10d; (d) 30d

图 11 - 20 可以直观看出黏附于载玻片上粉尘的形状。

分别记录各个采样时间内,载玻片表面沉积微颗粒的图像分析结果。图 11 - 21 为 1d 采样沉降微颗粒数据。

对 1d 采样时间内的某片载玻片实验数据进行整理记录,见表 11 - 8,鉴于数据庞大,只列出了部分代表性数据。

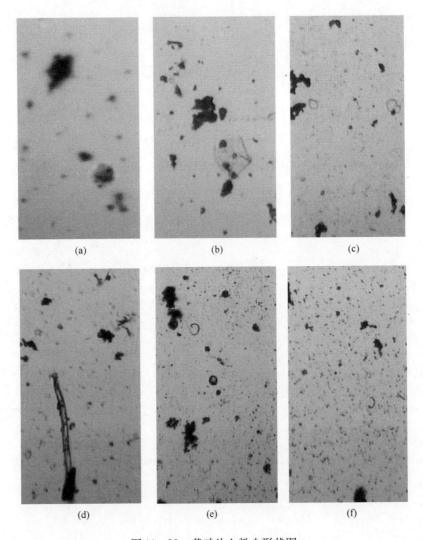

图 11-20　载玻片上粉尘形状图

(a) 片状；(b) 块状；(c) 圆形；(d) 针状；(e) 球状；(f) 点状

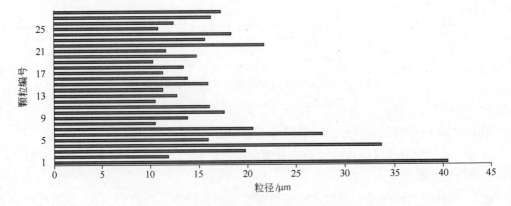

图 11-21　1d 采样时间内颗粒沉降粒径分布图

表 11-8 1d 采样时间内载玻片表面微颗粒分析结果

颗粒编号	颗粒粒径/μm	颗粒总周长/μm	颗粒面积/μm²
1	20.548	80.324	750
2	10.541	24.547	300
3	13.867	56.781	650
4	17.673	76.625	350
5	16.173	61.127	50
6	10.517	29.512	200
7	12.747	54.954	350
8	11.313	43.651	150
9	15.958	68.284	50
10	13.82	54.142	200
11	11.284	41.547	150
12	13.471	43.769	250
13	10.261	24.762	150
14	14.752	60.255	100
15	11.635	39.873	200
16	21.711	80.54	50
17	15.673	67.608	200
18	18.354	75.276	100
19	10.826	35.376	400
20	12.392	45.287	350
21	16.289	70.276	450
22	17.298	76.287	100
23	20.548	80.324	150
24	10.541	24.547	250
25	13.867	56.781	350
26	17.673	76.625	750
27	16.173	61.127	300
28	10.517	29.512	650

11.4.3.2 沉降微颗粒分形分析

选择降尘比较明显且具有代表性的 4 片载玻片作为研究对象，依据分形理论对微颗粒表面分维的技术模型进行计算。分别做 4 片载玻片所观测区域微颗粒的 lgL – lgA 试验曲线，如图 11-22 所示。

对分形试验的试验结果进行比较，根据分形维数的计算公式求得大气中自由沉降颗粒

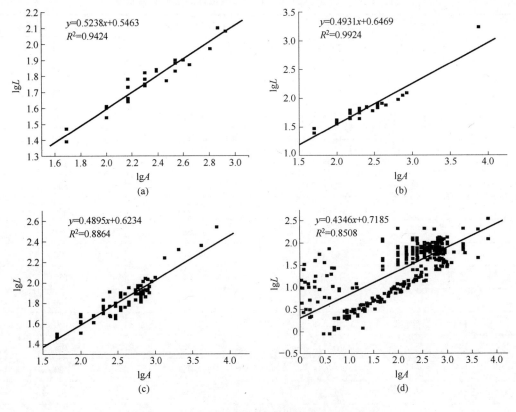

图 11 - 22 采样时间内沉降颗粒 lg$L$ - lg$A$ 曲线

(a) 1d; (b) 3d; (c) 10d; (d) 30d

的投影轮廓分形维数和沉降微颗粒表面分形维数，如表 11 - 9 所示。

表 11 - 9 沉降颗粒形状分形统计

采样时间/d	斜率 K	分维数 D_L	分形维数 D_S	相关系数 R^2
1	0.5238	1.0476	2.0476	0.9424
3	0.4931	0.9862	1.9862	0.9176
10	0.4895	0.9790	1.9790	0.8864
30	0.4346	0.8692	1.8692	0.8508

由表 11 - 9 可知，本次试验所测试的大气中自由沉降颗粒物具有较好的形状分形特性，其投影轮廓分维在 0.869 ~ 1.048 之间，颗粒物表面分维数在 1.869 ~ 2.048 之间。随着沉降时间的增加，沉降颗粒数目和平均粒径增加。对于沉降 30d 的样品，相关系数较小，这可能与沉降时间增长有关。由于沉降时间增长，某些自由沉降颗粒物黏结在一起使得粒径增大，这种黏结物与其他的单个自由沉降颗粒物相比，形状有所不同，分形特性不明显（相关系数越来越小），因此在表征形状自相似的形状分形曲线上表现出较低的相关度。

颗粒物形状的表征，具有良好的线性相关性。表面分维是颗粒物表面精细结构层次多少和自相似程度的表征，表面分维数越大，其自相似程度和精细结构越多，颗粒物表面凹凸就越多。分形维数的不同表征了自由沉降微颗粒投影轮廓曲折变化的复杂程度。分维数越大表示周边越曲折多变，微颗粒的形状越不规则。

根据分形统计结果，得出大气中自由沉降颗粒物的投影轮廓分形维数和沉降微颗粒的表面分形维数与采样时间的关系，如图 11 - 23 所示。

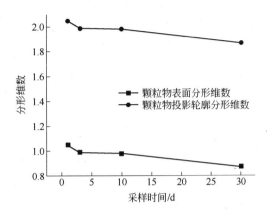

图 11 - 23　自由沉降微颗粒分形维数与采样时间关系曲线

由图 11 - 23 可知，颗粒物投影轮廓分形维数和表面分形维数随采样时间的增加而降低。其中，微颗粒的投影轮廓分形维数不同表征了自由沉降微颗粒投影轮廓曲折变化的复杂程度。分维数越大表示周边越曲折多变，微颗粒的形状越不规则。由图 11 - 23 可知，采样时间为 1d 的大气自由沉降微颗粒投影轮廓分形维数最大，其值达到 2.048，这说明该组颗粒的投影轮廓曲线偏离圆的程度最大。其表面分形维数达到 1.048，也是这 4 组自由沉降颗粒物中分维数最大的一组，这表明沉降 1d 的颗粒物表面精细结构层次多，自相似程度大，同时，该组颗粒物表面凹凸最多。

另外，通过该试验方法求得的分形维数为统计分形维数，有别于单颗粒的自相似分形维数。试验分形维数表征的是颗粒之间的统计自相似性，并不是严格意义上的自相似。同时，大气中自由沉降颗粒物的数量和沉积形状等试验数据与气候状况和所在地区有紧密联系，不同地区或不同天气情况下所测得的数据会有所不同。

11.5　本章小结

本章研究了微颗粒沉降力学模型及沉降规律，包括微颗粒在空气中的受力分析、沉降速度分析、沉降速度影响因素分析，并对微颗粒自然沉降与黏附做了大量实验。

实验发现：水平放置瓷砖片 30d 后，表面沉降黏附微颗粒粒径主要集中在 $20 \sim 80 \mu m$，小于 $0.5 \mu m$ 或大于 $100 \mu m$ 的微颗粒含量很少。对比水平放置载玻片发现：采样时间为 1d 的载玻片表面微颗粒粒径主要集中在 $10 \sim 40 \mu m$，说明微颗粒粒径分布随采样时间增加有增大趋势。当采样时间相同、放置位置与水平面夹角不同时，随着夹角的增加粒径却在变小，如采样时间为 10d 时，最大粒径变化趋势为：$140 \mu m \rightarrow 100 \mu m \rightarrow 80 \mu m$，夹角为 0° 和 45° 时粒径主要集中在 $10 \sim 40 \mu m$，90° 时为 $10 \sim 30 \mu m$。微颗粒平均粒径与放置夹角、采样时间没有明显关系，但是最大粒径、微颗粒总面积、总周长与遮光比随采样时间不断增大，在 10d 内变化不太明显，在 10 ~ 30d 时有较大变化，并严格与采样时间成正比、与放置夹角成反比，说明随着采样时间延长，微颗粒开始由单个个体向微颗粒团变化，出现物理、化学结团现象。

经过对实验中所取区域内大气中自由沉降微颗粒形状的分析发现：实验所取样的自由沉降颗粒物具有较好的形状分形特性，其投影轮廓分形维数为 1. 869 ~ 2. 048，微颗粒表面分形维数为 0. 869 ~ 1. 048。随着所取区域内实验取样时间的增加，沉降颗粒数量和平均粒径均增加，微颗粒的分形维数减少。由于沉降时间增加，某些自由沉降颗粒物黏结在一起使得其粒径增大，这种黏结物与其他单个自由沉降颗粒物相比，形状不同，分形特性不明显，相关系数越来越小。

微颗粒清除技术作用机理及评价

前面几章了解了微颗粒黏附固体表面的原因及其黏附作用力，为实现表面防尘保洁，本章从物理、化学角度对表面黏附微颗粒的清除机理进行了研究。在物理清除方面，从微颗粒黏附力学平衡方程入手，讨论几种不同物理方法的清除机理；在化学清除方面，从清洗技术机理出发，讨论表面活性剂在表面黏附微颗粒的清除过程中的作用和机理。

12.1 固体表面微颗粒清除机理研究

12.1.1 疏水型表面微颗粒清除机理

一般而言，普通的疏水表面是没有自清洁能力的，如图 12 – 1 所示[360]。表面倾斜时，在普通的疏水表面上（图 12 – 1 （a）），水滴只会以滑动的方式移动，并不会夹带污物颗粒离开；而在超疏水表面上（图 12 – 1 （b）），滚动的水滴会黏附表面上的污物颗粒，一同滚出表面，从而达到清洁的效果。滚动的水滴带走污染物的能力要远强于滑动水滴的能力[361~364]。

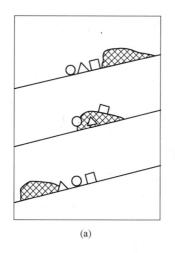 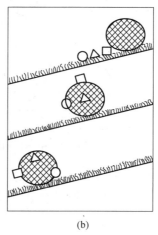

(a)　　　　　　　　　　　　(b)

图 12 – 1　超疏水表面的自清洁机理

（a）普通疏水表面；（b）超疏水表面

超疏水表面具有自清洁效应，这种效应来源于两个方面[365~367]：一方面，由于超疏水表面通常表面能较低，因而微颗粒等污染物不易黏附在表面上；另一方面，由于在超疏水表面上水滴很不稳定，表面稍微倾斜时水滴就会迅速地滚落，因而利用自然中的雨水就可以将黏附在表面上的微颗粒等污染物清洗掉。

超疏水表面的另一个重要特性是：当水流过超疏水表面时，由于水与表面的接触面上存在大量空气，而空气对水与表面之间的相对运动会起到润滑的作用，因此，流体与表面之间的摩擦阻力将大为降低[368~371]。这样，传统流体力学模型中的无滑移边界条件（如：当流体在通道中流动时，流体在壁面处的切向流动速率为零）不再适用，表现出很大的"滑移长度"和"滑移速度"[372~375]，如图 12-2 所示。

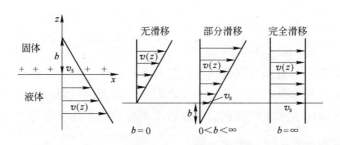

图 12-2　液体与固体表面间滑移现象
b—滑移程度；v_s—滑移速度

12.1.2　外力作用下微颗粒清除机理

对于采用气体、清水冲洗固体表面黏附微颗粒来说，水流在表面快速流动，在受到表面摩擦阻力和气体、液体黏性作用条件下，表面水流速度及黏附表面微颗粒受力作用分布如图 12-3 所示[376]。

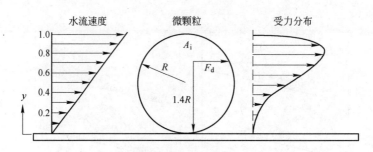

图 12-3　微颗粒清除作用力分布示意图

在水流流动带动作用力下，当作用力大于微颗粒黏附表面作用力时，微颗粒就会随水流在固体表面运动，并随水流脱离固体表面，完成表面微颗粒清除目的，如图 12-4 所示[376]。

对于采用洗涤刷、抹布等工具清洗表面黏附微颗粒时，一般有三种情况，如图 12-5 所示：与表面黏附微颗粒没有直接接触；与表面黏附微颗粒部分接触；与表面黏附微颗粒充分接触。

对于没有直接接触作用的清洗方式而言，通过清洗作用力带动周围空气或清洗液体运动对微颗粒进行作用，通过间接作用起到清除表面微颗粒的作用，类似气体、水流冲洗作用方式，但其清洗效率在三种方式中最低。

对于只有部分接触清洗方式而言，能够对表面黏附微颗粒直接进行清除作用，当作用

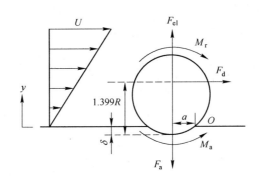

图 12 - 4　微颗粒清除机理示意图

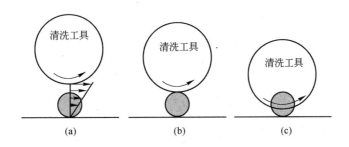

图 12 - 5　表面微颗粒洗刷清除三种方式
（a）没有接触；（b）部分接触；（c）充分接触

力大于微颗粒黏附作用力时，微颗粒发生位移，随着清除过程中微颗粒与清洗工具的位置发生变化时，其接触方式随之发生变化，其中一部分由部分接触转为非直接接触式清洗方式，则其清洗效率降低，部分微颗粒不能从表面清除。

对于完全接触清洗方式来说，能够对表面黏附微颗粒直接进行清除作用，效率较高。一般而言，只要清除作用力大于微颗粒黏附作用力时，微颗粒就会在表面产生运动，并从清洗表面脱离，完成清洗作用，如图 12 - 6 所示，其清除效率最高。

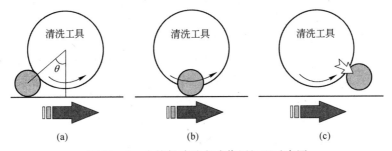

图 12 - 6　全接触清洗方式作用机理示意图

12.1.3　微颗粒清除运动方式研究

由于微颗粒是通过黏附力附着于固体表面，在进行物理清洗中需要克服黏附才能够将微颗粒清除。但无论是通过哪种技术清除颗粒，从颗粒自身清除过程运动方式出发可以将其分为三种：拉升（lifting）、滑动（sliding）与滚动（rolling），如图 12 - 7 所示[377]。但是实际过程中对于一个颗粒的具体移动形态总是伴随着两种或者三种机制的共同存在，这样对于每一个颗粒的详细清除情况分析较为困难。

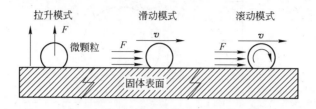

图 12-7 表面微颗粒清除三种机理示意图

12.1.3.1 拉升机理[378]

对于一个黏附于表面的微颗粒，当施加在颗粒的力沿黏附表面的法向方向，且该力的数值大于颗粒的黏附力时，即满足：

$$F_{\text{lifting}} > F_{\text{adhesion}} \tag{12-1}$$

黏附于表面的颗粒可以通过拉升作用被移除。定义

$$R_{\text{L}} = F_{\text{lifting}} / F_{\text{adhesion}} \tag{12-2}$$

当 $R_{\text{L}} > 1$ 时，颗粒可被提升移除；当 $R_{\text{L}} < 1$ 时，颗粒不能被提升移除。

对于产生形变的颗粒，JKR 和 DMT 模型不仅给出了颗粒的接触半径，同时还给出了通过提升移除颗粒所需的最小力。对于 JKR 模型，当外加的力 F 垂直黏附表面平面向上时，颗粒与黏附表面分离的最小力为：

$$F_{\text{lifting}}^{\text{JKR}} = -\frac{3}{2} W_{\text{A}} \pi r \tag{12-3}$$

此时的接触半径为 $a_{\text{pull-off}} = 4^{-1/3} a_0$。在考虑 JKR 模型时，颗粒与黏附表面分离时，接触半径并不为零，这也是 JKR 模型最显著的特征。而采用 DMT 模型时，当颗粒与黏附表面分离时，接触半径为零，且此时所施加的外力为：

$$F_{\text{lifting}}^{\text{DMT}} = -2\pi W_{\text{A}} r \tag{12-4}$$

从式（12-3）和式（12-4）中发现，在 JKR 和 DMT 理论模型下颗粒的拉升与颗粒及黏附表面的弹性量无关。由于形变接触面非常依赖于材料杨氏模量，因而这个问题的出现有些不合理，Tsai、Pui 和 Liu[379]认为杨氏模量增加更容易实现两平面表面的分离。运用能量守恒和力学平衡得到拉升力表达式：

$$F_{\text{lifting}}^{\text{TPL}} = \frac{W_{\text{A}} \pi r}{2} \{ \exp[0.124(\psi - 0.05)^{0.439} + 0.2\psi] \} \tag{12-5}$$

$$\psi = \left(\frac{25\pi^2 W_{\text{A}}^2 r}{8H^3 K^2} \right)^{1/3} \tag{12-6}$$

对于拉升机理而言，并没有对颗粒形变的状态做任何限制，因而即使此时的颗粒发生了塑性变形，只要满足上述的拉升移除条件颗粒依旧可以被完全移除。

12.1.3.2 滑动机理

当施加在颗粒上的水平力大于颗粒的静摩擦力时，颗粒就具有了被水平力移除的条件，即：

$$F_{\text{drag}} > f_{\text{static}} \tag{12-7}$$

一旦颗粒产生滑动后，维持此运动的条件变为：

$$F_{\text{drag}} > f_{\text{sliding}} = K_s \left(F_{\text{adhesion}} - F_{\text{lifting}} \right) \tag{12-8}$$

其中 K_s 为滑动摩擦系数。对于未受到拉升力的颗粒而言，定义水平牵引力与吸附力的比值：

$$R_S = F_{\text{drag}} / F_{\text{adhesion}} \tag{12-9}$$

判断颗粒是否发生瞬态滑动的依据：$R_S > K_s$ 时，颗粒可以滑动移动；$R_S < K_s$ 时，颗粒不能滑动移动。

12.1.3.3 滚动机理

当施加在颗粒上所形成的清除力矩（M_{cleaning}）大于吸附力所引起的阻抗力矩（$M_{\text{resisting}}$）时，颗粒可以通过滚动机理被移除掉，即满足条件：

$$M_{\text{cleaning}} > M_{\text{resisting}} \tag{12-10}$$

定义两力矩比值：

$$R_M = M_{\text{cleaning}} / M_{\text{resisting}} \tag{12-11}$$

$R_M > 1$ 时，颗粒可通过滚动机理移除；$R_M < 1$ 时，颗粒不能通过滚动机理移除。

考虑 JKR 模型时，引入无量纲外力及无量纲半径：

$$F^* = -F / 3\pi W_A r \tag{12-12}$$

$$a^* = \frac{a}{3\pi W_A r R^2 K^{-1}} \tag{12-13}$$

则得到无量纲参量下 JKR 模型：

$$a^* = 1 - F^* + \sqrt{1 - 2F^*} \tag{12-14}$$

对于通过滚动机理移除的颗粒而言，其吸附力所产生的阻抗力矩为：

$$M_{\text{resisting}}^{\text{JKR}} = F^* a^* = F^* (1 - F^* + \sqrt{1 - 2F^*})^{1/3} \tag{12-15}$$

其中，最大阻力矩为 $M_{\text{max}}^{*\text{JKR}} = 0.42$，无量纲力最大值为 $F_{\text{max}}^{*\text{JKR}} = 0.5$。

当考虑 DMT 模型时，则有：

$$a^* = -F^* + 2/3 \tag{12-16}$$

$$M_{\text{resisting}}^{\text{DMT}} = F^* (2/3 - F^*)^{1/3} \tag{12-17}$$

其中，最大力矩为 $M_{\text{max}}^{*\text{DMT}} = 0.28$，无量纲力最大值为 $F_{\text{max}}^{*\text{DMT}} = 2/3$。

对于标准球形颗粒而言，当颗粒受到水平方向的作用力时，滚动条件较滑动条件容易实现，因而在球形颗粒的移除过程中，往往伴随颗粒滚动的存在。然而当颗粒为非完整球形或者在接触面存在塑性形变时，此时的滚动移除机制就并非像以上描述的那样简单，移除机理更为复杂。

12.2 表面微颗粒化学清除机理

前面从清除作用力和清除运动方式角度对物理清除机理进行了分析，而化学清除机理则更多涉及化学清洗剂与介质、污垢之间的相互作用，如采用各种洗涤剂所进行的清洗活动，一般主要以化学清除机理为主。

12.2.1 固体污垢及清洗作用

从清洗技术角度出发，一般将各种污垢分为液体污垢与固体污垢两类，研究的微颗粒就属于固体污垢之列，通常固体污垢包括煤烟、灰尘、泥土、沙、水泥、皮屑、石灰和铁锈等。在实际清洗过程中，液体污垢与固体污垢经常混合在一起形成混合污垢，通常是液体污垢包覆固体污垢，黏附于固体表面。液体污垢与固体污垢在物理、化学性质上存在较大差异，两者的清除机理也不相同，为此从化学清洗过程、液体污垢清除机理出发，开展固体微颗粒化学清除机理研究。

12.2.1.1　清洗过程

在清洗过程中，洗涤剂是不可缺少的。洗涤剂在洗涤剂过程中具有以下作用，一是除去固体表面的污垢，二是使已经从固体表面脱离下来的污垢能很好地分散和悬浮在洗涤剂介质中，使其不再沉积在固体表面。洗涤过程表示为：

固体表面·污垢 + 洗涤剂 + 介质 ——→ 固体表面·洗涤剂·介质 + 污垢·洗涤剂·介质

在清洗过程中，洗涤效率取决于以下因素：固体与污垢的黏附强度、固体表面与洗涤剂的黏附强度以及洗涤剂与污垢间的黏附强度。固体表面与洗涤剂间的黏附作用强，有利于污垢从固体表面的去除，而洗涤剂与污垢的黏附作用强，有利于阻止污垢的再沉积。此外，不同性质的表面与不同性质的污垢之间有不同性质的结合力，因此三者间有不同的黏附强度。在水介质中，非极性污垢由于其疏水性不易被水洗净。在非极性表面的非极性污垢，由于可通过范德华力吸附于非极性固体表面上，三者间有较高的黏附强度，因此比在亲水固体表面难于去除。极性的污垢在疏水的非极性表面上比在极性强的亲水表面上容易去除。

12.2.1.2　液体污垢清除机理

液体污垢涉及范围广泛，下面以液体油污为例开展液体污垢清除机理的讨论。液体污垢清除是通过油污的卷缩机理实现的[380]。在洗涤之前油污一般以铺展状态存在于物体表面，此时，在固（s）、液（l）、气（g）三相界面上油污的接触角近于0°。将清洗对象置于洗涤液后，油污由处于固、油、气三相界面上变为处于固、油、水三相的界面上，其界面张力由原来的 γ_{sg}，γ_{og} 和 γ_{so}，变为 γ_{sw}、γ_{so} 和 γ_{ow}，于是在洗涤剂的作用下，三个张力发生变化，开始对铺展的油污进行"卷缩"，卷缩同时发生在固、油、水三相界面上。图 12-8 是油污"卷缩"的剖面图。

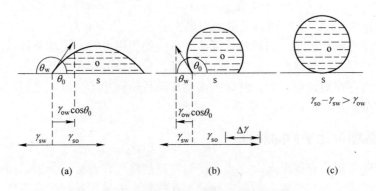

$$(a) \qquad (b) \qquad (c)$$

图 12-8　液体油污的"卷缩"过程和卷缩力

图 12-9 和图 12-10 分别为不同接触角情况下，液体油污从固体表面清除过程示意图。对于接触角较大时，油污能够较好地从表面清除，而角度较小则有小部分残留。图中箭头所示为液流力和浮力。

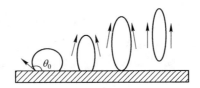

图 12 - 9   固体表面液体油污（$\theta_0 > 90°$）完全清除过程

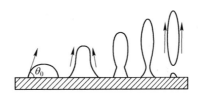

图 12 - 10   固体表面较大液体油污（$\theta_0 < 90°$）大部分清除过程

对于混合污垢来说：通常是液体污垢包覆固体污垢，具有液态污垢性质。这种混合污垢与受污染表面黏附的本质，基本上与液体油类污垢的化学清除机理相似。

12.2.2   固体污垢去除机理

与液体油污清除主要依靠洗涤液对固体表面优先湿润，使油污卷缩而被清除的机理不同，固体污垢主要通过分子间的范德华力和静电力黏附于固体表面。一般来说，黏附的主要原因是范德华力，其他力（如静电引力）则弱得多。静电引力可以加速空气中微颗粒在固体表面的黏附，但并不增加黏附强度。随接触时间增加，固体污垢与固体表面的黏附强度会增加。黏附强度也受空气湿度影响，随着空气湿度的增加，黏附强度增加。处于水中的清洗对象，其表面与固体污垢的黏附力要比在空气中小得多。

固体污垢的去除机理可依据兰格（Lange）分段去污过程来表示，如图 12 - 11 所示。

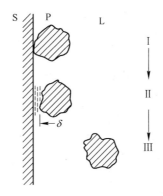

图 12 - 11   微颗粒 P 从固体表面 S 到洗涤液 L 分段清除过程

I 段为固体污垢 P 直接黏附于固体表面 S 的状态。此时体系的黏附能为：

$$W_{SP} = \gamma_S + \gamma_P - \gamma_{SP} > 0 \qquad (12 - 18)$$

式中，W_{SP} 为固体与固体污垢间的黏附能；γ_S 为固体的表面能；γ_P 为固体污垢的表面能；

γ_{SP}为固体与固体污垢间的界面能。

Ⅱ段为洗涤液 L 在固体表面 S 与固体污垢 P 的固 – 固界面 SP 上的铺展，铺展系数：

$$S_{L/P/S} = \gamma_{SP} - \gamma_{SL} - \gamma_{PL} \tag{12-19}$$

式中，$S_{L/P/S}$为洗涤液在固体污垢间固 – 固界面的铺展系数；γ_{SP}为固体与污垢间固 – 固界面 SP 的界面能；γ_{SL}为固体表面与洗涤液间的固 – 液界面张力；γ_{PL}为固体污垢与洗涤液间的固 – 液界面张力。

当$S_{L/P/S} > 0$时，洗涤液就可在固 – 固界面 PS 上铺展。

这个过程可看作洗涤液在固体表面 S 和固体污垢 P 间固 – 固界面中存在的微缝隙（即毛细管）中的渗透过程。

附加压力（毛管力）：
$$\Delta p = \frac{\gamma_L \cos\theta_L}{\gamma} \tag{12-20}$$

式中，Δp为附加压力（毛管力）；γ_L为洗涤液的表面张力；$\cos\theta_L$为洗涤液在污垢 P 和表面 S 的接触角。

当$\Delta p > 0$时，洗涤剂就可渗入固体表面 P 和固体表面 S 的固 – 固界面中的微缝隙中。

若洗涤液在固体表面和固体污垢表面上的接触角θ_L均等于零时，洗涤液就能在其固 – 固界面上铺展形成一层水膜，使固体污垢脱离固体表面进入洗涤液中，此时固 – 固界面的铺展系数$S_{L/P/S} > 0$。

12.2.2.1 固体污垢分段清除过程中体系能量

固体污垢分段去除过程中体系能量的变化可用 DLVO 理论的势能曲线作定性描述。如图 12 – 12 所示，使污垢微颗粒离开固体表面距离 H 的动力，依据长程范德华吸引能V_A、双电层相斥能V_R和博恩相斥能V_B的总和势能模型来描述。A 表示固体污垢黏附于固体表面的状态，C 表示固体污垢完全脱离的状态，B 表示过渡状态的最大能垒，固体污垢的完全清除必须越过$V_{max} + V_{min}$这一能垒。为防止再黏附，V_{max}应该尽量高，若$V_{max}/(V_{max} + V_{min})$大，则污垢就容易脱离，而且可阻止再黏附。

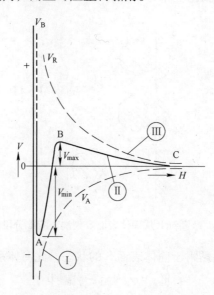

图 12 – 12 污垢微颗粒的势能

12.2.2.2 表面活性剂清除固体污垢的作用

表面活性剂作为洗涤剂的作用，主要体现在分段过程 Ⅱ 段中，即洗涤剂 L 在固体表面 S 与固体污垢 P 的固 – 固界面上铺展过程中。

若以水作为洗涤剂，由于水的表面张力 γ_w 较高，会使 Δp 中的 θ_L 在固体表面和固体污垢表面上的接触角 θ_L 有较大值而不利于渗透过程进行。当加入水溶性表面活性剂后，表面活性剂在水 – 固界面上的定向吸附使 γ_w 大幅度降低，使接触角 θ_L 减小，毛细管力 Δp 增大，有利于洗涤液在微缝隙中渗透。当洗涤液渗入微缝隙后，表面活性剂将以疏水基分别吸附于固体和固体污垢的表面上，其亲水基伸入洗涤液中，形成单分子吸附膜如图 12 – 13 所示。把固体和污垢的表面变成亲水性强的表面，与洗涤液有很好的相容性，从而使 γ_{SL} 和 γ_{PL} 大幅度降低导致洗涤液在固体表面与固体污垢间的固 – 固界面上铺展系数 $S_{L/P/S}>0$，最终洗涤液铺展于固体污垢和固体表面间的固 – 固界面上，形成一层水膜使固体污垢与固体表面间的固 – 固界面变成了两个新的固 – 液界面，即固体表面与洗涤液和固体污垢与洗涤液间的固 – 液界面。

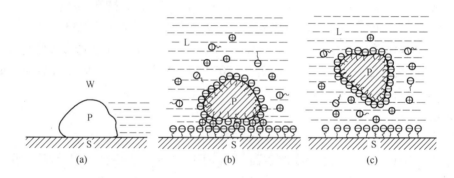

图 12 – 13　表面活性剂在固体污垢去除中的湿润作用

（a）固体污垢直接黏附于固体表面；（b）表面活性剂水溶液（L）在固 – 固界面铺展；（c）固体污垢完全离去

表面活性剂在固体污垢与固体表面的固 – 固界面上的吸附可有效提高固体污垢与固体的势能，使其能超过 $V_{max}+V_{min}$ 这一能垒使固体污垢完全去除。

当洗涤液中的阴离子表面活性剂吸附于固体污垢与固体表面形成单分子吸附膜（图 12 – 13（b）），就会使固体污垢的固 – 液界面（P – L）和固体的固 – 液界面（S – L）同时带负电荷，使固体污垢和固体表面的表面电势增加，形成两个扩散双电层。带有同种电性的 ζ 电势，因此产生双电层斥力，表面电势越高，ζ 电势也越高，双电层就越厚，双电层的斥力也越大。电排斥能升高，当超过 $V_{max}+V_{min}$ 这一能垒时，固体污垢就完全去除了。

12.2.2.3 固体微颗粒分散过程

固体粒子在清洗介质中的分散过程分为三个阶段。

（1）固体微颗粒湿润。湿润是固体微颗粒分散最基本的条件，若要把固体微颗粒均匀分散在介质中，首先必须使每个固体微粒或粒子团，能被介质充分湿润。这个过程的推动力可以用铺展系数 $S_{L/S}$ 表示。

$$S_{L/S}=\gamma_{SV}+\gamma_{SL}+\gamma_{LV}>0 \tag{12-21}$$

当铺展系数 $S_{L/S} > 0$ 时，固体微颗粒就被介质完全湿润，此时接触角 $\theta = 0°$，在此过程中表面活性剂所起的作用，一是在介质表面的定向吸附（介质若为水），表面活性剂会以亲水基伸入水相而疏水基朝向气相而定向排列使 γ_{LV} 降低。二是在固 - 液界面以疏水链吸附于微颗粒表面而亲水基伸入水相的定向排列使 γ_{SL} 降低，使得铺展系数 $S_{L/S}$ 增大而有利于铺展湿润，使接触角 θ 变小。在水中加入表面活性剂后，往往能够实现对微颗粒的完全湿润。

（2）微颗粒团的分散或破裂。在此过程中要使微颗粒团分散或破裂就涉及微颗粒团内部固 - 固界面分离问题，由于微颗粒团中往往存在缝隙或微颗粒晶体本身存在微缝隙，微颗粒团的分散或破裂就发生在这些地方。我们可以把这些微缝隙看做是毛细管，渗透现象就发生在这些地方，因此微颗粒团的分散或破裂过程可看作是毛细渗透。渗透过程的驱动力是毛细管力 Δp：

$$\Delta p = \frac{2\gamma_{LV}\cos\theta}{r} \tag{12-22}$$

式中，Δp 为毛细管力；γ_{LV} 为液体的表面张力；θ 为液体在毛细管壁的接触角。

若微颗粒团为高能表面，问题就比较简单，液体在毛细管壁的接触角 $\theta < 90°$，毛细管力 Δp 会加速液体渗透，同时表面活性剂能使 γ_{LV} 降低，因此有利于渗透过程的进行。

若固体表面为低能表面，由于接触角 $\theta > 90°$，则 Δp 为负值，与固 - 液界面扩展方向相反，对渗透起阻止作用。

由杨氏方程：

$$\gamma_{SV} - \gamma_{SL} = \gamma_{LV}\cos\theta \tag{12-23}$$

表面活性剂加入后，吸附于液体表面使 γ_{LV} 下降，同时表面活性剂在固 - 液界面以疏水基吸附于毛细管壁上，亲水基伸入液体中，使 γ_{SL} 大幅度下降，由于 γ_{LV} 和 γ_{SL} 的降低，使接触角由 $\theta > 90°$ 变为 $\theta < 90°$，毛细管力由 $\Delta p < 0$ 变为 $\Delta p > 0$ 而加速液体在缝隙中渗透。

（3）阻止固体微颗粒重新聚集。固体微颗粒一旦分散在液体中，得到的是一个均匀分散体系，但稳定与否取决于各自分散的微颗粒能否重新聚集形成凝聚物。由于表面活性剂吸附在微颗粒表面上，从而增加了防止微颗粒重新聚集的能障，同时表面活性剂降低了固 - 液界面张力，即增加分散体系的热力学稳定性，因此在一定的条件下降低了微颗粒聚集的倾向。

12.3　微颗粒形状分形与黏附强度关系研究

大气中自由沉降的微颗粒通过黏附力的作用黏附于载玻片表面，它们之间黏附强度的大小直接影响了微颗粒的清除方式和强度。通常认为，黏附点的黏附强度是一个或多个因素共同作用的结果，它主要来源于界面上的分子相互作用；同时，黏附界面材料的性质和接触几何形状对其也有影响。上一章已经分析了沉积于载玻片上沉降颗粒物的形状特征，为了解黏附于载玻片上的微颗粒与界面间黏附力的关系，设计了一个实验，定性表征颗粒物形状分形对界面黏附强度的影响。

12.3.1 实验机理及实验方案设计

12.3.1.1 振荡除尘实验的机理

将采样后的载玻片放置在超声振动机中，当开启机器产生振荡时，载玻片表面黏附的微颗粒受到的作用力分别为范德华力 F_{vdw}，微颗粒重力 P 和拽力 F_{dr}，还有提升力 F_{lif}，微颗粒从载玻片表面分离的条件可以表示为[381]：

$$F_{dr} \geqslant \mu(F_{vdw} + P + F_{lif}) \tag{12-24}$$

式中，μ 为摩擦系数。

对于粒径很小的微颗粒，其重力可以忽略即可以认为：范德华力比重力大得多（$F_{vdw} \gg P$），同时对微颗粒的拽力要比对微颗粒的提升力大得多（$F_{dr} \gg F_{lif}$），那么上式可以变为：

$$F_{dr} \geqslant \mu F_{vdw} \tag{12-25}$$

当范德华力 $F_{vdw} = 0$ 时，由上式可以推算出：

$$F_{dr} \geqslant \mu(P + F_{lif}) \tag{12-26}$$

在微颗粒周围产生的振动而引起的拖拽力可以表达为：

$$F_{dr} = c_x \rho S v^2 / 2 \tag{12-27}$$

式中，c_x 为微颗粒的拽力系数；ρ 为空气的密度，kg/m^3；S 为微颗粒的中位直径，m；v 为空气的振荡速度，m/s。

12.3.1.2 实验方案设计

将完成取样后的载玻片置于显微镜下，选取载玻片中心线上中心区域（$433200\mu m^2$）作为观测对象。采用显微图像分析系统对三个观测区域进行分析，记录数据。将分析完毕的载玻片放置在 150mL 烧杯上，烧杯内有部分水。将烧杯放置在超声波清洗机中振荡后，取下载玻片置于显微镜下分析，观测规定区域微颗粒各个参数变化情况。

12.3.2 测定仪器和方法

测试仪器：显微图像分析系统（北京泰克、SS3300），配有成像设备及图像存储器；超声振荡器；可程式高温试验箱（重庆汉巴、HT302E）。

测试方法：将待测的载玻片用镊子夹住侧边缘，平放置烧杯杯口中心线位置上，并将载玻片用双面胶固定于烧杯顶部，烧杯内的水深要大于超声波清洗机中水深的 1/2。每片待测载玻片分别振荡 2min、3min、5min，振荡完毕后将载玻片取下，放置在显微镜下观察分析三个区域内微颗粒数量及剩余微颗粒参数。

12.3.3 测定结果及分析

将振荡结束后的载玻片置于显微镜下，综合分析相同振荡时间内的不同载玻片上观测区域中的颗粒物情况，统计各观测区域内颗粒投影的周长及面积。试验结果分三方面进行分析讨论，首先比较不同采样时间内载玻片表面微颗粒的差异，然后讨论不同载玻片表面微颗粒形状分形的特性。

12.3.3.1 载玻片表面颗粒比较分析

统计载玻片上微颗粒的数量等参数，分析结果如表 12-1 所示。

表 12-1 载玻片表面微颗粒分析结果

振荡时间/min	采样时间/d	颗粒数/颗	最大粒径值/μm	平均粒径值/μm	颗粒总面积/μm²	颗粒总周长/μm
2	1	21	35.146	15.754	6830.00	1642.152
	3	27	43.532	16.841	12120.00	1986.604
	10	55	81.256	18.971	37200.00	4715.587
	30	358	110.558	21.228	309940.00	20752.670
3	1	17	31.643	13.726	6410.00	1431.557
	3	22	37.726	14.252	10520.00	1789.612
	10	41	67.529	16.767	29450.00	3256.443
	30	214	98.532	19.435	204600.00	13781.118
5	1	14	32.476	14.168	6015.00	1323.143
	3	19	33.687	13.151	9640.00	1522.769
	10	29	50.544	15.733	11780.00	2485.127
	30	97	84.563	17.713	95300.00	8647.902

A 相同振荡时间内载玻片表面颗粒黏附情况

当振荡时间相同时，不同载玻片表面微颗粒黏附情况如图 12-14 ~ 图 12-18 所示。

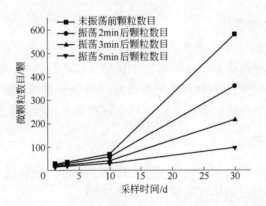

图 12-14 振荡后观测点颗粒数与采样时间的关系

由图 12-14 可以看出，载玻片经过振荡后，表面黏附的微颗粒数量均减少。其中，采样 30d 的载玻片表面微颗粒数目变化最大。随着振荡时间的增加，载玻片表面黏附的微颗粒数目下降的速度加快。采样 1d 的载玻片表面微颗粒数目也有所减少，但是减少的速度没有其他载玻片表面黏附微颗粒减少的速度快。

由图 12-15 分析可知，经过振荡后载玻片表面黏附的微颗粒的最大直径有明显减小。其中，随着振荡时间的增加，载玻片表面微颗粒最大直径越来越小。采样 30d 的载玻片表面微颗粒最大直径下降得最多。振荡时间为 5min 时，1d 采样时间内的载玻片表面微颗粒最大直径比振荡时间为 3min 时的大，这可能是由于振动时间过长，而黏附于载玻片表面的微颗粒又难以清除，使得小颗粒的自由沉降物互相碰撞，团聚成了直径比较大的颗粒。由曲线可以看出，载玻片表面黏附的直径较大的颗粒物较容易被清除，使得最大粒径有所下降。

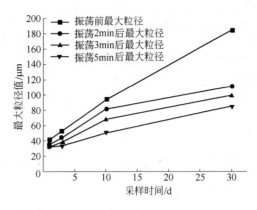

图 12-15 振荡后观测点微颗粒最大粒径与采样时间的关系

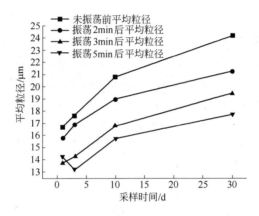

图 12-16 振荡后观测点微颗粒平均粒径与采样时间的关系

由图 12-16 可知，总体上讲，振荡后的载玻片表面微颗粒的平均粒径均有减小。其中，30d 采样时间内的载玻片表面平均粒径减小得较多。但是，由曲线图走势可以看出，随振荡时间的增长，各个载玻片上黏附微颗粒的平均粒径差距越来越小。振荡 5min 后的曲线上出现了一个拐点，1d 采样时间内的载玻片表面黏附的微颗粒平均粒径比振荡 3min 后的载玻片表面微颗粒的平均粒径有所增加，这与前面分析的由于振荡时间过长，载玻片表面颗粒物互相碰撞形成直径较大颗粒物吻合。

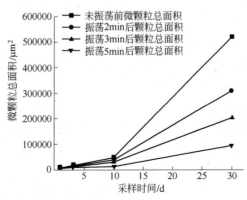

图 12-17 振荡后观测点微颗粒总面积与采样时间的关系

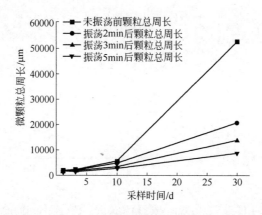

图 12-18 振荡后观测点微颗粒总周长与采样时间的关系

由图 12-17 和图 12-18 可以看出，随着振荡时间的增加，载玻片表面颗粒物的总周长、总面积都呈下降趋势。这是由于振荡时，载玻片表面受到力的作用，该力的大小足以克服颗粒物的重力和颗粒物与载玻片表面的摩擦力、黏附力，使得黏附其上的微颗粒移动并清除。这样，载玻片表面观测区域微颗粒的数量等均减少，颗粒物的总周长和面积均下降。

B 相同载玻片在不同振荡时间内表面颗粒黏附情况

当振荡时间为 2min、3min、5min 时，采样时间为 1d、3d、10d、30d 的载玻片表面微颗粒黏附情况，如图 12-19~图 12-23 所示。

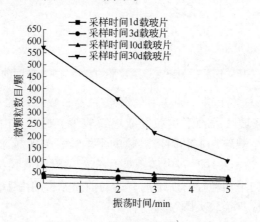

图 12-19 观测点微颗粒数与振荡时间的关系

由图 12-19 可以看出，振荡时间的增加，载玻片表面黏附的颗粒物数目均减少。采样时间为 30d 的载玻片表面颗粒物数目减少得最快，由 576 颗减少到 97 颗。采样时间为 1d 的载玻片表面颗粒物数目减少得最慢。

由图 12-20 可知，随振荡时间增加，微颗粒最大粒径逐渐减小。但是，1d 采样时间内，载玻片表面颗粒物的最大粒径的变化规律与其他 3 片载玻片有所不同。5min 振荡过后，载玻片表面颗粒物最大粒径有上升趋势。3d 采样时间内载玻片表面黏附颗粒物的最大粒径变化不大。

由图 12-21 分析得知 1d、3d、10d、30d 采样时间内载玻片表面黏附颗粒物的平均粒径随振荡时间的增长而减小，其中 30d 采样时间内颗粒物平均粒径变化比较大。1d 采样时

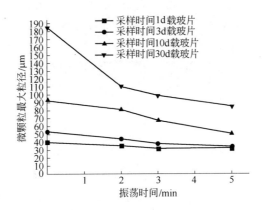

图 12-20 观测点微颗粒最大粒径与振荡时间的关系

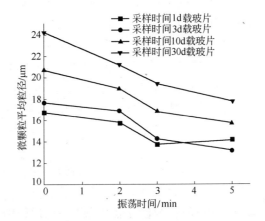

图 12-21 观测点微颗粒平均粒径与振荡时间的关系

间内的颗粒物平均粒径和振荡时间的关系比较复杂。3min 振荡时间内，平均粒径呈下降状态，而后当振荡时间增加为 5min 时，平均粒径又增大了。

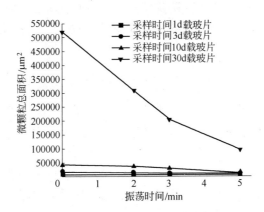

图 12-22 观测点微颗粒总面积与振荡时间的关系

由图 12-22 和图 12-23 中曲线可以看出，1d 采样时间内颗粒物的总周长和总面积变化与振荡时间无太大关系，随着振荡时间增加，变化不明显。30d 采样时间的载玻片表面

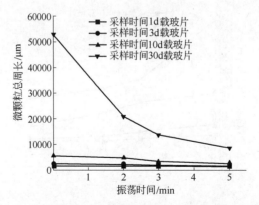

图 12-23 观测点微颗粒总周长与振荡时间的关系

颗粒物的总周长、总面积变化最大,随振荡时间增加均呈下降状态,下降速度很快。

12.3.3.2 自由沉降微颗粒形状分形与界面黏附力关系分析

由以上实验结果分析可知,经过超声振荡,载玻片表面黏附的微颗粒的一些参数均有变化。其中,微颗粒数目随振荡时间的增加,逐渐减少。1d 采样时间微颗粒的变化速度较慢。这是由于 1d 沉降时间内,所沉降的颗粒数较少,而且大部分属于单颗粒,粒径较小,颗粒轮廓分形存在多域度分形,其分形维数较大。在受到相同的振荡力时从实验结果可以看出,微颗粒粒径大较容易清除。由前面的试验可知,大颗粒的沉降物分形维数小,在振荡过程中最先被除去。

载玻片振荡时,黏附于载玻片的微颗粒受到振荡力的作用,同时还受到重力、摩擦力以及微颗粒与界面黏附力的作用。忽略自由沉降的微颗粒的重力作用,则微颗粒受到摩擦力、界面黏附力和振荡力的共同影响。载玻片表面光滑,可以将微颗粒受到的摩擦力记为最小,若要将微颗粒从载玻片表面清除,则振荡力要大于微颗粒与界面间的黏附力。自由沉降 1d 的微颗粒数量下降最慢,可说明,在该载玻片表面的颗粒物难以清除。在振荡力相当的情况下,颗粒物难以清除就说明微颗粒与界面间的黏附力比较大。综合前面试验的结果,分析可知,分形维数大,微颗粒粒径较小,颗粒表面形态复杂化,不易清除,微颗粒与界面的黏附力大;反之,分形维数小,微颗粒粒径大,微颗粒与界面间的黏附力小,则易清除。

12.4 固体表面微颗粒物理清除技术分析与评价

实现固体表面防尘保洁功能一般有两个方面的途径:一是采取表面预处理技术和其他方法减少乃至防止微颗粒黏附固体表面的措施;二是运用先进、可靠清洗技术对微颗粒污染表面进行清洗,实现表面保洁。本章已从物理清洗和化学清洗两个方面讨论了微颗粒表面清除机理,并采用超声波清洗机与玻璃清洗剂联合清洗技术对玻璃表面黏附微颗粒进行了清除实验,由于化学清洗技术改变了固体表面固有性质,为此本节重点对几种物理清洗技术的工作原理和清除机理等进行研究。

12.4.1 表面清除作用力概述

组成清洗体系的媒体、污垢和清洗对象,如果它们之间缺乏一定的作用力,将无法完成把污垢从清洗对象表面清除并将它们稳定分散在清洗媒体中的过程。将清洗过程中的各种作用力统称为清洗力，在不同情况下进行的清洗过程，其作用力也不同，大致清洗力有以下六种情况[382]，如图12-24所示。

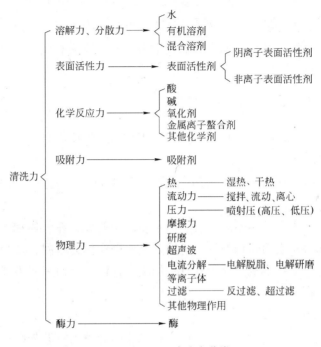

图12-24　清洗力分类

12.4.1.1　溶解力、分散力

水和有机溶剂之所以能够去污就是利用它们对污垢有溶解分散的特性，把水和有机溶剂的这种作用称为溶解力、分散力。

溶解力和分散力是指作为洗涤媒液的水或有机溶剂把污垢溶解并稳定地分散在媒液中的作用，是一种最常见的清洗力。

当污垢是单一物质时，只要选择对这种污垢溶解和分散能力最强的溶剂作媒液即可取得较好效果。当污垢中含有多种复杂成分时，并且找不到一种溶剂对所有污垢都有很好的溶解、分散能力时，应考虑选用对大多数污垢溶解、分散能力较强的溶剂，即以"溶解范围最广"为原则。溶解过程包含着复杂的物理化学变化，溶剂和被溶解物质（溶质）性质又有着千差万别，因此实际上不可能找到一种能溶解所有溶质的溶剂，即所谓"万能溶剂"。解释溶解规律的理论研究，目前尚未达到完善的地步，当前最有实用价值的是一条经验规律：相似者相溶，即化学组成与结构相似的物质容易相互溶解。这里说的相似，包括溶剂与溶质的分子因素组成相似，分子结构相似，分子的极性相似等。

12.4.1.2　表面活性力

表面活性剂有在污垢和清洗对象表面吸附并使表面的能量降低，从而使污垢从清洗对象表面解离分散的能力，把表面活性剂这种独特的作用称作表面活性力。

当把沾有污垢的清洗对象放到表面活性剂溶液中时，溶液中表面活性剂分子所处的平衡状态发生变化。由于在体系中新增加了水与清洗对象表面间的界面以及水与污垢表面间的界面，表面活性剂也会湿润和吸附在这两种界面上。由于表面活性剂存在形式间的平衡被破坏，原来以胶束形式存在的表面活性剂会解离并吸附在体系中新出现的界面上以建立新的平衡关系。

在清洗过程中污垢被分散成细微粒子并从清洗对象表面离开，表面上吸附着表面活性剂分子的污垢粒子以悬浮、乳化的形式分散到水中，同时清洗对象表面原来污垢的位置也被表面活性剂分子占据。

12.4.1.3 化学反应力

酸、碱、氧化剂、金属离子螯合剂等化学试剂能与污垢发生化学反应而使污垢解离分散，从清洗对象表面去除，把这种化学试剂的作用称为化学反应力。

12.4.1.4 吸附力

吸附剂能把原来吸附在清洗对象表面的污垢吸附到自己的表面上而达到去污的目的，吸附剂的这种作用称为吸附力。

在清洗过程中，利用污垢对不同物质表面亲和力的差异，在气体和液体介质中，将污垢从原来吸附的清洗对象表面转移到另一物质表面的操作称为吸附，适合这种目的而使用的物质称为吸附剂。作为吸附剂，要求其具备的基本特性是与污垢有很强的亲和力而且本身有很大的吸附表面积。

12.4.1.5 物理力

利用热、流动力、压力、冲击力、摩擦力和电流的分解力、紫外线、超声波、等离子体、离子束、激光、X射线、微波等物理作用给予体系能量使污垢解离、分散的作用力，统称为物理力。在各种清洗过程中往往都离不开物理力的作用。

12.4.1.6 酶力

酶是一种特殊的生物催化剂，它有高效催化动植物体内各种新陈代谢过程的能力。把酶的这种能力应用到洗涤过程中来形成一种特殊生物化学作用力，这种作用称为酶力。

把酶作用的对象物称为基质，根据基质把酶分为蛋白酶、纤维素酶、淀粉酶、果胶酶、脂肪酶等。清洗过程中使用的酶从化学反应类型上分类都属于水解酶，因为这些酶在清洗过程中能促进各类有机物发生水解反应而分解。如蛋白酶能促进蛋白质水解成多肽和氨基酸，脂肪酶能促使油脂水解成脂肪酸和甘油，淀粉酶能促使淀粉水解为糊精、二糖及葡萄糖等等。

酶作为生物催化剂的特点[383]：

(1) 选择性：对生物化学反应的催化作用有选择性，并非对所有反应都有催化作用。

(2) 高效性：很少量的酶可产生很高的催化效率。

(3) 反应条件温和：一般在常温和pH值近于中性条件下进行。

12.4.2 激光清洗技术分析与评价

12.4.2.1 激光清洗原理[384]

激光清洗的实质是激光与物质相互作用的过程。研究表明[385~390]：激光清洗是利用激光高能量、高亮度、方向性好等特点，破坏污染物与物体表面之间的作用力，从而去除污染物而不损伤基体的过程。目前观点主要有三种：

（1）物体表面污染物吸收激光能量，受热膨胀，从而克服表面吸附力，脱离物体表面。

（2）高能量的激光束在焦点处产生几万摄氏度的高温，使污染物瞬间气化、蒸发或分解。

（3）高频率的脉冲激光冲击物体表面，在固体表面产生力学共振现象，使表面污染物破碎脱落。

图 12-25 形象地表示了激光清洗的机理[391]。高亮度和方向性好的激光，通过光学聚焦整形系统把高能量的激光束，照射到物品需要清洗的部位。激光器发射的光束被需处理表面上的污染层所吸收，通过光剥离、气化、超声波等过程，使污染物脱离物体表面。激光束沿着一定的轨迹扫描，就可以实现大面积的清洗。

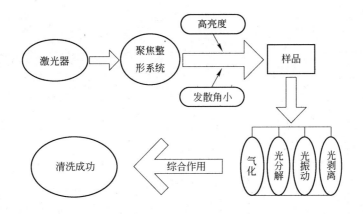

图 12-25　激光清洗机理

12.4.2.2　激光清洗方法分类

激光清洗的方法可分为四类：

（1）激光干式清洗法：采用激光直接辐射去污。图 12-26 表示激光干式清洗法的动力学过程，激光被基体或污物粒子吸收后，产生振动，从而使基体和污染物分离。

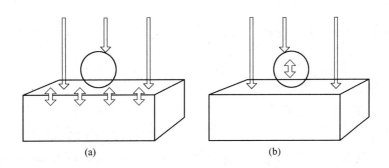

(a)　　　　　　　　　　　　(b)

图 12-26　激光干式清洗的动力学过程示意图

（a）激光被基体吸收；（b）激光被粒子吸收

激光干式清洗中污物粒子被去除方式主要有两种：一种是基体表面的瞬时热膨胀而使表面吸附的粒子被去除，另一种是粒子本身的热膨胀而使粒子离开基体表面。已有研究表明，后者清洗机理去除微粒的效果远没有前者好，去除微粒的大小也在微米级以上。

（2）激光湿式清洗法：湿式清洗是在待清洗的基片表面吸附一层液体介质膜，然后用激光辐射去污。根据介质膜和基体对激光的吸收情况，可将湿式清洗分为强基体吸收、强介质膜吸收和介质膜基体共同吸收[392]。强基体吸收时，基体吸收激光能量后，将热量传递给液体介质膜，基体与液体界面处的液体层过热发生爆发沸腾（图 12 – 27（a）），污染物去除效果最好。液体介质膜基体共同吸收时，部分激光被液体介质吸收，部分激光穿透液体介质层被基体吸收，基体吸收激光后将热量传递给液体，基体和液体界面处的液体层过热发生爆发沸腾（图 12 – 27（b）），但因能量不够集中，去除效果不如强基体吸收好。强介质膜吸收时，液体介质上表面强烈吸收激光，只在液体上表面而不是基体与液体的界面处发生爆发沸腾（图 12 – 27（c）），污染物去除效果较差。

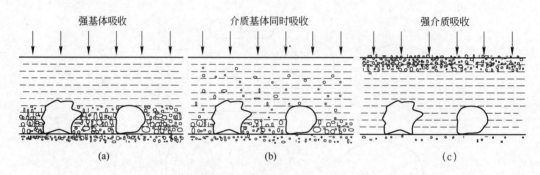

强基体吸收　　　　　　介质基体同时吸收　　　　　　强介质吸收

（a）　　　　　　　　　　（b）　　　　　　　　　　（c）

图 12 – 27　激光湿式清洗示意图

（3）激光惰性气体法：激光辐射同时用惰性气体吹向清洗表面，当污染物从表面剥离后，就被气体远远吹离表面，避免清洁表面再污染和氧化。

（4）用激光使污染物松散后，再用非腐蚀性化学力法去污。该方法仅见于艺术品清洗保护[390]。

在工业中主要采用前三种清洗方法，其中干式清洗法和湿式清洗法用得最多，其中湿式法能在更低的能量密度下清除更小的污染物颗粒，且不易损伤基体材料，清洗效果较好。

12.4.3　超声清洗技术分析与评价

由于超声波对附着的污垢有很强的解离分散能力，因此超声波的清洗作用正得到广泛运用，特别是在小型物体湿式浸泡清洗领域得到很快发展。

12.4.3.1　超声波清洗装置

超声波的清洗装置如图 12 – 28 所示[393]，由电磁振荡器产生的单频率简谐电信号（电磁波）通过超声波发生器把电磁波转化为同频率的超声波，通过清洗槽中的媒液把超声波传递到清洗对象。超声波发生器通常固定在清洗槽的下部，有时也可以装在清洗槽的侧面。

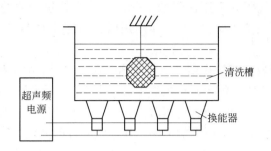

图 12 – 28　超声波装置原理图

12.4.3.2　超声波的清洗作用原理

超声波的清洗作用是一个十分复杂的过程。简单来说，超声波清洗作用包括超声波本身具有的能量作用，空穴破坏释放出的能量作用以及对媒液的搅拌流动作用等，如图 12 – 29 所示[376]。

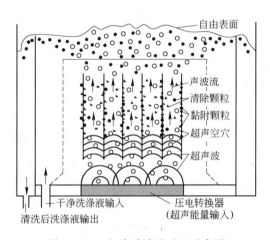

图 12 – 29　超声波清洗过程示意图

（1）超声波能量作用：超声波具有很高的能量，它在传媒液体中传播时，把能量传递给传媒质点，传媒质点再将能量传递到清洗对象物表面并造成污垢解离分散。声波是一种纵波，在纵波传播过程中，传媒质点运动造成质点分布不匀，出现疏密不同的区域。在质点分布稀疏区域声波形成负声压，在分布致密区域声波形成正声压，并形成负声压、正声压的交替连续变化，这种变化不仅使传媒质点获得一定动能而且获得一定加速度。

加速度振幅（a_m）计算公式：

$$a_m = 2\pi f \sqrt{2I/(\rho c)} \qquad (12 - 28)$$

式中，ρ 为媒质密度；c 为声波在媒质中的传播速度，对于水，ρc 等于 1.46×10^6 kg·m/s；f 为超声波频率；I 为超声波强度或输出的功率密度，W/cm^2，即单位时间内通过垂直于声波传播方向的单位面积的声波能量。

超声波传递给传媒质点的能量与超声波频率和输出功率密度成正比，在相距半波长的两点处，振动周相相反，即一点加速度达到极大值时，另一点为负的极大值。对于半波长为 1mm 的高频超声波，就能在很小的距离上产生方向相反、相当重力加速度数百万倍的加速度变化以及上千大气压的声压比强的变化，因此高频超声波的能量作用是异常巨大的，具有能量的传媒质点与污垢粒子相互作用时，就能把能量传递给污垢并使之解离分散。

（2）空穴破坏时释放的能量作用：空穴又称气穴、空洞。由于超声波以正压和负压重复交替变化的方式向前传播，负压时在媒液中造成微小的真空洞穴，这时溶解在媒液中的气体会很快进入空穴并形成气泡而在正压阶段，空穴气泡被绝热压缩，最后被压破，在气泡破裂的瞬间对空穴周围会形成巨大的冲击，使空穴附近的液体或固体受到上千个大气压的高压，放出巨大的能量。这种现象在低频率范围的超声波领域激烈地发生。当空穴突然爆破时，能把物体表面的污垢薄膜击破而达到去污的目的。

（3）搅拌作用：超声波除能加快媒液溶解污垢作用，也起到搅拌作用，使媒液发生运动，新鲜媒液不断作用于污垢加速溶解。所以超声波强大的冲击力如果作用发挥适当，可促使顽固附着的污垢解离，而且使清洗力不均匀的情况得以避免。

12.4.4 干冰清洗技术

12.4.4.1 干冰清洗工作原理[394]

干冰是 CO_2 的固态存在形式，在常压下，固体 CO_2 直接升华，没有液化过程，这一特性意味着干冰清洗中喷射介质彻底消失，只留下原有污垢待处理。原来不能用水清洗的地方，现在用干冰清洗完全可以解决。

干冰喷射清洗过程如图 12-30 所示[395]。与喷钢砂、喷塑料砂和喷苏打相似，干冰清洗时喷射介质干冰颗粒通过干冰清洗机在高压气流中加速，通过喷嘴高速喷出，冲击要清洗的表面，由于干冰颗粒温度极低（-78℃），污垢层温度降低、脆性增大，干冰颗粒能够将污垢层冲击破碎（图 12-30（a））。与其他喷射介质不同，干冰在冲击瞬间气化，气化吸收大量热量，由于线膨胀系数不同及温度差产生热冲击现象，破坏黏附污垢的力学性能（图 12-30（b））。干冰颗粒在千分之几秒内迅速升华为气体，体积膨胀近 800 倍，这样就在冲击点造成"微型爆炸"[394]，将污垢层吹扫剥离（图 12-30（c））。

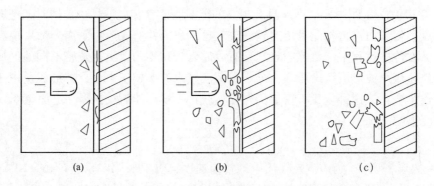

(a)　　　　　　　　　(b)　　　　　　　　　(c)

图 12-30　干冰喷射清洗过程示意图

（a）利用低温及冲击力使污垢产生龟裂；（b）利用大幅度温差使剥离力提升；（c）利用急剧升华及吹力作用清除污垢

12.4.4.2 干冰清洗系统[396]

干冰清洗系统由液体 CO_2 贮存系统、干冰制造系统、干冰储存系统、压缩空气供应系统、喷射清洗系统等部分构成。其中干冰清洗机是干冰清洗系统中最为核心、关键的部分，通过它干冰颗粒被高速喷射到清洗对象表面，以清除污垢。

根据输送干冰颗粒至喷嘴的方法不同，干冰清洗机可分为两大类：单喉管清洗机和双喉管清洗机，如图 12 - 31 所示。

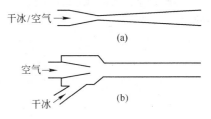

在相同的条件下（空气压力、流量、温度、干冰颗粒大小等），单喉管喷嘴相对双喉管喷嘴更加高效，这个差别直接与单、双喉管的特征有关。双喉管机型中，供给喷射机的能量不只用来加速干冰颗粒，而且要产生真空从另外一条管道中吸出干冰颗粒。因此，双喉管中用来加速干冰颗粒的能量减少。

图 12 - 31　干冰喷射喷嘴类型
(a) 单喉管喷嘴；(b) 双喉管喷嘴

单喉管系统中，干冰颗粒直接由机械方式供入压缩空气管道，在压缩空气管道中干冰颗粒与空气混合、加速，从喷嘴喷出。单喉管机型的优点是具有较宽的适用范围和大的喷射冲击力，缺点是要有相对复杂的机械系统。

12.4.5　等离子体清洗技术

等离子体是指被电离的气体，它与固态、液态和气态物质比较有不同的物理和化学性质，常被称为物质的第四态。由于等离子体中存在大量电子、正离子、自由基、亚稳态的分子和原子等，当等离子体与被清洗物质表面相互接触时，会产生物理刻蚀、化学分解等物理和化学过程，从而分解或清除污染物[397]。

12.4.5.1　常压冷等离子体喷枪

常压冷等离子体喷枪装置，包括射频电源、供气源、电极、等离子体放电区间和喷口等，如图 12 - 32 所示。

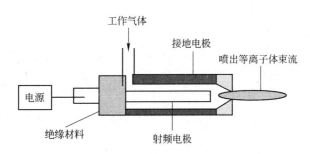

图 12 - 32　常压射频冷等离子体喷枪结构示意图

射频电源的频率是 13.56MHz，放电功率可调范围是 30 ~ 150W。等离子体喷枪是由一个圆柱体的金属射频电极和圆筒状的金属地电极构成，在圆柱体电极和圆筒地电极之间有一个圆筒状的放电缝隙，在电极的一端用绝缘材料密封，另一端设有一个喷口，当工作气体通过该电极之间的缝隙时被击穿电离形成等离子体，在气体压力推动下，从喷口向外喷出。从喷口向外喷出的等离子体束流的长度取决于放电功率和进气量。供气源可以根据被清洗污染物的特点进行选择。

12.4.5.2 常压冷等离子体喷枪清洗原理

由于在等离子体喷枪的喷口处包含有大量电子、离子、自由基和亚稳态的分子和原子，当该等离子体束流成分与被清洗的物质接触时，会发生干化学反应，从而清洗掉污染物。

图 12-33 是氢等离子体和氧等离子体分别清洗氧化物和有机物的干化学过程。氢等离子体与氧化物作用，把氧化物分解成水；氧等离子体与有机物作用，把有机物分解为 CO_2。两个清洗过程所生成产物是 H_2O 和 CO_2，无任何液体废物排放，不存在二次污染。

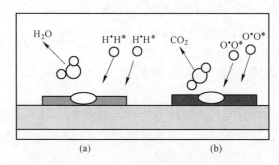

图 12-33 干化学清洗过程示意图

(a) 干化学氧化物清洗工艺；(b) 干化学有机物清洗工艺

12.4.5.3 等离子体清洗过程

从反应机理来看，清洗过程包括[398]：(1) 无机气体被激发到等离子态；(2) 气相物质被吸附在固体表面；(3) 被吸附基团与固体表面分子反应生成了产物分子；(4) 产物分子解析形成气相；(5) 反应残余物脱离表面。

从反应方式来看，清洗过程包括化学反应与物理反应两种清洗过程。

(1) 化学过程：在化学等离子体过程中，自由激进分子与待清洗物表面的元素发生化学反应。这些反应产物是非常小的易挥发分子，可以用真空泵抽出。在有机物清洗应用中，主要的副产物包括 H_2O、CO 和 CO_2。

$$有机物(C_xH_yO_z) + O \longrightarrow H_2O + CO_2 + CO$$

以化学反应为主的等离子体清洗，清洗速度快、选择性好、对去除有机污染物最为有效，缺点是会在表面产生氧化。典型的是采用氧气等离子体。

(2) 物理过程：物理过程中，原子和离子以高能量、高速度轰击待清洗物表面，使分子分解，通过真空泵抽出。在清洗过程中，为使原子和离子达到最大的速度需要高能量和低压力。

以物理反应为主的等离子体清洗，本身不发生化学反应，清洗表面不留下任何氧化物，缺点是会对表面产生损害，会有很大的热效应。典型的是氢气等离子体清洗。

12.4.5.4 等离子体清洗模式

根据电极架结构分为直接等离子体和顺流等离子体两种模式。

(1) 直接等离子体模式为阳、阴电极相间放置，这种配置下所有的正负离子都会在两极流过且不会隔离，是轰击性最强的模式。清洗样品可放在阳极上也可放在阴极上，放在阳极上为最强烈的清洗方式。

(2) 顺流等离子体模式为阳极、阴极、悬浮极的安装模式，在这种配置中只有正离子会到达悬浮极，负离子被正极捕集，这种配置产生最弱的等离子体，用来清洗一些电敏感元件，MOS 元件等。

12.4.6　电液压脉冲清洗技术

电液压脉冲在我国有很多名称，如电水锤、电液压效应、液电脉冲、高压强脉冲放电等等，采用电液压脉冲术语表明它是利用电能在液体中产生压力脉冲，其发生条件一要有电，二在液体中进行，三是产生在液体中强的压力脉冲[399]。

12.4.6.1　电液压脉冲工作原理

电液压脉冲是将电能直接转换为液动力的扰动并作用于清洗对象的机械能，工作原理如图 12 – 34 所示。

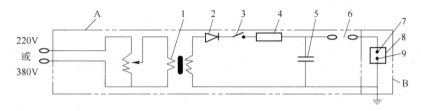

图 12 – 34　电液压脉冲工作原理图

该装置由脉冲电流发生器 A 和反应室 B 组成。脉冲电流发生器 A 包括高压变压器 1，高压硅堆 2，隔离开关 3，限流电阻 4，脉冲电容器 5，空气开关 6。由电极 7 和 9 组成反应室 8。

开关闭合时，施加在空气开关 6 上的电压若能击穿空气开关内的空气间隙时，反应室 8 中的两电极间的间隙也随之击穿，从而将贮存在电容器 5 内的能量（$10^3 \sim 10^6$）瞬间释放，电极通道内的物质被加热到 $20000 \sim 40000K$，能量密度提高到 $10^9 J/m^3$，从而形成空腔（等离子活塞）并以每秒数十到数百米的速度向外迅速膨胀，压缩周围的不可压缩介质——水，此时所产生的冲击压力的峰值高达 $10 \sim 1000MPa$。当空腔（等离子活塞）内的压力小于外界压力时膨胀停止，但在惯性作用下液流又将突然闭合，从而形成空化流（avitation flow），液流做反向运动，空腔内的压力又急剧增加，等离子活塞再次膨胀。这一过程将重复数次并随时间的增加而逐渐衰减。

例如：设充电电压 $U = 50kV$，电容 $C = 1\mu F$，放电时由电容器释放总能量：

$$W = \frac{1}{2}CU^2 = \frac{1}{2} \times 10^{-6} \times 25 \times 10^8 = 12.5 \times 10^2 J$$

假设液中放电持续时间为 $10^{-5}s$，则放电功率为：

$$P = W/T = 12.5 \times 10^2/10^{-5} = 1.25 \times 10^2 J$$

若考虑到实际使用效率（如为 0.2），则其所释放的总能量仍然是非常可观的。

12.4.6.2　电液压脉冲清洗机理[400,401]

电液压脉冲清洗是靠冲击波和液体流动二者联合作用来达到的，冲击波破坏污垢层，液体流动和空化作用则起运输作用，将脱落的污垢搬移走。一般来说，冲击波的压力应满足既可破坏污垢层，又能把它与基体脱开，这就要求冲击波压力能大于污垢层与基体的附着力和内聚力，但又不破坏基体。

假设污垢层裂缝增长最大速度为：

$$V_{\max} = A \sqrt{k/\rho} \qquad (12-29)$$

式中，k 为污垢层内聚力；ρ 为污垢层密度；A 为由污垢层内聚力所确定的系数。

从试验可知：

$$l_0 = V_{\max} + \tau; \quad \tau = r\left(l - \frac{p_k}{p_m}\right) \qquad (12-30)$$

式中，l_0 为裂缝初始长度；τ 为冲击波有效作用时间；p_k 为确保锈层或垢层脱落所需的压力；p_m 为冲击波所产生的最大压力；r 为冲击波的作用半径；l 为冲击波使污垢层产生裂隙的总长度。

因此，清洗一定面积所需要的放电次数 n 为：

$$n = \frac{l}{A \sqrt{k/\rho}(1 - p_k/p_m)} \qquad (12-31)$$

式中，l 为冲击波使污垢层产生裂隙的总长度。

因此，电液压脉冲清洗机理是由于污垢层与基体的弹性系数不同，在冲击波压力作用下，污垢从基体脱落，达到清洗目的。

12.5 本章小结

本章分析了不同类型固体表面微颗粒清除机理、外力作用下微颗粒清除机理、微颗粒清除运动方式、表面微颗粒化学清除机理和固体污垢及清洗作用。设计实验研究了大气中自由沉降微颗粒分形与界面黏附力关系，研究发现振荡时间相同的情况下，粉尘黏附的时间较短，载玻片表面黏附的微颗粒较容易清除。此外，还系统总结了固体表面清洗作用力，分析了几种常见表面物理清洗技术的清除作用机理，从疏水性、外力作用与微颗粒清除运动方式三个方面研究了物理清除机理，并对表面活性剂的化学清除机理进行了讨论。最后对超声清洗技术、干冰渣洗技术、等离子体渣洗技术、电液压脉冲渣洗技术等进行了分析评价。

13 土与尾砂的化学稳定技术

13.1 化学稳定土测定方法

化学方法是散体固结与改性的基本方法，它主要通过沉淀作用、吸附作用或离子交换等化学反应方式来实现。现时用于稳定、加固土质的化学材料种类繁多，每种稳定加固剂只对一类或几类土质适用，同一种稳定剂对不同土质的加固稳定效果也不同[342~352]。因此，有必要对土稳定剂进行有针对性的适用性研究。另外，测定土体稳固性的方法可谓层出不穷，既有定量的方法又有定性描述方法，但至今还没有形成统一测定土体稳固性的标准。在此，本章针对一些常用、简便易行的方法进行了探索性研究。

13.1.1 实验室试剂的筛选

13.1.1.1 试剂的选择原则

根据土质情况，在选择土壤添加剂时需要综合考虑土壤颗粒的基本性质，选择适宜的化学添加剂，见表 13-1。当然最好还要考虑能否配合有毒金属，因为这样可减少重金属对植物构成的危害，为后续生态恢复工作创造良好的基础条件。

表 13-1 不同土质中各种添加剂的稳固效果[402~407]

掺加物类别	材料	适用的土质	稳固效果
盐溶液	氯化钙、氯化镁、氯化钠等	低黏性土、砂性土、砂砾	可增加黏聚力和耐磨性并减少扬尘
无机结合料	水泥、熟石灰、水玻璃	各类土	强度与稳定性显著提高
高分子合成树脂	糖醛-苯胺、聚丙烯酸钙	各类土，砂性土效果好	黏聚力增大且抗水性提高
综合稳定土	添加剂+无机或有机结合料	各类土，黏性土效果好	稳固性显著提高

试剂的筛选应本着吸水、保水、凝结等几大功能的原则，同时还要充分考虑以下几点：（1）稳固性能好，性能稳定，易分散成稳定的网络体系，且周期长；（2）胶结好，渗透性强，黏度相当；（3）用量少，快速持久，经济合理；（4）无污染或污染小，易生物降解；（5）配方科学合理，制备工艺简单，施用方便；（6）安全、环保、节能。将其施用于松散土壤表面以形成一种相对稳定的表面性状。

13.1.1.2 可选择的添加剂配方

本章根据土壤稳定剂、土壤固化剂、防风固沙材料、抑尘剂、公路工程的稳定土材料[408~414]，选择了多种配方的添加剂，见表 13-2。实验室配制了下述各种试剂，见图 13-1。根据反应情况，有的反应不明显，有的生成絮状沉淀，有的则生成胶凝物质。

表 13 – 2　各种复合添加剂配方

1	三乙醇胺（黏性）＋氯化钠/硫酸钠	8	三乙醇胺＋氯化钠＋硅酸钠/六偏磷酸钠
2	六偏磷酸钠＋乙二醇＋丙三醇	9	聚丙烯酰胺＋硅酸钠＋硫酸铝
3	硅酸钠＋聚丙烯酸钠＋十二烷基硫酸钠	10	羧甲基纤维素钠＋硅酸钠＋草酸
4	硅酸钠＋氯化钙＋聚乙烯醇＋十二烷基苯磺酸钠	11	海藻酸钠＋氯化钙
5	可溶性淀粉＋氢氧化钠＋羧甲基纤维素钠	12	过硫酸铵（速凝剂）＋硅酸钠
6	聚乙烯醇＋丙三醇＋乙醇	13	聚乙烯醇＋硼砂＋氯化钠
7	硅酸钠＋硫酸铝＋草酸	14	硅酸钠＋铝酸钠

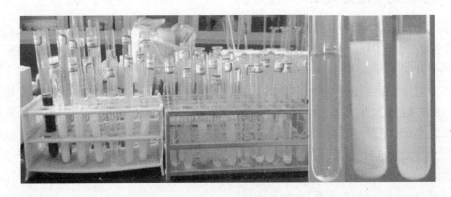

图 13 – 1　实验室配置的各种复合试剂

13.1.1.3　试验选用的添加剂

为克服固化稳定剂功能单一、性价比低、二次污染等问题，综合开发了具有黏结凝并、吸湿和保水性能的试剂配方。根据探索性试验结果，最终选择了三种复合添加剂。

A　复合添加剂 1（配方一）：海藻酸钠＋氯化钙

成膜剂、黏结剂——海藻酸钠：具有物料所需的稳定性、黏性，并且具有成凝胶和成膜的能力；海藻酸钠的分子链上含有大量的羟基和羧基，其中游离的羧基，性质活泼，具有很高的离子交换功能，极易与 Ca^{2+}、Cu^{2+}、Fe^{2+}、Zn^{2+}、Pb^{2+}、Mn^{2+} 等离子发生交换，形成交联的水凝胶。

保湿剂、助剂——无水氯化钙：吸湿能力极强，能吸收大气中的水分，增加粉尘颗粒的单重，并能与海藻酸钠发生交联反应，生成交联的三维网状的海藻酸钙聚合物。

海藻酸钠大分子结构的 G 嵌段经过协同相结合作用，中间形成了一定的亲水空间，这些空间会被 Ca^{2+} 占据，并与 G 上的多个原子发生螯合作用，从而使海藻酸钠链间相互结合缠绕，最终形成三维网状结构的凝胶来稳定土体，见图 13 – 2。

B　复合添加剂 2（配方二）：聚丙烯酰胺（阴离子型）＋硅酸钠＋硫酸铝

成膜剂、黏结剂——聚丙烯酰胺（PAM）：具有高黏性及交联性。

PAM 的碳—碳主链很长（图 13 – 3），并且支链上的酰胺基具有很高的极性，有良好的水溶性和亲水性，极易与水或含有 – OH 基团的土壤以及矿物等形成氢键，产生很强的吸附作用，从而将周围细小的土壤颗粒吸附在一起，增强了颗粒之间的范德华力和静电引力，提高了土壤强度。不仅如此，聚丙烯酰胺还具有很强的吸水性和保水性。

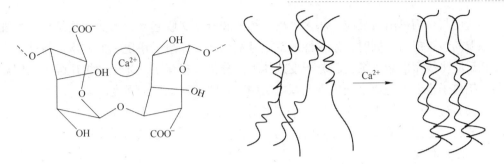

图 13 - 2 海藻酸钠 G 嵌段与 Ca^{2+} 反应过程

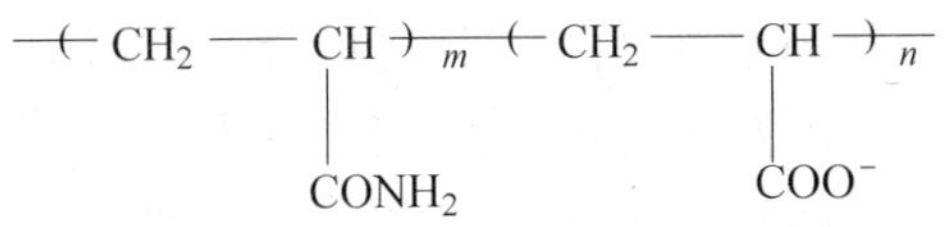

$$\text{—}\hspace{-2pt}\left(\text{—CH}_2\text{——CH}\right)_m\text{—}\left(\text{CH}_2\text{——CH}\right)_n$$
$$\hspace{40pt}|\hspace{120pt}|$$
$$\hspace{40pt}\text{CONH}_2\hspace{90pt}\text{COO}^-$$

图 13 - 3 阴离子型聚丙烯酰胺分子结构

作为高分子表面活性材料的聚丙烯酰胺,以包覆颗粒的形式降低土壤颗粒的表面能,削弱土壤的亲水性;形成的网状高分子凝胶体具有憎水作用,可减少水的渗出和渗入,防止土壤板结,减小地表径流;同时土壤颗粒被强度高、有塑性的链包围,形成一个空间网(图 13 - 4),这一结构可提高土壤颗粒间黏结强度和土体的内聚力,表现为土的抗拉、抗剪、单轴抗压强度和水稳定性的提高[178,179]。

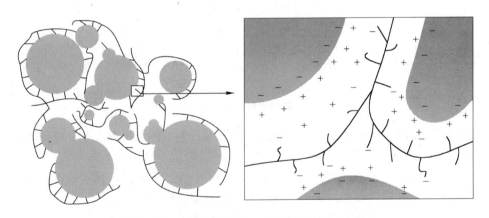

图 13 - 4 聚丙烯酰胺与土壤颗粒的作用过程

保湿剂、黏结剂——硅酸钠:溶于水成黏稠溶液,是一种无机黏合剂,可作为土壤固化剂加固土壤。

固化剂——硫酸铝:在碱性环境下发生下列反应:

$$Al^{3+} + 3OH^- \longrightarrow Al(OH)_3 \tag{13-1}$$

$$Al(OH)_3 + OH^- \longrightarrow AlO_2^- + 2H_2O \tag{13-2}$$

溶液中含有 Al^{3+}、$Al(OH)_3$、AlO_2^- 等,当加入到土中会与土壤中的离子发生反应,生成氢氧化铝、偏铝酸盐等难溶化合物,对土壤的稳定起了作用,并且氢氧化铝还能吸附土壤颗粒,使土壤颗粒之间的距离更小,增加其强度。

铝盐能与聚丙烯酰胺反应，将多个聚丙烯酰胺分子交联起来，形成网络结构，增加对土壤颗粒的包裹能力。同时，亲水性的酰胺基被消耗，提高了稳定土的抗水崩解能力。利用交联反应将线型的聚丙烯酰胺分子变成体型高分子，提高了固化土的抗压强度。铝离子和羟合铝离子也能通过离子交换进入双电层中，减弱了双电层的强度。

在实验过程中还发现，应先加入带正电荷的无机絮凝剂（硫酸铝），再加入阴离子型聚丙烯酰胺，这样可消除胶体之间的静电斥力，使絮凝颗粒通过架桥作用和网捕作用迅速长大。总之该种复合添加剂加强了土壤颗粒间的相互作用，可明显提高土壤抗风蚀和水蚀能力，从而使土壤表面稳定。

C 复合添加剂3（配方三）：羧甲基纤维素钠 + 硅酸钠 + 草酸

成膜剂、黏结剂——羧甲基纤维素钠：具有黏合、增稠、增强、保水作用，黏度在 pH 值为 6 ~ 9 时最佳。因此常作为絮凝剂、螯合剂、增稠剂、保水剂、成膜材料。

羧甲基纤维素钠在土壤中起到一种类似于表面活性剂的作用，有利于土壤固结。由于其分子结构（图 13 - 5）的影响，有机分子的长链能将土壤中的 Fe、Ca、Mg 等金属离子固定，生成稳定的化合物，有利于土壤固定，而其阳离子则是主要保持土壤中的电中性，置换土壤中的其他阳离子。

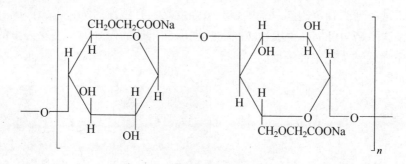

图 13 - 5 羧甲基纤维素钠的化学结构

保湿剂、黏结剂——硅酸钠：溶于水成黏稠溶液，是一种无机黏合剂，可作为土壤固化剂加固土壤。

助剂——草酸：又名乙二酸，用来调节溶液的 pH 值，另外还可被用做配合剂、沉淀剂，有吸湿性，可与钙、镁等许多金属形成溶于水的配合物。

以上三种复合添加剂具有吸湿、保湿、黏结和成膜板结的多重功效。通过喷洒添加剂在废弃尾矿库的表层土壤，以降低土壤颗粒间的排斥力，提高土壤颗粒间的吸附力，形成稳固的表层硬壳，以达到稳固尾矿库表层土壤的目的。

13.1.2 土体稳固性测定方法[415 ~ 417]

13.1.2.1 稳定土的力学性能试验

（1）稳定土抗弯拉（劈裂）强度试验及抗压强度试验。按照《公路工程无机结合料稳定材料试验规程》（JTJ0 57—94）中，无机结合料稳定土的间接抗拉强度试验方法（T0 806—94）和无侧限抗压强度试验方法（T0 805—94）进行。在稳定土最优配合比的最佳含水量、最大干密度基础上，标准养生后测试其强度。

（2）稳定土三轴剪切试验。对粉土进行了 UU 和 CU 试验，以研究土体的强度和变形特性，但是三轴试验中试样受力情况较复杂且需要专门的试验设备。

（3）堆载试验。将制备好的土样干燥数天后，在其上选择较平的平面放置刚性受力块，依次增加重物，直至壳表面破裂为止，对施加的刚性受力块和重物称重，进而根据下式计算土样表面破裂时的抗压强度：

$$P = \frac{m \cdot g}{S} \qquad\qquad (13-3)$$

式中，P 为表面膜抗压强度，Pa；S 为受力面积，m^2；m 为施加的重物质量，kg；g 为重力加速度，$g = 9.8 m/s^2$。

（4）振动试验。将制作好的化学粉尘试样烘干后，放到振动筛中来回振动，并记录振动的次数（1 个来回为 1 次），直到粉尘被筛振所引起的破碎作用全部破碎并筛漏出去，并记录此时的振动次数，以此来间接衡量该种化学稳定土的黏结强度。

（5）硬度表征法。使用硬度计测硬度作为判断样品表面强度的指标，测量方法是用手持 LX2A 型邵氏硬度计，平压于制备好的土样上，直至指针完全被压回并记录数据。

（6）针刺法。强度试验试样的制备是在试样盒内装入粉土，振实整平，将其放在超微型贯入仪探针下方，使探针匀速刺入土中，即时显示刺入的阻力，用来表征稳定土内部强度。

13.1.2.2　稳定土的粒径分析试验

（1）筛网分析法。借助人工或不同的机械振动装置，将颗粒样品通过一系列具有不同筛孔直径的标准筛（即筛系），分离成若干个粒级，再分别称重，然后以质量分数表示颗粒粒度分布，以各粒级土占土总质量的百分比来评价土的结构。

（2）细（微）观分析法。针对土壤颗粒黏结前后的粒径分布变化情况，可采用电子显微粒度分析仪或激光粒度分析仪来分析微颗粒的等效直径或比表面积，用等效直径来衡量固结程度，并且该方法还能统计砂土粒的粒径分布状况。

13.1.2.3　稳定土的水稳定性试验

（1）浸水稳定性试验。将形成的圆柱状试件浸泡于水中，一定时间后取出并擦干试件表面的水分，然后测定其抗压强度。形成的稳定土结构浸湿后，其结构强度降低，在此用水稳定系数 K_r 及强度损失率 D_t 来衡量稳定土的水稳定性。

$$K_r = R_{浸水}/R_{标准} \qquad\qquad (13-4)$$
$$D_t = （R_{标准} - R_{浸水}）/R_{标准} \times 100\% \qquad\qquad (13-5)$$

式中，K_r 为水稳定系数；$R_{标准}$ 为标准状态下的抗压强度，MPa；$R_{浸水}$ 为浸水状态下的抗压强度，MPa；D_t 为浸水后强度损失率，%。

（2）崩解或干湿反复试验。制成一定长、宽、高的长方形试块并置于洁净的玻璃片上，然后放入烘箱，一定时间后取出，待其在室温下冷却后，浸入水中 10min，取出后再放入烘箱中烘干，再取出浸水，如此反复进行，直到试块溃散不成形，记录试块浸水的次数，以此来表示土体的固结能力。

（3）渗透试验。

1）质量损失率（％）。将土模用水浸透后放在烘箱中干燥一定时间，再室温冷却一段时间，进行 5 次重复循环试验，最后计算土模的质量损失率。

$$B_n = (1 - M_n / M) \times 100\% \qquad (13-6)$$

式中，B_n 为土模进行 n 次循环试验后的质量损失率，%；M 为土模初始质量，g；M_n 为土模进行 n 次循环的试验后的质量，g；n 为土模重复循环的次数。

2）渗透率（mm/min）。将一定量的土壤装入同样大小的玻璃管内，夯实平整，封住玻璃管下端并固定在标有刻度的垂直平板上，然后吸取等量的化学添加剂并慢慢滴入玻璃管内，等试剂完全渗透土壤中后，再倾倒等量的水于管内并记录其渗透到同样位置的时间（每次实验重复 3 次）。水向下渗透越慢，说明形成的稳定土结构稳定性好。

3）水蚀率。实验室制备成一定面积大小的土盘样，呈一定角度放在距离水龙头下一定距离处，使水流以恒定的流速漫过土盘样表面几分钟，将冲刷后的水经静止沉淀所得的固体含量来计算水蚀率。

13.1.2.4 稳定土的风蚀模拟试验

利用风机产生的风力对土样表面颗粒的吹蚀效果来评价土粒间的黏结力及抗风蚀性能。试验前先在托盘（铺设面积 M）内均匀铺满粉细土，然后将化学添加剂均匀喷洒在其表面，再将它放入烘箱中干燥一定时间后称其质量 m_1，最后放入模拟装置中进行吹风试验，试验过程中可调节风速和样品与风向的角度，试验结束称得质量 m_2，计算风蚀量来考察样品抗风吹能力。

$$v_t = (m_1 - m_2) / M \qquad (13-7)$$

式中，M 为测试面积，m^2；m_1 为风蚀前试样的质量，g；m_2 为试验结束后试样质量，g；v_t 为样品风蚀量，g/m^2。

13.1.2.5 空气含尘浓度测定及评价

在特定的环境条件下（气温、风速、相对湿度）测定空气中含有粉尘的浓度，可用风机模拟风吹，观察喷洒试剂和未喷洒试剂的料堆的起尘情况，并用大气采样器采样，用滤膜称重测量不同状态下的大气粉尘浓度（mg/m^3），来评价化学添加剂的稳定固化能力。

在实际废弃尾矿库中空气中的含尘浓度可按大气粉尘采样、测定技术标准来测定，从抗风能力、有效稳固保持时间、瞬时扬尘浓度、空气质量达到的级别（按天数和距离测定）四方面进行。对于土壤的扬尘，也可用粉尘污染程度的指数和划分的污染等级来衡量和评价。

（1）污染程度的指数表达方法。可以从空间与时间方面来测定，如某时间、某地点，一个粉尘浓度与允许浓度的比较；一段时间、某地点，一组数字的集中表达方法（平均、加权等）和比较；某时间、多处地点，一组数字的集中表达方法（平均、加权等）和比较；一段时间、多处地点，一个矩阵数字的集中表达方法（平均、加权等）和比较。

粉尘污染指数 = 粉尘污染测定浓度/允许浓度

修正的粉尘污染指数 = 粉尘污染指数 × 毒性系数

（2）污染的等级划分与评价。在此参照了土壤污染评价中的单项污染指数法和内梅罗综合污染指数法，具体参照表 13-3。

表 13 - 3　粉尘污染评价标准

评价方法	单项污染指数法		内梅罗综合污染指数法	
计算公式	$P = W/S$		$P_{综} = \left[\left(P_{平均}^2 + P_{最大}^2\right)/2\right]^{0.5}$	
污染等级划分标准	$P \leqslant 1.0$	清洁	$P_{综} \leqslant 0.7$	清洁
	$1.0 < P \leqslant 2.0$	轻度污染	$0.7 < P_{综} \leqslant 1.0$	尚清洁
	$2.0 < P \leqslant 3.0$	中度污染	$1.0 < P_{综} \leqslant 2.0$	轻度污染
	$P > 3.0$	重度污染	$2.0 < P_{综} \leqslant 3.0$	中度污染
	—	—	$P_{综} > 3.0$	重度污染

注：P—粉尘单项污染指数；W—粉尘的实测质量分数；S—粉尘的评价标准；$P_{综}$—粉尘综合污染指数；$P_{平均}$—粉尘的平均单项污染指数；$P_{最大}$—最大单项污染指数。

13.1.2.6　电镜分析及 XRD 分析法

（1）扫描电镜分析（SEM）。采用扫描电镜对土原样和处理后的土样进行观察对比，将养生到规定龄期的试样取出，自然风干，然后将喷金后的样品置于样品台上测试，采用 SEM 扫描电镜观察时，应逐步放大观察倍数进行观察，并记录代表性的土样结构形貌，观察土样颗粒的排序状况，对土体的表面固化形态进行表征。

（2）X 射线衍射图谱分析（XRD）。通过对材料进行 X 射线衍射，分析其衍射图谱，获得材料的成分、材料内部原子或分子的结构或形态等信息。通过对不同的加固土在一定范围衍射角内的图谱进行分析来研究晶面间距 d 的变化。添加稳固剂的土体，面间距减小，反映了土中掺加试剂后，可有效地减小底面间距，加强了颗粒之间的连接。

13.1.3　化学稳定土正交试验设计

为了能够准确分析三种复合添加剂形成的化学稳定土结构强度，本章分别对这三种复合添加剂稳定土进行了正交试验设计。

13.1.3.1　正交试验的可行性

全面进行试验不仅从人力、物力、财力方面不可能，从时间上也是不现实的。正交试验设计是建立在概率论和数理统计的基础上，科学地安排各个因素，尽可能减少试验次数，并能统计分析试验数据，从而找出较优或最优试验方案的一种科学方法。本试验原料的来源及掺配量参照下面两点：

（1）复合添加剂。各个化学试剂剂量的选择，是在实验室配制和实际生产中合理有效的掺配量的基础上，根据市场价格，确定各试剂的剂量。

（2）普通黄土质。普通土样取于中南大学老年活动中心后的土坡，三种复合添加剂稳定土，都采用该种土质。

13.1.3.2　正交试验因素水平表

选用 $L_9(3^4)$ 正交表，各成分水平均取 3 个，根据确定的复合料成分选择各成分的水平，三种复合添加剂稳定土正交试验设计因素水平表见表 13 - 4 ~ 表 13 - 6。

表 13 - 4　复合添加剂 1 稳定土正交试验设计因素水平表

水 平	A	B
	海藻酸钠质量分数/%	氯化钙质量分数/%
1	0.5	0
2	1	5
3	2	10

表 13 - 5　复合添加剂 2 稳定土正交试验设计因素水平表

水 平	A	B	C
	聚丙烯酰胺质量分数/%	硅酸钠质量分数/%	硫酸铝质量分数/%
1	0.05	0	0
2	0.1	5	0.1
3	0.2	10	0.2

表 13 - 6　复合添加剂 3 稳定土正交试验设计因素水平表

水 平	A	B
	羧甲基纤维素钠质量分数/%	硅酸钠质量分数/%
1	0.05	0
2	0.1	5
3	0.2	10

13.1.3.3　考核指标的选择

对于衡量形成的各种化学稳定土的稳固性，以自然状态下养护 14d 试件的无侧限抗压强度、间接抗拉强度和水稳定性三指标作为稳定土稳固性的考核指标，其中水稳定性由试样浸水后的无侧限抗压强度与未浸水的无侧限抗压强度的比值来计算。

13.2　新型化学稳定土材料性能试验

13.2.1　吸湿保水剂试验研究

本试验的主要目的是研究不同质量分数的吸湿保水材料的抗蒸发特性，根据实验结果缩短试剂的浓度范围，以达到效果显著且节省成本的目的。

吸湿性物质很多，它们能够从空气中吸收足够的水分，使粉尘凝并、保持粉尘具有一定的含湿量，而且它们来源广泛、价格便宜及对环境无负效应。用吸湿保水性物质喷洒于土壤表面能形成水化膜，促进粉尘的凝聚。另外，吸湿性盐在大自然中具有很高的吸湿性，其吸湿量随环境相对湿度的增加而增加，即使在干燥的气候条件下，也可使粉尘从空气中吸收一定的水分，从而达到抑制粉尘飞扬的目的。

13.2.1.1　试验原材料及仪器

（1）土壤吸湿保水剂：硅酸钠、无水氯化钙；

（2）普通黄土：取于中南大学老年活动中心后的土坡；

（3）规格大小（$D = 7.2$cm）相同的玻璃皿33个、电子天平、干燥箱。

13.2.1.2 试验样品的制备及测试

（1）将采回的普通土样捏碎置于瓷盘并均匀摊开，然后置于烘箱中风干，之后剔除土中的杂质进行土壤的研磨，并使研磨后的土样通过0.8333mm（20目）标准筛，最后将筛后的土料放入密闭的容器内，并置于阴凉处保存。

（2）按照试验要求配置各种质量分数的硅酸钠溶液（1%、5%、10%、15%、20%）和氯化钙溶液（1%、5%、10%、15%、20%）。

（3）取同质量土料30g于每个玻璃皿中摊平，并称得初始质量m_0（干样+器皿），然后加入20mL同体积的不同质量分数的试剂溶液，每个质量分数制得3个试样，称得试样质量m_1（湿样+器皿），另外制得3个对照试样（加入20mL的纯水），见图13-6。

（4）将制得的试样置于干燥箱中培养，干燥箱的温度控制在（30±2）℃，然后在12h、24h、36h、48h、60h、72h、84h、96h之后称量试样的质量m_2，并记录实验数据。

图13-6 吸湿保水试验

13.2.1.3 试验数据处理及分析

利用Excel对所得的试验数据进行均值化，详细结果见表13-7。利用蒸发率的变化情况评价吸湿保水试剂对土壤的作用能力，其中土壤中水分蒸发率（SVR）的计算公式如下：

$$SVR = (m_1 - m_2)/(S \times t) \tag{13-8}$$

式中，m_1为置于干燥箱时的湿土样+器皿的质量，mg；m_2为干燥一定时间后的土样+器皿的质量，mg；SVR为土壤中水分蒸发率，mg/(cm^2·h)；S为玻璃皿的面积，cm^2；t为干燥时间，h。

表13-7 吸湿保水试验结果

添加剂	质量分数/%	m_0/mg	m_1/mg	m_2/mg							
				12h	24h	36h	48h	60h	72h	84h	96h
水		52.05	71.26	67.54	62.60	59.04	53.05	51.83	51.73	52.00	51.8l
氯化钙	1	53.67	72.47	67.69	65.21	62.98	58.46	56.41	54.80	54.34	53.92
	5	51.96	71.64	68.69	66.70	64.86	61.15	59.31	57.17	55.93	54.85
	10	52.18	72.48	69.78	68.28	67.04	64.25	63.02	61.43	60.28	58.77
	15	50.61	72.08	69.09	68.09	67.27	64.58	63.85	62.65	61.73	60.30
	20	52.08	74.77	72.50	72.16	71.89	69.92	69.59	68.80	68.14	66.74

添加剂	质量分数/%	m_0/mg	m_1/mg	m_2/mg							
				12h	24h	36h	48h	60h	72h	84h	96h
硅酸钠	1	53.10	72.12	67.86	65.21	62.88	58.00	55.29	53.23	53.14	52.92
	5	51.55	71.08	67.21	64.73	62.45	57.84	55.15	52.61	52.17	51.84
	10	53.29	73.43	70.08	68.17	66.49	62.59	60.32	57.19	55.68	54.70
	15	50.14	70.73	65.95	63.81	62.05	58.52	56.93	55.12	54.27	53.31
	20	51.71	73.35	69.76	67.81	66.33	63.22	61.67	59.72	58.68	57.38

经式 (13 - 8) 计算得到添加不同试剂的土中, 其蒸发率见表 13 - 8, 并绘制图 13 - 7 和图 13 - 8。

表 13 - 8　土体的蒸发率

添加剂	质量分数/%	12h	24h	36h	48h	60h	72h	84h	96h
水		7.621	8.870	8.343	9.324	7.957	6.667	5.634	4.980
氯化钙	1	9.792	7.436	6.476	7.173	6.576	6.030	5.304	4.748
	5	6.036	5.060	4.627	5.373	5.050	4.940	4.595	4.297
	10	5.542	4.301	3.716	4.217	3.877	3.772	3.570	3.511
	15	6.133	4.092	3.284	3.842	3.371	3.218	3.027	3.015
	20	4.657	2.672	1.966	2.482	2.121	2.040	1.939	2.056
硅酸钠	1	8.729	7.083	6.307	7.231	6.895	6.449	5.553	4.916
	5	7.926	6.504	5.890	6.780	6.525	6.305	5.534	4.925
	10	6.854	5.378	4.734	5.546	5.369	5.540	5.192	4.794
	15	9.796	7.087	5.925	6.252	5.651	5.328	4.816	4.459
	20	7.345	5.671	4.794	5.185	4.784	4.650	4.292	4.088

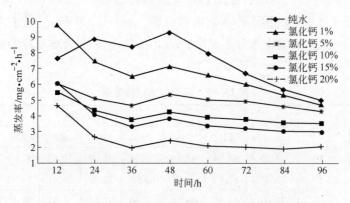

图 13 - 7　不同质量分数的氯化钙对土中水分蒸发率的影响

由图 13 - 7 和图 13 - 8 可知, 喷施氯化钙和硅酸钠的土样水分的蒸发率较低, 而喷施纯水的土样水分蒸发率较高, 说明氯化钙与硅酸钠能显著提高土壤的保水性能; 随着溶液浓度的增大, 土壤水分的蒸发率逐渐下降, 说明提高添加剂溶液的浓度, 可显著提高土壤

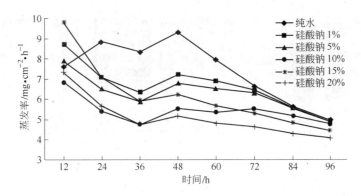

图 13-8 不同质量分数的硅酸钠对土中水分蒸发率的影响

的抗蒸发性，主要因为溶液的浓度愈大，在表层形成的膜结构就愈致密，对土中水分挥发的阻碍作用越明显；加入硅酸钠与氯化钙的土样蒸发率下降较纯水的缓慢，说明这两种试剂能有效地提高土壤的吸湿保水性。

从图 13-8 还可知，含硅酸钠尘样的含湿量随时间变化曲线比较理想；在 24h 内，蒸发率下降，而含水的土样蒸发率反而上升；24~36h 这段时间含水土样与含硅酸钠、氯化钙的土样均下降，都能达到一定的抗蒸发作用；随着时间的推移直到 48h，这个阶段里土壤中的水分蒸发显著，但随后各种土样的蒸发率都一定程度下降，到达 96h 含水土样的蒸发率也是高于两种溶液的蒸发率。由此可见，硅酸钠与氯化钙溶液的吸湿保水能力明显比纯水的高，它们能够在较长时间内锁住水分，使土样有较高的含水率，从而增大土样的表面强度。

综合考虑氯化钙、硅酸钠的成本及湿润能力，试验最终选择 5%~10% 这一适宜的浓度范围作为正交试验因素水平的选择依据。

13.2.2 化学添加剂最优配合比试验

土的结构强度可用无侧限抗压强度、抗拉强度及浸水抗压强度来定量分析其结构稳定性和水稳定性，所以本试验旨在以土的结构强度作为化学稳定土正交试验的指标。

本试验以过 20 目标准筛的普通黄土为基料，选择三种复合添加剂和纯水作为土体的添加剂，按照试验要求实验室配置不同配比的复合添加剂，见图 13-9。本试验的主要设备有：路面强度测力仪、标准筛（20 目）、圆筒试模（$\phi 50mm \times 50mm$）、电子天平、瓷盘若干、量筒若干、玻璃片等，见图 13-10。

图 13-9 试验所用土料及各质量分数的复合添加剂

图 13 – 10　试验所用的主要仪器及设备

每次称取等量的风干土料100g在瓷盘中，按既定的各种配比将试剂与土料拌和均匀，对照试件按最佳含水量拌和，然后将配好的土料分三次压入试模中，每次捣实均匀，防止试件出现蜂窝状，最后将试件脱模即得φ50mm×50mm圆柱形试件，保证得到的每个试件大小、质量基本相等，否则重新制作。每次试验制取9个试件，本次正交试验共制得243个试件，加上对照组9个试件，共制得252个试件。将形成的试件在自然条件下养护，龄期为14d。

每组试验取三个试件，进行强度值测定试验时应按照下列规定：

（1）一组试件的强度值为三个试件测值的算术平均值；

（2）如若一组试件中取得的最大值或最小值与中间值之差超过中间值的15%时，则应舍弃最大值及最小值，取中间值作为该组试件的抗压强度值；

（3）如若一组试件中的最大值、最小值与中间值的差都超过中间值的15%时，则该组试验结果无效。

13.2.2.1　稳定土无侧限抗压强度试验[415]

无侧限抗压强度试验方法在无机结合料稳定土中应用比较多，该方法适用于测定无机结合料稳定土（包括稳定细粒土、中粒土和粗粒土）。

按《公路工程无机结合料稳定材料试验规程》（JTJ 057—94）进行无侧限抗压强度试验。将在自然条件下养护14d后的试件置于路面强度测力仪的升降台上，调节升降旋钮和速度控制旋杆，使试件的形变保持以1mm/min的恒定速率增加，试验原理见图13 – 11。

抗压强度 R_c 按下式计算：

$$R_c = p/A \tag{13 – 9}$$

式中，p 为试件破坏时的最大压力，N；A 为试件的截面积，$A = \pi d^2/4$，d 为试件的直径，mm。

图 13 – 11　无侧限抗压强度试验

13.2.2.2　稳定土间接抗拉强度试验[415]

抗拉强度是衡量土样黏结性破坏的极限应力。抗拉强度指试件受到轴向拉应力后发生破坏时的单位面积所承受的拉力。它是衡量土体稳定性的重要指标，目前多采用直接抗拉强度试验法和间接法。

本试验采用的是间接方法测量抗拉强度，最常用的方法就是劈裂法（巴西圆盘试验方法）。按照我国《公路工程无机结合料稳定材料试验规程》（JTJ 057—94）中无机结合料稳定土的间接抗拉强度试验方法（T0806—94）进行。试件都是高∶直径 = 1∶1 的圆柱体（$\phi 50mm \times 50mm$），养生条件置于自然环境下。将养生至规定龄期14d 的试件置于路面强度测力仪的升降台，对圆柱形试件不加垫条直接施加径向压力，直至试件被压裂，见图13 – 12。

劈裂强度 R_i 按下式计算：

$$R_i = 2p/(\pi dL) \qquad (13-10)$$

式中，p 为试件破坏时的最大压力，N；L 为试件的长度，mm；d 为试件的直径，mm。

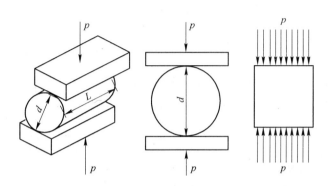

图 13 – 12　劈裂法（巴西圆盘试验）示意图

13.2.2.3　稳定土的水稳定性试验

探讨化学稳定土的水稳定性主要测定形成的稳定土结构浸水后，其结构强度的变化情况。将试件浸泡于水中（保持试样不被破坏且体积恒定），10min 后取出并擦干试件表面的水分，然后测定其无侧限抗压强度值。在此用水稳定系数 K_r 来定量测试稳定土的水稳定性。

水稳定系数 K_r 按下式计算：

$$K_r = R_{浸水}/R_{标准} \qquad (13-11)$$

式中，K_r 为水稳定系数；$R_{标准}$ 为标准状态下的抗压强度，MPa；$R_{浸水}$ 为浸水状态下的抗压强度，MPa。

13.2.2.4　正交试验结果处理与分析

根据测力环的检定结果（表13 – 9）和标定曲线（图13 – 13）对无侧限抗压强度试验、水稳定试验及劈裂试验的结果进行处理和计算。

表 13 – 9　测力环检定结果

鉴定荷重/kN	变形值/mm		
	第一次	第二次	平均值
0	1.000	1.000	1.000
3	1.286	1.286	1.286
5	1.464	1.464	1.464
10	1.899	1.899	1.899
15	2.340	2.340	2.340
20	2.880	2.880	2.880
25	3.287	3.287	3.287
30	3.803	3.804	3.804

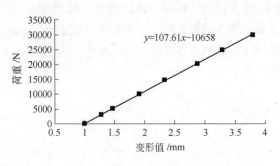

图 13-13　测力环标定曲线

根据标定曲线，得到 $b = 107.61$，并按下式计算实测的垂直荷重，具体计算结果见表 13-10~表 13-13。

$$p = bL \qquad (13-12)$$

式中，p 为某一实测垂直荷重，N；b 为标定曲线的斜率，N/0.01mm；L 为与某一实测垂直荷重相对应的百分表读数，0.01mm。

表 13-10　对照组试件实验结果

添加剂	无侧限抗压强度试验	水稳定性试验		劈裂试验
	R_c/MPa	$R_{浸水}$/MPa	K_r	R_i/MPa
纯水	7.247	6.554	0.904	3.101

表 13-11　复合添加剂 1 的正交试验结果

样品编号	A 海藻酸钠		B 无水氯化钙		R_c/MPa	$R_{浸水}$/MPa	K_r	R_i/MPa
	水平	质量分数/%	水平	质量分数/%				
1	1	0.5	1	0	7.499	6.868	0.916	3.101
2	1	0.5	2	5	7.704	7.019	0.911	3.165
3	1	0.5	3	10	7.492	6.803	0.908	3.127
4	2	1	1	0	7.474	7.242	0.969	3.135
5	2	1	2	5	7.881	7.200	0.913	3.178
6	2	1	3	10	7.293	7.072	0.970	3.121
7	3	2	1	0	7.651	7.243	0.947	3.056
8	3	2	2	5	7.649	7.399	0.967	3.133
9	3	2	3	10	7.315	6.918	0.946	3.021

复合添加剂 1 的正交试验结果分析：（1）无侧限抗压强度试验得到最优配方方案 A_1B_2；重要顺序：氯化钙 > 海藻酸钠。（2）水稳定试验得到最优配方方案 A_3B_1；重要顺序：海藻酸钠 > 氯化钙。（3）间接抗拉强度试验得到最优配方方案 A_2B_2；重要顺序：海藻酸钠 > 氯化钙。（4）综合考虑实用性及经济性最终选择最佳配比为 A_2B_2。

表 13-12 复合添加剂 2 的正交试验结果

样品编号	A 聚丙烯酰胺		B 硅酸钠		C 硫酸铝		R_c/MPa	$R_{浸水}$/MPa	K_r	R_i/MPa
	水平	质量分数/%	水平	质量分数/%	水平	质量分数/%				
1	1	0.05	1	0	1	0	7.669	7.326	0.955	3.120
2	1	0.05	2	5	2	0.1	8.141	7.786	0.956	3.133
3	1	0.05	3	10	3	0.2	7.737	7.523	0.972	3.106
4	2	0.1	1	0	2	0.1	7.883	7.770	0.986	3.103
5	2	0.1	2	5	3	0.2	8.477	7.239	0.972	3.150
6	2	0.1	3	10	1	0	7.801	7.402	0.949	3.116
7	3	0.2	1	0	3	0.2	7.887	7.644	0.969	3.131
8	3	0.2	2	5	1	0	7.852	7.560	0.963	3.118
9	3	0.2	3	10	2	0.1	7.874	7.622	0.968	3.124

表 13-13 复合添加剂 3 的正交试验结果

样品编号	A 羧甲基纤维素钠		B 硅酸钠		R_c/MPa	$R_{浸水}$/MPa	K_r	R_i/MPa
	水平	质量分数/%	水平	质量分数/%				
1	1	0.05	1	0	7.384	7.236	0.980	3.113
2	1	0.05	2	5	8.183	7.417	0.906	3.127
3	1	0.05	3	10	8.563	7.744	0.904	3.166
4	2	0.1	1	0	7.408	6.964	0.940	3.103
5	2	0.1	2	5	8.289	7.516	0.907	3.111
6	2	0.1	3	10	8.238	7.479	0.908	3.192
7	3	0.2	1	0	7.428	6.971	0.938	3.106
8	3	0.2	2	5	8.141	7.859	0.965	3.198
9	3	0.2	3	10	8.837	8.015	0.907	3.254

复合添加剂 2 的正交试验结果分析：（1）无侧限抗压强度试验得到最优配方方案 $A_2B_2C_3$；重要顺序：硅酸钠 > 硫酸铝 > 聚丙烯酰胺。（2）水稳定试验得到最优配方方案 $A_2B_1C_3$；重要顺序：硫酸铝 > 聚丙烯酰胺 > 硅酸钠。（3）间接抗拉强度试验得到最优配方方案 $A_3B_2C_3$；重要顺序：硅酸钠 > 硫酸铝 > 聚丙烯酰胺。（4）综合考虑实用性及经济性最终选择最佳配比为 $A_2B_2C_3$。

复合添加剂 3 的正交试验结果分析：（1）无侧限抗压强度试验得到最优配方方案 A_3B_3；重要顺序：硅酸钠 > 羧甲基纤维素钠。（2）水稳定试验得到最优配方方案 A_3B_1；重要顺序：硅酸钠 > 羧甲基纤维素钠。（3）间接抗拉强度试验得到最优配方方案 A_3B_3；重要顺序：硅酸钠 > 羧甲基纤维素钠。（4）综合考虑实用性及经济性最终选择最佳配比为 A_3B_3。

从上述实验结果可知，土体强度不是随掺量的增加而增大，避免了盲目加大试剂用量带来的成本浪费；加纯水的对照试件其抗压强度、抗拉强度及水稳定性都低于添加复合剂的试样；在土壤中添加海藻酸钠和氯化钙，加入聚丙烯酰胺、硅酸钠及硫酸铝，加入羧甲基纤维素钠及硅酸钠都可明显提高土体的结构强度，相对于在土壤中添加单一的海藻酸钠、聚丙烯酰胺及羧甲基纤维素钠的稳固效果较好。通过试验还发现，只加水的试件培养一段时间后浸泡于水中，由于土颗粒之间没有形成网状膜，土粒之间的黏结力不及添加其他试剂的试件，所以试验组测得的结构强度及水稳定性都大于对照组测得值。

通过对试件进行无侧限抗压强度和劈裂试验，得出实验中试件的主要破坏形式，见图13-14和图13-15。

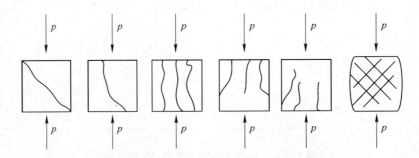

图13-14 无侧限抗压强度试件的主要破坏形式

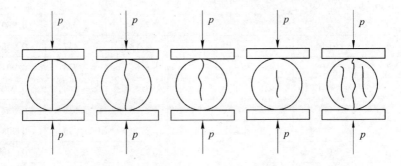

图13-15 劈裂试验试件的主要破坏形式

无侧限抗压强度试验试件的破坏形式主要以脆性破坏为主，内部呈现与水平面约45°的剪切破坏面，破坏时表面形成多条纵向裂纹，有的呈现剪切破裂网，表面的破碎部分剥落。劈裂试验中试件的破坏形式主要呈现径向裂纹；有的沿中心孔扩展；试件有微小裂隙时，往往出现多条的裂纹。

13.2.3 尾矿库尾砂的化学稳定性试验

尾矿库一般指堆存金属或非金属矿山选矿厂进行矿物选别后排出尾砂的场所。选矿厂产生的尾砂量大且颗粒微细（平均粒径约为0.07mm）。尾矿库容易造成重大事故和污染环境等。人们对尾矿库的有关安全与环境的研究很多，其中应用多种化学稳定土方法固结尾砂防止扬尘污染等就是其中的一项研究内容。

13.2.3.1 无侧限抗压强度试验

将研磨好的尾矿土和普通土按照质量比2:1进行复配，尾矿土与水按照10:1进行，复合添加剂与水等量，最终配合制成φ50mm×50mm圆柱形试件。将成型的试件置于自然状态下养护 3、7、14、28d 后，取出进行无侧限抗压强度试验。试验结果见表 13-14，并将表中数据作图 13-16。

表 13-14　综合稳定土的无侧限抗压强度

编号	基　料	添加试剂	抗压强度/MPa			
			3d	7d	14d	28d
1	尾矿土	水	5.659	5.752	5.818	5.856
2	尾矿土	复合添加剂 1	5.675	5.790	5.938	6.032
3	尾矿土	复合添加剂 2	5.746	5.856	6.152	6.300
4	尾矿土	复合添加剂 3	5.697	5.741	5.862	5.922
5	尾矿土 + 普通土	复合添加剂 1	5.648	5.894	6.399	6.602
6	尾矿土 + 普通土	复合添加剂 2	5.692	6.004	6.492	6.783
7	尾矿土 + 普通土	复合添加剂 3	5.626	5.768	6.114	6.245

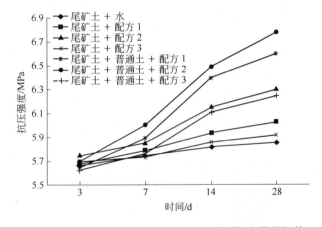

图 13-16　稳定土的无侧限抗压强度随时间变化的规律

由图 13-16 可知，在尾矿土中喷水的稳固效果不及三种复合添加剂对尾矿土的作用效果，其中复合添加剂 2 的效果最好，其次是复合添加剂 1，复合添加剂 3 对尾矿土的稳固作用不是很显著。另外，可以得出施用同样试剂，掺有普通土料的尾矿土获得的效果都显著高于单一的尾矿土，其中复合添加剂 2 最优，复合添加剂 1 其次。随着时间的推移，形成的各种化学稳定土的无侧限抗压强度值有增大的趋势，说明一定时间内，稳定土的固结程度随龄期而增大，其中喷有水的尾矿土的抗压强度在一周后趋于平缓。

通过该试验人们可以尝试在废弃尾矿库的表面覆盖一层普通的土料，其收到的稳固效果明显高于直接在尾矿库表面喷洒。这不仅有利于治理废弃尾矿库的扬尘，稳固尾矿库，而且还有利于开展废弃尾矿库的生态恢复工作。

13.2.3.2　筛析法测试粒径试验

土壤颗粒发生固结，其粒径相应具有增大的趋势。因此用筛析法来研究添加试剂前后各个粒组质量百分比的变化情况，从而可以反映添加剂对尾矿土的固结程度。

首先将研磨好的尾矿库土壤过筛，并分别称取粒径大于 20 目（ > 0.9mm）、20 ~ 40

目（0.9～0.45mm）、40～60目（0.45～0.3mm）、60～100目（0.3～0.15mm）、小于100目（<0.15mm）的尾矿土0g、50g、50g、50g、50g放到浅瓷盘内混合均匀；然后将研制成的三种复合添加剂和水按照一定的施用量均匀地喷洒在尾矿土表面并搅拌均匀，并置于自然状态下14d，见图13-17；最后在振筛机上振荡1min，称重，统计土粒分布情况，见表13-15和图13-18，以各级粒径分量占土总质量的百分比来评价土的结构。

图 13 - 17　筛析试验

表 13 - 15　尾矿库土壤筛析试验结果

项　目	筛网分析/%				
	>20目	20～40目	40～60目	60～100目	<100目
未经处理	0	25	25	25	25
水	30.0	30.8	19.2	12.8	7.2
加配方1	55.0	23.4	11.5	7.6	2.5
加配方2	61.7	20.0	10.6	5.3	2.4
加配方3	33.6	28.3	20.5	11.3	6.3

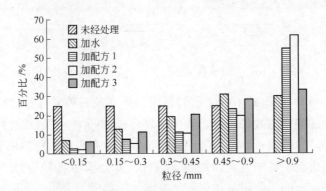

图 13 - 18　各组分尾矿土所占的百分比

由表13-15和图13-18知，用水处理的试样，粒径在20目以上的颗粒占总量的30%，100目以下的颗粒占7.2%；用复合添加剂3溶液处理的试样和纯水相近，二者的固结能力相差不大；用复合添加剂2溶液处理过的试样，粒径在20目以上的占61.7%，100目以下的颗粒仅占2.4%，可见复合添加剂2的固结能力明显好于纯水和复合添加剂3；用复合添加剂1处理的试样，粒径在20目以上的占55.0%，100目以下的颗粒占2.5%，其固结能力较好。试验数据分析，可知复合添加剂1、复合添加剂2的固结能力远高于复合添加剂3和水，具有明显的固结作用，其中当属复合添加剂2的稳定固结能力最强。

13.2.3.3 扫描电镜测试粒径试验

稳定性团聚体含量是反映各类土壤稳定性的重要指标。通过扫描电镜定性分析养护好的尾矿土样，观察其微观形貌，从而确定土样的团聚情况。

取等量的尾矿土样于玻璃皿内，分别加水、复合添加剂 1、复合添加剂 2、复合添加剂 3，见图 13 – 19，自然养护 14d，然后取样进行电镜扫描。

图 13 – 19　扫描试验所用的试样

为较全面观察加入试剂后试样的改造效果，按 4 个倍数（500、1000、2000、10000倍）对试样进行了观察，见图 13 – 20 ~ 图 13 – 24。

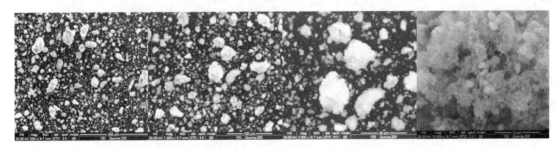

图 13 – 20　原状土样 500×、1000×、2000×、10000×倍的电镜图

图 10 – 21　加有水的土样 500×、1000×、2000×、10000×倍的电镜图

由图 13 – 20 ~ 图 13 – 24 可以观察到尾矿土的微观结构中颗粒与颗粒之间的关系，添加水及各种化学试剂的尾矿土的团聚程度明显高于未经处理的原状试样。相比于加水和复合添加剂 3，复合添加剂 1 和复合添加剂 2 稳定固结程度更好，尾矿土的团聚体的粒径较大。另外，从图中还可以看出颗粒之间形成的凝胶及晶体，使得土颗粒互相连接。

图 13 - 22 复合添加剂 1 的土样 500 ×、1000 ×、2000 ×、10000 × 倍的电镜图

图 13 - 23 复合添加剂 2 的土样 500 ×、1000 ×、2000 ×、10000 × 倍的电镜图

图 13 - 24 复合添加剂 3 的土样 500 ×、1000 ×、2000 ×、10000 × 倍的电镜图

13.3 化学稳定土的稳定固结机理探讨

化学稳定土技术通过与土颗粒快速发生化学作用，生成新的结晶体和组成密实的网络结构，改变土的成分和结构，增强颗粒间连接力，达到提高土的强度、承载力、抗冲刷和抗渗能力的目的。

土壤是一个非均质的、多相的、分散和多孔的复杂系统，由固、液、气三相组成。土作为多相散布体，与水结合时一般表现出胶体的特征。土颗粒的大小、矿物组成决定着土体物理力学性质，所以在研究土体改性时，必须研究土壤颗粒经过一系列化学和物理化学综合作用，颗粒之间发生的作用机理。通过结合多种土壤固化剂、稳定剂、抑尘剂的实验和现场应用结果，总结出化学稳定土的基本稳定固化机理。

13.3.1 土壤基本性质及固化过程

13.3.1.1 土的物质组成

地壳表层的坚硬岩石在长期的风化、剥蚀等外力作用下，破碎成形状不同、大小不一的矿物颗粒。这些颗粒受各种自然力的搬运，在各种环境下不断沉积或堆积。土体通常由固体颗粒、液态水和气体三相组成，其中固体颗粒，也称土粒，是土的最主要物质成分。各种大小不等、形态各异的矿物颗粒按照不同的排列方式组合在一起构成土的骨架。土粒的矿物成分不同，晶体结构或晶体格架也就不同。构成土粒的矿物化学成分见图 13-25。

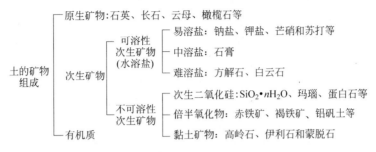

图 13-25 土的矿物成分

土粒大小变化范围极大，大者可达数千毫米以上，小者可小于万分之一毫米。采用两种粒组划分方案，如表 13-16 所示。方案一应用于现行国家标准《建筑地基基础设计规范》（GB 50007—2002）和《岩土工程勘察规范》（GB 50021—2001）。方案二源于国家标准《土的工程分类标准》（GB/T 50145—2007）。土颗粒大小十分不均匀，土粒并非理想的球体，其形状往往是不规则的，很难直接测量其大小。土粒通常为椭球状、针片状、棱角状等不规则形状，因此粒径只是一个相对的、近似的概念，为土粒的等效粒径。

表 13-16 两种粒组划分方案

粒径范围 d/mm	粒组划分			
	方案一		方案二	
$d > 200$	飘石（块石）		巨粒组	飘石（块石）
$200 \geqslant d > 60$	卵石（碎石）			卵石（碎石）
$60 \geqslant d > 20$			砾粒	粗砾
$20 \geqslant d > 2$	圆砾（角砾）			细砾
$2 \geqslant d > 0.5$	砂粒	粗砂	粗粒组	粗砂
$0.5 \geqslant d > 0.25$		中砂	砂粒	中砂
$0.25 \geqslant d > 0.075$		细砂		细砂
$0.075 \geqslant d > 0.005$	粉粒		细粒组	粉粒
$0.005 \geqslant d$	黏粒			黏粒

按土中水的存在形式、状态、活动性及其与土的相互作用将土中水划分为矿物中的结合水和土孔隙中的水，见图 13-26。土的固体颗粒构成土的骨架，其大小和形状、矿物成分及其组成情况是决定土的工程性质的重要因素。

13.3.1.2 土的结构[408]

土的结构是指组成土的土粒大小、形状、表面特征，以及土粒间的联结关系和土粒的排列情况，其中土中颗粒与颗粒之间的联结主要有接触联结、胶结联结、结合水联结及冰

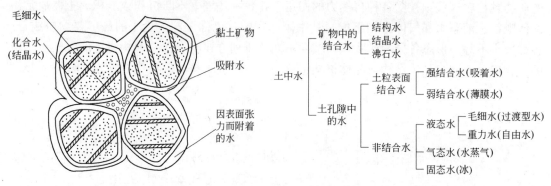

图 13-26   土中水的类型

联结。土的固化和稳定的基本原理就是强化颗粒间结构联结，改善颗粒接触。结构联结是细粒土的重要结构特征，它决定了土的强度和稳定性。细粒土的结构联结通常有：

（1）结合水膜接触联结。基本单元体表面的不平衡力把水分子牢牢地吸附在单元体的表面，当两个单元体在外部压力下靠得很近时，单元体通过结合水膜发生间接接触。当土中含水率较低时，水膜变薄，联结增强，土具有较高强度；含水量增高，水膜变厚，联结减弱，土的强度就低。

（2）胶结联结。基本单元体间存在许多胶结物质，把单元体互相胶结在一起，产生联结强度，一般比较牢固。胶结物可以是黏土物质，可以是钙质或钠质的盐晶胶结，也可以是游离氧化物。

（3）同相接触联结。在硅酸盐物质组成的基本单元体之间的接触处，由于长期接触，或由于上覆土层压力的长期作用，使土粒接触处产生再结晶作用，使土粒联结在一起。

（4）链条联结。联结体是由黏土和有机质聚集在一起的链条状物质，可长可短，它在基本单元体间起相互连接作用。链条的强度不高，且极易变形，土体的强度较低，甚至产生流变性。

13.3.1.3   土的固化过程

（1）物理力学过程，指土料经过破碎研磨、混合搅拌和压实，土壤空隙率降低，密实度增大，渗水能力降低，有利于增强土体的整体强度。

（2）化学过程主要包括两点：一是土壤稳固剂本身成分发生的化学反应，二是稳固剂的某些成分与土壤发生的反应。前者主要是无机类土壤稳固剂自身的水解、水化反应，有机类稳固剂的聚合、缩聚反应等；后者主要是稳固剂各组分与土体之间的火山灰反应，高分子有机稳固剂与土体间的配合反应等。

（3）物理化学过程，指土颗粒与稳固剂各成分的吸附作用，主要有物理、化学和物理化学吸附。其中物理吸附是在分子力作用下，土单元体吸附稳固剂中的某些成分，来降低表面自由能。化学吸附是稳固剂与土粒之间发生化学反应并生成不溶物。物理化学吸附多指稳固剂中的离子与土壤中的离子发生离子交换吸附[75]。

真正能提高土壤力学性能、耐久性能、抗渗性能等工程指标的也只有化学过程和物理化学过程。

13.3.2 土壤水分处理及颗粒的黏结

13.3.2.1 土壤水分的处理

在土壤固化过程中，土壤中的水分对其固化稳定有着很大的影响，主要表现在土体的水理性质和力学性质上。水含量的增加会导致土壤结合力降低、土壤膨胀、干缩湿胀效应等。水分溶解了土壤里的盐类和带有正电的活性物质，促使水产生电离作用，通过弱的化学作用使电离产生的氢氧根离子吸附聚集在土粒表面，从而使土壤颗粒带负电。土壤颗粒进一步和周围的阳离子形成双电层结构，使得土壤变成溶胶体。虽然该胶体具有一定的稳定性，但颗粒间的相互作用力（以范德华力为主）较弱，土壤的总体强度非常差。

因此，为了稳固土壤有必要将土壤中的水分去除。可以设法将游离水转化为结晶水，另外还可以破坏土粒表面的亲水性质，削弱土粒与水之间的作用力。目前处理水的方法主要有以下两种：

（1）一种是将游离水转化为结晶水，利用生成的高结晶水物质消耗土壤中的游离水分。结晶水不参与破坏土壤强度的过程，并且生成的结晶水合物具有凝胶的性质，可以充塞土体中的各种毛细管道，避免水分渗入而破坏固化土的结构。

（2）另一种是破坏土颗粒表面的亲水性，削弱土粒与水之间的作用力。可以利用一些高聚物，其形成的包裹层具有憎水性质；还可利用电离子溶液，其离子交换将土粒表面亲水性较强的阳离子变成亲水能力较差的离子等，加之离子配位，使得土粒表面趋于电中性，从而释放土粒表面的吸附水。

13.3.2.2 土壤颗粒间的黏结

土体的力学性质主要取决于土粒之间的结构黏结力，它主要经过一系列物理化学和化学作用形成的。土体固化稳定的基本原理就是强化颗粒间的结构联结，改善颗粒接触强度，使土壤结构由"粒状—镶嵌—接触"式变为"粒状—镶嵌—胶结"式，形成板块结构的黏结力。土体中作用在颗粒之间的黏结力本质上是一种表面力，是添加化学试剂后形成的。

（1）化学结合作用。某些添加剂如黏结剂具有活性基团，可与土粒表面形成强大的化学链，从而以强大的化学键合力把松散的土体结合在一起。

（2）分子间结合（范德华力）。添加剂与被黏体分子间产生的强大吸引力形成的结合称为分子间结合，通常由静电作用力、诱导力、色散力组成。这种作用力很强大，当添加剂在被黏体表面扩散开后，在该力的作用下会引起土壤颗粒相互结合。

（3）氢键作用。通常水分子的氧原子带负电荷，氢原子带正电荷，相互之间可形成一定的引力，而氧原子以外的带负电荷的卤素类原子或分子团引入氢原子后会形成稳定的体系，该体系也可看做由氢键结合而形成的，其中表13-17列举了常见的一些氢键。

表 13-17 氢键结构图及相应键能值

氢键结构	HO—H……O—H 　　　　　| 　　　　　H	F—H……F—H	NC—H……N—CH	RO—H……O—R 　　　　　| 　　　　　H	R—N—H……NH₂R 　　| 　　R
键能/kJ·mol⁻¹	14.2~24.3	26.4~29.3	13.8~18.4	13.4~25.6	13.0~18.8

（4）机械作用。土壤颗粒的形状不规则且表面结构粗糙不光滑，化学添加剂在固化前具有流动性，它能渗入土壤颗粒表面的微小凹穴和孔隙中，以"镶嵌"的方式在孔隙中形成一定的黏结力。

（5）吸附作用。原子间的主价力和分子间的次价力共同组成了吸附作用的黏结力。因此，土壤分子之间的间距较紧密时（多指间距小于0.5nm），土壤颗粒就会在分子间力的作用下相互吸附在一起。

（6）扩散作用。当化学试剂添加到土壤中，由于分子的热运动和高分子链节的屈挠性，使得添加剂分子与被黏土粒表面分子间的链段发生运动，从而引起分子间的扩散，并在二者之间形成互相交织的高分子网络结构。

（7）静电吸引作用。当添加剂与土壤颗粒相互接触时，在其界面上会产生正负双电层，这种静电吸引作用可产生黏结力。

13.3.3 传统土壤添加剂的固化原理

目前应用较多的土壤稳固剂为无机化合物和其他高分子化合物溶液等，其中无机化合物有水泥、石灰、粉煤灰、工业矿渣、沥青等，对于它们的固化机理研究得较为充分，如水泥的水解、水化反应，离子交换和团粒化作用，火山灰反应，碳酸化反应等；石灰土的离子交换和絮凝团聚作用、火山灰反应、自身结晶等。

13.3.3.1 水泥固土原理[412]

水泥与土混合后，发生强烈的水解和水化反应，其反应机理见图13-27，反应过程如下：

$$2(3CaO \cdot SiO_2) + 6H_2O \longrightarrow 3CaO \cdot 2SiO_2 \cdot 3H_2O + 3Ca(OH)_2 \quad (13-13)$$

$$2(2CaO \cdot SiO_2) + 4H_2O \longrightarrow 3CaO \cdot 2SiO_2 \cdot 3H_2O + Ca(OH)_2 \quad (13-14)$$

$$3CaO \cdot Al_2O_3 + 6H_2O \longrightarrow 3CaO \cdot Al_2O_3 \cdot 6H_2O \quad (13-15)$$

$$4CaO \cdot Al_2O_3 \cdot Fe_2O_3 + 2Ca(OH)_2 + 10H_2O \longrightarrow 3CaO \cdot Al_2O_3 \cdot 6H_2O + 2CaO \cdot Fe_2O_3 \cdot 6H_2O$$

$$(13-16)$$

$$3CaSO_4 + 3CaO \cdot Al_2O_3 + 3H_2O \longrightarrow 3CaO \cdot Al_2O_3 + 3CaSO_4 \cdot 32H_2O \quad (13-17)$$

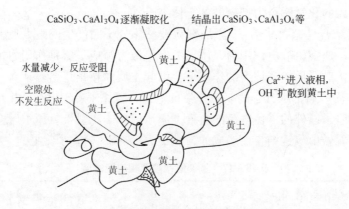

图13-27 水泥稳定土反应机理示意图

水泥的各组分水化反应后，形成硬化的水泥石骨架，其与土体的相互作用和固化过程主要体现在以下三方面：

（1）离子交换及团粒化作用。水泥水化反应生成一定的胶体物质，其析出的 Ca^{2+} 与土壤中的 Na^+、K^+ 进行离子交换，而使松散的土粒形成较大的土团。水泥水化生成的 $Ca(OH)_2$ 具有强的吸附活性，使得土粒黏结成较大的颗粒，形成了水泥土的链条状结构，填充土粒间的孔隙，从而形成了稳定土结构。

（2）火山灰反应。火山灰反应又称硬凝反应，水泥水化生成的 $Ca(OH)_2$ 与土中的 SiO_2、Al_2O_3 物质发生化学反应，生成不溶于水的结晶体，主要是 $CaO-Al_2O_3-H_2O$ 系列水化物和 $CaO-SiO_2-H_2O$ 水化物。

$$xCa(OH)_2 + SiO_2 + nH_2O \longrightarrow xCaO \cdot SiO_2 \cdot (x+n)H_2O \qquad (13-18)$$

$$yCa(OH)_2 + Al_2O_3 + mH_2O \longrightarrow yCaO \cdot Al_2O_3 \cdot (y+m)H_2O \qquad (13-19)$$

（3）碳酸化作用。水泥水化产物 $Ca(OH)_2$ 与空气中的 CO_2 发生反应生成 $CaCO_3$，起到提高土体强度的作用。

$$Ca(OH)_2 + CO_2 \longrightarrow CaCO_3 + H_2O \qquad (13-20)$$

13.3.3.2 石灰固土原理[408~413]

当石灰与土混合后，它们会发生一系列的化学反应和物理化学反应，主要有离子交换反应、结晶反应、碳酸化反应及火山灰反应。

（1）离子交换反应。石灰中的 CaO 遇水后发生水化反应：

$$CaO + H_2O \longrightarrow Ca(OH)_2 \qquad (13-21)$$

生成的 $Ca(OH)_2$ 在水溶液中以 Ca^{2+} 和 OH^- 的形式存在，其中 Ca^{2+} 可与 Na^+、K^+ 等离子发生离子交换，从而减小胶体吸附层的厚度，使得土壤胶体发生絮凝。

（2）结晶反应。石灰遇水形成含水晶格：

$$Ca(OH)_2 + nH_2O \longrightarrow CaO(OH)_2 \cdot nH_2O \qquad (13-22)$$

反应生成的晶体相互结合，并与土壤颗粒结合成共晶体，使得松散的土壤颗粒胶结成一个整体，明显提高了石灰土的稳固性。

（3）碳酸化反应。该反应主要是 $Ca(OH)_2$ 与空气中的 CO_2 发生化学反应：

$$Ca(OH)_2 + CO_2 \longrightarrow CaCO_3 + H_2O \qquad (13-23)$$

因生成的 $CaCO_3$ 具有较高的强度和水稳定性，并且对土壤有一定的胶结作用，从而使土壤获得较好的固化效果。

（4）火山灰反应。土壤中的活性氧化硅和氧化铝被激活，在水的参与下与 $Ca(OH)_2$ 反应生成水化硅酸钙和水化铝酸钙等凝胶性物质，从而提高了石灰土的强度和稳定性。

$$xCa(OH)_2 + SiO_2 + nH_2O \longrightarrow xCaO \cdot SiO_2 \cdot (x+n)H_2O \qquad (13-24)$$

$$yCa(OH)_2 + Al_2O_3 + mH_2O \longrightarrow yCaO \cdot Al_2O_3 \cdot (y+m)H_2O \qquad (13-25)$$

13.3.3.3 粉煤灰、沥青固土原理

粉煤灰主要含有 SiO_2 和 Al_2O_3 两种组分，在外加剂的激发下水化产生胶结土壤颗粒的胶凝物质，填塞土壤颗粒间的空隙，使土壤强度得到提高。

沥青与土粒之间主要是发生一系列物理化学吸附作用，形成的沥青膜具有憎水性并包裹在土粒周围，从而构成了稳定的凝聚结构。而且沥青的掺入，还可降低土粒的表面自由能，挤掉土粒表面的吸附水并生成稳定的有机盐。物理吸附的沥青膜是可逆的，在水的作

用下沥青土的水稳性不可避免地下降，但化学吸附的沥青膜具有不可逆性，因此具有很高的水稳性。

13.3.3.4 水玻璃、氯化钙固土原理

水玻璃作为一种强碱弱酸盐胶体溶液，具有较强的结合强度。高模数的水玻璃，胶态二氧化硅含量高，结合性能较强。另外它还能与许多物质发生化学反应。水玻璃稳定土壤的作用主要体现在水玻璃与土壤中的高价金属离子反应，生成硅酸钙或硅胶物质，起到化学胶结作用，从而填充土粒间孔隙，提高土体的强度。水玻璃化学固化稳定过程如下：

$$Na_2O \cdot nSiO_2 + mH_2O \longrightarrow 2NaOH + nSiO_2 \cdot (m-1) H_2O \qquad (13-26)$$

$$2Na^+ + SiO_3^{2-} \Longleftrightarrow Na_2SiO_3 \qquad (13-27)$$

当加入到土中后，水玻璃发生上述一系列的溶解电离等过程，并与土中水解产生的氢氧化钙反应生成具有一定强度的水化硅酸钙凝胶体：

$$Ca[(Clay) - OH]_2 + Na_2SiO_3 \longrightarrow 2Na - [(Clay - OH)]_2 + CaSiO_3 \quad (13-28)$$

土中的黏土胶体颗粒的反离子层大多是一价的 K^+、Na^+，当氯化钙加入土中后，在水的参与下易解离成 Ca^{2+}，可与 K^+、Na^+ 发生离子交换，其结果使得胶体吸附层减薄，致使黏土胶体颗粒发生聚结，另外，还可与土混合发生火山灰作用，使得土颗粒固化凝聚。

13.3.3.5 高分子类固化原理

这类试剂的种类很多，主要包括多种聚合物、纤维、表面活化剂等。通常是高分子单体在土中发生聚合反应，它能够形成较致密的、水稳的、较高强度的和较稳定的网络空间骨架结构，这一结构可提高土颗粒间黏结强度，表现为土的抗拉、抗剪和单轴抗压强度的提高。根据有关研究可知，聚合物交联形成的立体结构可以包裹和胶结土粒；表面活性剂可改变土壤颗粒的表面亲水性，使其具有较强的抗水能力，最终使得土体具有较好的抗压强度。作用机理主要体现在：

(1) 表面活性剂可以降低土壤稳固剂水溶液的表面张力，使其较容易在土粒表面铺展开来，达到润湿土壤表面的目的，且具有较强的渗透性，有利于进行离子交换，这样就降低了土粒之间的相互排斥能，提高了土粒自身的聚集力。

(2) 当高分子添加剂施用在土粒表面时，它会通过高分子链桥的形式将相邻的土颗粒搭接起来，形成的长链与土粒在电引力作用下，并通过高分子链之间的互相交叉缠结，使得土体获得一定的结构强度而成为一个牢固的整体。

(3) 在交换作用下，高分子长链与土颗粒作用后，整个长链变成了不溶于水的大分子，其形成的保护膜堵塞了土壤中的毛细孔，使之不易被水侵蚀。

13.3.4 土壤颗粒固结原理[411~414]

13.3.4.1 电化原理

土中含有大量黏土颗粒及大量较活泼的次生矿物，其中土中存在着一定数量的胶体颗粒，这些胶体颗粒大部分由带负电的胶粒及带相反电荷的反离子外层组成，共同构成了胶体颗粒的 Gouy - Chapman 双电层结构，见图 13 - 28。

根据双电层理论，由位能曲线图 13 - 29 可知，两胶粒间的排斥能 E_2 随距离的增大呈指数函数下降；当两胶粒间距处于 A 点位置时，引力达到最大，易发生聚结，此时的胶体

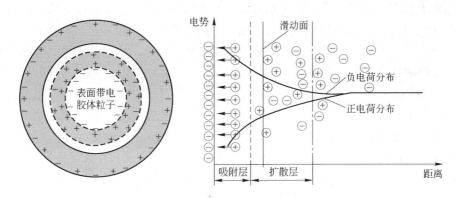

图 13 – 28　双电层结构

结构最稳定；随着距离的继续增大当达到 C 点时，能垒 E_m 较大，仅靠水的浸润作用力还不足以克服；胶粒在 B 点位置时也可聚集或絮凝。

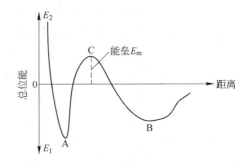

图 13 – 29　胶体位能曲线

　　应用双电层理论，减薄土颗粒表面扩散层厚度，降低电势，可增加土颗粒间吸引力，使土壤胶体颗粒聚结，提高土颗粒之间的联结强度和水稳性。

　　根据电化原理，依靠添加剂的反离子与土颗粒表面负电荷间的电性作用力来克服能垒，最大限度增加胶粒间吸引力，降低电势。同时，添加剂中含有大量长链高分子，与土体作用后，可将相邻的土颗粒通过高分子链搭接，另外高分子链之间又相互交叉缠结，最终在整个土体中形成牢固的整体空间框架结构，达到稳固土体的作用。

13.3.4.2　化学固化稳定原理

　　土壤中富含 CaO、SiO_2 及 Al_2O_3 等活性物质，当这些物质被激活，就会生成不溶于水的凝胶体，如 $CaO - Al_2O_3 - H_2O$ 和 $CaO - SiO_2 - H_2O$ 等水化结晶体。这种凝胶体与土颗粒之间互相搭接，填充在土体孔隙之中，形成了"空间网架结构"，提高了固化土的强度。同时，添加的外加剂与水作用，改变了原土体表面的附着水，大量自由水以结晶形式固定下来，土壤颗粒重新按两端正负荷相互吸引而紧密结合。

　　化学固土的机理非常复杂，其加固稳定土壤的机理主要体现在两方面：一是化学试剂的添加，使得土粒表面发生了化学离子交换反应，打破了土体表面的电荷平衡，减小了土壤孔隙和土壤表面张力引起的吸水作用，提高了土壤的密实度，抗压强度得到显著提高；二是在土壤中加入试剂，会发生一系列水解、水化反应，生成胶结基质，土壤颗粒被完全黏结和包裹于其中。总的来说，化学固化稳定土壤的作用机理主要有以下几个方面：

（1）水化反应。添加的各种试剂与土壤中的物质发生化学反应生成硅酸钙、铝酸钙等凝胶性物质，填充了团粒之间的孔隙并使土壤颗粒凝结硬化，从而使土壤具有结构稳定和水稳定等良好的优点。

（2）水置换反应。各种添加剂与土壤混合后，可将土中大量的自由水以结晶水的形式固定下来，并且水化反应生成的结晶体可填充土粒间的孔隙，使土体形成致密的结构。通过微观分析，土壤颗粒被 $C-S-H$ 凝胶包覆，使土壤颗粒之间构成一个稳固的网状结构体，提高了土体的抗压、抗渗、抗侵蚀等性能。

（3）离子交换反应。部分化学添加剂含有的高价阳离子（如 Al^{3+}、Ca^{2+}）能与土颗粒中的 Na^+、K^+ 等进行离子交换作用[100]：

$$Na^+(K^+)—黏土 + Ca^{2+} \longrightarrow Ca^{2+}—黏土 + Na^+(K^+) \qquad (13-29)$$

$$Na^+(K^+)—黏土 + Al^{3+}(Fe^{3+}) \longrightarrow Al^{3+}(Fe^{3+})—黏土 + Na^+(K^+) \quad (13-30)$$

其中被置换出的一价阳离子进入土层中，加强了层与层间的连接，对土壤的固化起到了一定的填充作用。该离子交换反应形成的新土壤颗粒具有超薄的水化膜结构和较低的毛电位，从而促进土壤颗粒的凝聚，导致大量的土粒形成较大的土团，在一定程度上提高了土体的强度和改善了水稳性。

（4）与 Cl^- 的反应。添加剂中的 Cl^-（如 $CaCl_2$）可以与土中大量的可溶性 Al_2O_3 和 CaO 结合，迅速形成氯盐，从而提高了土体的早期强度。

本章试验所用的化学添加剂，既能与土粒表面发生离子反应，又具有保湿、凝并及成膜性能，可以增加土体的抗压强度，显著提高土壤的憎水性。另外添加剂中含有能与土壤粒子表面阳离子反应的羧基、酰胺基等官能团，如选用的羧甲基纤维素钠有较好的黏结力和成膜性，且大分子链上的羧基基团具有亲水性和螯合性，其形成的高分子链与土颗粒相互缠集，并且主链上的羧基可以与土粒表面的 $Si—OH$、Ca^{2+}、Mg^{2+} 等发生配合等物化作用，使得土壤颗粒黏结在一起，形成一个稳固的凝胶整体。氯化钙的憎水基团（—Cl）可在土颗粒表面形成防水的保护层，将土体由亲水性变为憎水性，减小了水分对稳固土的浸润、破坏作用，保持了稳定土良好的承载强度、结构状态及水稳定性。总之化学添加剂和土壤颗粒之间的化学反应，使形成的化学稳定土具有不可逆的良好的耐久性。

13.3.4.3 微观分析固化稳定原理

将纯水及最优配方试剂添加到研磨好的尾矿库土壤中，然后培养一段时间，之后通过扫描电镜观察土的微观结构变化情况[101]。为更好及全面地观察添加试剂后土样的变化情况，对 5 个试样按不同的倍数（500 倍、1000 倍、2000 倍、5000 倍、10000 倍、20000 倍）进行了观察。

由放大 500 倍和 1000 倍的土样照片，见图 13-30～图 13-34，可观察到加纯水和加有复合添加剂的试样的团聚程度均比未添加任何物质的原状试样大些，这说明化学添加剂可使土的结构紧密，对于土体能起到稳定作用。从电镜照片还可观察到原状土样的土颗粒呈松散结构，空隙较大，颗粒以小型为主，且相互之间彼此分离，连接物质极少，而加了试剂后的土样，可以清晰地看到土的结构发生了较大的变化。土颗粒间的空隙变小，变成了较大颗粒的团状絮凝结构，呈密实状。

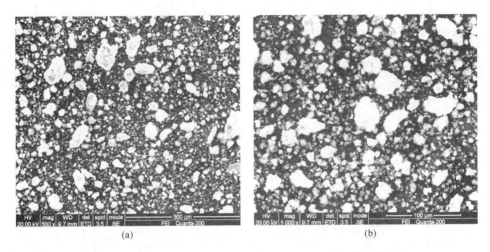

图 13 – 30　原状土样 500×（a）及 1000×（b）的电镜图

图 13 – 31　加有纯水的土样 500×（a）及 1000×（b）的电镜图

图 13 – 32　复合添加剂 1 的土样 500×（a）及 1000×（b）的电镜图

(a)   (b)

图 13 - 33　复合添加剂 2 的土样 500 ×（a）及 1000 ×（b）的电镜图

(a)   (b)

图 13 - 34　复合添加剂 3 的土样 500 ×（a）及 1000 ×（b）的电镜图

  从处理后的土扫描电镜图像（500 倍）中可以看到，各种大小不一的土颗粒通过试剂的作用紧密地联结在一起形成了一些粒径的团聚体结构。在放大倍数为 1000 的 SEM 图像中可以更清晰地看到这种土颗粒之间的联结作用，土颗粒之间的间隙也已被胶状物质所填塞。

  将处理后的土样放大 20000 倍，见图 13 - 35。可以看出在颗粒之间充满着凝胶状和纤维状水化物，这些水化物与粉土颗粒牢固地胶结在一起，形成了很高的强度。它是试剂与土颗粒及自身相互反应产生的。这些凝胶物质覆盖在土颗粒表面并将土颗粒包裹成较大的团粒状结构，这些团粒状结晶体排列非常紧密，从而使土体具有一定的强度和稳定性。

  土的微观结构表明：充填在土颗粒之间空隙的片状及纤维状结晶物呈簇团式分布于土体中，构成了土体的三维网络骨架结构，使土体的强度得到显著提高。这些微观形貌照片

图 13-35 处理后的土样 20000× 的电镜图

恰恰充分证实了各种添加剂对土颗粒的包裹、网状连接和孔隙填充作用。

添加剂通过各种化学作用与土壤颗粒结合，在土颗粒间形成网状膜结构，且形成的胶凝物填充了土壤的毛细孔道和微孔隙，增强了土颗粒间的连接力，提高了土的抗渗性、水稳性和整体性。

13.4 本章小结

（1）针对各种稳定土技术进行了系统性评述，特别是在化学稳定土技术方面综述较为详尽，具体对土质固化剂、稳定剂、抑尘剂及稳固剂四个方面取得的成果进行了探讨。

（2）实验室研究了各种复合添加剂的胶结性、渗透性、效果持久等特点，基于无污染和效果明显的原则最终确定选择三种复合添加剂：1）海藻酸钠+氯化钙；2）聚丙烯酰胺（阴离子型）+硅酸钠+硫酸铝；3）羧甲基纤维素钠+硅酸钠+草酸。

（3）研究各种测定土体稳固方法的可行性，包括稳定土的力学性能试验（抗拉强度及抗压强度试验、三轴剪切试验、堆载试验、振动法、硬度表征法及针刺法），稳定土的粒径分析试验（筛网分析法，细、微观分析法），稳定土的水稳定性试验（浸水稳定性试验、崩解或干湿反复试验、渗透试验），稳定土的风蚀模拟试验，空气含尘浓度测定及评价、电镜分析及 XRD 分析法。

（4）通过正交试验，以 14d 的无侧限抗压强度、水稳定性及间接抗拉强度为考核指标，对三种复合添加剂的配方进行优化，确定了复合添加剂 1、2、3 的最优配比分别为 1%海藻酸钠 +5%氯化钙，0.1%聚丙烯酰胺 +5%硅酸钠 +0.2%硫酸铝，0.2%羧甲基纤维素钠 +10%硅酸钠。

（5）正交试验结果表明，采用复合添加剂比喷水的稳固效果显著，而且复合添加剂的稳固效果明显高于单一成分。另外用优选出的复合添加剂配方溶液喷洒在尾矿土表面，利用无侧限抗压强度、筛析法及扫描电镜法研究了加水和三种新型的土壤稳固剂对尾矿库土壤的稳固性的影响并评价了它们的应用效果。

（6）从几个方面阐述了化学稳定土的稳定固结机理，并利用扫描电镜对形成的化学稳定土的微观结构进行了研究，进而对其固化机理有了更清楚的认识。

附　　录

附　录　I

本专著纳入本课题组的主要学位论文：

[1] 李明（指导教师吴超）. 固体微颗粒黏附与清除的机理及表面保洁技术的研究［D］. 长沙：中南大学博士学位论文，2009.

[2] 崔燕（指导教师吴超）. 微米级固体颗粒的分形及其与界面间黏附力的关系研究［D］. 长沙：中南大学博士学位论文，2011.

[3] 廖国礼（指导教师吴超）. 典型有色金属矿山重金属迁移规律与污染评价研究［D］. 长沙；中南大学博士学位论文，2005.

[4] 李芳（指导教师吴超）. 纸币表面细菌的黏附力学建模研究［D］. 长沙：中南大学硕士学位论文，2011.

[5] 牛心悦（指导教师吴超）. 粉尘漆面黏附的微观分析及轿车表面保洁实验研究［D］. 长沙：中南大学硕士学位论文，2011.

[6] 张岩（指导教师吴超）. 适用于废弃尾矿库的化学稳定土技术研究［D］. 长沙：中南大学硕士学位论文，2011.

[7] 李艳强（指导教师吴超）. 微颗粒在表面的黏附力学及其可视化应用研究［D］. 中南大学硕士学位论文，2008.

[8] 夏长念（指导教师吴超）. 建筑物表面粘尘机理与防尘实验研究［D］. 长沙：中南大学硕士学位论文，2007.

[9] 贺兵红（指导教师吴超）. 建筑物外墙粘污机理与保洁实验研究［D］. 长沙：中南大学硕士学位论文，2007.

[10] 彭小兰（指导教师吴超）. 铅锌矿粉尘与湿润剂的耦合性研究［D］. 长沙：中南大学硕士学位论文，2006.

[11] 吴桂香（指导教师吴超）. 玻璃表面防尘技术研究［D］. 长沙：中南大学硕士学位论文，2007.

[12] 李明（指导教师吴超）. 计算机在粉尘扩散及危害预测与环境经济分析中的应用研究［D］. 长沙：中南大学硕士学位论文，2005.

[13] 徐佩（指导老师吴超，李明）. 微颗粒粉尘与典型带电材料表面的黏附规律实验研究［D］. 长沙：中南大学学士学位论文，2013.

ping liquid method [J]. Journal of Central South of Technology, 2005, 12 (6):
737~741.

[2] 吴超, 欧家才, 周勃, 陈沅江. 湿润剂溶液在硫化矿矿尘中的反向湿润行为研究
[J]. 安全与环境学报, 2005, 5 (4): 65~68.

[3] 吴超, 左治兴, 欧家才, 周勃, 李孜军. 不同实验装置测定粉尘湿润剂的湿润效果相
关性研究 [J]. 中国有色金属学报, 2005, 15 (10): 1612~1617.

[4] 吴超, 吴桂香, 李孜军. 气溶胶粉尘在玻璃表面的沉积行为研究 [J]. 工业安全与
环保, 2006, 32 (9): 1~3.

[5] 吴超, 欧家才, 吴国珉. 阴离子型湿润剂与硫化矿尘的耦合性实验 [J]. 中国矿业
大学学报, 2006, 35 (3): 323~328.

[6] 吴超, 吴桂香, 李孜军, 等. 玻璃表面粘尘与清洁的试验研究 [J]. 清洗世界,
2006, 22 (10): 1~9.

[7] 吴超, 彭小兰, 吴国珉. Wetting agent investigation for controlling dust of lead – zinc ores
[J]. Transactions of China Nonferrous Metals, 2007, 17 (1): 159~167.

[8] 吴超, 周勃, 李孜军. Test of chlorides mixed with CaO, MgO, and sodium silicate for
dust control and soil stabilization [J]. Journal of Materials in Civil Engineering, 2007, 19
(1): 10~13.

[9] 吴超, 彭小兰, 李明, 吴国珉. 粉尘湿润剂的性能测定新方法及其应用 [J]. 中国
有色金属学报, 2007, 17 (5): 831~837.

[10] 吴超, 余时芬, 夏长念, 贺兵红. 一种测定建筑物外墙表面黏附粉尘的方法 [J].
安全与环境学报, 2008, 8 (6): 85~88.

[11] 李明, 吴超, 刘一静, 闫晖. An experimental investigation of the reagent effects on air-
borne particle deposition on the glass surface [J]. Transaction of China Nonferrous Metals
Society, 2012, 12: 2799~2805.

[12] 李明, 吴超. 化学试剂预处理玻璃防尘保洁 [J]. 清洗世界, 2010, 25 (10):
21~26.

[13] 李明, 吴超, 潘伟. Sedimentation behavior of indoor airborne microparticle [J]. Mining
Science and Technology, 2008, 18 (4): 588~593.

[14] 李明, 吴超, 李孜军. 室内颗粒物在玻璃表面的沉积与黏附特性 [J]. 环境科学研
究, 2008, 21 (4): 136~139.

[15] 李明, 吴超, 谢正文. 基于模糊综合识别技术的粉尘危害评价应用研究 [J]. 环境
污染与防治, 2007, 29 (6): 475~477.

［16］李明，吴超．粉尘点污染扩散模型的可视化研究［J］．环境科学与技术，2006，29（11）：12～15．

［17］钟剑，吴超．微颗粒黏附力测试技术研究进展［J］．科技导报，2012，30（3）：67～73．

［18］钟剑，吴超，黄锐．微颗粒黏附力测试的空气动力学模型［J］．中南大学学报（自然科学版），2012，43（1）：287～292．

［19］张岩，吴超．防复印技术及其研究进展［J］．安防科技，2010，（10）：15～18．

［20］崔燕，吴超，阳富强，刘辉，李明．大气中自由沉降微颗粒的形状分析［J］．科技导报，2011，29（6）：31～34．

［21］崔燕，吴超．从近5年发表文献看微粒子黏附与清除的研究进展［J］．科技导报，2008，26（24）：95～98．

［22］崔燕，吴超，阳富强，刘辉，李明．Shape analysis of indoor free settling particulate matters［C］//International Conference on Bioinformatics and Biomedical Engineering，iCBBE 2011，May 10，2011．

［23］贾彦，吴超，董春芳，李常平，廖慧敏．七种绿化植物滞尘的微观测定研究［J］．中南大学学报（自然科学版），2012，43（11）：4548～4553．

［24］吴超，牛心悦．轿车表面粉尘黏附微观分析及其表面保洁实验研究［J］．安全与环境学报，2013，13（5）：68～71．

［25］牛心悦，吴超．固体表面保洁技术研究进展［J］．清洗世界，2011，27（1）：16～26．

［26］吴霞，吴超，寇向宇，崔燕．某有色金属冶炼厂炼银车间电收尘系统设计实践［J］．工业安全与环保，2010，36（3）：45～47．

［27］吴桂香，吴超，彭小兰．建筑玻璃表面粉尘的黏附与清洁机理探讨［J］．中国安全生产科学技术，2005，1（5）：26～30．

［28］吴桂香．极性基湿润剂与矿岩类粉尘颗粒的作用机理［J］．工业安全与环保，2005，31（6）：1～4．

［29］贺兵红，吴超．建筑物外墙清洗技术综述［J］．工业安全与环保，2006，32（4）：38～42．

［30］贺兵红，吴超．大理石表面锈斑的事故树分析［J］．石材，2006（8）：11～16．

［31］夏长念，吴超，彭小兰．湿润剂与铅锌矿尘耦合试验研究及井下应用［C］//金属矿采矿科学技术前沿论坛论文集，2006－11－01．

［32］夏长念，吴超，贺兵红．微粒子黏附、清除和预防的研究成果综述［J］．清洗世界，2006，22（12）：24～29．

［33］彭小兰，吴超，吴桂湘．激光粒度仪事故树分析［J］．中国安全生产科学技术，2005，1（3）：22～24．

［34］彭小兰，吴超．化学抑尘剂新进展研究［J］．中国安全生产科学技术，2005，1（5）：44～47．

［35］廖国礼，吴超．某市大气污染动态监测优化研究［J］．有色金属，2004，56（4）：132～135．

［36］廖国礼，吴超.主成分分析法在矿山空气污染监测点优化中的应用［J］.金属矿山，2005，(5)：44～47.

［37］廖国礼，吴超.矿山不同片区土壤中 Zn、Pb、Cd、Cu 和 As 的污染特征［J］.环境科学，2005，26 (3)：157～161.

［38］李艳强，吴超.受限空间内粉尘流动的浓度分布模型及其数值模拟实践［J］.中国安全科学学报，2007，17 (10)：50～55.

［39］李艳强，吴超.微颗粒在表面黏附的力学模型可视化研究［J］.安全与环境工程，2007，14 (3)：15～18.

［40］李艳强，吴超，阳富强.微颗粒在表面黏附的力学模型［J］.环境科学与技术，2008，31 (1)：8～11.

二、发明专利

［1］吴超，夏长念，李明，贺兵红.一种清洗大气飘尘的复合湿润剂［P］.CN200710034561.3.

［2］张岩，吴超.一种复合功能的新型固土剂.发明专利申请号，201110307243.6.

［3］李明，吴超，李孜军.矿井进风流除尘装置.发明专利申请号，201210038363.5.

［4］李明，吴超，李孜军，刘琛，徐佩.一种固体材料表面黏附力测量方法及系统.发明专利申请号，201310055691.0.

参 考 文 献

［1］ Adrienne Dove，Genevieve Devaud，Xu Wang，et al. Mitigation of lunar dust adhesion by surface modifica-tion ［J］. Planetary and Space Science，2011，59：1784～1790.

［2］ Tanaka M，Komagata M，Tsukada M，et al. Fractal analysis of the influence of surface roughness of toner particles on their flow properties and adhesion behavior ［J］. Powder Technology，2008，186：1～8.

［3］ Jaiswaf R P，Kilroy C M，Kumar G，et al. Particle adhesion to photomask surfaces ［J］. ECS Transac-tions，2007，11（2）：465～469.

［4］ Akshata，Spencer Nicholas D. Controlling adhesion force by means of nanoscale surface roughness ［J］. Langmuir，2011，27（16）：9972～9978.

［5］ Aspenes G，Dieker L E，Aman Z M，et al. Adhesion force between cyclopentane hydrates and solid surface materials ［J］. Journal of Colloid and Interface Science，2010，343：529～536.

［6］ Rimai D S，Weiss D S，Quesnel D J. Particle adhesion and removal in lector－photography ［J］. Journal of Adhesion Science and Technology，2003，17（7）：917～942.

［7］ Vanderwood R，Cetinkaya C. Nanoparticle removal from trenches and pinholes with pulsed－laser induced plasma and shock waves ［J］. Journal of Adhesion Science and Technology，2003，17（1）：129～147.

［8］ Busnaina A A，Xiong X，Park J G. Particle adhesion and removal in the semiconductor industry ［C］.// 2003 STLE/ASME Joint International Tribology Conference. New York，United States：American Society of Mechanical Engineers，2003，115～120.

［9］ Gradon Leon. Resuspension of particles from surfaces：Technological，environmental and pharmaceutical as-pects ［J］. Advanced Powder Technology，2009，20（1）：17～28.

［10］ 李柏. 自洁外墙涂料 HW4 的研制 ［J］. 南华大学学报（理工版），2004，18（2）：73～76.

［11］ 王亚超. 城市植物叶面尘理化特性及源解析研究 ［D］. 南京：南京林业大学，2007.

［12］ Tomasevic M，Vukmirovic Z，Raj Sic S，et al. Characterization of trace metal particles deposited on some deciduous tree leaves in an urban area ［J］. Chemosphere，2005，61（6）：753～760.

［13］ 陈玮，何兴元，张粤，等. 东北地区城市针叶树冬季滞尘效应研究 ［J］. 应用生态学报，2003，14（12）：2113～2116.

［14］ 齐淑艳，徐文铎. 沈阳常见绿化树种滞尘能力的研究 ［M］. 北京：中国林业出版社，2002：195～198.

［15］ 董希文，崔强，王丽敏，等. 园林绿化树种枝叶滞尘效果分类研究 ［J］. 防护林科技，2005，64（1）：28～29.

［16］ 赵勇，李树人，阎志平. 城市绿地的滞尘效应及评价方法 ［J］. 华中农业大学学报，2002，21（6）：582～586.

［17］ Marc Ottelé，Hein D van Bohemen，Alex L A Fraaij. Quantifying the deposition of particulate matter on climber vegetation on living walls ［J］. Ecological Engineering，2010，36：154～162.

［18］ Prusty B A K，Mishra P C，Azeez P A. Dust accumulation and leaf pigment content in vegetation near the national highway at Sambalpur，Orissa，India ［J］. Ecotoxicology and Environmental Safety，2005，60（2）：228～235.

［19］ Mitchella R，Maher B A，Kinnersley R. Rates of particulate pollution deposition onto leaf surfaces temporal and inter－species magnetic analyses ［J］. Enviromental Pollution，2010，158：1472～1478.

［20］ Kathryn Mainawaring，Christopher P Morley. Role of heavy polar organic compounds for water repellency of sandy soils [J]. Environmental Chemistry Letters, 2004, 2 (1): 35~39.

[21] Cai Xiuzhen, Liu Keming, Long Chunlin. Observation of leaf epidermis of five species in colocasia by SEM [J]. Journal of Natural Science of Hunan Normal University, 2004, 27 (4): 66~72.

[22] Chen Xiongwen. Study of the short – physiological response of plant leaves to dust [J]. Acta Botanica sinica, 2001, 43 (10): 1058~1064.

[23] Wen Xiangying, Lin Qi, Zeng Qingwen, et al. Study on the leaf epiderm is of the genus schisandra in China [J]. Life Science Research, 2000, 4 (1): 83~87.

[24] Youfa Zhang, Hao Wu, Xinquan Yu, et al. Microscopic observations of the lotus leaf for explaining the outstanding mechanical properties [J]. Journal of Bionic Engineering, 2012.

[25] 王淑杰. 典型生物非光滑表面形态特征及其脱附功能特性研究 [D]. 长春: 吉林大学, 2006.

[26] Nakajima A. Design of transparent hydrophobic coating [J]. J. Ceram Soc. Jpn., 2004, 112 (10): 533~540.

[27] Zhang H, Lamb R, Lewis J. Engineering nanoscale roughness on hydrophobic surface – preliminary assessment of fouling behaviour [J]. Sci. Technol. Adv. Mat., 2005, 6 (3–4): 236~239.

[28] Feng L, Li S, Li Y, et al. Super – hydrophobic surface: from natural to artificial [J]. Adv. Mater., 2002, 14 (24): 1857~1860.

[29] Gao X, Jiang L. Water – repellent legs of water striders [J]. Nature, 2004, 432 (7013): 36.

[30] Guo Z G, Zhou F, Hao J C, et al. "Stick and slide" ferro fluidic droplets on super – hydrophobic surfaces [J]. Appl. Phys. Lett., 2006, 89 (8): 081911 – 1~081911 – 3.

[31] Yanagimachi I, Nashida N, Iwasa K, et al. Enhancement of the sensitivity of electrochemical stripping analysis by evaporative concentration using a super – hydrophobic surface [J]. Sci. Technol. Adv. Mat., 2005, 6 (6): 671~677.

[32] Cyranoski D. Chinese plan pins big hopes on small science [J]. Nature, 2001, 414 (6861): 240.

[33] Duparre A, Flemming M, Steinert J, et al. Optical coatings with enhanced roughness for ultra – hydrophobic, low – scatter applications [J]. Appl. Opt., 2002, 41 (16): 3294~3298.

[34] Ma M, Hill R M. Super – hydrophobic surface [J]. Curr Opin Colloid Interf Sci., 2006, 11 (4): 193~202.

[35] Coulson S R, Woodward I, Badyal J P S, et al. Super – repellent composite fluor polymer surfaces [J]. J. Phys. Chem. B, 2000, 104 (37): 8836~8840.

[36] 汪时机. 微小结构黏附的尺度效应与张拉法的理论研究 [D]. 合肥: 中国科学技术大学, 2007.

[37] Batyrev I G, Alavi A, Finnis M W. Equilibrium and adhesion of Nb/sapphire: the effect of oxygen partial pressure [J]. Phys. Rev. B 2000, 62: 468~470.

[38] Bennet I J, Kranenburg J M, Sloof W G. Modeling the influence of reactive elements on the work of adhesion between oxides and metal alloys [J]. J. Am. Ceram. Soc., 2005, 88: 2209~2216.

[39] Luan B Q, Robbins M O. The breakdown of continuum models for mechanical contacts [J]. Nature, 2005, 435: 929~932.

[40] Luan B Q, Robbins M O. Contact of single asperities with varying adhesion: comparing continuum mechanics to atomistic simulations [J]. Phys. Rev. E, 2006, 74: 26~111.

[41] Gilabert F A, Krivtsov A M, Castellanos A. A molecular dynamics model for single adhesive contact [J]. Meccanica, 2006, 41: 341~349.

[42] Cha P R, Srolovitz D J, Vanderlick T K. Molecular dynamics simulation of single asperity contact [J]. Acta Materialia, 2004, 52: 3986~3996.

[43] Yong C W, Kendall K, Smith W. Atomistc studies of surface adhesions using molecular – dynamics simula-

tions [J]. Phil. Trans. R. Soc. Lond. A, 2004, 362: 1915 ~ 1929.

[44] Gerberich W W, Volinsky A A, Tymiak N I. A brittle to ductile transition in adhered thin films [J]. Mater. Res. Soc. Symp, 2000, 594: 351 ~ 363.

[45] Curtin W A, Miller R E. Atomistic/continuum coupling in computational materials science [J]. Modelling Simul. Mater. Sci. Eng, 2003, 11: 33 ~ 68.

[46] 马皓晨. 微机电系统中黏附的表面效应和尺寸效应的研究 [D]. 镇江: 江苏大学, 2005.

[47] Niels Tas, Tonny Sonnenberg, Henri Jansen, et al. Stiction in surface micromachining [J]. J. Micromech Microeng, 1996 (6): 385 ~ 397.

[48] 任嗣利, 杨生荣, 张俊彦, 等. 自组装单分子膜在摩擦学中的研究进展 [J]. 摩擦学学报, 2000, 5: 395 ~ 400.

[49] Jiang Wei, Luo Jianbin, Wen Shizhu. Tribological properties of OTS self – assembled monolayers [J]. Chinese Science Bulletin, 2001, 46 (8): 698 ~ 702.

[50] Ding Jianning, Chen Jun, Fan Zhen, et al. Molecular dynamics of ultra – thin lubricating films under confined shear [J]. Journal of Wuhan University of Technology: Materials Science Edition, 2004, 19 (11): 76 ~ 78.

[51] 黄之祥. 我国氟树脂及氟碳涂料生产、应用概况 [M]. 北京: 化学工业出版社, 2003.

[52] 边蕴静. 氟碳涂料的发展和新技术应用 [J]. 国内外涂料工业, 2004 (9): 37 ~ 39.

[53] 刘秀生, 高万振, 郑芝国. 低表面能涂层技术发展现状 [J]. 表面工程资讯, 2005, 5 (3): 3 ~ 4.

[54] Guo Z G, Zhou F, Liu W M, et al. Stable biomimetic super – hydrophobic engineering materials [J]. Chem. Soc. , 2005, 127: 15670 ~ 15671.

[55] Qian B T, Shen Z Q. Fabrication of super – hydrophobic surfaces by dislocation – selective chemical etching on aluminum, copper, and zinc substrates [J]. Langmuir, 2005, 21: 9005 ~ 9007.

[56] Jiang Y G, Wang Z Q, Yu X, et al. Self – assembled monolayers of dendron thiols for electrodeposition of gold nanostructures: toward fabrication of superhydrophobic /superhydrophilic surfaces and ph – responsive surfaces [J]. Langmuir, 2005, 21: 1986 ~ 1990.

[57] 段辉, 汪厚植, 赵雷, 等. 氟化丙烯酸/二氧化硅杂化超疏水涂层的性能研究 [J]. 涂料工业, 2006, 36 (12): 1 ~ 4.

[58] Zhao N, Shi F, Zhang X, et al. Combining layer – by – layer assembly with electrodeposition of silver aggregates for Fabricating superhydrophobic surfaces [J]. Langmuir, 2005, 21: 4713 ~ 4716.

[59] Shirtcliffe N J, McHale G, Newton M I. Intrinsically superhydrophobic organosilica sol – gel foams [J]. Langmuir, 2003, 19: 5626 ~ 5613.

[60] Singh A, Steely L, Allock H R. Poly [bis (2, 2, 2 – trifluoroethoxy) phosphazene] super – hydrophobic nano – fibers [J]. Langmuir, 2005, 21: 11604 ~ 11607.

[61] Li W Z, Liang C H, Zhou W J. Preparation and characterization of multiwalled carbon nanotube – supported platinum for cathode catalysts of direct Methanol fuel cells [J]. J. Phys. Chem. B, 2003, 107: 6292 ~ 6299.

[62] Wu X D, Zheng L J, Wu D. Fabrication of super – hydrophobic surfaces from micro – structured zno – based surfaces via a wet – chemical route [J]. Langmuir, 2005, 21: 2665 ~ 2667.

[63] Su Changhong, Xiao Yi, Chen Qingmin, et al. A simple way to fabricate multi – dimension bionic super – hydrophobic surface [J]. Chinese J. Inorg. Chem. , 2006, 22 (5): 785 ~ 788.

[64] 谷国团, 张治军, 党鸿辛. 一种可溶性低表面自由能聚合物的制备及其表面性质 [J]. 高分子学报, 2002, (12): 770.

[65] 卢红梅. 抛光砖表面防污剂的研制 [J]. 涂料工业, 2002, 32 (10): 14~16.

[66] 王生杰, 侣庆法, 范晓东. 新型有机硅自洁防污机理的研究 [J]. 涂料工业, 2004, 34 (7): 8~11.

[67] 苏桂明, 王宇非. 新型汽车面漆用疏水涂料 [J]. 特种涂料与涂装特刊, 2006 (7): 33~36.

[68] 鑫展旺. 自清洁环保汽车面漆实现产业化 [J]. 有机氟硅资讯, 2008 (12): 10.

[69] 丛锡江. 天天开"新车"天天好心情—圣光超级魔力漆面保护剂给您带来惊喜 [J]. 商业时代, 2005, 7 (7): 50.

[70] 豆俊峰, 郭振扬. 纳米 TiO_2 的光化学特性及在环境科学中的应用 [J]. 材料导报, 2000, 14 (6): 35~37.

[71] 任雪潭, 曾令可, 黄浪欢, 等. 二氧化钛与环保建材 [J]. 新型建筑材料, 2000, (7): 37.

[72] 庞世红. 光催化自洁净玻璃研究开发现状及应用前景 [J]. 中国建材, 2004, (10): 49~51.

[73] Junjie Niu, Jiannong Wang. A novel self–cleaning coating with silicon carbide nanowires [J]. J. Phys. Chem. B, 2009, 113: 2909~2912.

[74] Rosario R, Gust D, Garcia A, et al. Lotus effect amplifies light–induced contact angle switching [J]. J. Phys. Chem. B, 2004, 108 (34): 12640~12642.

[75] Verplanck N, Galopin E, Camart J C, et al. Reversible electrowetting on euperhydrophobic silicon nanowires [J]. Nano Lett. 2007, 7 (3): 813~817.

[76] Okamoto K, Shook C J, Bivona L, et al. Direct observation of wetting and diffusion in the hydrophobic interior of silica nanotubes [J]. Nano Lett. 2004, 4 (2): 233~239.

[77] Xintong Zhang, Osamu Sato, Minori Taguchi, et al. Self–cleaning particle coating with antireflection properties [J]. Chem. Mater., 2005, 17: 696~700.

[78] 叶超贤, 李红强, 蔡阿满, 等. 偶联剂改性无机纳米粒子及其在水性涂料中的应用研究进展 [J]. 涂料工业, 2009, 39 (7): 64~67.

[79] 宋震宇, 霍瑞亭, 周劲勋, 等. 改性 SiO_2 在防污自洁表面处理中的应用 [J]. 涂料工业, 2009, 39 (3).

[80] 姚丽, 杨婷婷, 程时远. 纳米 SiO_2/含氟丙烯酸酯共聚物复合乳液的制备与性能及聚合动力学研究 [J]. 高分子学报, 2008 (3): 221~230.

[81] Rongmin Wang, Boyun Wang, Yufeng He, et al. Preparation of composited nano–TiO_2 and its application on antimicrobial and self–cleaning coatings [J]. Polymers Advanced Technologies, 2010, 21: 331~336.

[82] 王国建. 有机硅氧烷/丙烯酸酯共聚弹性乳液的研制 [J]. 建筑材料学报. 2001 (4): 378~384

[83] 孙中新, 李继航, 李毅, 等. 硅丙乳液的结构表征及性能研究 [J]. 化学建材, 2001 (2): 21~24.

[84] 杨慕杰, 刘宏伟, 张火明, 等. 硅丙乳胶涂料 [J]. 涂料工业, 2000, 30 (1): 12~15.

[85] 龚兴宇, 谢云川, 范晓东. 高硅烷含量硅丙复合乳液的性能及应用研究 [J]. 涂料工业, 2002, 35 (5): 6~10.

[86] 黄可知, 熊焰, 龚芸, 等. 有机硅–丙烯酸酯超耐候性外墙涂料的研制 [J]. 华中科技大学学报 (自然科学版), 2003 (7): 93~96.

[87] 国信. 瑞典研制新型船体防污涂料 [J]. 航海, 2002, 6: 43.

[88] 赵晓娣, 顾振亚, 牛家嵘, 等. 防污自洁 PVC 建筑膜材的研究 [J]. 新型建筑材料, 2007 (7): 4~7.

[89] 郑黎俊, 乌学东, 楼增. 表面微细结构制备超疏水表面 [J]. 科学通报, 2004, 49 (17): 1691~1699.

[90] 赵晓娣, 顾振亚, 叶雪康, 等. 防污自洁面涂剂的制备与应用 [J]. 针织工业, 2007 (2):

54~57.

[91] 罗厚灿. 汽车面漆 [J]. 技术与市场, 2004 (6): 15.

[92] 粟常红, 陈庆民. 一种荷叶效应涂层的制备 [J]. 无机化学学报, 2008, 24 (2): 298~302.

[93] Woodward I, Schofield W Ce, Roucoules V, et al. Super-hydrophobic surfaces produced by plasma fluorination of polybutadiene films [J]. Langmuir, 2003, 19: 3432~3438.

[94] Teshima Katsuya, Sugimura Hiroyuki, Inoue Yasushi, et al. Ultra-water-repellent poly (ethylene terephthalate) substrates [J]. Langmuir, 2003, 19: 10624~10627.

[95] Teshima Katsuya, Sugimurab Hiroyuki, Inouec Yasushi, et al. Transparent ultra water-repellent poly (ethylene terephthalate) substrates fabricated by oxygen plasma treatment and subsequent hydrophobic coating [J]. Applied Surface Science, 2005, 244: 619~622.

[96] 张之秋, 杨文芳, 顾振亚, 等. 防污自洁建筑膜材的制备 [J]. 天津工业大学学报, 2008, 27 (6): 34~37.

[97] 郑振荣, 顾振亚, 霍瑞亭, 等. 防污自洁聚偏氟乙烯膜的制备与表征 [J]. 建筑材料学报, 2010, 13 (1): 36~41.

[98] Yanggang Guo, Qihua Wang. Facile approach in fabricating superhydrophobic coatings from silica-based nanocomposite [J]. Applied Surface Science. 2010: 33~36.

[99] Watanabe T, Nakaj Ima A, Wang R, et al. Photocatalytic activity and photoinduced hydrophilicity of titanium dioxide coated glass [J]. Thin Solid Films, 1999, 351 (1-2): 260~263.

[100] Camila A R, Lay-Theng L, Fernando G. Surface mechanical properties of thin polymer films investigated by AFM in pulsed force mode [J]. Langmuir, 2009, 25 (17): 9938~9946.

[101] 朱杰, 孙润广. 原子力显微镜的基本原理及其方法学研究 [J]. 生命科学仪器, 2005, 3 (1): 22~26.

[102] Motoyuki I, Motoyasu Y, Tadashi T, et al. Direct measurement of interactions between stimulation-responsive drug delivery vehicles and artificial mucin layers by colloid probe atomic force microscopy [J]. Langmuir, 2008, 24: 3987~3992.

[103] Michael K, Hans-Jürgen T. The colloidal probe technique and its application to adhesion force measurements [J]. Particle and Particle Systems Characterization, 2002, 19: 129~143.

[104] Dejeu J, Bechelany M, Philippe L, et al. Reducing the adhesion between surfaces: using surface structuring with PS latex particle [J]. Applied Materials and Interfaces, 2010, 6: 1630~1636.

[105] Tykhoniuk R, Tomas J, Luding S, et al. Ultrafine cohesive powders: from interparticle contacts to continuum behaviour [J]. Chemical Engineering Science, 2007, 62: 2843~2864.

[106] Mizes H, Ott M, Eklund E, et al. Small particle adhesion: measurement and control [J]. Colloids and Surfaces, 2000, 165: 11~23.

[107] Tang Y, Liu Y, Sampathkumaran U, et al. Particle growth and particle-surface interactions during low-temperature deposition of ceramic thin films [J]. Solid State Ionics, 2002, 151: 69~78.

[108] 柳冠青, 李水清, 姚强. 微米颗粒与固体表面相互作用的 AFM 测量 [J]. 工程热物理学报, 2009, 30 (5): 803~806.

[109] Taylor C J, Dieker L E, Miller K T, et al. Micromechanical adhesion force measurements between tetrahydrofuran hydrate particles [J]. Journal of Colloid and Interface Science, 2007, 306: 255~261.

[110] Dieker L E, Aman Z M, George N C, et al. Micromechanical adhesion force measurements between hydrate particles in hydrocarbon oils and their modifications [J]. Energy and Fuels, 2009, 23: 5966~5971.

[111] Yang S O, Kleehammer D M, Huo Z X, et al. Temperature dependence of particle-particle adherence

forces in ice and clathrate hydrates [J] . Journal of Colloid and Interface Science, 2004, 277: 335 ~ 341.

[112] Nicholas J W, Dieker L E, Sloan E D, et al. Assessing the feasibility of hydrate deposition on pipeline walls – Adhesion force measurements of clathrate hydrate particles on carbon steel [J] . Journal of Colloid and Interface Science, 2009, 331: 322 ~ 328.

[113] Nguyen T T, Rambanapasi C, Boer A H, et al. A centrifuge method to measure particle cohesion forces to substrate surfaces: the use of a force distribution concept for data interpretation [J] . International Journal of Pharmaceutics, 2010, 393: 88 ~ 95.

[114] Salazar – Banda G R, Felicetti M A, Goncalves J A S, et al. Determination of the adhesion force between particles and a flat surface, using the centrifuge technique [J] . Powder Technology, 2007, 173: 107 ~ 117.

[115] Hu B, Freihaut J D, Bahnfleth W P, et al. Measurements and factorial analysis of micron – sized particle adhesion force to indoor flooring materials by electrostatic detachment method [J] . Aerosol Science and Technology, 2008, 42 (7): 513 ~ 520.

[116] Ripperger S, Hein K. Measurement of adhesion forces in air with the vibration method [J] . China Particuology, 2005, 3 (1 – 2): 3 ~ 9.

[117] 范建国, 夏宇兴. 微米颗粒黏附力的光学测量法 [J] . 中国激光, 2003, 30 (11): 1023 ~ 1026.

[118] Ding W Q. Micro/nano – particle manipulation and adhesion studies [J] . Journal of Adhesion Science and Technology, 2008, 22: 457 ~ 480.

[119] 聂百胜, 何学秋, 王恩元, 等. 煤吸附水的微观机理 [J] . 中国矿业大学学报, 2004, 33 (4): 379.

[120] 李计元. 陶瓷表面能调控及其易洁性研究 [D] . 石家庄: 河北工业大学, 2007.

[121] Lugscheider E, Bobzon K, Moller M. The effect of PVD layer constitution on surface free energy [J]. Thin solid film, 1999, 367.

[122] 郑水林. 粉体表面改性 [M] . 北京: 中国建材工业出版社, 2003.

[123] 程兰征. 简明界面化学 [M] . 大连: 大连工学院出版社, 1987.

[124] 梁治齐. 实用清洗技术手册 [M] . 北京: 化学工业出版社, 2003.

[125] 潘慧铭, 黄素娟. 表面、界面的作用与粘接机理 (二) [J] . 粘接, 2003, 24 (3): 41 ~ 46.

[126] 夏长念, 建筑物表面粘尘机理与防尘实验研究 [D] . 长沙: 中南大学, 2007.

[127] Mittal K L. Particles on Surfaces [M] . New York: Plenum Press, 1988.

[128] Ranade M B. Adhesion and removal of fine particles on surface [J] . Aerosol Science and Technology, 1987, 7 (2): 161 ~ 176.

[129] 李明. 固体微颗粒黏附与清除的机理及表面保洁技术的研究 [D] . 长沙: 中南大学, 2009.

[130] 陈东辉. 典型生物摩擦学结构及仿生 [D] . 长春: 吉林大学, 2007.

[131] Sneddon Ian N. The relation between load and penetration in the axisymmetric boussinesq problem for a punch of arbitrary profile international [J] . Journal of Engineering Science, 1965, 3 (1): 47 ~ 57.

[132] Johnson K L, Kendall K, Roberts A D. Surface energy and the contact of elastic solids [J]. Proc. R. Soc. Lond. A, 1971, 324: 301 ~ 313.

[133] Derjaguin B V, Muller V M, Toporov Y P. Effect of contact deformations on the adhesion of particles [J]. Journal of Colloid and Interface Science, 1975, 67: 314 ~ 326.

[134] Tabor D. Surface forces and surface interactions [J] . Journal of Colloid and Interface Science, 1976, 58: 1 ~ 13.

[135] Maugis D. Adhesion of spheres: the JKR – DMT transition using a dugdale model [J] . Journal of Colloid

and Interface Science. 1992, 150: 243 ~ 269.

[136] Johnson K L. Mechanics of adhesion [J]. Tribology International, 1998, 31 (8): 413 ~ 418.

[137] Johnson K L, Greenwood J A. An adhesion map for the contact of elastic spheres [J]. Journal of Colloid and Interface Science, 1997, 192: 326 ~ 333.

[138] Legtenberg R, Tilmans H A C, Elders J. et al. Stiction of surface micromachined structures after rinsing and drying: model and investigation of adhesion mechanisms [J]. Sensors Actuators A, 1994, 43: 230 ~ 238.

[139] 魏悦广. 机械微型化所面临的科学难题 - 尺度效应 [J]. 1995 - 2004, Tsinghua Tongfang Optical Disc Co., Ltd. 22 (2): 57 ~ 61.

[140] 张济忠. 分形 [M]. 北京: 清华大学出版社, 1995.

[141] Curtin W A, Miller R E. Atomistic/continuum coupling in computational materials science [J]. Modelling Simul. Mater. Sci. Eng, 2003, 11: 33 ~ 68.

[142] 陈世毅. 对表面张力和润湿现象的一种解释 [J]. 杭州师范学院学报, 1997, 3: 100 ~ 102.

[143] Mastrangelo C H, Hsu C H. Mechanical stability and adhesion of microstructures under capillary forces - Part I: basic theory [J]. Journal of Microelectromechanical Systems, 1993, 2: 33 ~ 43.

[144] Burdick Gretchen, Eichenlaub Sean, Berman Neil, et al. A comprehensive model for cleaning semiconductor wafers [C]. //The International Symposium on Ultra Clean Processing of Silicon Surfaces V. Ostend, Belgium. Diffusion and Defect Data Pt. B: Solid State Phenomena, 2003, 135 ~ 138.

[145] Otani Yoshio, Namiki Norikazu, Emi Hitoshi. Removal of fine particles from smooth flat surfaces by consecutive pulse air jets [J]. Aerosol Science and Technology, 1995, 24 (4): 665 ~ 673.

[146] Shule H J. Physico - chemical eleentary processes in flotation [J]. Amsterdam: Elsevier, 1984, 348.

[147] Churaev N V. The effect of adcorbed layerson van der Waals force in thin liquid films [J]. Coll. Polym. Sci., 1975, 253: 120 ~ 126.

[148] Pugh R J. Macromolecular organic depressants in suphide flotation - A review. Thearetical analysis of the forces involved in the depressant action [J]. Int J Miner Process, 1989, 25: 131 ~ 146.

[149] Sato T, Ruch R. Stabilization of Collodal Dispersions by Polymer Adsorption [M]. New York: Marcel Dakker Inc. 1980.

[150] 方启学. 微细颗粒弱磁性铁矿分散与复合团聚理论及分选工艺研究 [D]. 长沙: 中南工业大学, 1996.

[151] Ottewill R H, Schick M J. Noninic Surfactants [M]. New York: Marcel Dekker Inc, 1969.

[152] Komvopoulos K, Yan W. A fractal analysis of suction in micro electro mechanical systems [J]. Journal of Tribology, 1997, 119: 391 ~ 400.

[153] Komvopoulos K, Yan W. Three - dimensional elastic - plastic fractal analysis of surface adhesion in micro electro mechanical systems [J]. Journal of Tribology, 1998, 120: 808 ~ 813.

[154] Johnson K L. The mechanics of Adhesion, deformation and contamination in friction [J]. Tribology Series, 1994, 27: 21 ~ 33.

[155] Yan W, Komvopoulos K. Contact analysis of elastic - plastic fractal surfaces [J]. Journal of Applied Physics. 1998, 84 (7): 3617 ~ 3624.

[156] Mastrangelo C H, Hsu C H. A simple experimental technique for the measurement of the work of adhesion of micros tructures [J]. 1992, IEEE: 208 ~ 212.

[157] Burdick G M, Berman N S, Beaudoin S P. Hydrodynamic particle removal from surfaces [J]. Thin Solid Films, 2005, 488: 116 ~ 123.

[158] 朱克勤, 许春晓. 黏性流体力学 [M]. 北京: 高等教育出版社, 2009.

[159] 张学学，李桂馥．热工基础［M］．北京：高等教育出版社，2000．

[160] 李艳强．微颗粒在表面的黏附力学及其可视化应用研究［D］．长沙：中南大学，2007．

[161] 张志涌，刘瑞祯，杨祖樱．掌握和精通 MATLAB［M］．北京：北京航空航天大学出版社，1997．

[162] 顾惕人，译．表面的物理化学［M］．北京：科学出版社，1984．

[163] 周长林．微生物学［M］，2 版．北京：中国医药科技出版社，2009．

[164] Mittal K L. Particles on Surfaces 8：Detecton，Adhesion and Removal［M］．Brill，STM & Biology，2003．

[165] 胡 辉．浅谈建筑物外墙的清洗［J］．清洗世界，2005，21（6）：34～36．

[166] 卢志宏．建筑装饰石材的发展与应用［J］．山东建材，2003，24（2）：49～50．

[167] 申克权，赵吉寿．装饰石材、地砖污染清除和病症治理［J］．云南民族学院学报（自然科学版），2001，10（4）：515～517．

[168] 张景林，崔国璋．安全系统工程［M］．北京：煤炭工业出版社，2002．

[169] 侯建华．由几个实例看装饰石材"病变"原因分析与治理（一）［J］．石材，2004（10）：17～21．

[170] 王延华．几种石材病症的确定［J］．石材，2005（7）：31～32．

[171] 吴伟东．石材的养护与病症处理浅析［J］．丽水学院学报，2004，26（5）：69～71．

[172] 侯建华，胡云林．石材防护剂的防护机理及使用注意事项［J］．石材，2005（6）：16～21．

[173] 谈耀麟．大理石、花岗石地板磨抛翻新技术［J］．石材，2003（1）：21～22．

[174] 王延华．一项石材综合病症治理的实例［J］．石材，2001（12）：19～20．

[175] 黄月文．硅氟防污技术［J］．广东建材，2003（12）：1～4．

[176] 覃超国，陈乃炽．长效抛光砖防污剂的研制［J］．中小企业科技，2003（10）：23．

[177] 陈俊光．溶剂型石材防护剂的应用［J］．石材，2005（11）：23～24．

[178] Yamamori Naoki. 丙烯酸树脂和防污涂料［P］．欧洲：EP 1323754（2002.12.24）．

[179] 金振华．新型水溶性丙烯酸树脂的应用与发展［J］．内蒙古石油化工，2002，28（4）：41～43．

[180] 卫亚儒，姬海君，宋学峰，等．硅丙乳液防水剂的研制［J］．有机硅材料，2005，19（3）：21～23．

[181] 黄月文，等．新型活性有机硅防污涂料［J］．有机硅氟资讯，2005（1）：22～25．

[182] 黄月文．几种高性能渗透型建筑防水材料［J］．广东建材，2006（1）：25～27．

[183] 黄月文，刘伟区，罗广建．有机硅、氟高分子表面活性剂在建材中的应用发展［J］．高分子通报，2005（3）：89～95．

[184] 黄月文．高性能氟碳建筑涂料［J］．化学建材，2003（8）：1～4．

[185] 肖进新，罗妙宣，胡昌明．碳氟表面活性剂在有机液体中的表面活性［J］．精细化工，2000，17（2）：63～65．

[186] 徐峰．氟表面活性剂及在涂料中的应用［J］．化学建材，2000（1）：29～31．

[187] 赵春霞，徐卡秋，唐聪明．氟碳表面活性剂研究［J］．四川化工，2004（3）：13～16．

[188] 韩磊，张秋禹．低表面能防污涂料的最新研究进展［J］．材料保护，2006，39（2）：37～42．

[189] 边蕴静．低表面能防污涂料的防污特性理论分析［J］．中国涂料，2000（5）：36～40．

[190] 邵宇．使用光催化技术的多功能建筑材料［J］．建筑知识，2004（3）：15～16．

[191] 耿启金，卢小琳，国伟林，等．光催化建筑材料的研究进展［J］．中国住宅设施，2003（9）：26～27．

[192] 王宇晖，徐高田．光触媒技术的发展与应用［J］．化学工程师，2004，111（12）：38～41．

[193] Michael，等著，表面活性剂大全［M］．王绳武，等译．上海：上海科学技术文献出版社，1988．

[194] 刘程，张万福．表面活性剂产品大全［M］．北京：化学工业出版社，1998．

[195] 彭民政．表面活性剂生产技术与应用［M］．广州：广东科技出版社，1999．

[196] 王世荣，李祥高，刘东志，等．表面活性剂化学［M］．北京：化学工业出版社，2005.

[197] 夏纪鼎，倪永全．表面活性剂和洗涤剂化学与工艺学［M］．北京：中国轻工业出版社，1997.

[198] 刘程．表面活性剂应用大全［M］．北京：北京工业大学出版社，1994.

[199] 蒋展鹏．环境工程学［M］．北京：高等教育出版社，1992.

[200] 吴超，欧家才，吴国珉．阴离子型湿润剂与硫化矿尘的耦合性实验［J］．中国矿业大学学报，2006，35（3）：323～328.

[201] 夏长念，吴超，彭小兰．湿润剂与铅锌矿尘耦合试验及井下应用研究［J］．矿业研究与开发，2006，（增刊）：102～105.

[202] 吴超．化学抑尘［M］．长沙：中南大学出版社，2003.

[203] 沈钟，王果庭．胶体与表面化学［M］．北京：化学工业出版社，1997.

[204] 吕世光．塑料助剂手册［M］．北京：中国轻工业出版社，1986.

[205] 金杏林．精密洗净技术［M］．北京：化学工业出版社，2005.

[206] 刘玉林，王娟，张西慧．洗净技术基础［M］．北京：化学工业出版社，2005.

[207] 徐传义．超光滑光学表面激光清洗的机理和试验研究［D］．西安：西北工业大学，2002.

[208] 王承遇，陶瑛．玻璃表面处理技术［M］．北京：化学工业出版社，2004.

[209] 游劲秋．浅析表面能和乳胶漆耐沾污性能的关系［J］．化学建材，2003（4）：12～14.

[210] 丁金城，赵增典，吕忆民，等．抛光砖表面防污技术研究［J］．佛山陶瓷，2006（2）：21～23.

[211] 姜海燕．抛光砖吸污原因及防污方法的探讨［J］．山东陶瓷，2005，28（2）：32～33.

[212] Fowkes F M. Acid – base inferactions in polymer adsorption［J］. Ind. Erg. Chem. Prod. Res. Dev. ，1978，17（1）：3～7.

[213] Otani Yoshio, Namiki Norikazu, Emi Hitoshi. Removal of fine particles from smooth flat surfaces by consecutive pulse air jets［J］. Aerosol Science and Technology, 1995, 24（4）：665～673.

[214] Masuda Hiroaki, Gotoh Kuniaki, Fukada Hiroshi, et al. Removal of particles from flat surfaces using a high – speed air jet［J］. Advanced Powder Technology, 1994, 5（2）：205～217.

[215] 梁治齐．实用清洗技术手册［M］．2版．北京：化学工业出版社，2005.

[216] 王平得，戴春雷．城市大气中颗粒物的研究现状及健康效应［J］．中国环境监测，2005，21（1）：24～27.

[217] 吴雷，王慧．城市颗粒物污染来源与特性分析［J］．干旱环境监测，2003，17（3）：157～159.

[218] 郝瑞，刘飞．我国城市扬尘污染现状及控制对策［J］．环境保护科学，2003，29（2）：3～6.

[219] Weyl W A. The Consititition of Glass［M］. New York：John Wiley & Sons Inc. ，1968.

[220] 向晓东．现代除尘理论与技术［M］．北京：冶金工业出版社，2002：34～78.

[221] 陈天虎，徐惠芳．大气降尘 TEM 观察及其环境矿物学意义［J］．岩石矿物学杂志，2003，22（4）：425～428.

[222] 朱联锡，空气污染控制原理［M］．成都：成都科技大学出版社，1990.

[223] 徐宝财．洗涤剂概论［M］．北京：化学工业出版社，2000.

[224] 周强，金祝年．化学涂料［M］．北京：化学工业出版社，1992.

[225] 姜银方．现代表面工程技术［M］．北京：化学工业出版社，2005.

[226] 滕欣荣．表面物理化学［M］．北京：化学工业出版社，2009.

[227] 高晖．轿车外表的尘土污染［J］．资源与环境科技资讯，2007（14）：157～158.

[228] 余志生．轿车理论［M］．北京：机械工业出版社，1989.

[229] 吴壮文．基于 SWIFT 的轿车外流场三维仿真模拟计算［J］．轿车科技，2008（5）：58～61.

[230] 谷正气，姜乐华，吴军，等．轿车绕流的数值分析及计算机模拟［J］．空气动力学学报，2000，18（2）：188～193.

［231］徐则川，吴志明．减少涂层表面粉尘附着的初步探索［J］．红外线技术，1996，19（2）：25～28.

［232］赵世民．表面活性剂——原理、合成、测定及应用［M］．北京：中国石化出版社，2005.

［233］陈婧．北京市人民币污染状况及硬币金属抗菌性能的研究［D］．北京：北京化工大学，2008.

［234］诸葛健，李华钟．微生物学［M］．北京：科学出版社，2009.

［235］Quirynen M，Vogels R，Pauwels M，et al. Initial subgingival colonization of pristine pockets［J］. J. Dent. Res.，2005，84（4）：340～344.

［236］Webb K，Hlady V，Tresco P A. Relationships among cellattachment，spreading，cytoskeletal organization，and migrationrate for anchorage – dependent cells on model surfaces［J］. J Biomed Mater. Res.，2000，49（3）：362～368.

［237］M C van Loosdrecht M C，Lyklema J，Norde W，et al. Influence of interfaces on microbial activity［J］. Microbiol Rev.，1990，54（1）：75～87.

［238］Conrad A. Bacterial antibodies in patients undergoing treatment for denture stomatitis［J］. J Prosthet Dent，1987，58：63.

［239］McNab R，Holmes A R，Clarke J M，et al. Cell surface polypeptide CshA mediates binding of Streptococcus gordonii to other oral bacteria and to immobilized fibronectin［J］. Infect Immun，1996，64（10）：4204～4210.

［240］Rlla G，Ellingsen J E，Gaare D. Polydimethylsiloxane as a tooth surface bound carrier of triclosan：a new concept in chemical plaque inhibition. ［J］. Adv Dent Res，1994，8（2）：272～277.

［241］Bennick A. Interaction of plant polyphenols with salivary proteins［J］. Crit Rev Oral Biol Med，2002，13（2）：184～196.

［242］Burdickl G M，Berman N S，Beaudoin S P. Hydrodynamic particle removal from surfaces［J］. Thin Solid Films，2005，1－2：116～123.

［243］王斌，魏泓．乳杆菌黏附机制的研究进展［J］．国际检验医学杂志，2006，27（3）：224～229.

［244］Lia Q，Rudolph V，Peukert W. London – Van der Waals adhesiveness of rough particles［J］. Powder Technology，2006，161（3）：248～255.

［245］Pitt R E. Models for theology and statistical strength of uniformly stressed vegetative tissue［J］. Trans. ASAE，1982，25（6）：1776～1784.

［246］Pitt R E. Chen H L Time – dependent aspects of the suength and theology of vegetative tissue［J］. Trans. ASAE，1983，24（4）：1275～1280.

［247］McLaughlin N，Pitt R E. Failure characteristics of apple tissue under cyclic loading［J］. Trans. ASAE，1984，27：311～320.

［248］盖国胜，陶珍东，丁明．粉体工程［M］．北京：清华大学出版社，2009.

［249］Bennick A. Interaction of plant polyphenols with salivary proteins［J］. Crit Rev Oral Biol Med，2002，13（2）：184～196.

［250］Burdickl G M，Berman N S，Beaudoin S P. Hydrodynamic particle removal from surfaces［J］. Thin Solid Films，2005，（1－2）：116～123.

［251］崔俊文．鞭毛细菌游动机理及其模型研究［D］．上海：上海交通大学，2007.

［252］黄耀熊．细胞生物力学［J］．物理，2005，34（6）：433～441.

［253］徐建国．分子医学细菌学［M］．北京：科学出版社．2000：65～75.

［254］房海．大肠埃希氏菌［M］．石家庄：河北科学技术出版社．1997：325～445.

［255］Spolenak R，Gorb S，Gao H，et al. Effects of contact shape on the scaling of biological attachments［J］. Proc. R. Soc. A，2005（461）：305～319.

[256] 闻玉梅. 现代医学微生物学 [M]. 上海：上海医科大学出版社，1999.

[257] 魏景超. 真菌鉴定手册 [M]. 上海：上海科技出版社，1979.

[258] 郭丽华，冯小英. 对图书上细菌分布的探讨 [J]。图书馆论坛，2006，26（1）：216～217.

[259] 张密芬. 对危害图书资料的真菌、细菌的防治 [J]. 大学图书馆学报，1999（1）：75～76.

[260] 何强. 环境科学导论 [M]. 北京：清华大学出版社，2004.

[261] Backett K P, Freer – Smith P, Taylor G. Effective tree species for local air quality management [J]. J. Arboric，2000，26（7）：12～19.

[262] 刘文菁，黄世鸿，刘小红. 南京市总悬浮颗粒物（TSP）及地面积尘来源解析 [J]. 气象科学，2001，21（1）：88～94.

[263] Backett K P, Freer – Smith P H, Taylor G. Urban wood lands：Their role in reducing the effects of particulate pollution [J]. Environ Pollut，1998，99（8）：347～360.

[264] 郭伟，申屠雅瑾，郑述强，等. 城市绿地滞尘作用机理和规律的研究进展 [J]. 生态环境学报，2010，19（6）：1465～1470.

[265] 刘萌萌，杨立新，张健，等. 大学校园主要绿化植物滞尘效应调查与分析——以沈阳地区三所大学校园绿化植物为例 [J]. 沈阳农业大学学报（社会科学版），2012，14（1）：115～118.

[266] 李彩霞. 长沙市大气颗粒物的污染特征及源解析 [D]. 长沙：湖南大学，2008.

[267] 柴一新，祝宁，韩焕金. 城市绿化书中的滞尘效应——以哈尔滨市为例 [J]. 应用生态学报，2002，13（9）：1121～1126.

[268] 李海梅，刘霞. 青岛市城阳区主要园林树种叶片表皮形态与滞尘量的关系 [J]. 生态学杂志，2008，27（10）：1659～1662.

[269] 蔡永立，宋永昌. 浙江天童常绿阔叶林藤本植物的适应生态学 I. 叶片解剖特征的比较 [J]. 植物生态学报，2001，25（1）：90～98.

[270] 郭鑫，张秋亮，唐力，等. 呼和浩特市几种常绿树种滞尘能力的研究 [J]. 中国农学通报，2009，25（17）：62～65.

[271] Boyer J N, Houston D B, Jensen K F. Impacts of chronic SO_2, O_3, and $SO_2 + O_3$ esposures on photosynthesis of Pinus strobes clone [J]. Europ J. For Pathol，1996，16（5）：293～299.

[272] 庞博，张银龙，王丹. 城市植物滞尘的研究现状与展望 [J]. 山东林业科技，2009（2）：126～130.

[273] Tomasevic M, Vukmirovie Z, Rajsic S, et al. Characterization of trace metal particles deposited on some deciduous tree leaves in an urban area [J]. Chemosphere，2005，61（6）：753～760.

[274] 陈芳，周志翔，郭尔祥，等. 城市工业区园林绿地滞尘效应的研究：以武汉钢铁公司厂区绿地为例 [J]. 生态学杂志，2006，25（1）：34～38.

[275] 刘任涛，毕润成，赵哈林. 中国北方典型污染城市主要绿化树种的滞尘效应 [J]. 生态环境，2008，17（5）：1879～1886.

[276] 王乃宁. 颗粒粒径的光学测量技术及应用 [M]. 北京：原子能出版社，2000.

[277] 胡荣泽. 粉末颗粒和孔隙的测量 [M]. 北京：冶金工业出版社，1982.

[278] Particle size analysis sub – committee of AMC. classification of methods for determining particle size [R]. 1963，88，156.

[279] Scarlett B. Plenary lecture：classification of particle sizing methods [C] //Stanley – Wood N G, Allen T. Particle Size Analysis. 1982：219～231.

[280] 张少明，崔旭东，刘亚云. 粉体工程 [M]. 北京：中国建筑工业出版社，1994.

[281] 王清华，简森夫，金春强，等. 一种分段式宽域粒度沉降分析仪的研制 [J]. 水泥，2003（7）：47～49.

[282] 坂田茂雄. 电子显微镜技术 [M]. 北京：冶金工业出版社，1988.

［283］考尔菲尔德. 光全息手册［M］. 北京: 科学出版社, 1988.

［284］Barth H G, Flippen R B. Particle size analysis［J］. Anal. Chem. , 1995, 67 (12): 257～272.

［285］王乃宁, 虞先煌. 基于米氏散射及夫朗和费衍射的 FAM 激光测粒仪［J］. 粉体工程, 1996, 2 (1): 1～6.

［286］王乃宁, 郑刚, 蔡小舒. TSM 全散射式细微颗粒测量仪［J］. 粉体工程. 1996, 2 (1): 40～45.

［287］Alb F. Method and apparatus for determining particle size distribution and concentration in a suspension using ultrasonics［P］. US Patent Number: 5121629, 1992－06－16.

［288］Glattern O, Kratky O. Small Angle X－ray Scattering［M］. New York: Academic, 1982.

［289］诸琢熊. 用小角 X 射线散射法分析纳米微粒的粒度分布［J］. 材料科学与工程, 1993, 11 (1): 55～60.

［290］Adrian R J, Orloff K L. Laser anemometer signals: visibility characteristics and application to particle sizing［J］. Appl Optics, 1977, 16 (3): 677.

［291］Bachalo W D. Phase Doppler spray analyzer for simultaneous measurements of drop size and velocity distribution［J］. Optical Engineering, 1984, 23 (4): 583～590.

［292］沈熊, 彭涛, 魏乃龙, 等. 激光散射粒子动态相位多普勒分析系统［J］. 仪器仪表学报. 2001, 22 (4): 344～348.

［293］童枯嵩. 颗粒粒度与比表面测量原理［M］. 上海: 科学技术文献出版社, 1989.

［294］Weiner Bruce B. Particle sizing using photon correlation spectroscopy［C］//Barth Howard G. Modern Methods of Particle Size Analysis. New York: Wiley, 1984. 93～116.

［295］Pecora R. Dynamic light scattering － applications of photon correlation spectroscopy［M］. New York: Plenum, 1985.

［296］Caldwlle Karin D. Field－flow fractionation of particles［C］//Barth Howard G. Modern Methods of Particle Size Analysis. New York: Wiley, 1984: 211～250.

［297］Ehrlich R, Weinberg B. An exact method for characterization of grain shape［J］. Journal of Sedimentary Petrology, 1970, 40 (1): 205～212.

［298］Beddow J K, Philp G C, Vetter A F. On relating some particle profilecharacteristics to the profile fourier coefficients［J］. Powder Technol. 1977, 18: 19～25.

［299］Bowman E T, Soga K, Drummond T. Particle shape characterization using fourier analysis［J］. Geotechnique. 2001, 51 (6): 545～554.

［300］任中京, 胡荣泽. 用衍射谱表征颗粒形状［J］. 应用激光, 1995, 15 (4): 145～148.

［301］三轮茂雄. 粉体工学通论［M］. 东京: 日刊工业新闻社. 1981.

［302］凌祥, 涂善东, 陈嘉南. 计算机图像处理技术用于微粒的定量测量［J］. 南京化工大学学报, 1999, 21 (1): 54～57.

［303］Shigehisa Endoh, Yoshikazu Kuga, Hitoshi Ohya, et al. Shape estimation of anisometric particles using size measurement techniques［J］. Part. Part. Syst. Charact, 1998, 15: 145～149.

［304］任中京, 贾慧友. 石墨微粉形状参数分布的研究［J］. 中国粉体技术, 1999, 5 (1): 19～21.

［305］Ma Zhenhua, Henk G. Merkus, Hilda G. On－line measurement of particle size and shape using laser diffraction［J］. Part. Part. Syst. Charact, 2001, 18: 243～247.

［306］Hideo Yamamoto, Tatsushi Matsuyama, Masanori Wada. Shape distinction of particulate materials by laser diffraction pattern analysis［J］. Powder Technology, 2002, 122: 205～211.

［307］Frank Vanderhallen, Luc Deriemaeker, Bernard Manderick, et al. Shape and size determination by laser diffraction parametric density estimation by neural networks［J］. Part. Part. Syst. Charact, 2002, 19: 65～72.

［308］ Ma Zhenhua, Merkus Henk G, Scarlett B. Extending laser diffraction for particle shape characterization: technical aspects and application ［J］. Powder Technology, 2001, 118: 180～187.

［309］ 陈祥, 宋晋生, 李言祥. Neophot32 大型光学显微镜的数字化、定量化改造 ［J］. 实验技术与管理, 2002, 19 (3): 7～10.

［310］ Mandelbrot B B. The Fractal Geometry of Nature ［M］. San Francisco: W H Freeman and Company, 1982: 29.

［311］ Avnir D, Farin D, Pfeifer P. Molecular fractal surface ［J］. Nature, 1984 (308): 261～263.

［312］ Turcotte D L. Fractal fragmentation model of soil aggregation ［J］. J. Geography Res., 1993, 91 (12): 1896～1899.

［313］ Tyler S W, Wheat S W. Application of fractal mathematics to soil water retention estimation ［J］. Soil Sci., 1989, 53: 987～996.

［314］ 李金萍, 郑洲顺, 盖国胜, 等. 碳酸钙包覆颗粒的分形表征及维数计算 ［J］. 计算机工程与应用, 2006 (35): 206～207.

［315］ 蒋书文, 姜斌, 李燕, 等. 磨损表面形貌的三维分形维数计算 ［J］. 摩擦学学报, 2003, 11 (6): 533～536.

［316］ 陈玉华, 王勇, 李新梅, 等. 分形理论在材料表界面研究中的应用现状及展望 ［J］. 表面技术, 2003, 10 (5): 8～10.

［317］ 陈金祥. 矿物颗粒形状的分数维自动检测 ［J］. 矿山机械, 2004 (5): 67～68.

［318］ 郑洲顺, 曲选辉. PM 粉末颗粒的分形特征及其分形维数 ［J］. 中国机械工程, 2003, 14 (3): 436～439.

［319］ 张志三. 漫谈分形 ［M］. 长沙: 湖南教育出版社, 1999.

［320］ 胡瑞林, 李向全, 官国琳, 等. 黏性土微结构定量模型及其工程地质特征研究 ［M］. 北京: 地质出版社, 1995.

［321］ 田堪良, 张惠莉, 张伯平, 等. 天然沉积砂卵石粒度分布的分形结构研究 ［J］. 西北农林科技大学学报 (自然科学版), 2002, 30 (5): 85～89.

［322］ 谢和平. 分形 - 岩石力学导论 ［M］. 北京: 科学出版社, 1997.

［323］ 张佑林, 夏家华, 黎国华. 粉体颗粒的形状与分维 ［J］. 武汉工业大学学报, 1996, 18 (4): 53～56.

［324］ 曾凡桂, 王祖讷. 煤粉碎过程中颗粒形状的分形特性 ［J］. 煤炭转化, 1999, 22 (1): 27～30.

［325］ 陈江峰, 王振芬, 闫纯忠. 碎屑颗粒圆度的分形描述 ［J］. 煤田地质勘探, 2002, 30 (4): 16～17.

［326］ 穆在勤, 龙期威. 由面积 - 周长关系测量的分形维数与材料韧性的关系 ［J］. 材料科学进展, 1989, 3 (2): 110～114.

［327］ 穆在勤, 龙期威, 康雁. 测量断口分维的周长 - 最大直径方法 ［J］. 材料科学进展, 1992, 6 (3): 227～231.

［328］ Han W H, Yu J Z, Wang Q M. Elastic deformation of wafer surfaces in bonding ［J］. Journal of Applied Physics, 2000, 88: 4401～4403.

［329］ 李东方. 基础化学 ［M］. 北京: 科学出版社. 2002.

［330］ 钟佩珩, 郭璇华. 分析化学 ［M］. 北京: 化学工业出版社. 2001.

［331］ 蓝惠霞. 高梯度磁除尘分离实验与机理研究 ［D］. 广州: 广东工业大学, 2001.

［332］ 王淀佐, 林强, 等. 选矿与冶金药剂分子设计 ［M］. 长沙: 中南工业大学出版社, 1996.

［333］ 胡熙庚, 黄和尉. 浮选理论与工艺 ［M］. 长沙: 中南工业大学出版社, 1991.

［334］ The Coherex dust control manual, Golden Bear Division Witco Corporation, 1992.

[335] 超细微粉尘的防尘技术 [P]. 美国专利. 81. 04. 10US2527N.

[336] 粉尘抑止剂—包含保水剂 [P], 成膜剂和吸湿剂. 日本专利. 1981. 07J5803686.

[337] 矿山专用防尘剂 [P]. 日本专利. 1982. 08JP135139.

[338] 路面高效抑尘剂 [P]. 德国专利. 1987. DE1382263.

[339] 湿润型粉尘控制剂 [P]. 澳大利亚专利 1985. 02AU038695.

[340] 大冶铁矿洒水降尘现场调查报告 [R]. 内部学术报告. 1992.

[341] 孙熙. 全国袋式除尘技术前瞻 [C]//全国袋式过滤技术研讨会论文集, 武汉. 2001: 15.

[342] 阳离子乳化沥青矿山防尘路面的研究 [R]. 冶金部冀东设计院内部学术报告. 1983.

[343] 陈沅江, 潘长良, 吴超. 稳定土技术在土路扬尘治理中的应用及展望 [J]. 环境保护科学, 2000, 26 (6): 1~4.

[344] Wu Chao, Zhou Bo. Tests of the effects of three surfactants on the penetration ability of calcium chloride and water solutions in dust [J]. J. of Environmental Science, 1998, 10 (4): 445~451.

[345] Meng Tingrang, Wu Chao. A new technique for roadway dust control [J]. J. of Central South University of Technology, 1994, 1 (1): 84~86.

[346] 陆国荣. 国外露天矿汽车运输路面扬尘防治技术 (一) [J]. 国外金属矿山, 1991 (11): 69~78.

[347] 吴超, 陈军良. 丁二酸钠对氯化钙和水玻璃溶液的渗透性影响试验研究 [J]. 环境工程, 1998, 16 (4): 35~37.

[348] 吴超, 陈军良. 十二烷基苯磺酸钠对氯化钙和水玻璃溶液的渗透性影响 [J]. 中南工业大学学报, 1998, 29 (3): 216~220.

[349] 吴超, 陈军良. 十二烷基磺酸钠对氯化钙和水玻璃溶液的渗透性影响 [J]. 有色金属, 1998, 50 (1): 102~103.

[350] 吴超, 陈军良. 化学湿润剂的湿润能力试验 [J]. 上海环境科学, 1998, 17 (7): 34~36.

[351] 吴超, 周勃. 固体卤化物添加 CaO, MgO 的固土抑尘性能 [J]. 中南工业大学学报, 1996, 27 (5): 520~524.

[352] 吴超, 周勃. 卤化物与水玻璃复合物的抑尘性能 [J]. 中南工业大学学报, 1997, 28 (6): 519~521.

[353] 朱泽飞, 林建忠. 纤维状粒子悬浮流动力学分析 [M]. 上海: 中国纺织大学出版社, 2000.

[354] 蒋阳, 程继贵. 粉体工程 [M]. 合肥: 合肥工业大学出版社, 2006.

[355] Li Ming, Wu Chao, Pan Wei. Sedimentation behavior of indoor airborne microparticles [J]. J. China Univ. Mining & Technol. , 2008, 18: 588~593.

[356] Koponen I K, Asmi A, Keronen P, et al. Indoor air measurement campaign in Helsinki, Finland 1999 – the effect of outdoor air pollution on indoor air [J]. Atmospheric Environment, 2001, 35: 1465~1477.

[357] Abadie M, Limam K, Allard F. Indoor particle pollution: effect of wall textures on particle deposition [J]. Building and Environment, 2001, 36: 821~827.

[358] Yifang Zhu, Willian C. Hinds. Predicting particle number concentrations near a highway based on vertical concentration profile [J]. Atmospheric Environment, 2005, 39: 1557~1566.

[359] Alvin C K Lai. Modeling indoor coarse particle deposition onto smooth and rough vertical surfaces [J]. Atmospheric Environment, 2005, 39: 3823~3830.

[360] Biao Liu. The transition between wetting states and novel methods of producing super – hydrophobic surfaces [D]. California: University of California. 2006.

[361] Blossey R. Self – cleaning surfaces – virtual realities [J]. Nature Mater, 2003, 2: 301~306.

[362] Richard D, Quere D. Viscous drops rolling on a tilted non – wettable solid [J]. Europhys. Lett. , 1999,

48 (3): 286~291.

[363] Mahadevan L, Pomeau Y. Rolling droplets [J], Phys. Fluids, 1999, 11 (9): 2449~2453.

[364] Aussillous P, Quere D. Liquid marbles [J]. Nature, 2001, 411: 924~927.

[365] Quere D. Non-sticking drops [J]. Rep. Prog. Phys., 2005, 68: 2495~2532.

[366] Callies M, Quere D. On water repellency [J]. Soft Matter, 2005, 1 (1): 55~61.

[367] Quere D. Rough ideas on wetting [J]. Physica A, 2002, 313: 32~46.

[368] Coffin-Bizonne C, Barrat J L, Bocquet L, et al. Low-friction flows of liquid at nano-pattemed interfaces [J]. Nature Mater., 2003, 2: 237~240.

[369] Watanabe K, Udagawa Y, Ugadawa H. Drag reduction of Newtonian fluid in a circular pipe with a highly water-repellent wall [J]. J. Fluid Mech., 1999, 381: 225~238.

[370] Fukuda K, Tokunaga J, Nobunaga T, et al. Frictional drag reduction with air lubricant over a super-water-repellent surface [J]. J. Mar. Sci. Technol., 2000, 5: 123~130.

[371] Watanabe K, Udagawa H. Drag reduction of non-Newtonian fluids in a circular pipe with a highly water-repellent wall [J]. AICHE J., 2001, 47 (2): 256~262.

[372] De Gennes P G. On fluid/wall slippage [J]. Langmuir, 2002, 18: 3413~3414.

[373] Neto C, Evans D R, Bonaccurso E, et al. Boundary slip in Newtonian liquids: a review of experimental studies [J], Rep. Prog. Phys., 2005, 68: 2859~2897.

[374] Zhu Y X, Granick S. Limits of the hydrodynamic no-slip boundary condition [J]. Phys. Rev. Lett., 2002, 88: 102~106.

[375] Granick S, Zhu Y X, Lee H. Slippery questions about complex fluids flowing past solids [J]. Nature Mater, 2003, 2: 221~227.

[376] Hong Lin. Chemical and particulate contamination removal from patterned and nonpatterned semiconductor surfaces using oscillating flow [D]. New York: Clarkson University. 2001.

[377] Meng Hua, Xingkuan Shi, Edmund Cheung, et al. Limit analysis for laser removal of micron contaminant colloidal silicon dioxide particles from the super-smooth optical glass substrate by pulse Nd YAG laser [J]. Optics & Laser Technology, 2004, 37: 9~20.

[378] 张平. 激光等离子体冲击波与表面吸附颗粒的作用研究 [D]. 南京: 南京理工大学, 2007.

[379] Tsai C, Pui D Y H, Liu B Y H. Elastic flattening and particle adhesion [J]. Aerosol Sci. Technol., 1991, 15: 239~255.

[380] 徐燕莉. 表面活性剂的功能 [M]. 北京: 化学工业出版社, 2000.

[381] Rimai D S, Weiss D S, Quesnel D J. Particle adhesion and removal in electrophotography [J]. Journal of Adhesion Science and Technology, 2003, 17 (7): 917~972.

[382] 梁治齐. 清洗技术 [M]. 北京: 中国轻工业出版社, 1998.

[383] 张德孝. 微生物清洗技术 [J]. 清洗世界, 2004, 20 (3): 32~34.

[384] 郭晓艳. 激光清洗原理及应用 [J]. 科技资讯, 2009, 8: 1~2.

[385] 王豫, 陆冬生, 安承武. 新颖的激光清洗技术 [J]. 物理, 1996, 25 (9): 544~549.

[386] Pleasants S, Kane D M. Laser cleaning of aluminum particles on glass and silica Substrates: Experiment and quasistatic mode [J]. Appl Phy., 2003, 93 (11): 8862~8866.

[387] Cooper M I, Larson J H. The use of laser cleaning to preserve patina on marble sculpture [J]. The Conscrvalor, 1996, 20: 28~35.

[388] Cooper M I, Emmony D C, Larson J H. Characterisation of laser cleaning of limestone [J]. Optica Laser Technol, 1995, 27 (1): 69~73.

[389] Zapka W, Ziem Lich W, Leung W P, et al. Laser cleaning removes particles from surface [J]. Micro-

electronic Engineering, 1993, 20: 171 ~ 183.

[390] 王泽敏, 曾晓雁, 黄维玲. 激光清洗工艺的发展现状与展望 [J]. 激光技术, 2000, 24 (2): 68 ~ 73.

[391] 王宏睿. 激光清洗原理与应用研究 [J]. 清洗世界, 2006, 22 (9): 20 ~ 23.

[392] 司马媛. 激光清洗硅片表面颗粒沾污的试验研究 [D]. 大连理工大学, 2006.

[393] 孟祥龙, 黄细彬. 超声清洗技术原理及其应用 [J]. 科技信息, 2008, 22: 39 ~ 40.

[394] 王鸿晓. 干冰清洗技术 [J]. 清洗世界, 2004, 20 (8): 36 ~ 38.

[395] 孙若. 干冰喷射技术在油罐清污中的应用 [J]. 清洗世界, 2009, 25 (3): 26 ~ 28.

[396] 王鸿晓. 干冰清洗系统简介 [J]. 清洗世界, 2004, 20 (10): 27 ~ 29.

[397] 王守国. 常压射频冷等离子体清洗技术介绍 [J]. 清洗世界, 2004, 20 (12): 32 ~ 34.

[398] 李俊岭, 余慧. 低温等离子体清洗设备 [J]. 清洗世界, 2005, 21 (5): 31 ~ 34.

[399] 廖振方, 杨胜凡, 刘晖霞. 电液压脉冲技术在清洗行业中的应用 [J]. 清洗世界, 2006, 22 (8): 5 ~ 8.

[400] Liao Zhenfang. Design factors on electro – hydraulic pulsed focus water jet generator [C] //Proceedings on Water Jet in Beijing. Beijing, 1987: 44 ~ 48.

[401] 廖振方. 电液压清砂的机理及其有关参数的选择 [J]. 重庆大学学报, 1987 (6): 141 ~ 150.

[402] 黄维新. 尾矿坝稳定性分析及尾矿库管理的对策措施研究 [D]. 长沙: 中南大学, 2008, 11.

[403] 郝秀珍, 周东美. 金属尾矿砂的改良和植被重建研究进展 [J]. 土壤, 2005, 37 (1): 13 ~ 19.

[404] 王翊亭. 铀水冶厂尾矿的管理、稳定化与对环境的影响 [M]. 北京: 原子能出版社, 1985.

[405] 谭发茂. 多种稳定剂综合稳定土的试验研究 [J]. 公路, 2003, (11): 95 ~ 98.

[406] 薛生国, 周菲, 叶晟, 等. 金属尾矿废弃地植物稳定技术研究进展 [J]. 环境科学与技术, 2009, 32 (8): 101 ~ 104.

[407] 黄河, 施斌, 刘瑾, 等. STW 型生态土壤稳定剂改性土强度试验研究 [J]. 防灾减灾工程学报, 2008, 28 (1): 87 ~ 90.

[408] 郭梅, 蒋仁安, 高延文, 等. 石灰类复合固结土中固化剂的固化机理分析 [J]. 吉林建筑工程学院学报, 2008, 25 (3): 64 ~ 66.

[409] 周乃武. 利用工业固体废物制备高强度土壤固化剂的实验研究 [D]. 武汉: 中国地质大学, 2006.

[410] 卓建平. 道路固化剂的研究 [D]. 西安: 长安大学, 2004.

[411] 胡军. 土壤固化剂在路基处理、道路基层中的应用研究 [D]. 天津: 天津大学, 2007.

[412] 李峰, 游峰. 土壤固化剂的施工应用 [J]. 土工基础, 2005, 19 (5): 23 ~ 25.

[413] 朱志铎. 粉土路基稳定理论与工程应用技术研究 [D]. 南京: 东南大学, 2006.

[414] 李建法. 新型高分子沙土稳定材料的研制与应用 [D]. 北京: 中国林业科学研究院, 2003.

[415] 中华人民共和国交通部. JTJ 057—94 公路工程无机结合料稳定材料试验规程 [S]. 北京: 中国标准出版社, 1994.

[416] 中国科学院南京土壤研究所土壤物理研究室. 土壤物理性质测定法 [M]. 北京: 科学出版社, 1978.

[417] 刘干斌, 刘红军. 土质学与土力学 [M]. 北京: 科学出版社, 2009.

名 词 索 引

冶金工业出版社部分图书推荐

书 名	作 者		定价（元）
我国金属矿山安全与环境科技发展前瞻研究	古德生	吴 超	45.00
安全管理基本理论与技术	常占利		46.00
危险评价方法及其应用	吴宗之		47.00
硫化矿自燃预测预报理论与技术	阳富强	吴 超	43.00
生活垃圾处理与资源化技术手册	赵由才		180.00
城市生活垃圾直接气化熔融焚烧技术基础	胡建杭		19.00
高瓦斯煤层群综采面瓦斯运移与控制	谢生荣		26.00
深井开采岩爆灾害微震监测预警及控制技术	王春来		29.00
系统安全评价与预测（第2版）（本科国规教材）	陈宝智		26.00
矿山安全工程（国规教材）	陈宝智		30.00
煤矿安全生产400问	姜 威		43.00
固体废物处置与处理（本科教材）	王 黎		28.00
防火与防爆工程（本科教材）	解立峰		45.00
安全系统工程（本科教材）	谢振华		26.00
安全评价（本科教材）	刘双跃		36.00
安全学原理（本科教材）	金龙哲		27.00
火灾爆炸理论与预防控制技术	王信群		26.00
化工安全（本科教材）	邵 辉		35.00
重大危险源辨识与控制（本科教材）	刘诗飞		32.00
噪声与振动控制（本科教材）	张恩惠		30.00
冶金企业环境保护（本科教材）	马红周	张朝晖	23.00
特种冶炼与金属功能材料（本科教材）	崔雅茹		20.00
金属材料工程实习实训教程（本科教材）	范培耕		33.00
机械工程材料（本科教材）	王廷和		22.00
耐火材料（第2版）（本科教材）	薛群虎		35.00
现代材料测试方法（本科教材）	李 刚		30.00
无机非金属材料研究方法（本科教材）	张 颖		35.00
材料科学基础教程（本科教材）	王亚男		33.00
安全系统工程（高职高专教材）	林 友		24.00
煤矿钻探工艺与安全（高职高专教材）	姚向荣		43.00
矿山安全与防灾（高职高专教材）	王洪胜		27.00
矿井通风与防尘（高职高专教材）	陈国山		25.00
炼钢厂生产安全知识（职业技能培训教材）	邵明天		29.00
冶金煤气安全实用知识（职业技能培训教材）	袁乃收		29.00